U0210672

中国科学院科学出版基金资助出版

东北冷涡暴雨

王东海　著

科 学 出 版 社

北　京

内 容 简 介

本书借助多源观测资料和精细数值模拟研究，总结东北冷涡暴雨系统的中尺度结构特征和发生发展演变机理，探讨其与不同纬度、不同尺度系统之间的相互作用，重点研究直接造成暴雨的中尺度系统的结构与热动力过程，最后归纳一些反映其中尺度系统动力结构、具有物理意义的预测方法，提炼东北冷涡暴雨的物理概念模型，有助于提升东北冷涡背景下典型暴雨的科学认识和预测能力。

本书可供气象行业科研工作人员、气象学专业教师及学生阅读和参考。

图书在版编目(CIP)数据

东北冷涡暴雨/王东海著.——北京:科学出版社,2022.7
ISBN 978-7-03-072490-8

Ⅰ.①东…　Ⅱ.①王…　Ⅲ.①冷涡-暴雨分析-东北地区　Ⅳ.①P458.1

中国版本图书馆 CIP 数据核字(2022)第 100019 号

责任编辑：吴凡洁　刘翠娜 / 责任校对：王萌萌
责任印制：吴兆东 / 封面设计：赫　健

科学出版社出版
北京东黄城根北街 16 号
邮政编码:100717
http://www.sciencep.com
北京捷迅佳彩印刷有限公司 印刷
科学出版社发行　各地新华书店经销
*
2022 年 7 月第　一　版　开本：787×1092　1/16
2022 年 7 月第一次印刷　印张：14 1/2
字数：317 000

定价：158.00 元

(如有印装质量问题,我社负责调换)

序　一

东北冷涡通常指在我国东北附近地区具有一定强度、能维持3～4天、冷空气深厚(至少延伸至300～400hPa)并可产生强降水的高空气旋性涡旋。冷涡一年四季都可能出现，但以5月、6月为最多，3月、4月和8月和较少。以往我们对东北冷涡暴雨的研究，重点放在冷涡形成的大尺度环流条件、天气学过程，以及伴随冷涡的天气特征，包括冷涡云型、降水分布及其日变化等。

大体说来，东北冷涡的形成过程分几种情况。最主要的一种是高空西风槽加深，槽的南部断离母体而形成冷涡，即冷性低涡。这个过程在地面图上常有一锢囚气旋发生，而在其南部暖区内可新生出一个低压。高空冷涡的形成实际上是在冷暖平流的作用下，东移的高空槽移速减慢加深，并被切断为闭合环流的过程。还有一种情况是有两个或更多的低压北上与东北低压合并，高空槽充分加深形成冷涡。如果温带变性后的热带气旋移到东北地区，与东北地区原有的低压合并，也可以形成冷涡。最后，还有早已形成的高空冷涡，从西伯利亚移到东北地区的。

构成冷涡的云以对流云为主，大多数位于冷涡中心的东侧。早在20世纪40年代末，谢义炳已给出了与高空冷涡相关联的降水分布，即降水区主要位于冷涡的东侧。同时指出冷涡云雨区的这种分布特征可以由如下的原因产生：①冷涡东侧为正涡度平流区，由于涡度平流的强迫作用，大尺度流场中为上升气流区，这是云雨区发展的重要条件之一；②在冷涡东侧的低层大气中有相当位温很高的气团以舌状的形式流入，并形成一个强位势不稳定区。由此在冷涡的东侧形成有利于对流云发生的重要环境条件。高空冷涡在形成暴雨和强对流天气上有很复杂的形式，在冷涡云系附近或冷涡云系后部都可不同程度地出现强对流云的发展。尤其是冷涡云区后部的晴空区，这里常有高空冷平流和低空暖平流叠加，加上地面白天受到辐射而增温，容易形成明显的不稳定的大气层结，有利于对流云的发展。

总之，在20世纪70～80年代集中研究“中国之暴雨”的时候，由于受观测资料等条件所限，对我国东北地区的暴雨，特别是与东北冷涡相关的暴雨特征分析研究和认识尚不够。迄今所见对东北冷涡的研究，大都限制在气候统计与传统的天气特征分析方面。有关东北冷涡的现场观测试验、动力学机理研究和数值模拟等工作都亟待开展。

王东海主持的国家自然科学基金重点项目“我国东北强降水天气系统的动力过程和预测方法的研究”项目以及随后刘英主持的中国气象局行业专项“东北冷涡背景下强降水的监测和预报技术研究”围绕上述方面进行了一系列深入的研究，取得了若干重要进展。项目通过系统的观测资料分析和诊断分析，获得了东北冷涡的热力动力结构及具有中尺度特征的云系结构特征，从中提炼出处于发展阶段的东北冷涡暴雨物理概念模型，获得了比较清晰的东北冷涡三维结构及蕴涵的动力学机理。他们的另一个研究进展是，揭示了独特的有关东北冷涡暴雨形成的热力动力学机理，指出冷涡的存在导致了具有中尺度特征的大风中心的形成，而大风中心的入口区及左侧的辐散，为冷涡暴雨的产生提供了有利动力条件；从理论上提出了由于冷干侵入引起饱和湿大气的布伦特-维赛拉频率的明显减小，进而促使理查森数的减小，造成对流或对称不稳定，使得暴雨系统迅速发展。这是一种新的暴雨系统发展机理。此外，通过云微物理的分析发现，东北冷涡暴雨除了来自云水和雨水的碰并及霰的融化外，还揭示出一个新的事实，即由于东北冷涡的特殊地理与热力结构，在冷涡暴雨过程中，其冰相过程的贡献明显大于水相过程。他们还研发了具有动力及物理意义且对东北冷涡暴雨诊断与预测有很好的指示意义的若干动力学参数，并利用这些动力参数对我国东北冷涡暴雨若干个例进行了诊断分析研究，取得了很好的效果。

所有上述这些研究成果都反映在准备出版的《东北冷涡暴雨》一书中。为了让读者能尽快了解东北冷涡暴雨的研究概貌和最新研究进展，王东海教授历时多年，数易其稿，撰写了该书。它的出版将对广大从事天气动力学研究特别是对东北冷涡暴雨感兴趣的科研人员及在读的研究生和大学生均有所裨益。

丁一汇

中国工程院院士

2021年9月于北京

序　二

东北冷涡不像西南涡那样，后者的命名仅仅是强调其在我国西南地区，特别是青藏高原或其东侧生成，即“西南”只意味着它们的“出生地”，它们中有相当大一批成员并不待在原地，而是具有向东移出高原的倾向，甚至边东移边发展，以致给长江中下游地区带来暴雨洪涝灾害；因此西南涡的主要活动范围与其说是在“西南”，还不如说是在长江中下游。但东北冷涡的情形就不同了，它们的地域性突出地表现在它们的活动范围往往局限于我国东北地区。本来东北冷涡受制于高空西风带的牵引也是有向东移动的倾向的，但下游地区著名的鄂霍次克海阻塞反气旋时常挡住它们的去路，此时高空的引导气流很难发挥作用，东北冷涡亦就很难离开东北地区。顺便还可以提到，鄂霍次克海阻塞高压与东北冷涡的相互作用有时也会对东北地区的大气环境构成威胁，该阻塞高压的存在往往使东北这个老工业区产生的污染物难以扩散，因此东北冷涡的研究近年不仅是气象界的热门课题之一，同时亦日益受到环境科学界的关注。

盘踞于中高纬寒温带的东北冷涡跟热带气旋不同。这只要提到下面这一点就足够了，即结合大气动力学中熟知的静力平衡关系和理想气体状态方程，在热带广阔洋面上生成的台风正因其是一个暖心系统，几乎到了对流层中层，台风中心的气压就因那儿的气压随高度递减率较小而逐渐较四周的差距缩小，以至于到了某个高度台风中心区域反而转成高压了。但是东北低涡就完全不同了。既然凡是温度较低处气压随高度递减率大于温度较高处，那么低层的冷涡中心其上空的气压亦趋于减低从而在高层易于始终维持一个低压中心，这就是为什么我们通常会观测到东北冷涡是一个贯穿整个对流层并且上下一致为冷心的“深厚”旋涡系统了。

东北冷涡的研究因其独特的热力动力特性而具有重要的科学意义。它之所以是世界上仅见的一种大气涡旋深厚系统，不仅仅由于它处于特定的地理位置而具有极强的地域性特征，还在于它拥有特殊的三维热力动力配置和独特的形成机理。出现在我国北方气候寒冷地带的由高空低压切断并逐渐向低空扩展的形成过程，在准正压涡旋动力学的发展机制中是非常独特的。此外，与台风或飓风那样受到全世界各国气象学者长期关注的天气系统（该领域的研究可谓硕果累累）不同，关于东北冷涡的研究虽起步不是很晚，但仍属进展有限。

在王东海教授主持的国家自然科学基金重点项目“我国东北强降水天气系统的动力过程和预测方法的研究”等的相继支持下，围绕相关东北强降水天气系统的观测预测和形成机理问题等进行了一系列深入的研究，取得了若干具有较高学术水平和广阔应用前景的创新研究成果。其中，东北地区现场加密观测试验和我国东北强降水天气系统资料库的建立、东北冷涡的气候特征分析、冷涡暴雨概念模型的提出，以及地形影响东北暴雨数值模拟研究、东北冷涡形成发展的热力动力机理分析和云微物理分析等，均属我国东北冷涡暴雨研究方面的创新性工作，其大部分研究成果已先后在国内外知名杂志发表，引起了同行的极大兴趣和热切关注。为了方便广大从事气象和环境等方面研究的科研人员和学生系统了解东北冷涡暴雨的研究概貌和最新研究进展，王东海教授撰写了《东北冷涡暴雨》一书，以飨读者。相信该书的出版将对我国今后的东北冷涡暴雨的进一步研究有重要的推动作用。

王会军

中国科学院院士

2021年9月于南京

前　　言

我国东北地区指黑龙江省、吉林省和辽宁省三省以及内蒙古东五盟构成的区域，简称东北。东北地区地处中高纬度，面积近 145 万 km^2，是我国重要的商品粮基地和重工业生产基地。位于大兴安岭与长白山之间的东北平原，是我国最大的平原之一，分为松嫩平原、辽河平原和三江平原，辽河、松花江、嫩江是流经此地的主要河流。长白山以北、小兴安岭以东是肥沃的三江平原，位于黑龙江、松花江、乌苏里江汇流处，这里湿地众多、水资源丰富，是我国最大的沼泽分布区，有"北大仓"之称。然而，地处中高纬度的东北却也是一个气象灾害频发的地区，夏季受亚洲沿岸的东亚大槽引导西南季风和东南季风北上的影响，具有明显的季风气候。

受全球变暖影响，东北地区天气气候极端事件(暴雨洪涝和干旱等)明显增多。以吉林省为例，1747～1962 年的两百多年间，曾发生过不同程度的水灾 52 次，平均每 4 年发生一次。1998 年夏季，嫩江流域和松花江流域更是出现了超历史纪录的特大洪水。由于洪水大，持续时间长，并且地域重复，造成的洪涝灾害十分严重，直接经济损失达千亿元。东北暴雨除了区域性或者特大范围的暴雨之外，更多的是局地性的暴雨。2005 年 6 月 10 日发生在黑龙江省沙兰镇及周边地区的短时强降水，造成沙兰河洪水泛滥，吞噬了一百多个孩子的生命，举国震惊，世界关注。同日下午，辽宁省朝阳市朝阳县乌兰河硕乡突然出现龙卷风天气，造成 9 人死亡、14 人受伤。暴雨虽然能带来灾害，但是它也是东北地区水资源的重要来源之一。因此，研究该地区的天气气候问题对进一步科学地利用水资源、储水、防洪及保护人们的生命财产安全具有重要意义。

由于受到当时观测资料和数值模式条件的限制，过去对东北暴雨的研究相对较少，且基于天气气候的统计分析研究相对较多，主要是对台风暴雨的描述。1981 年，北方天气文集编委会先后编纂出版了"北方天气文集"丛书，由北京大学出版社出版。该丛书汇集了各大高校、研究院所及地方气象台对东北、华北、西北地区的暴雨及强对流天气的研究。1992 年，由郑秀雅、张廷治和白人海编著的《东北暴雨》详细地对东北暴雨进行统计归类。书中从行星尺度指出了热带环流、副热带环流及西风带环流，即所谓的"三带"环流对东北暴雨的影响，并将东北暴雨划分为三大类：台风暴雨、气旋暴雨和冷涡暴雨。东北冷涡是非常有地域特色的天气系统，其形成与所处的地理位置、地形有很大的关系，它是形成于东北地区或移入东北地区加强的高空冷性涡旋。东北冷涡在东北地区的频发性、持续性决定了它对东北地区天气气候的重大影响。东北冷涡的发展在锋面气旋之后，最引人关注的是其诱发的中小尺度系统具有突发性和持续性特点(连续几天在一个地区附近产生短时暴雨等强对流天气)。在东北冷涡的形成、发展、持续甚至消亡期均可伴随暴雨、冰雹、雷暴及短时大风甚至龙卷风等强对流天气。

目前，我们对东北冷涡暴雨洪涝灾害出现的规律、大尺度环流背景、强暴雨天气系统形成机制和发展演变的物理过程等问题还缺乏应有的认识，这也直接导致了我们对这种灾害性天气的监测和预测水平与实际的业务需要还有很大的差距，特别是对那些具有突发性、强度高、持续时间长和落区重复的大暴雨，还缺乏足够的认识和预测能力，在预报的时效、强度、落区及定量化和客观化方面还不理想。东北地区独特的天气气候特点，需要更多专门深入的研究。翻阅近几十年的文献，有关东北冷涡暴雨的研究十分稀少，对东北冷涡暴雨的中尺度分析主要限于个别天气学分析。受当时的地面观测站相对比较稀的影响，即便是做稍微细致的中尺度分析也是难度重重，更不用说进行中尺度系统的三维结构研究。白人海等在1995年6月23～25日组织东北区三省一市全部地面观测站和探空站对东北冷涡进行了一次加密观测，并进行了中尺度分析，即便这样，资料还是很有限。近些年即使有了卫星、雷达等遥感资料，对东北中尺度对流系统(MCSs)的研究也基本限于简单的天气分析，几乎没有涉及其形成的热力动力过程。这同社会经济发展到今天对暴雨定时、定点、定量预报的需求相差是非常大的。

本书主要是在整理总结东北冷涡暴雨研究的最新成果的基础上编撰而成。特别是在国家自然科学基金重点项目“我国东北强降水天气系统的动力过程和预测方法的研究”(编号:40633016)支持下，借助雷达、卫星探测和稠密观测网为核心的现代气象观测系统资料分析和高性能计算机的精细数值模拟研究，总结探讨了造成东北冷涡暴雨的内部中尺度结构特征和发生发展演变机理，以及这些天气系统的不同尺度之间、不同纬度之间的相互作用，并在此基础上重点研究了这些天气系统中或与这些天气系统有关的直接造成暴雨的中尺度系统的结构及热力动力过程，提炼了一些反映其中尺度系统动力效应且具有物理含义的有效预测方法，概括了东北冷涡暴雨的物理概念模型，旨在为东北典型暴雨预测水平的提高及水资源的充分利用和开发奠定更坚实的理论基础。本书主体部分即以这部分研究内容为框架，共分为6章。第1章先介绍东北冷涡的气候学特征，包括我国东北地区及其周边地区大尺度环流的一般特征、东北冷涡的季节气候特征、与冷涡相关联的降水分布，以及东北冷涡的年际变率等。第2章是关于东北冷涡的天气学特征，着重叙述东北冷涡的结构特征及其演变特征，以及基于CloudSat卫星资料的冷涡对流云带垂直结构特征分析等。第3章主要涉及东北冷涡暴雨形成发展的机理研究，介绍了若干东北冷涡降水过程的模拟与分析、东北冷涡暴雨过程中的涡度与动能收支及其转换特征、干侵入导致的不稳定机理分析，以及东北地区地形效应的数值分析，提出了冷涡的最优扰动结构与演变及东北冷涡发展的非线性机理，同时还讨论了遥相关机理(如台风与东北冷涡的相互作用)。第4章从业务应用角度介绍并讨论了东北冷涡暴雨诊断分析与预测方法，主要包括切变风螺旋度、热成风螺旋度与$\boldsymbol{Q}$矢量散度及其旋度的垂直分量的预报应用，以及有限区域风场分解等。第5章在前述章节研究的基础上，基于合成分析构建了东北冷涡暴雨的天气学物理概念模型。第6章概述了相关研究成果，并总结了当前东北冷涡暴雨的研究不足与局限性，同时指明了未来的研究方向。参加该项研究工作和编撰的主要贡献者有钟水新(第2章、第3章、第5章)、刘英(第2章、第3章)、杨帅(第4章)、胡开喜(第1章)、姜智娜(第3章)等，感谢钟水新、杨帅和曾智琳对本书的修订做了细致的校对，感谢柳崇健研究员对本书的审阅。

本书力求系统阐述近期东北冷涡及冷涡暴雨方面的研究成果，期望这一系列成果对我国东北冷涡暴雨的进一步研究有重要的推动作用。特别是为预报员提供一些具体的预报指标，如冷涡的发展阶段及应注意的预报区域位置、对流发生时间与移动路径、对流强度等。所有这些对提高东北冷涡强对流降水预报的准确性均有直接的应用价值。本书内容不仅对科研院所、大专院校的科研工作者日后对东北冷涡的研究有指导价值，从社会经济效益角度看，本书还对提高东北冷涡暴雨天气的预报水平及减少东北地区因冷涡引起的暴雨、低温与冷害等防灾减灾方面具有重要意义。因此，本书不但可供大专院校相关气象专业的师生用作教学参考书，而且与国计民生防灾减灾相关的海洋、水文、地质与环境等领域的科技工作者和大学生、研究生均能从中受益。

一直以来，由于主要受"南涝北旱"气候格局的影响，我国在暴雨的研究方面明显存在"重南轻北"的现象，缺乏对北方暴雨的系统性研究，特别是对东北暴雨和西北暴雨的研究更为匮乏。这是我们开展东北暴雨研究的初衷。其实，真正开始考虑选择这个研究方向也是一个偶然。记得有一次从北京坐飞机去上海参加研讨会，正好跟时任中国气象局培训中心主任的琚建华研究员邻座，我俩一路海阔天空闲聊。是琚老师鼓励我申请基金重点项目，并且在飞机上就确立了东北暴雨作为申报的研究方向，就这样开启了我从事东北暴雨的研究。正是因为研究东北暴雨，让我有幸结识了很多在东三省气象部门勤勤恳恳工作的优秀的科研业务骨干，如吉林省气象局的孙力研究员、高枞亭研究员、刘实研究员，辽宁省气象局的张立祥研究员、蒋大凯研究员，黑龙江省气象局的高玉中研究员、孙永罡研究员等，感谢他们对项目研究的大力支持。正是因为研究东北暴雨，我深切感受到东北人的豪爽耿直，不断回味色鲜味浓、吃得过瘾的东北菜，感叹白山黑水之间豪迈辽阔的东北大平原，我深深地爱上了这片黑土地。

为了让读者能尽快了解东北冷涡暴雨的研究概貌和最新研究进展，我们历时十载，数易其稿，撰写了本书。在本书即将付梓之时，陶诗言先生和周晓平先生不幸离世，二位先生曾指导该项目的研究工作，对本书材料的组织和编写做了重要的指导，本书的出版也作为对他们的纪念，希望本书能将他们的研究成果、学术思想传承下去。在本书的编撰过程中，还得到许焕斌、柳崇健、高守亭、薛纪善等专家的指导和大力支持，丁一汇院士和王会军院士在百忙之中抽空为本书作序，真知灼见跃然纸上，在此一并致以真挚的感谢。希望本书能抛砖引玉，对从事东北天气理论研究和业务实践的科技工作者有所帮助。但终因水平有限，不足之处在所难免，还望读者不吝指正。

王东海

2021 年夏于珠海唐家湾

目　录

第 1 章　东北冷涡的气候学特征

有关东北冷涡暴雨的问题，中国科学家很早就进行了研究，可查询到的文献可追溯到1950 年杨纫章的《东北之气候》。陶诗言(1980)在《中国之暴雨》一书中对中国的暴雨做了比较详细的分析，书中阐述了在中国引起暴雨的天气系统，特别指出东北低压或冷涡系统对东北暴雨的影响，当有冷涡系统进入东北的时候，常给东北及华北北部带来暴雨或者雷阵雨。近年来，虽然对东北冷涡暴雨进行了不少研究(王东海等，2007)，但大多为个例的结构特征和演变规律的分析，很少有对其气候特征和年际变异的详细研究；同时，在研究中高纬环流异常对东亚地区天气气候异常的影响时，往往仅把东北冷涡作为中高纬环流异常的一个天气扰动异常信号，或间接地以低层温度等变量来表征东北冷涡的活动，而对于东北冷涡系统自身的活动异常在东亚天气气候中的可能作用关注较少。本章分析讨论了东北冷涡的季节气候态特征，着重分析了与东北冷涡有关的降水分布的季节性和区域性特征及东北冷涡的年际变率特征，并分析了其持续性活动造成的气候效应及其环流成因等。

1.1　我国东北地区及其周边地区大尺度环流的一般特征

众多学者的研究均指出，东北地区的强降水，特别是 1998 年夏季嫩江-松花江流域的持续性强降水是与东北冷涡的频繁活动紧密相关的(陈德坤等，1999；孙力等，2000；张庆云等，2001；张顺利等，2001；Zhao and Sun，2007)。本节以 1998 年夏季东北地区持续性冷涡降水为例，分析了冷涡降水过程对应的大尺度环流形势的主要特征，着重对对流层不同层次的系统和水汽输送特征进行天气动力学分析。

1.1.1　对流层低层环流

1998 年，东北地区夏季经历了三个阶段的持续降水过程，其共同特征为对流层低层的西南气流为中国东部地区输送大量的暖湿空气，为降水提供了必需的水汽条件(图 1.1)。在中高纬地区，对流层低层存在低压系统，是深厚冷涡的低层信号，有利于水汽的辐合上升形成降水。此外，与低压相配合的气旋式风场东部的偏南支有利于气流的向北输送。第一持续降水阶段深厚低压伴随的切断形势更为显著，有利于低压槽后冷气流的向南输送。与第一持续降水阶段不同，后两个持续降水阶段的西南气流往北的水汽输送更为强盛，并与中纬度气旋式风场东部的偏南输送合为一体。

进一步分析三个持续降水阶段大气柱的整层水汽通量及其散度的分布可以看出(图 1.2)，对水汽源地而言，1998 年夏季东亚地区强降水存在三个水汽来源通道：孟加拉湾、南海和西太平洋。此外，东亚地区的四个水汽通量辐合区与 Lee 等(2008)的四个梅雨

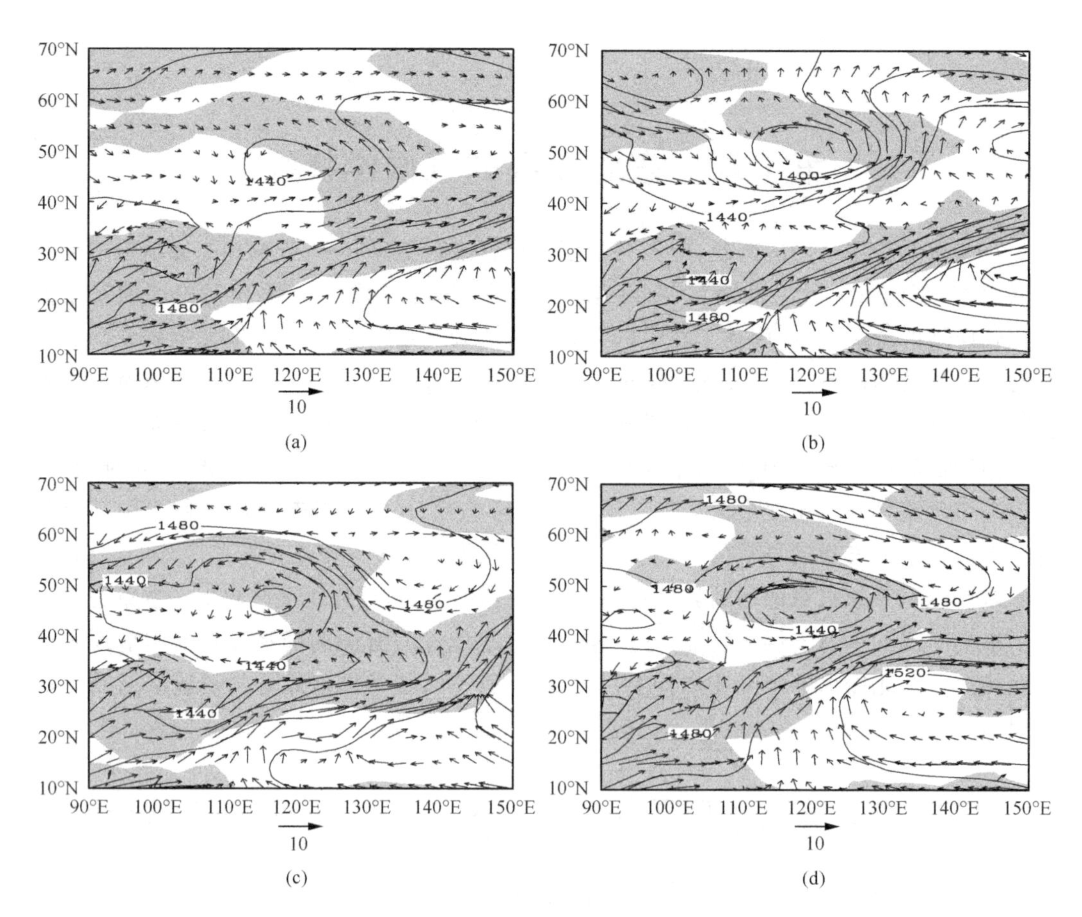

图 1.1　850hPa 时间平均风矢量(箭头)、位势高度(实线,单位:gpm,即为位势米)和大于 70%的相对湿度(阴影)的水平分布

(a) 6 月 1 日～8 月 31 日;(b) 6 月 7～24 日;(c) 7 月 17～30 日;(d) 8 月 1～15 日

降水带大值区大致上是一一对应的;水汽通量辐合区的季节南北偏移与梅雨雨带的南北推进也是一致的。相对而言,第一持续降水阶段的东北地区水汽输送特征具有更多的“局地”特征。随着东亚梅雨带的向北推进,后两个持续降水阶段的水汽输送与东亚夏季风水汽输送有更紧密的关联,水汽通量辐合显著地加强。

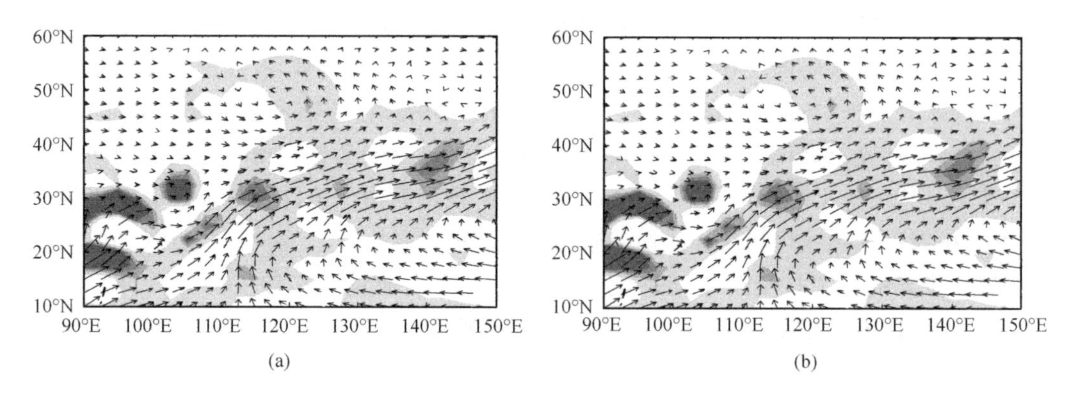

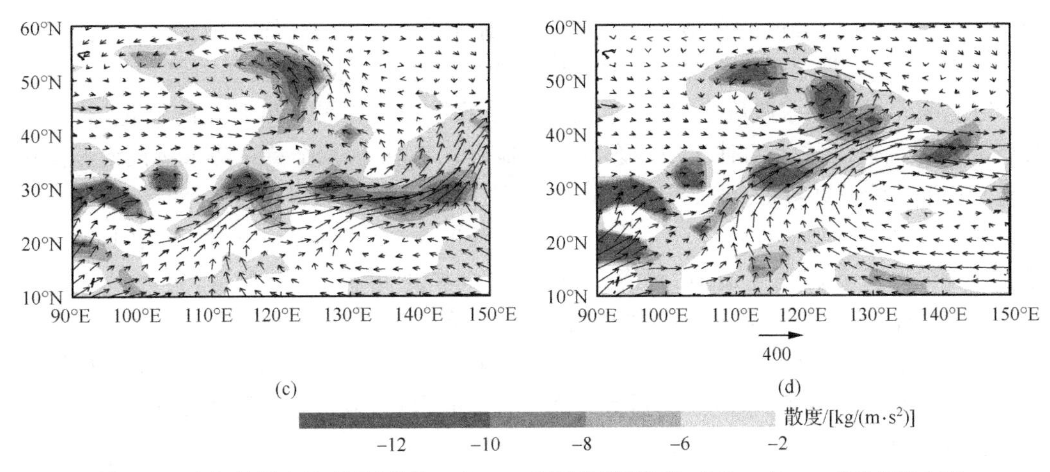

图 1.2　大气整层水汽通量[单位:g/(m·s)]及散度[阴影,单位:g/(m·s²)]水平分布

(a) 6 月 1 日～8 月 31 日;(b) 6 月 7～24 日;(c) 7 月 17～30 日;(d) 8 月 1～15 日

1.1.2　对流层高层环流

从图 1.3 可以看出,对流层高层的环流系统主要表现为高纬度的槽脊、西风急流和低纬度的南亚高压。在第一持续降水阶段,中国东北西部高空存在闭合的切断低压,其中心

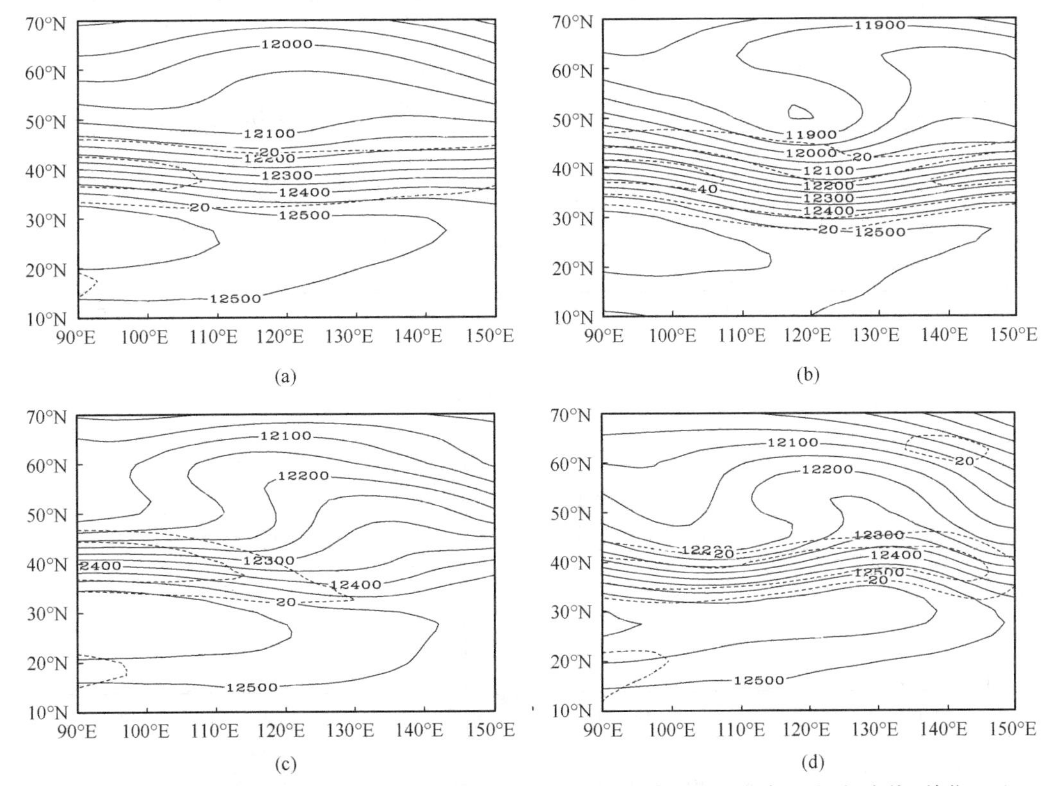

图 1.3　200hPa 时间平均的位势高度(实线,单位:gpm)和 20m/s 以上的全风速(短虚线,单位:m/s)

(a) 6 月 1 日～8 月 31 日;(b) 6 月 7～24 日;(c) 7 月 17～30 日;(d) 8 月 1～15 日

位势高度等值线间隔为 50gpm,风速等值线间隔为 10m/s

位势高度值为11850gpm。在第二、第三持续降水时段，东亚中高纬度地区都表现为“一槽一脊”的环流形势，其中，槽轴线自中国东北的西部向贝加尔湖的西北倾斜。

在这三个持续降水阶段中，低纬度南亚高压的平均位置表现出明显的变化，其主体(12550gpm等值线)向东可伸至中国东南沿海地区。其中，后两个持续降水阶段南亚高压的位置比第一阶段更偏北、偏东，其东部边缘在第三持续降水阶段甚至可到达日本西部。

与南亚高压相类似，高空西风急流的位置和强度在三个降水阶段也各不相同。其中，第一阶段的西风急流强度最强、范围最宽，其经向跨度可达15个纬度，最强风速可达40m/s。切断低压位于西风急流大风核的左前方，有利于对流云的发展。在第二持续降水阶段，西风急流强度明显减弱，中心平均最强风速为30m/s。相对于第一、第二持续降水阶段的西北—东南倾向，由于受到南亚高压北抬的影响，第三持续降水阶段的高空西风急流比较平直。

1.1.3 对流层中层环流

对流层中层的副热带高压(简称副高)的位置变动及中高纬度的大尺度波动对东亚地区夏季的降水起很重要的作用[图1.4(a)]。在第一持续降水阶段[图1.4(b)]，副高的主体在西太平洋，其北缘在我国华南沿海地区。贝加尔湖以东为一深厚的东北冷涡，等高线

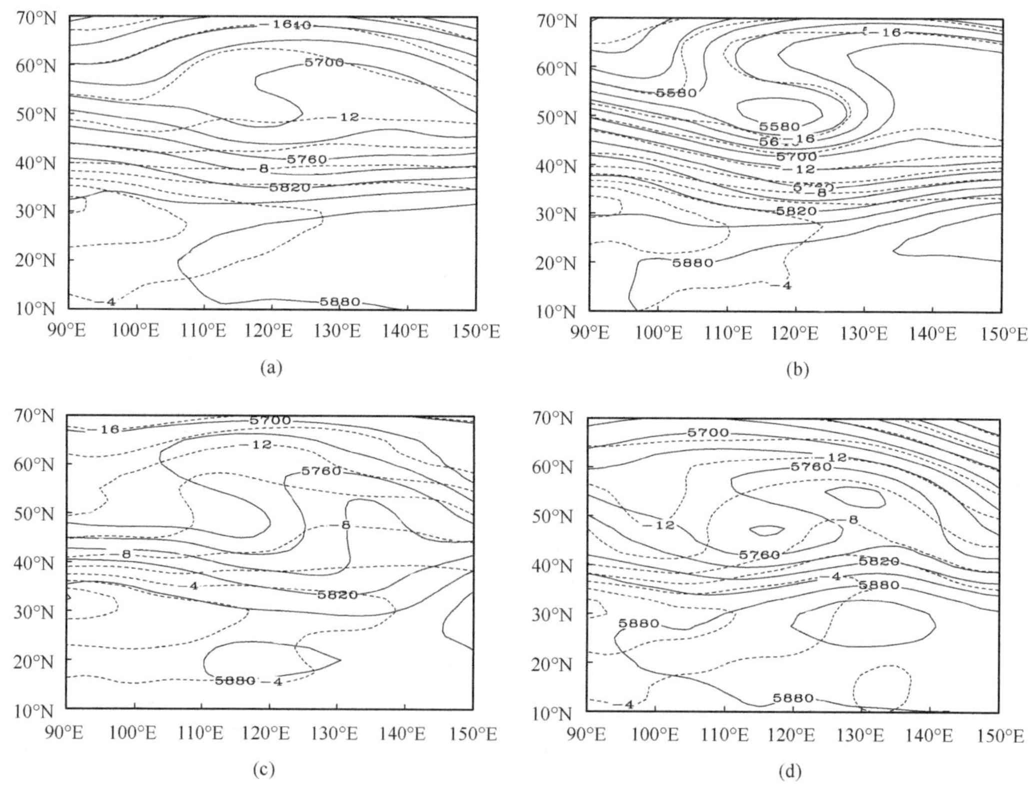

图1.4 500hPa时间平均的位势高度(实线，单位：gpm)和气温(细虚线，单位：℃)

(a) 6月1日～8月31日；(b) 6月7～24日；(c) 7月17～30日；(d) 8月1～15日

位势高度等值线间隔为30gpm，气温等值线间隔为2℃

和等温线近乎重合，因此高纬的冷空气便由槽后的西北气流源源不断地输送至中低纬地区。冷涡前部配合以阻塞高压脊，使得东北冷涡得以稳定维持。

在第二持续降水阶段，中纬度的西北—东南向深厚低槽（冷涡）明显变弱，而低槽东部的高压脊向西伸展至 100°E，副高南撤并在南海北部地区出现一个闭合高压中心[图 1.4(c)]。

在第三持续降水阶段，低纬度的副高异常加强，北上、西伸并控制了我国南方大部分地区，长江流域处在伏旱阶段[图 1.4(d)]。受副高的影响，中纬度大尺度环流较为平直，冷空气向低纬地区的输送大为减弱。在东北亚地区，典型的阻塞形势的维持有利于中高纬度地区的冷暖空气的径向输送。

1.2　东北冷涡的季节气候特征

就冷涡的识别方法而言，基本都可归纳为三种：主观方法、客观方法及两种方法的结合。其中，主观方法主要是利用逐日观测的天气形势图、卫星云图等，根据冷涡的某些显著观测特征，逐一时刻地人为识别与判断，然后进行记录。主观方法有较强的直观性，但费时费力、带有很大的主观性，更不利于研究其长期规律（Gimeno et al.,2007）。

基于冷涡的两个不同角度的物理本质，客观方法又可划分为两类：①从天气学概念模型角度，冷涡表现为对流层中、高层深厚的冷性低压涡旋中心；②冷涡表征为等熵面上的高位涡（PV）区。在比较了分别基于 PV 区和天气概念模型的北半球冷涡气候态后，Nieto 等（2008）指出，两种方法得到的结果具有相当高的一致性。为便于与 Zhang 等（2008）研究东亚地区的结果进行比较，本书采用了基于天气概念模型的客观方法。

尽管所采用的资料和识别方法各不相同，关于北半球冷涡气候特征的研究都得出了如下共性的结论（胡开喜等，2011）。

(1) 北半球存在三个冷涡（或称切断低压）发生频次密集区：南欧和东大西洋沿岸、北太平洋东部、中国北部-西伯利亚至西北太平洋沿岸（图 1.5）。

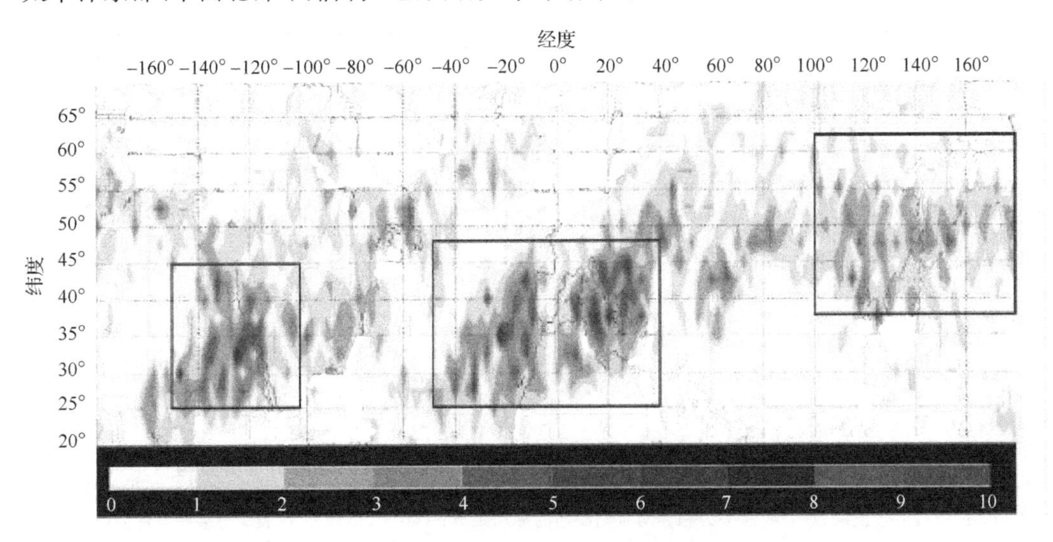

图 1.5　1958～1998 年冷涡（或称切断低压）发生总频数空间分布（Nieto et al.,2005）

(2) 夏季较冬季更有利于发生。

(3) 大部分仅能维持 2～3 天。

(4) 移动规律较为复杂。

1.2.1 东北冷涡的客观识别方法

如上所述,采用不同资料和不同识别方法的北半球冷涡气候学研究都发现,中国北部-西伯利亚是北半球冷涡的最有利发生区之一。值得注意的是,在东北亚地区,冷涡往往也被称为高层冷低压、低涡等(Matsumoto et al.,1982;Sakamoto and Takahashi,2005)。朱乾根等(2000)也指出,在中国,最常见的切断低压就是东北冷涡。然而,关于中国北部-西伯利亚的冷涡气候学的研究中,多数关注发生频数的时空分布,很少关注其他特征,如持续期、生成和衰减区、有利路径。

在本节中,利用水平分辨率为 2.5°×2.5°、时间分辨率为 6h 的 NCEP/NCAR(National Centers for Environmental Prediction/National Center for Atmospheric Research)再分析资料(Kalnay et al.,1996;Kistler et al.,2001),采用客观识别方法分析了东北冷涡的气候特征(胡开喜等,2011)。鉴于北半球冷涡一般水平尺度为 600～1200km (Kentarchos and Davies,1998),因而在水平分辨率为 2.5°×2.5°的格点资料中,东北冷涡是能够被识别的。此外,相对于更低时间分辨率,6h 分辨率的数据在识别和追踪热带地区以外的气旋时往往更为客观和有效(Blender and Schubert,2000)。

类似于郑秀雅等(1992)的东北冷涡天气学定义,这里将满足以下两个条件的天气系统归为一次冷涡事件:①在 100°E～150°E、30°N～65°N 区域内,500hPa 等压面上存在闭合低压中心;②低压系统同时有冷中心或明显的冷槽相伴随。值得注意的是,为了更加准确地识别、追踪东北冷涡,相比于郑秀雅等(1992)的定义,向四周略扩展了研究区域,并降低了冷涡持续期的阈值下限。

为在格点资料中具体地定量化以上冷涡定义,设计了三步算法(图 1.6)。

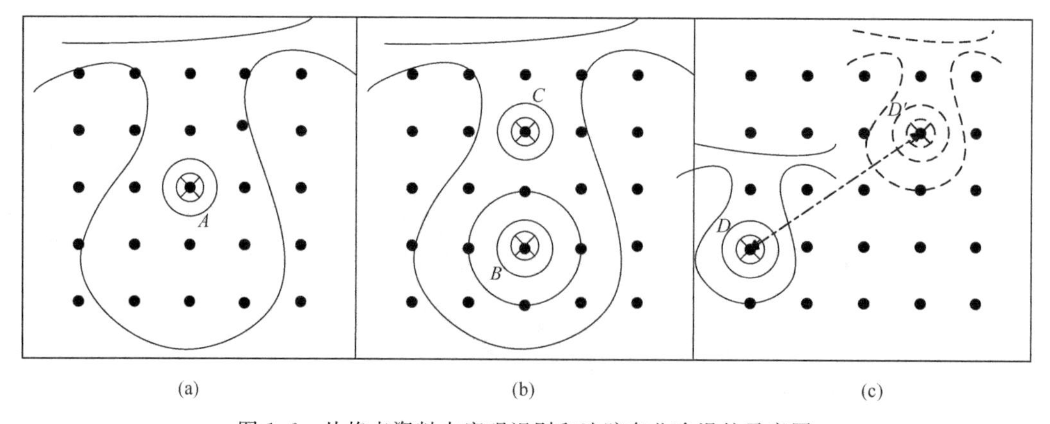

图 1.6 从格点资料中客观识别和追踪东北冷涡的示意图

实线和实心点分别为 500hPa 位势高度等值线和 2.5°×2.5°水平分辨率格点;长虚线为 $t+dt$($dt=6h$) 时刻的 500hPa 位势高度等值线;点划线箭头为相邻两时刻冷涡的移动距离;A、B、C、D 和 D'代表满足某些条件的格点,即潜在的冷涡中心

1. 识别算法

在研究区域的500hPa气压层次，当包括任一位势高度低值中心点(其位势高度值低于所有周围八个格点的值)在内的九个格点中，若其中某一格点的纬向气温二阶偏导数为正值$\left(\frac{\partial^2 T}{\partial x^2} > 0, T\text{ 为 500hPa 时的气温}\right)$，则该位势高度低值中心点[图1.6(a)中的$A$]视为潜在的冷涡中心格点。

2. 归并算法

在任一时刻，5°×5°格点方框内的所有潜在冷涡中心格点[图1.6(b)中的B和C]被视为在同一冷涡内。其中，位势高度值较低的那个格点视为该冷涡的主中心格点[图1.6(b)中的B]。

3. 追踪算法

在任意连续的两个时刻(间隔6h)，如果满足上述条件的2个中心格点距离小于10个经度(也即移速每6h小于10个经度)，则将它们视为同一个冷涡[图1.6(c)中的D和D']。否则，它们属于两个独立的冷涡。

此外，采用300hPa和200hPa气压层次，作者分别重复了上述的冷涡识别方法，得到了类似的结果。由于本章的主要目的之一是关注与东北冷涡相关联的降水，而且天气预报员往往采用500hPa天气图来预报天气状况。因此，这里采用500hPa气压层次来识别东北冷涡，而不是更高的气压层次。

尽管无法获得以前采用主观方法所得的资料，这里还是将23年(1958～1980年)主观分析的历史统计(郑秀雅等，1992)和本书所采用客观分析的结果进行了对比(图1.7和图1.8)。在比较前，客观分析采用了与郑秀雅等(1992)相同的区域大小、分析时段和维

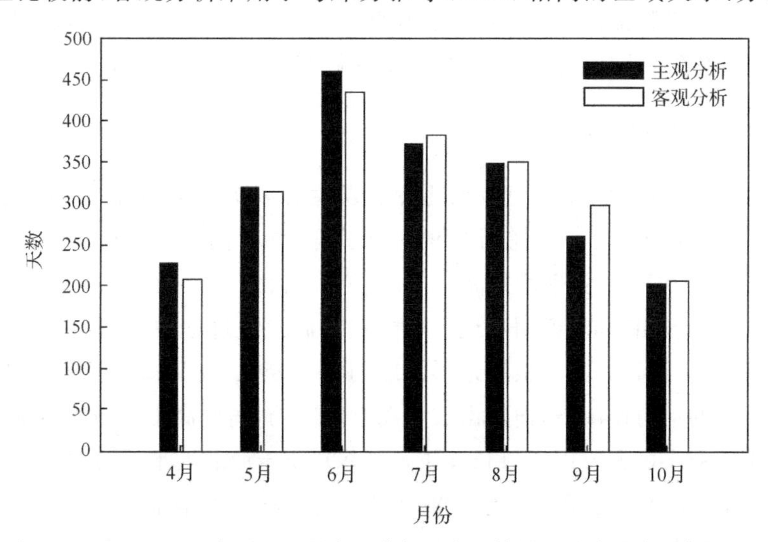

图1.7　1958～1980年4～10月主观分析和客观结果逐月冷涡总日数的对比

持期阈值，也即115°E～145°E、35°N～60°N的区域范围内，1958～1980年的4～10月和3天维持期。在月平均频次分布上，客观结果与主观分析的特点基本一致。至于两种方法所得冷涡频次的年际变化(图1.8)，两条时间序列相关系数为0.51，达到95%的信度水平。此外，还随机选取了一个季节(2007年夏季)，比较了客观追踪的输出结果与国家气象中心(中央气象台)天气图的手动分析个例，两者总体上有很好的一致性。

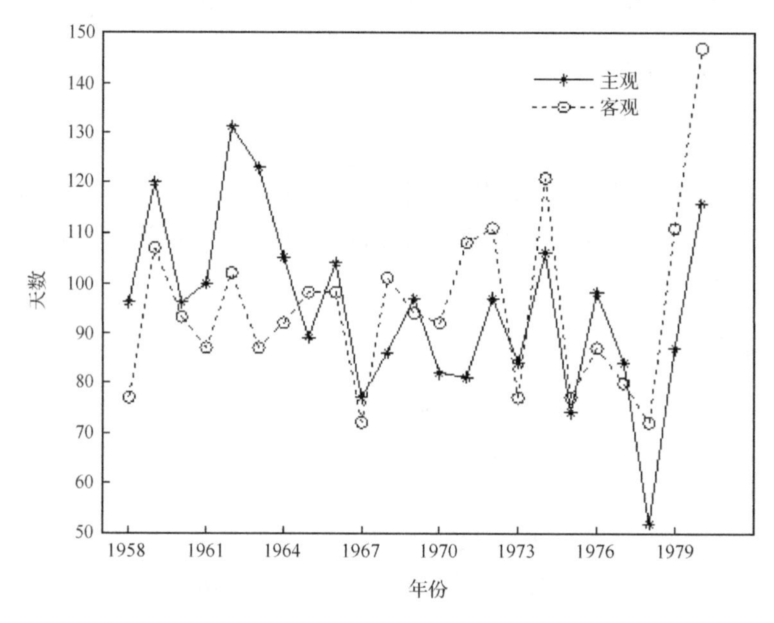

图1.8　1958～1980年逐年4～10月主观分析和客观结果冷涡总日数的对比

1.2.2　东北冷涡的季节气候态

通过上述的三步算法，我们得到了一套多年的东北冷涡发生频次数据集。更进一步，更多东北冷涡的详细特征信息，如维持期、尺度和有利路径，也可以由此数据集衍生得到。在本节中，我们将详细地分析东北冷涡的季节气候态的各种信息特征。

1. 冷涡频次的空间分布

图1.9为49年(1958～2006年)东北冷涡发生总频次的空间分布。很明显，东北冷涡发生频次集中区域约呈西南—东北向的带状分布，并有两个极大值中心。第一个主极大值中心(129°E, 50°N)的年平均值高于8次，位于东北平原的北部。这一密集中心与东北地区的低洼地形区相对应，说明了地形可能在冷涡发展过程中起重要作用(郑秀雅等，1992；Fuenzalida et al.，2005)。根据地形高度的涡度变化方程，郑秀雅等(1992)指出，高空低压槽在地形的动力作用下，向高山坡移动时将减弱，离开高山下坡时将加强。

另一个稍弱的次极大值中心(142.5°E, 54°N)，位于西北太平洋沿岸，虽范围小，但其中心值与主密集中心相当。Porcu等(2007)在研究欧洲-大西洋区的冷涡时，发现较低的海表面温度可能抑制对流的发展，进而延缓了冷涡的衰退过程。这意味着，东北亚内陆和北太平洋的热力差异可能影响了东北冷涡的发展过程，进而形成了其发生频次独特的"双心"分布。

	100°E		105°E		110°E		115°E		120°E		125°E		130°E		135°E		140°E		145°E		150°E
60°N	86	131	156	149	149	136	133	124	109	112	128	157	119	153	163	213	172	189	190	148	98
	84	130	155	180	194	169	194	166	163	141	182	193	221	231	264	336	344	343	294	223	222
55°N	47	72	105	144	206	224	242	275	242	234	242	230	304	310	351	390	445	510	477	456	273
	68	80	96	133	212	293	329	392	391	432	400	402	460	441	446	458	451	487	455	403	282
50°N	116	118	123	162	246	340	360	390	490	493	498	543	526	441	445	426	406	369	420	377	371
	152	155	160	199	198	265	284	351	373	431	452	423	404	393	381	325	320	310	343	322	293
45°N	49	54	80	110	169	165	221	261	294	320	304	320	312	302	304	303	316	336	248	237	208
	16	11	36	58	78	118	150	131	184	218	253	266	251	264	239	240	184	195	159	144	132
40°N	12	27	39	51	70	70	90	103	127	131	178	185	186	169	145	108	119	108	75	70	74
	14	24	46	71	60	48	41	60	70	74	80	69	70	87	66	65	62	57	44	41	22
35°N	0	3	11	46	45	31	19	29	25	29	41	25	30	46	41	44	23	14	22	15	21

图 1.9　49 年(1958～2006 年)东北冷涡发生总频次的空间分布

浅色、深色阴影区分别为 392 次、490 次，即年平均值分别为 8 次和 10 次的区域

冷涡的空间分布也随季节而变化。图 1.10 显示了春季(3～5 月)、夏季(6～8 月)、秋季(9～11 月)和冬季(12 月至次年 2 月)的冷涡频次空间分布。随着季节推进，冷涡频次最大值区呈现一个东西向的振荡。在春季和秋季，频次密集中心位于年平均气候态位置，也即大约 50°N。冷涡频次密集最大值区，在夏季向欧亚大陆偏移，而在冬季撤退回西北太平洋沿岸。这可以进一步解释冷涡频次分布的两个极大值中心区的存在(图 1.9)。关于夏季冷涡频数分布向大陆的伸展，Nieto 等(2005)认为这可能与高空急流的位置与强度有关，我们将在第 5 章中进一步阐述。

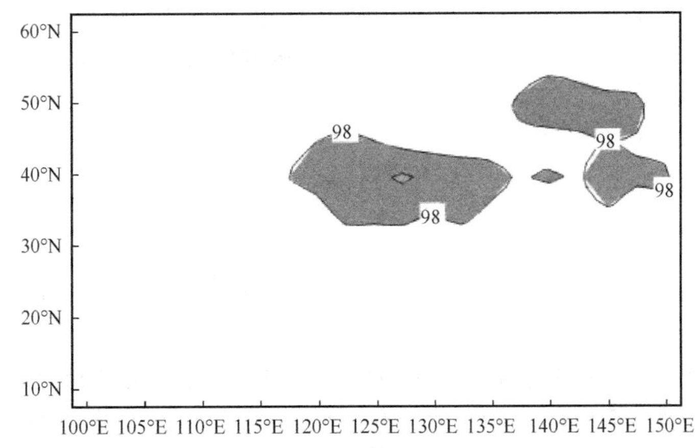

(a)

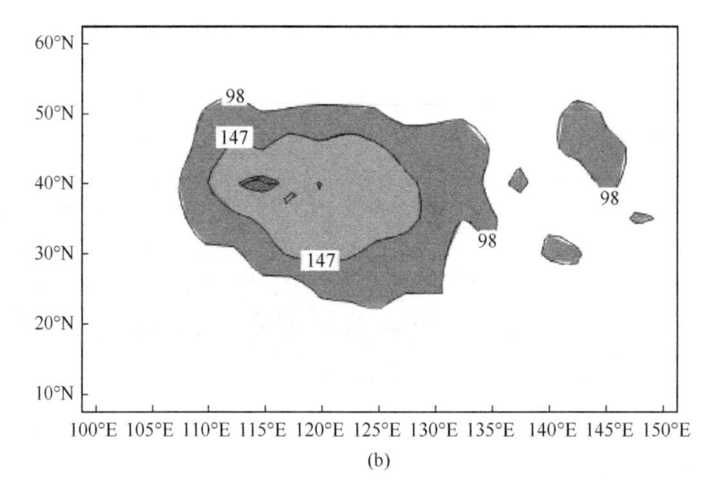

(b)

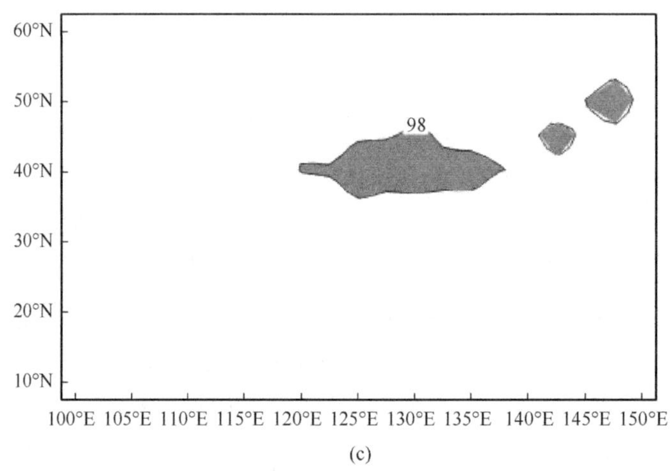

(c)

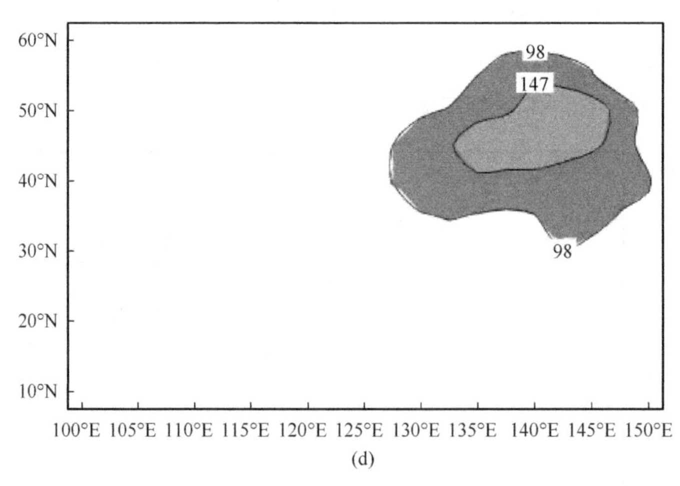

(d)

图 1.10　春季(a)、夏季(b)、秋季(c)和冬季(d)冷涡频次(单位:次)的空间分布

浅灰色、深灰色分别为 147 次、98 次,即年平均值分别为 3 次和 2 次的区域

对于密集中心的强度而言，夏季最大值可超过3次/a，冬季和春季次之，而在秋季，仅约每年两次冷涡发展于最大值中心区。这与冷涡发生频次的空间分布是一致的（图1.9）。

2. 冷涡频次的时间演变

下面分析研究区域内（100°E～150°E，30°N～65°N）东北冷涡的时间演变。需要注意的是，“冷涡天数”指的是某一特定年份或月份有冷涡发生的总天数。

图1.11为逐月的东北冷涡发生频次分布。可以看出，冷涡的发生个数和发生天数都存在一个季节循环。其中，夏季是东北冷涡最有利的发生季节。而在冷季（10月至次年4月），冷涡相对不活跃，尤其是在10月和11月。平均而言，冷涡可在6月和7月影响东北地区24天的天气状况，但在10月和11月少于15天。冷涡发生天数和发生个数的逐月演变是一致的，这意味着冷涡维持期随季节可能没有明显的变化。

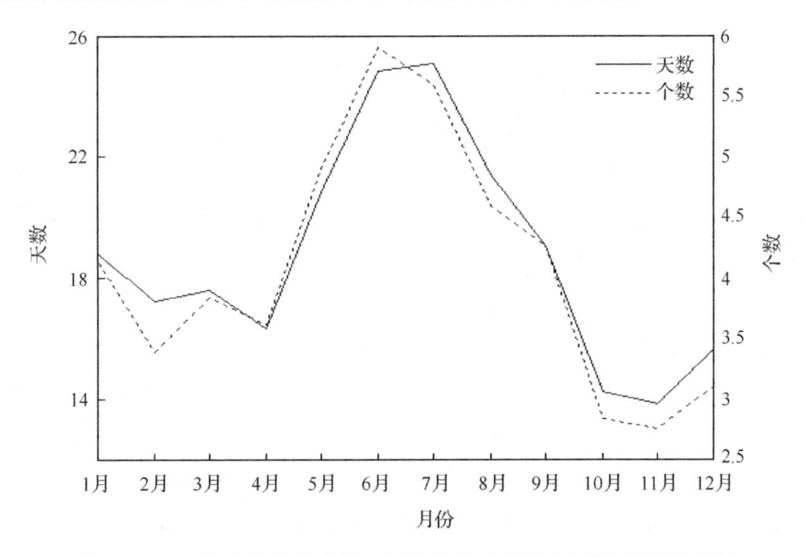

图1.11　东北冷涡发生个数（虚线）和发生天数（实线）的逐月变化

东北冷涡发生频次存在明显的年际变化（图1.12）。1980年冷涡个数最多，为59个，而在1964年最少，仅有38个。最大的年际变化出现于1988年和1989年，分别对应于267个和172个。平均来说，东北地区每年有49个冷涡活动，年平均持续日数为225天。冷涡的发生天数和发生个数有很好的一致性，意味着其维持期随着年份也没有显著的变化。

3. 冷涡的维持期和尺度

东北冷涡从其被识别的开始时刻至其消亡时刻，定义为维持期。其中，大部分被识别的冷涡维持期较短（Zhang et al.，2008）。此外，考虑到大部分短生命期系统是浅槽，或是复杂系统的次中心（Trigo et al.，1999），因而，在下文中，我们仅考虑在被识别的所有系统中生命期不短于2天的冷涡事件。从冷涡的维持期分布来看[图1.13(a)]，大部分冷涡仅能维持2～4天。其中，春季、夏季、秋季和冬季分别有83%、71.9%、82.4%和79.8%

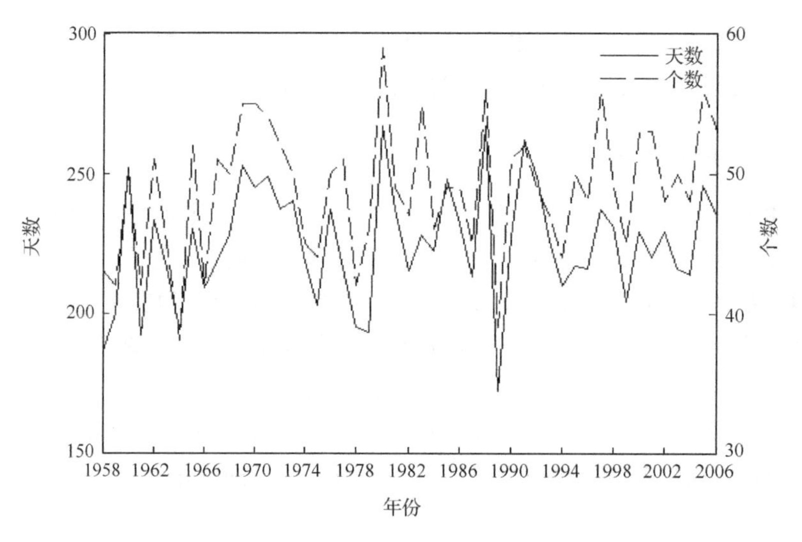

图 1.12 东北冷涡发生个数和发生天数的逐年变化

的冷涡维持期为 2～4 天。例如黄璇和李栋梁(2020)统计 1979～2018 年 5～8 月的东北冷涡发现,其平均维持期(生命史)为 3.2 天。生命维持期达到 9 天及以上的冷涡很少,各个季节均不足 5%。而且,相比于其他季节,在发生最频繁的夏季和冬季,冷涡似乎具有更长的生命期。此外,在不同区域生成的东北冷涡平均维持期也有较大差异。

类似于 Nielsen 和 Dole (1992)研究地中海气旋的方法,对于每一个个例,将冷涡生命期内最长的中心与最外围闭合等值线的距离定义为该冷涡的尺度。为简便起见,所有冷涡事件的尺度归为四组:小于 500km、500～1000km、1000～1500km 和大于 1500km。图 1.13(b)表明,大部分冷涡的尺度居于 500～1500km。对于这一尺度范围,春季、夏季、秋季和冬季分别占各自季节总数的 81.9%、92.6%、80.3%和 73.1%。而且,冬季中大于 1500km 尺度的冷涡明显要比夏季多(冬季和夏季分别为 25.1%、4.9%),这可能与夏季对流事件对冷涡的发展起抑制作用有关(Porcu et al.,2007)。

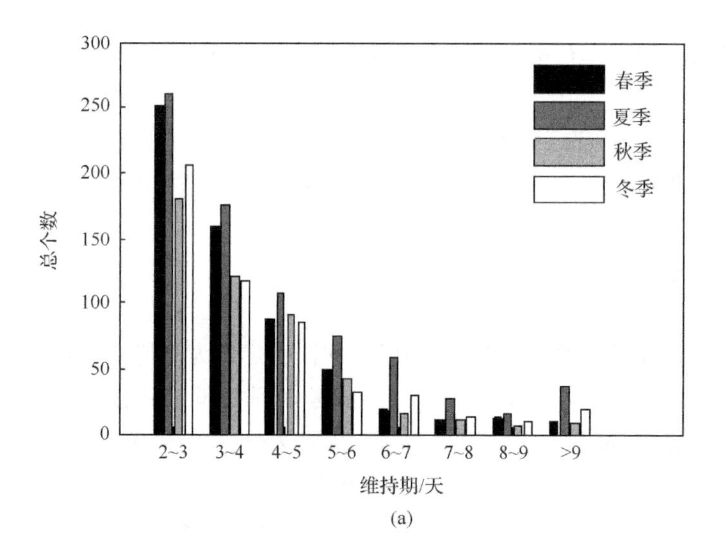

(a)

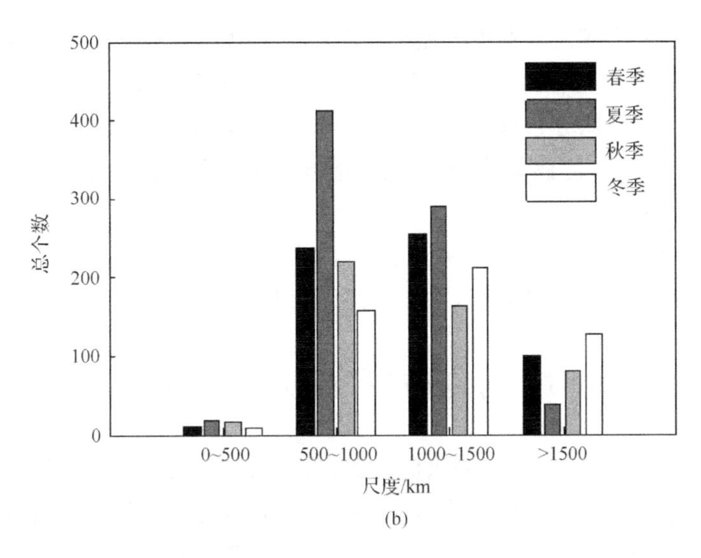

图 1.13　东北冷涡的维持期和尺度分布

4. 冷涡的生成和衰亡

统计发现，大部分东北冷涡生成于贝加尔湖以东，衰亡于西太平洋沿岸附近。而且，生成区比衰亡区更为密集，这意味着下游地区冷涡的路径要比上游复杂。考虑到生成与衰亡差值中的主要正、负密集区中心的朝向可在一定意义上表征中纬度气旋的最有利移动方向(Trigo et al.,1999)，大部分冷涡倾向于向东南或向东移动。黄璇和李栋梁(2020)统计了 35°N～60°N、110°E～145°E 范围内的东北冷涡活动情况，并以 45°N、125°E 将区域分为 4 个象限，统计表明东北冷涡以向东移动为主，第 2、3、4 象限(即西北、西南和东南象限)向东移动的冷涡频数均超过了 70%，而第 1 象限(即东北象限)只有 31.8%的冷涡向东移动，其向东南方向移动的冷涡却超过了 35%。。

在季节尺度上，冷涡生成和衰亡的空间分布类似于各自年平均频次的分布，即贝加尔湖以东的净源区和西太平洋沿岸附近的净汇区。在这里，“净源区(净汇区)”意指在此区域，冷涡以生成(衰亡)为主。冬季冷涡生成区呈现为从 115°E 至 114°E 伸长的带状，这可能是冷涡发生总频次中的次密集中心(142.5°E,54°N)产生的原因，净源区整体向东偏移了大约 10 个经度，净汇区位于日本海北部附近，这意味着冷涡路径更偏向东南。在夏季，冷涡衰亡地点比较分散，而且最大值密集区向大陆延伸，可能说明了冷涡具有更为复杂的移动路径或更短的生命期。

本节利用该 49 年 6h 分辨率的 NCEP/NCAR 再分析资料，研究了东北冷涡的季节气候特征。首先，基于客观识别方法和冷涡天气模型，得到了几十年的东北冷涡数据集。进一步利用这一数据集，我们揭示了东北冷涡的季节气候特征，包括发生频次、维持期、尺度、生成和衰亡、最有利路径等。本部分得到的主要结论如下。

(1) 大部分东北冷涡的生命期少于一周，在夏季和冬季易于更长时间的维持。同时，大部分冷涡具有较大的空间尺度，一般为 500～1500km，冷季相对比暖季要更大些。

(2) 东北冷涡发生频次存在季节循环，即夏季达到峰值，在秋末和初冬发生频次为谷值。年冷涡发生频次有显著的年际变率，但没有显著的长期趋势。

(3) 冷涡频次的空间分布呈“双心”结构。其中，主心位于东北平原的北部，次心位于西北太平洋沿岸。此外，冷涡频次密集带随着季节有一个纬向的振荡，即夏季向陆地延伸，冬季退回到海岸。

(4) 大部分冷涡生成于贝加尔湖以东地区，衰亡于西北太平洋沿岸。东北冷涡易于沿着向东或向东南的通道移动，而且在暖季路径相对复杂。

1.3 与冷涡相关联的降水分布

气象学家很早就认识到，局地降水的位置、强度与高空天气系统的发展移动等规律往往有着密切的关系。在早期的研究中，由于缺乏足够可用的高层观测资料，与降水相关联的天气系统往往主要关注地面(Jorgensen，1963)。近几十年，随着大规模观测网络的建立，关于降水和对流层中、高层天气系统关系的研究逐步发展起来。

对中高纬度地区而言，切断低压是对流层中、高层的重要天气系统之一。深厚的高层冷气团有利于促进深对流发展，如果存在合适的下垫面热状况，切断低压影响下的对流层时常能发生持续性的不稳定天气(郑秀雅等，1992；Kentarchos and Davies，1998)，在我国东北、华北、黄淮等地产生短时强降水或风雹等不同类型的强对流天气(何晗等，2015；杨珊珊等，2016；蔡雪薇等，2019；张弛等，2019；杨吉等，2020)。例如，通过统计分析，1990～2005年东北地区的30个大暴雨个例，其中的13个极端事件与东北低涡有关(乔枫雪，2007)。刘刚等(2017)分析表明，初夏(5～6月)冷涡背景下东北地区的降水累计量可占该阶段总降水量的62.5%。

国内外一些学者研究了与切断低压相联系的降水分布特征。Hsieh(1949)通过个例分析，得出了与一个北美地区高空冷涡相关联的降水分布示意图，指出强降水往往位于上层系统东部的强辐合区。Klein等(1968)的研究指出，美国中部地区降水的最大频次在500hPa低压中心以南2.5°、以东3.5°。通过8个典型的中国东北冷涡暴雨个例的合成分析，孙力等(1995)指出暴雨类冷涡的降水中心往往在冷涡东侧偏南和南侧偏东的区域，分别距离系统中心300～400km、700～800km。研究表明，美国东北部大约30%的年降水量是由切断低压造成的。Llasat等(2007)指出，约35%的切断低压系统能在伊比利亚半岛产生降水，此外，降水的强度及位置取决于切断低压的位置，产生降水的切断低压中心主要位于伊比利亚半岛西部。Nieto等(2005)分析了与伊比利亚半岛-地中海地区切断低压相关联的云、降水的分布特征，指出30%的切断低压不产生任何降水，而位于伊比利亚半岛西部的切断低压引起的降水量往往较大。

最近，Zhang等(2008)统计分析了与东北冷涡有关的强对流性事件(暴雨、冰雹)的分布，但其研究时段仅限于暖季(5～9月)。何晗等(2015)统计表明，冷涡背景下的短时强降水主要集中在京津和河北东南部，以及东北平原地区，以7月份最多，日变化表现为午后至傍晚时段多发。冷涡维持期的不同阶段均能产生短时强降水，但以发展阶段最多，降水主要位于冷涡中心的东南部和西南部，不同类型冷涡的降水分布有不同特征。然而，中国东北地区的暖季降水，尤其是在7月和8月，主要受到东亚夏季风的影响（郑秀雅等，1992），因而冷季东北冷涡对降水的贡献很可能相对于暖季要更大些。关于冷涡降水季节性差异的问题目前尚无定论。此外，与冷涡形势相关的环流异常不仅限于影响局地的天气状况，还可以影响非局地地区（郑秀雅等，1992）。因此，在分析与东北冷涡相关联的降水分布时，也要考虑到更宽广区域的降水形态，而不仅限于冷涡某一指定的影响半径范围内。

可见，认识与切断低压相关联的降水分布特征对局地的灾害性天气预报有着重要的意义。在本章中，根据客观识别得出的多年东北冷涡数据和东北地区的逐日站点降水资料，研究了与东北冷涡相关联的降水分布，分析了冷涡对东北局地降水量贡献率的空间分布和季节特征差异，并通过合成方法分析了不同区域冷涡的降水分布及相应的环流型。

这一部分的分析中，主要利用1.2节中采用客观方法得到的东北冷涡数据集和中国逐日气象站的观测降水资料。其中，逐日站点降水资料包含时间长度不一的700多个站点，由国家气象信息中心统一整理、订正。考虑到由于早期站点缺乏和站点迁移可能带来的数据质量问题，我们只选用了最近27年（1979～2005年）的资料。其中，日降水量和季节降水量的气候态值均定义为1979～2005年的多年平均值。此外，在不同冷涡环流型的合成分析中，所用的格点资料为逐日的NCEP/NCAR再分析资料（Kalnay et al.，1996；Kistler et al.，2001）。

为研究与每一次冷涡事件的发生相伴随的降水分布，本章选定了两个区域：外区域（100°E～150°E，30°N～60°N）和内区域（115°E～135°E，35°N～55°N）。其中，外区域考虑为东北冷涡的活动范围。内区域为降水分布区，其中包含了整个东北地区、部分华北地区，共129个降水站点。当某一时刻有冷涡系统活跃于外区域时，我们将同一时刻内区域范围内发生的降水视为与这次事件相关联的降水。值得注意地是，在这里，我们将与冷涡发展同时的降水视为"冷涡降水"，而并不细究此次降水是直接还是间接由冷涡造成的。

1.3.1　与冷涡相关联的季节降水分布

图1.14(a)为1979～2005年中国东北地区年平均降水的空间分布。气候态上，东北地区降水自东南向西北逐渐减少。其中，东南部山脉迎风坡的宽甸站（124.47°E，40.43°N）年降水量可达1055mm，而西北部的新巴尔虎旗站（116.49°E，48.4°N）年降水量仅249mm。这种降水空间分布的特点取决于东亚夏季风环流（郑秀雅等，1992；Sun et al.，2007）和东北地形特点（王晓明和谢静芳，1994），以及东北冷涡等重要的天气系统的发生位置。此外，东北地区降水的季节差异十分明显（郑秀雅等，1992；廉毅和安刚，1998；贾小龙等，2003），夏季大部分降水量在300mm以上[图1.15(b)]，而在冬季降水量却不足20mm[图1.15(d)]。

冷涡对我国东北地区的灾害性天气的发生有显著影响，但此前关于东北冷涡和对流事件关系的研究绝大多数仅限于个例研究（Chen et al.，1988；Zhao and Sun，2007），很少或没有注意到季节差异（Zhang et al.，2008）。基于上一章节客观识别方法得到的长期冷涡数据集和站点降水资料，即可分析描述与东北冷涡相关联的季节降水分布模态。

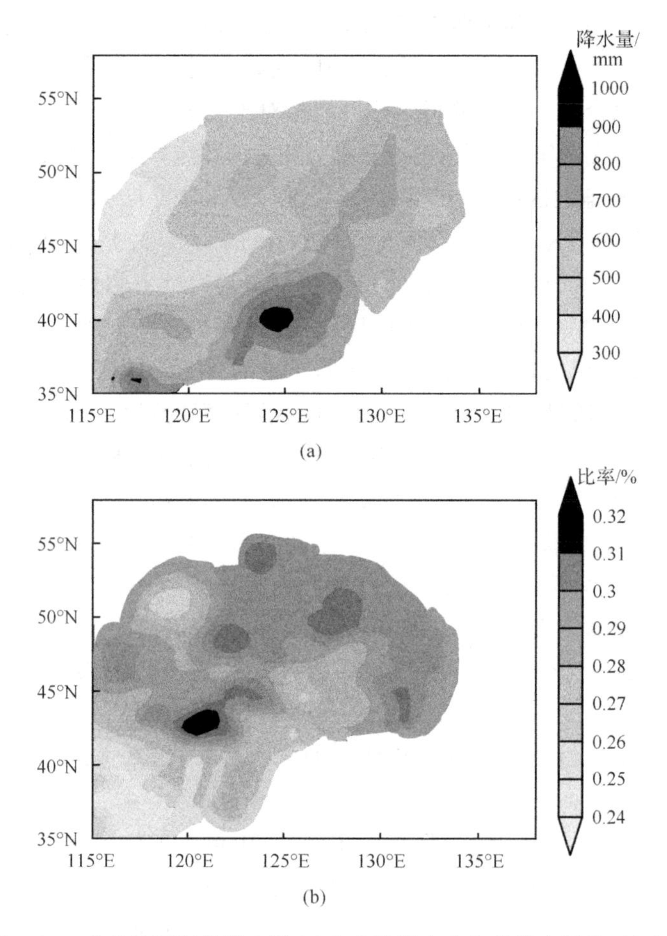

图 1.14　东北地区年总降水量(a)和冷涡降水占年总降水量(b)的比率

图 1.14(b)为与冷涡相关联的年降水量占年总降水量的比率分布。可以看出，对于东北大部分地区，约 1/4 的年降水量是与冷涡相关联的。由于 Zhang 等(2008)采用了更为严格的位势高度差阈值标准(40gpm)来识别冷涡，很可能相当一部分浅薄或较弱的冷涡事件被过滤掉了。因而，仅由深厚和较强冷涡事件导致降水的比率比我们的研究结果要高很多。郑秀雅等(1992)的统计分析指出，吉林省大约 7%的区域暴雨和 22%的局地暴雨是与东北冷涡紧密有关的，这与我们的结果更为接近。

值得注意的是，在年降水量较少的地区(如东北地区的北部和西部)[图 1.14(a)]，降水很可能与冷涡的关联性更大，这与 Zhang 等(2008)的结论是一致的。在这些地区，冷涡降水的比率达到甚至超过 30%[图 1.14(b)]。因此，这意味着，东北地区北部和西部的降水更易受到冷涡的影响，而其他地区的降水可能更多地与东亚夏季风南风分量相关联。

冷涡降水的比率也存在着显著的季节差异(图 1.16)。在春季和秋季，尽管东北冷涡相对不活跃，但大部分东北地区的冷涡降水比率超过了 30%。另外，在冷涡发生最频繁的夏季，相对其他季节而言，东北地区的降水与冷涡关联度最低，几乎所有东北地区都低于 30%。这可能是由于东北地区夏季降水更主要是与东亚夏季风有关。

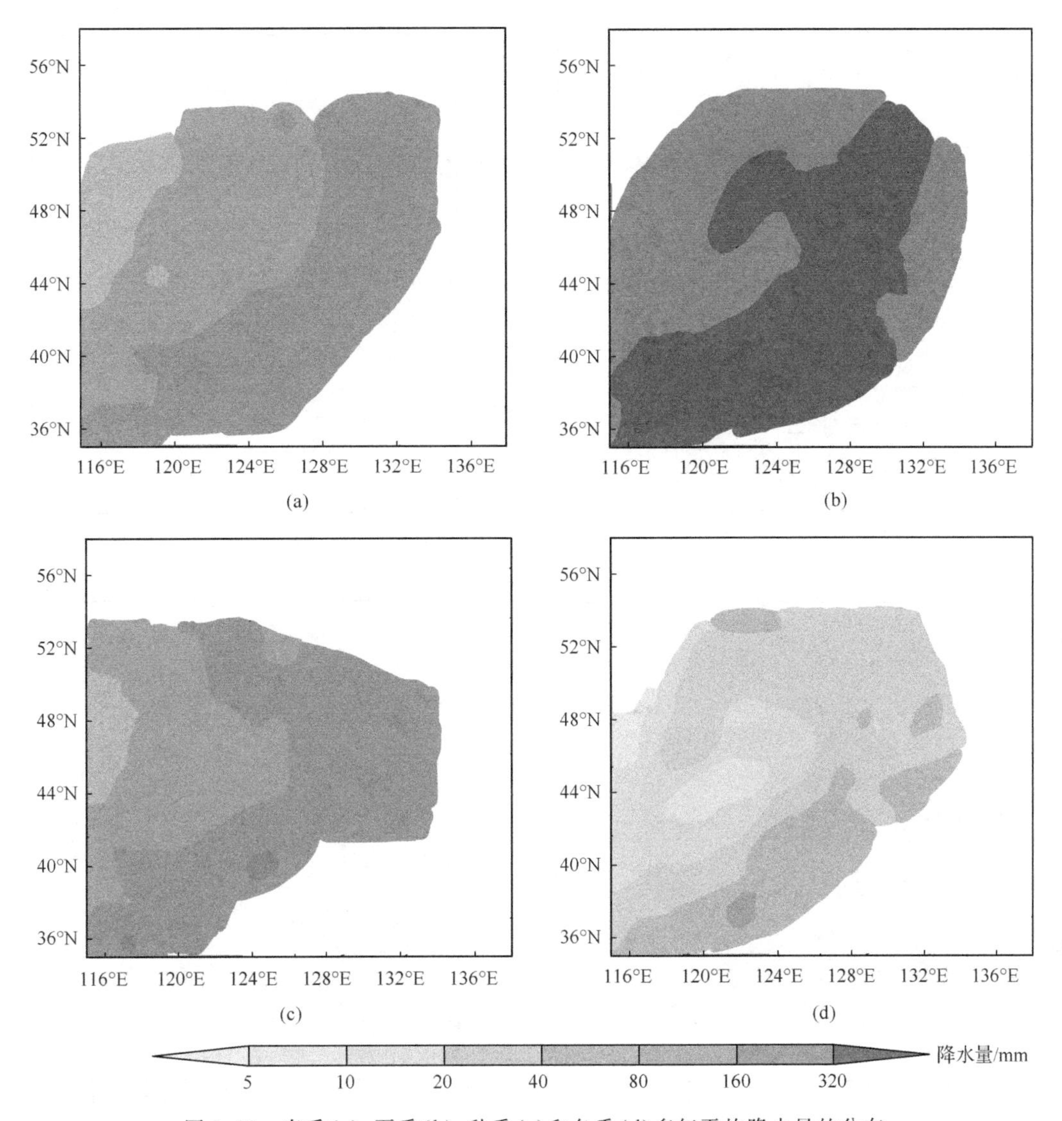

图 1.15　春季(a)、夏季(b)、秋季(c)和冬季(d)多年平均降水量的分布

1.3.2　与不同区域冷涡相关联的降水分布及环流型

东北冷涡影响下的天气具有复杂性，且预报比较困难，这与不同区域冷涡活动有关。这种复杂性主要受到两方面的影响：地形分布和气候型。东北地区西北侧为大兴安岭，东北侧为小兴安岭，东南侧为长白山脉，中部为低洼的平原，而东部为西北太平洋。1.2 节的分析结果表明，东北冷涡发生频次的最大密集中心处于山脉东侧的低洼地上空。李艺苑等(2009)的研究综述指出，中尺度地形对大气运动有显著的强迫抬升和屏障作用，进而对局地暴雨等强对流天气的发生、发展及强降水事件的雨量、落区都有很大影响。此外，东北地区处于东亚季风区的北段，受到季风气候的影响，南北差异也很明显。我们在上一节的分析表明，在季风气候强盛的夏季，东北地区相对较少受到冷涡的单独影响，而且这种

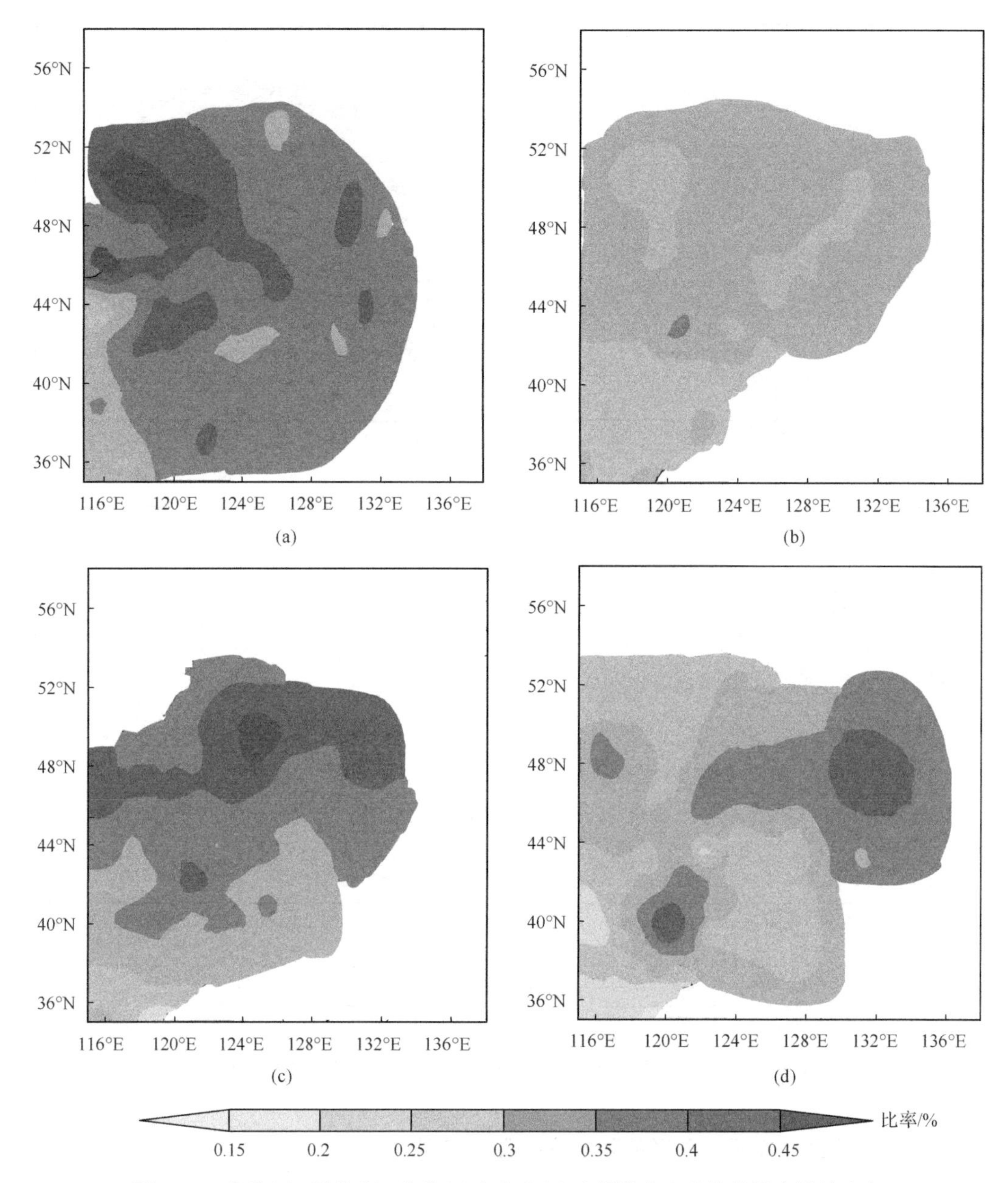

图 1.16　春季(a)、夏季(b)、秋季(c)和冬季(d)冷涡降水占季节总降水量的比率

影响在西部、北部表现也更为显著。陶诗言(1980)也指出,单由冷涡本身引起的降水一般不大,而当中纬度的低涡与其他北上系统(如台风)相结合时,常常出现暴雨甚至大暴雨。

郑秀雅等(1992)的研究结果表明,不同位置的暖季冷涡所造成的对流性天气差别很大。其中,40°N 以南的冷涡形势是高温少雨的环流型,40°N～50°N 范围出现的冷涡容易造成低温多雨的天气,而在 50°N 以北出现的冷涡对流性天气复杂多样。在分析了近 50 年发生于伊比利亚半岛的切断低压强降水后,Llasat 等(2007)指出切断低压与强降水区两者的相对位置关系取决于切断低压的发生位置。Nieto 等(2008) 的研究也发现,当切断低压中心位于伊比利亚半岛西部时，降水往往偏多；而当切断低压中心位于伊比利亚半岛南部时，往往很少有降水形成。Singleton 和 Reason (2007)在研究副热带地区非洲南部切断低压系统时，也指出异性区域(降水态、环流型和海洋影响各不相同的区域)的切断低压受不同气候模态的影响，具有不同的变率特点。

考虑东北冷涡生成和衰亡区、地形分布、气候影响等对降水影响的不同，我们分别以125°E 和 45°N 为对称轴线，把东北冷涡活动外区域划分为四个象限区域，进而来研究冷涡降水的区域性特征。其中，西北(NW)、东北(NE)象限分别为冷涡的生成和衰亡最大值区，而且分别对应着山脉背风坡、东亚大槽。相对于其他区域，西南(SW)和东南(SE)区域分别受到东亚季风南风分量、西北太平洋的强影响。

图 1.17 为发生于不同区域的东北冷涡相关联的降水分布。可以看出，东北地区受冷涡影响的降水量，主要与发生于西北和东北象限区域的冷涡系统有关。这一冷涡降水的分布特征与东北冷涡频次分布的两个密集中心是一致的。

当东北冷涡发展于西北象限区域，即贝加尔湖以东的气候态冷涡频次最大值区时，对除了西部外的东北大部而言，60mm 以上的降水都与冷涡系统相关联[图 1.17(a)]。其

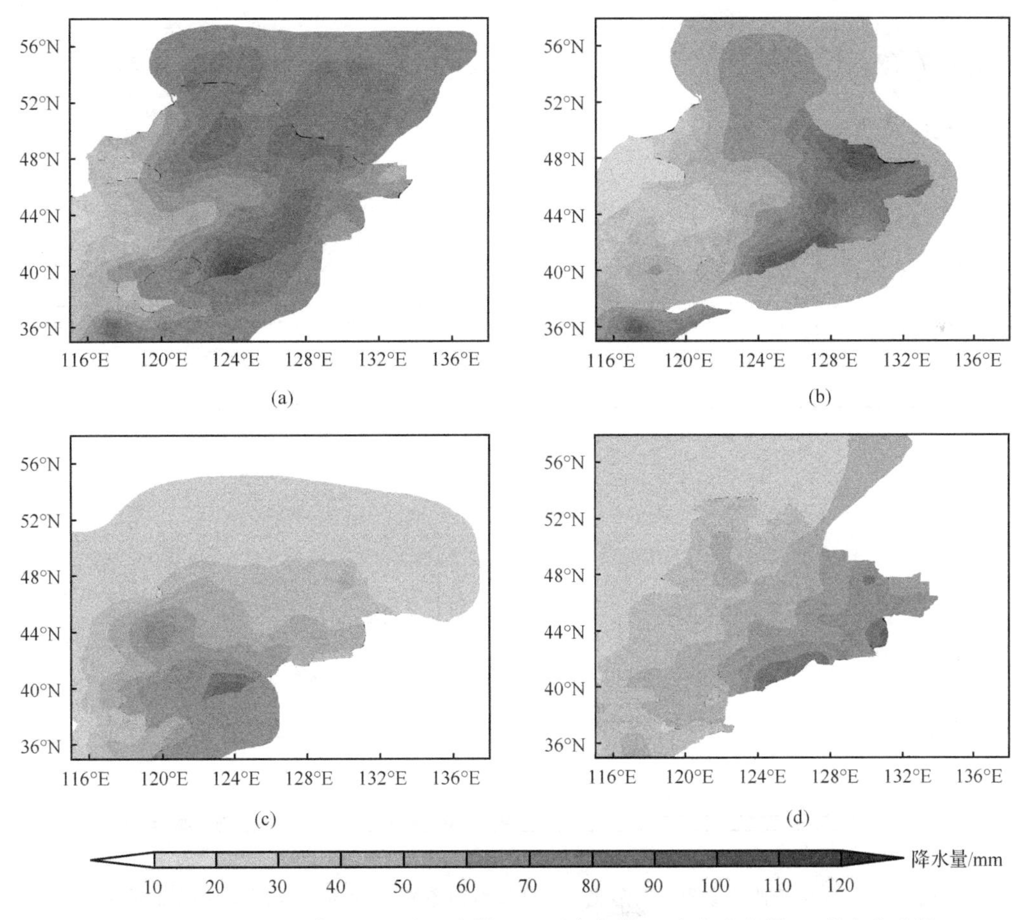

图 1.17　发生于西北象限(a)、东北象限(b)、西南象限(c)和东南象限(d)的东北冷涡相关联的降水分布

中，东南部长白山麓地区受西北象限冷涡影响的降水可达100mm以上。活跃于东北象限区域的冷涡，能够影响中国东北的东部和东南部地区约70mm以上的年降水量[图1.17(b)]。对于发展于西南象限[图1.17(c)]和东南象限[图1.17(d)]区域的冷涡系统，仅分别与东北地区的西南部、东南部局地降水相关联，而且其冷涡降水量仅40mm左右。

考虑到东北地区气候态降水呈由东南向西北递减的阶梯状分布结构[图1.14(a)]，我们也考虑了不同位置发生的冷涡系统所带来的局地降水的比例(图1.18)。可以看出，东北大部分地区，尤其是北部和中部超过一半的冷涡降水与发展于西北象限区域的冷涡系统息息相关。另外，发生于东北象限的冷涡系统可影响东北地区东部40%以上的冷涡降水。另外，考虑到东北冷涡的生成和活动主要集中于西北象限，而衰亡主要位于东北和东南象限，可推测与冷涡相关联的降水主要发生于系统的发展或成熟阶段。西南部、东部局地不足40%的冷涡降水分别与发展于西南象限和东南象限的冷涡系统有关，而它们对东北大部分地区的降水影响很小。总体上，冷涡所处的象限与其影响最大的降水区域，二者大致相吻合，这与东北冷涡多造成局地降水是一致的。

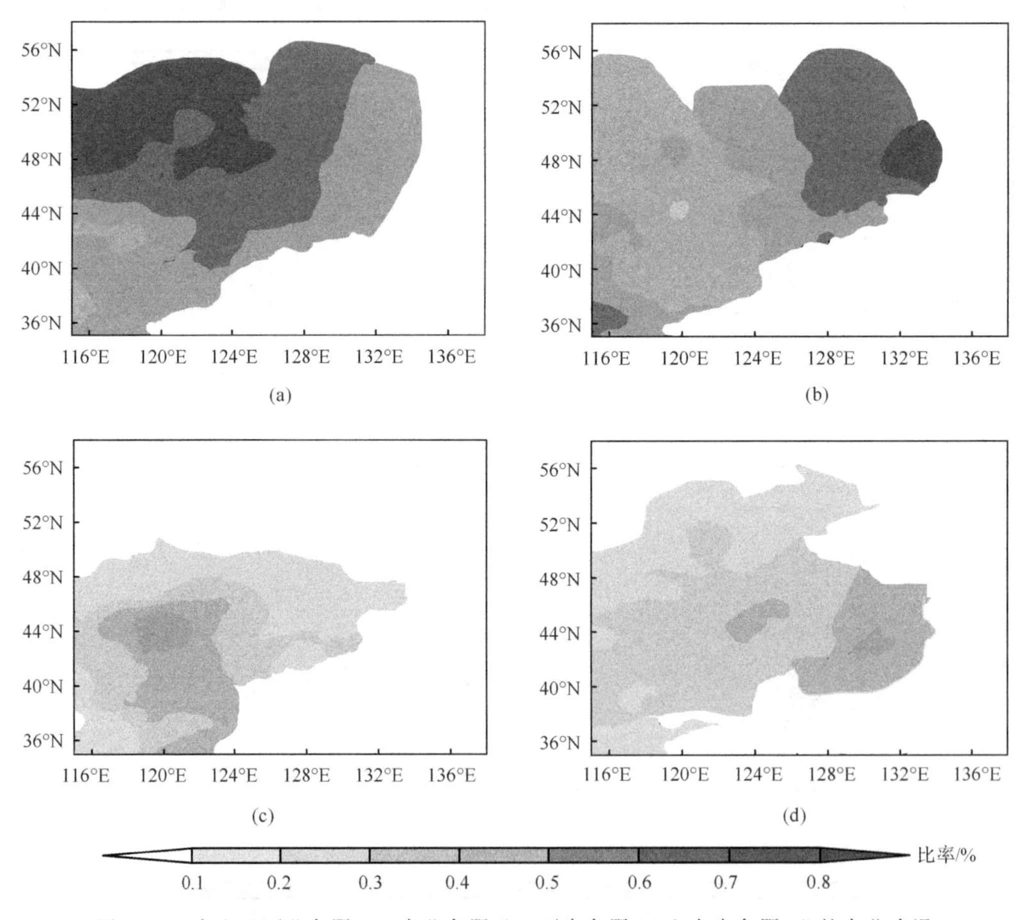

图1.18 发生于西北象限(a)、东北象限(b)、西南象限(c)和东南象限(d)的东北冷涡相关联的降水占总冷涡降水的比率

进一步地，对应于不同位置形成降水的冷涡，我们通过合成方法分析了与冷涡降水相关的环流型特征(图 1.19)。对于造成降水的不同象限的冷涡，其对应的环流有着相似之处。对流层中层，东北地区位势高度场上存在着明显的低压槽，甚至准低压闭合中心。在对流层高层，200hPa 西风急流处于中层低压槽的底部，且急流轴较气候态(40°N 附近)更易于向南偏移。在低层，切断低压槽或准低压中心的下方存在着强盛的气旋式风场，且气旋式风场的中心较低压槽轴或准低压中心向东偏移。

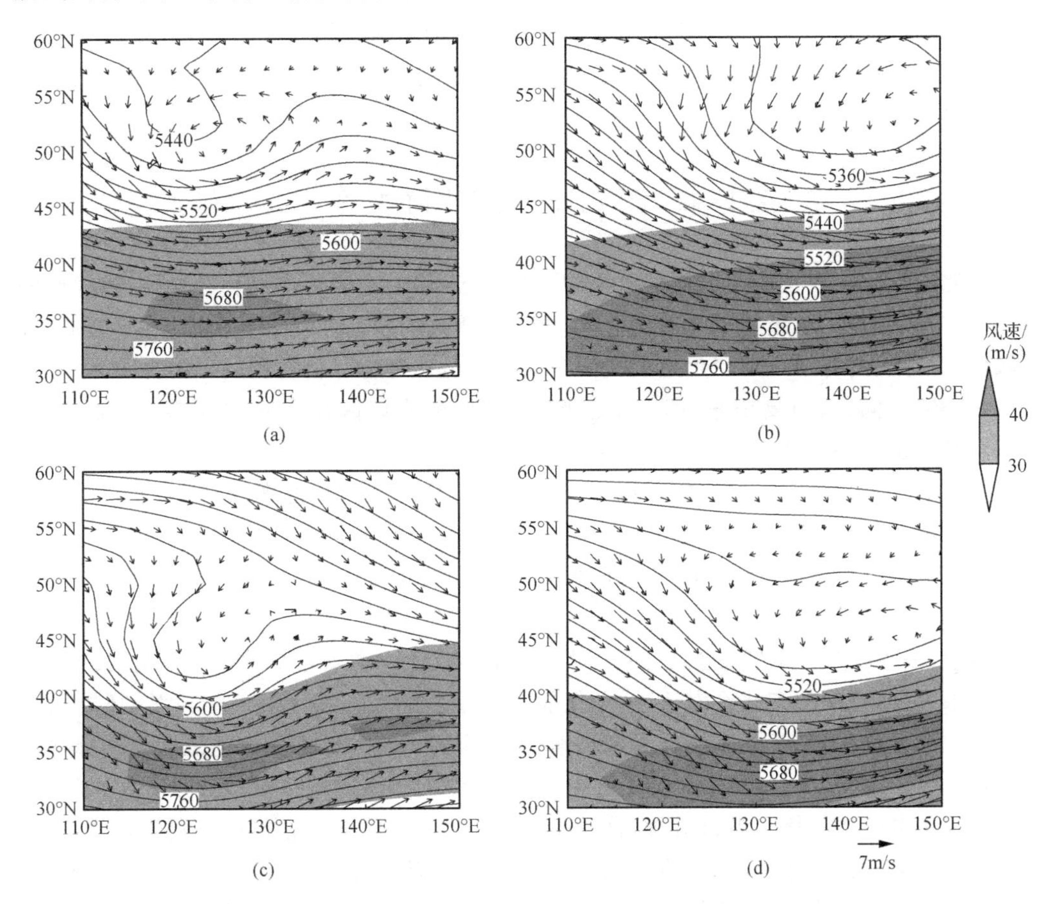

图 1.19　发生于西北象限(a)、东北象限(b)、西南象限(c)和东南象限(d)东北冷涡的合成降水环流型

实线为 500hPa 位势高度；箭头为 850hPa 水平风矢量；阴影区为大于 30m/s 的 200hPa 纬向风速，间隔为 10m/s

相比于发生在南部的冷涡，合成的东北北部冷涡的低压槽或准低压中心要深厚很多，其位势高度值要明显偏低。这在某种程度上意味着，发展于南部或南移的冷涡往往强度较弱。

本节根据客观识别流程所得的多年东北冷涡数据，采用东北地区站点的逐日降水数据，研究了与东北冷涡相关联的降水分布特征，重点分析了冷涡对东北地区降水量影响的空间和季节分布特征的差异，并通过合成方法分析了不同区域冷涡的降水分布型以及相应的环流特征，得到的主要结论如下：

(1) 对于东北地区而言，约 1/4 的年降水量是与东北冷涡相关联的。就区域而言，相对于东北其他地区，冷涡降水占总降水量的比率在北部和西北部相对要高。就季节而言，冷涡降水比例在春季和秋季最高，而在夏季最低。

(2) 与冷涡降水有关的冷涡系统主要发展于东北地区的西北和东北象限，分别占东北各地区 50%和 40%的年冷涡降水量。而发生于西南、东南象限的冷涡所影响的降水主要局限于东北地区的南部。

(3) 与降水有关的冷涡环流型为高层西风急流轴向南偏移，500hPa 存在切断低压槽或准闭合低压中心，对流层低层为气旋式风场。发生于东北地区北部的冷涡环流型要比南部深厚很多。

1.4 东北冷涡的年际变率

东北冷涡是东亚中高纬度地区重要的天气系统，但是它的活动具有群发性、持续性的特征(孙力，1997)。频繁的东北冷涡活动，能引起明显的气温和降水异常，具有显著的“气候效应”。冷涡的持续性活动是造成我国东北地区低温冷害以及谷物减产的主要原因(丁士晟，1980)。同时，当夏季东北冷涡处于活跃期，东北地区往往降水偏多(何金海等，2006)，甚至出现持续性大范围的强降水(孙力等，2000)。

在对我国东部降水的研究中，对热带低纬地区的影响因子考虑较多，而对源自中高纬地区的环流系统研究较少。事实上，包括东北冷涡在内的中高纬度大气环流对东亚夏季风降水有着同样重要的影响(张庆云和陶诗言，1998；Li and Wang，2003；Ju et al.，2005；Huang et al.，2007)。

最近，一些学者采用东北区域月平均观测气温定义了一个东北冷涡强度指数(NECVI)。研究结果表明，频繁的东北冷涡活动，不仅能显著地影响东北的区域气候异常，还能引起非局地的气候异常，如江淮流域梅雨降水偏多(何金海等，2006)和华南地区前汛期降水偏多(苗春生等，2006)。但是，作为对流层中、高层深厚的天气尺度系统，东北冷涡的强度用低层的月平均气温来表征，其准确性、合理性和直观性不够充分。此外，除了夏季之外，东北冷涡在其他季节的频发性是否也有一定的“气候效应”，以前的研究对这方面的关注较少。

本节利用通过客观、自动的方法来识别、追踪冷涡系统而得到的多年冷涡数据集来研究东北冷涡的年际变率特征，并分析东北冷涡对区域气候的影响及其环流成因。

所用到的资料如下：

(1) 采用水平分辨率为 2.5°×2.5°、时间分辨率为 6h 的 NCEP/NCAR 再分析资料(Kalnay et al.，1996；Kistler et al.，2001)。根据东北冷涡的传统天气学定义(郑秀雅等，1992)，设计了客观、自动地识别东北冷涡的算法，进而建立一套多年(1958～2006 年)的东北冷涡数据集(Hu et al.，2010)。关于客观识别东北冷涡的具体方法，请参考 1.2 节。

(2) 在进行合成分析时，采用 1958～2006 年 NCEP/NCAR 和 ERA-40 再分析资料(Uppala et al.，2005)的月平均水平风场、位势高度和比湿等，其水平分辨率为 2.5°×2.5°。

(3) 1951～2006 年中国 160 个气象观测站的月平均气温和月降水量资料(下载自国家气候中心 http://www.ncc-cma.net/cn/)。

1.4.1　东北冷涡发生频数的演变趋势

图 1.20 给出东北冷涡发生天数和发生个数的逐年变化及其长期线性拟合趋势。可以看出，东北冷涡具有很明显的年际变率特征。例如，1980 年有 59 个东北冷涡发生，而在 1964 年仅有 38 个冷涡活跃于东北地区。多年平均上，约 49 个冷涡(225 天)活跃于东北地区，因而东北冷涡是影响东亚中高纬地区的重要天气系统之一。同时，对于冷涡发生个数和发生天数，二者的演变具有很好的一致性，相关系数达 0.83，这说明了冷涡的平均维持期比较稳定。此外，在 1958～2006 年，逐年冷涡天数和个数均没有显著的增长或减弱趋势，其长期变化趋势都没有达到 95%的统计信度水平。

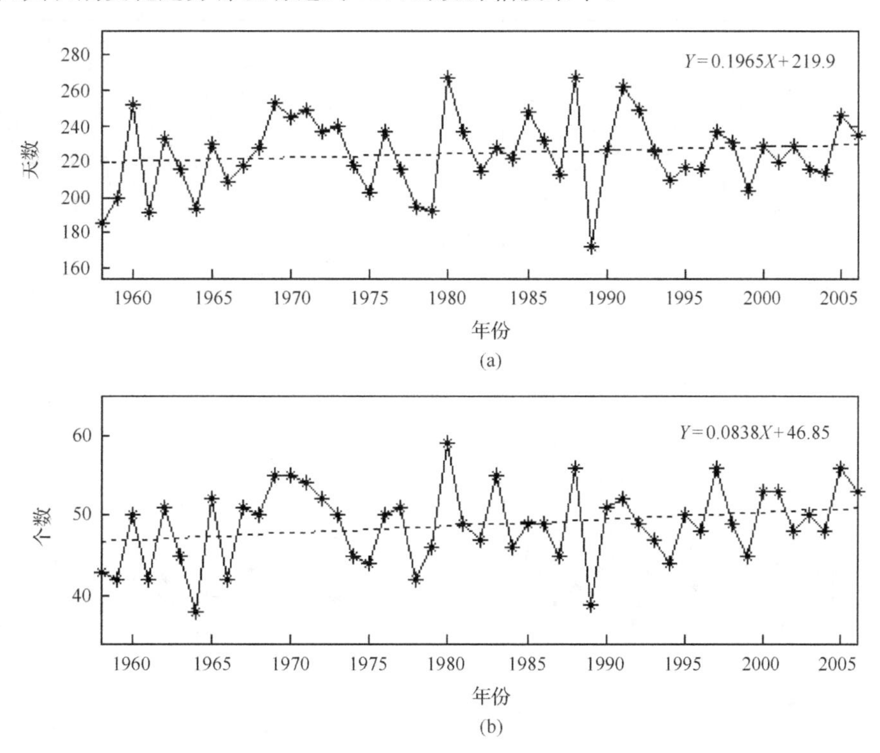

图 1.20　东北冷涡的逐年发生天数(a)和发生个数(b)及其长期线性趋势(虚线)

就各个季节来看，无论是发生天数(图 1.21)，还是发生个数(图 1.22)，东北冷涡也有相当大的年际变率特征。表 1.1 列出了东北冷涡发生天数和个数的多年平均值(Mean)及相对标准偏差(relative standard deviation，RSD)(即标准偏差与平均值之商)。可以看出，无论是冷涡的发生天数还是发生个数，季节相对标准偏差值大约比全年相对标准偏差值高出 1 倍。因此，相对于其气候平均值，各个季节冷涡的年际变率比全年冷涡的年际变率更加明显。例如，在春季，冷涡天数的气候平均值约为 55 天[图 1.21(a)]，但它的变化幅度却非常大，从仅有 20 天(1964 年)至接近 80 天(1960 年和 1994 年)。特别地，夏季冷涡天数在大多数年份在 60 天至 90 天，但在 1994 年却低至不足 40 天[图 1.21(b)]，该年夏季的冷涡个数也是最少的，不足 10 个[图 1.22(b)]。

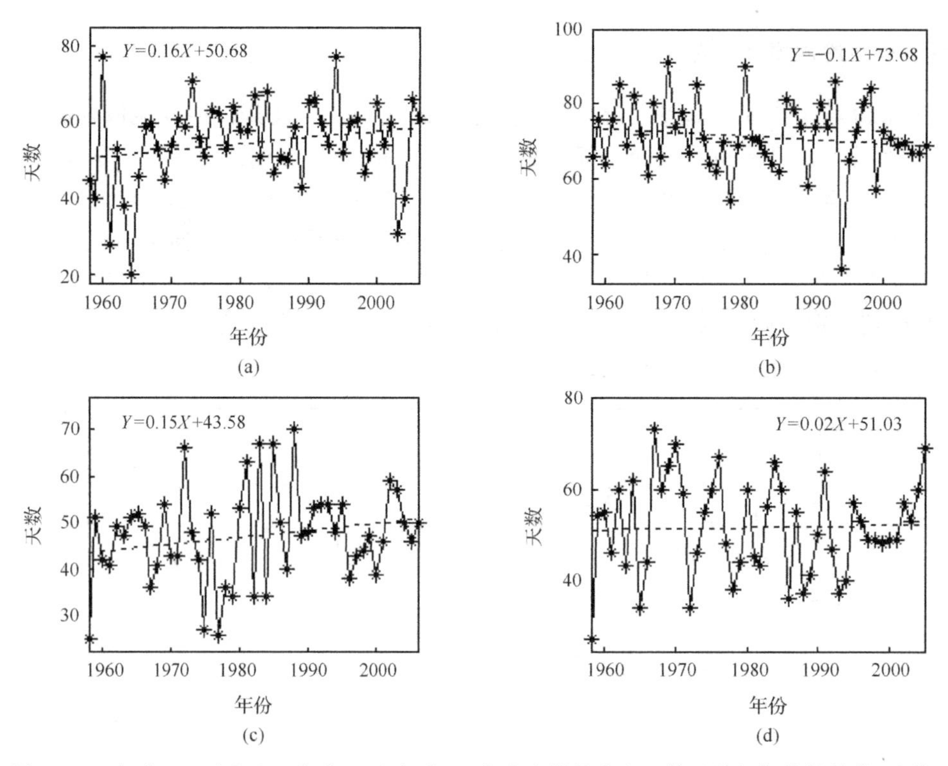

图 1.21 春季(a)、夏季(b)、秋季(c)和冬季(d)东北冷涡的发生天数及其长期线性趋势(虚线)

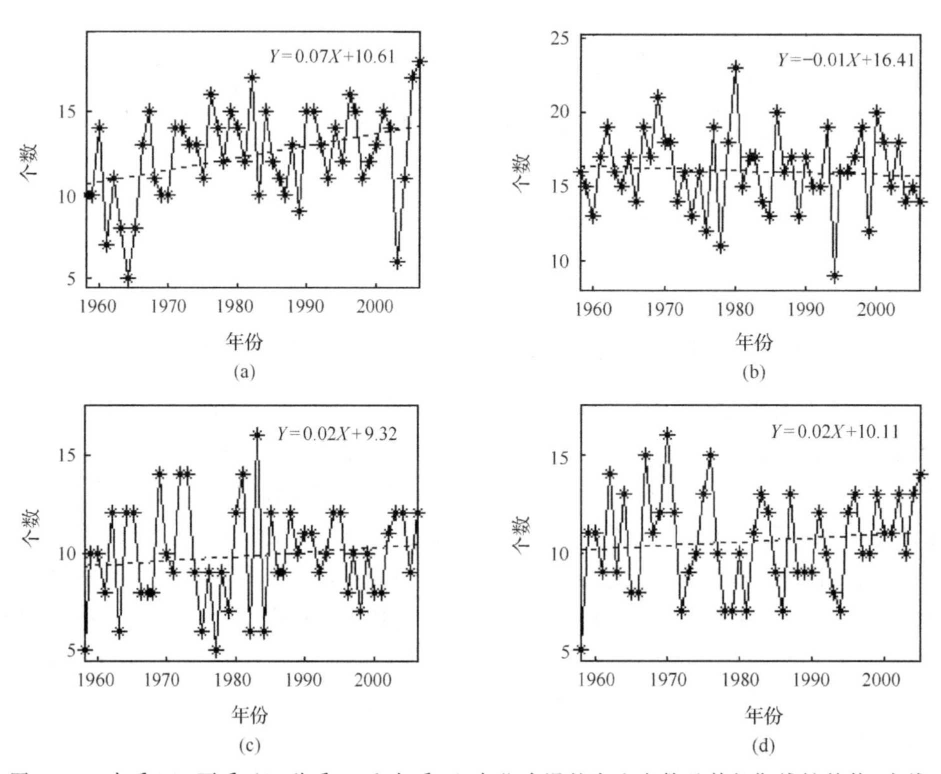

图 1.22 春季(a)、夏季(b)、秋季(c)和冬季(d)东北冷涡的发生个数及其长期线性趋势(虚线)

表 1.1　东北冷涡发生个数、发生天数的多年平均值(Mean)和相对标准方差(RSD)

统计方式	全年	春季	夏季	秋季	冬季
Mean (个数)	48.9	12.4	16.1	9.9	10.6
RSD (个数)	10%	23%	17%	26%	25%
统计方式	全年	春季	夏季	秋季	冬季
Mean (天数)	224.8	54.7	71.3	27.1	51.6
RSD (天数)	9%	21%	14%	22%	23%

春季冷涡个数有显著的增多趋势，增多趋势为 0.7 个/10a，达到 95%的信度水平。该季节冷涡天数也有增多的趋势，但未能达到 95%的信度。其余季节冷涡的发生天数和个数的长期趋势均没有达到 95%的统计信度。

对全年和各个季节的冷涡发生时间序列进行的功率谱分析表明，东北冷涡的发生存在着显著的振荡周期(表 1.2)。年冷涡时间序列有一个 2.5 年左右的主周期，也进一步说明了年际变率是东北冷涡发生演变的主时间尺度分量。就季节而言，秋季的 2.5 年主周期通过了 99%的信度，而冬季的冷涡演变以 7.5 年为主。东北冷涡发生频次在两年左右的振荡，是否受到北半球大尺度准两年气候变率模态的影响，值得进一步研究。

表 1.2　东北冷涡发生个数和发生天数的显著周期　　(单位:年)

统计方式	全年	春季	夏季	秋季	冬季
个数	2.5*		2.5*	2.5**	7.5*
天数	2.5*	2.7*	5.5*	2.5**	7.5*

* 表示达到 95%信度水平。

** 表示达到 99%信度水平。

1.4.2　东北冷涡活动的年际变化对中国气候的影响

东北冷涡从时间尺度上来说是天气尺度的波动，但具有较强的准静止性，其持续性特征十分显著(孙力，1997)。此外，从空间上看，东北冷涡不仅对东北地区的天气气候有重要影响，还可引导高纬度的冷空气南下影响中低纬度地区(苗春生等，2006)。因此，频繁的东北冷涡活动，不仅可导致对流性天气异常，还会对短期气候异常有一定影响。刘刚等(2017)统计发现，1960～2012 年 5～6 月东北冷涡发生频次、活动天数均表现出波动小幅增加的趋势。

不同季节东北冷涡的持续性活动对中国不同区域降水和气温均有明显的影响。春季，东北冷涡的发生天数与东北大部分地区的降水存在明显正相关，而与华北大部分地区降水的相关系数为负值。秋季的冷涡活动与我国东北地区的降水并没有特别的关联，这可能因为此时是冷涡活动最弱的季节。当冬季多冷涡活动的年份，我国东部的大部分地区降水偏少，在东北中部、华北和江淮流域均达到了 95%的信度水平。

在冷涡发生最频繁的夏季，东北地区北部和西部的降水与该时期的冷涡频数呈正相关，这种分布与苗春生等(2006)的结果是相似的。值得关注的是，此时长江流域的降水与夏季冷涡的频发活动呈显著的正相关，说明了中高纬度环流系统异常对低纬度地区降水的影响。何金海等(2006)指出，梅雨期东北冷涡越强盛，梅雨量很可能越多。

就东北局地而言，在冷季(春季和冬季)东北冷涡的活动对该地区的气候影响要大于冷涡活动最频繁的夏季。Hu 等(2010) 的研究也指出，相对暖季而言，东北地区的降水在冷季更单一地受东北冷涡的影响。

持续性的东北冷涡活动也可在一定程度上显著地影响中国的气温。无论在哪个季节，冷涡发生天数与东北地区的气温呈显著的负相关。特别地，在夏季和冬季，在东北地区的中部和南部，这种负相关关系更为显著。

在冷涡频发的夏季，东北地区的中部和南部，以及华北大部分地区，更易出现气温异常偏低的所谓"冷夏"天气。孙力等(2000)研究与东北地区气温对应的大尺度环流时，也得到了与此类似的结果。

在冬季，中国东部大部分地区的气温与冷涡天数显著相关，这可能说明了冷涡频数的异常偏多与东亚冬季风的强盛有关联，进一步使得中国大部分地区气温异常偏低。这里选了几种不同物理量定义的东亚冬季风指数(Chen et al.，2000；Wu and Wang，2002；Jhun and Lee，2004；Wang et al.，2009)，计算了其与同期冷涡活动天数的相关系数(表 1.3)。其中，I_Chen、I_Jhun、I_Wu 和 I_Wang 分别定义东亚冬季风指数为 10m 经向风的南北差异、300hPa 纬向风的南北差异、海平面气压的纬向梯度和 500hPa 位势高度第一主分量。这些冬季风指数定义各具特色，有利用低层环流异常(I_Chen 和 I_Wu)，也有利用中高层环流异常(I_Jhun 和 I_Wang)。从表 1.3 中看出，当东亚冬季风强盛时，东北冷涡往往活动频繁，其相关系数达到 99%的信度水平。此外，不少研究表明，在强东亚冬季风影响下，我国东部降水异常偏少，这与冬季冷涡发生天数与我国大部分地区降水显著的负相关关系是一致的。

表 1.3 冬季东北冷涡发生天数(WCVI)与东亚冬季风指数的相关系数

项目	东亚冬季风指数			
	I_Chen	I_Jhun	I_Wu	I_Wang
变量(垂直层次)	v (10m)	u (300hPa)	SLP	Φ (500hPa)
WCVI	0.45*	0.50**	0.51**	0.58**

* 表示达到 95%的信度水平。

** 表示达到 99%信度水平。

1.4.3 与夏季东北冷涡活动年际变化相联系的环流异常特征

如上分析，东北冷涡的活动，可一定程度上影响东北局地甚至非局地区域的气候特征。夏季是东亚冷涡最活跃的季节，也是对流性天气最有利发生的季节。因此，我们将重点分析夏季东北冷涡活动所关联的大尺度环流特征，进而更好地理解其影响的局地和非局地气候异常。

本节先对夏季东北冷涡发生天数的序列进行标准化处理，然后选取大(小)于一个标准方差的年份。其中,大于一个标准方差的有7年,依次为:1962年、1964年、1969年、1973年、1980年、1993年和1998年。小于一个标准方差的有5年,依次为:1966年、1978年、1989年、1994年和1999年。值得一提的是,21世纪以来,东北夏季冷涡发生天数一直比较接近常年,因而本节选取的夏季东北冷涡活动年际变化异常年份之中,没有一年是在2000年之后的。

在东北冷涡频发的夏季,在对流层的高低不同层次(200hPa、500hPa和850hPa),东亚中高纬度地区均表现为一个北正南负的偶极位势高度异常(图1.23)。其中,对流中高层的位势正异常区域中心位于贝加尔湖北侧,而在对流层低层位势正异常呈纬向的带状分布,可延伸至西北太平洋沿岸。不同高度层上,位势负异常区均呈带状,位于40°N左右,其中两个中心分别位于110°E和150°E。位势高度异常在对流层高低层为相似的偶极分布,这与东北冷涡深厚的相当正压结构是一致的。

图1.24为夏季200hPa纬向风场在东北冷涡活跃年与非活跃年的合成场,反映了东亚高空西风急流在冷涡多发、少发年的差异。在气候态上,夏季东亚对流层高层急流轴大约位于40°N附近。由夏季东北冷涡多发、少发的合成场,在气候态高空急流轴位置的南侧、北侧分别存在着带状的西风异常区和东风异常区,风速异常值可达4m/s左右。因而,在气候态急流轴的南侧东亚高空急流强度加强,而其北侧急流强度减弱。

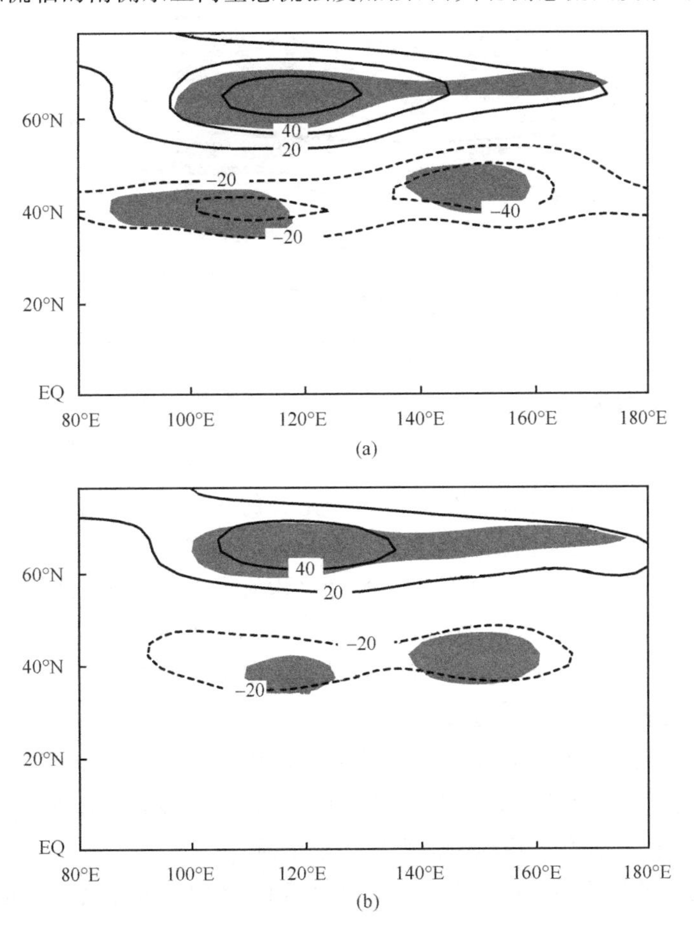

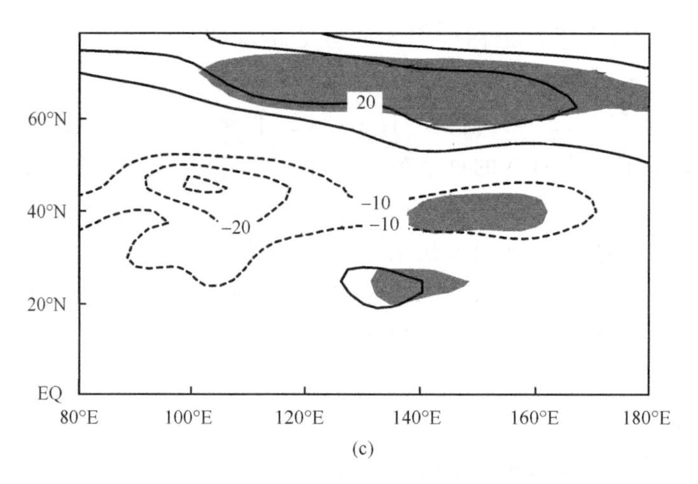

图 1.23　200hPa(a)、500hPa(b)和 850hPa(c)位势高度场在夏季东北冷涡活动多发年、少发年的合成差异(单位:gpm)

阴影区表示达到 95%信度水平

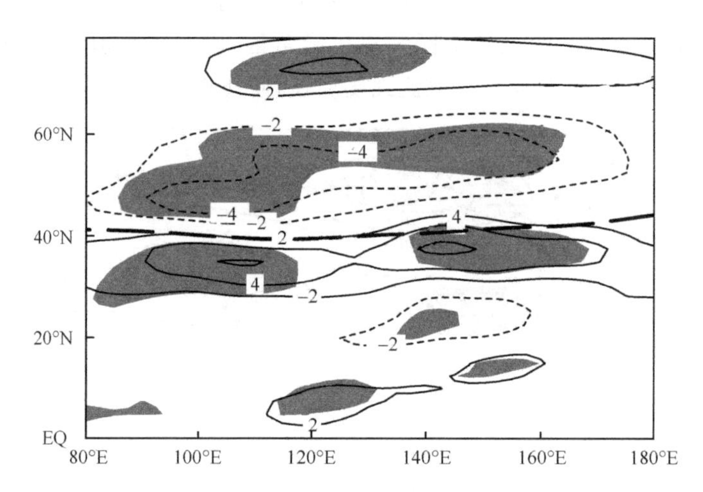

图 1.24　200hPa 纬向风场在夏季东北冷涡活动多发年、少发年的合成差异(单位:m/s)

阴影区表示达到 95%信度水平;粗长虚线为气候态 200hPa 高空急流轴的位置

大体类似于 Lu(2004)及 Lin 和 Lu(2005)定义的东亚高空急流经向偏移指数,我们定义夏季东亚高空急流的经向偏移指数为:200hPa 纬向风在区域 90°E～160°E、40°N～50°N 的平均值和 90°E～160°E、30°N～40°N 的平均值之差。夏季东北冷涡发生天数与急流经向偏移指数两者的相关系数为 0.41,达到 99%的信度水平。这意味着,相对于夏季东北冷涡少发年份,在冷涡频发年,东亚高空西风急流主体位置向南偏移。

同时,考虑到东亚高空急流的强度,我们定义 90°E～160°E、30°N～50°N 范围内区域平均的 200hPa 纬向风异常为东亚高空急流的强度指数。东亚高空急流的强度指数与夏季东北冷涡发生天数的相关系数为 0.30,达到了 95%的信度检验水平。这表明,东北冷涡多发年较少发年,东亚高空西风急流强度易于更强。

图 1.25 显示了 90°E～160°E 纬向平均的 200hPa 纬向西风在夏季东北冷涡多发年和

少发年的合成。在夏季东北冷涡的多发年，东亚高空急流轴最大风速(27.4m/s)较东北冷涡少发年增强2.7m/s。而在东北冷涡少发年，东亚高空西风急流轴处于大约42.5°N附近，较冷涡多发年向高纬偏移2.5°E左右。

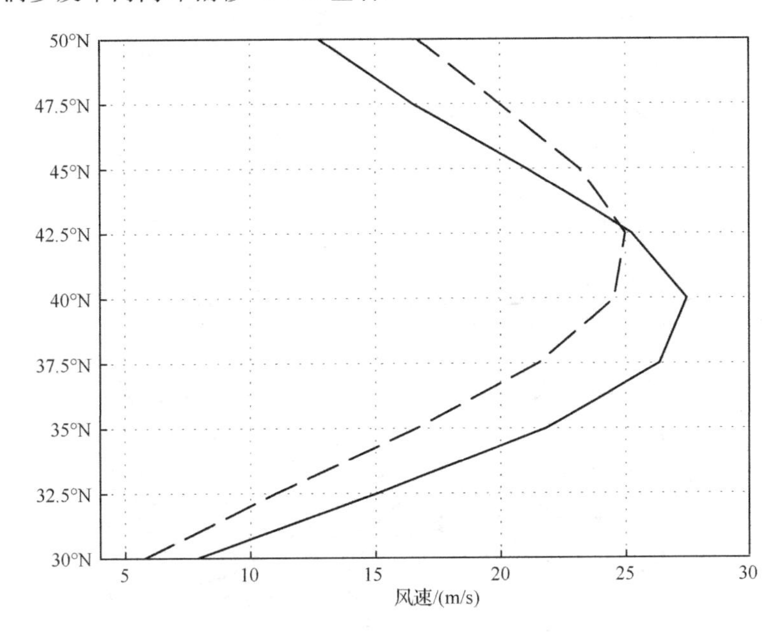

图1.25 90°E～160°E纬向平均的200hPa纬向风在夏季东北冷涡活动多发年(实线)、少发年(虚线)的合成

对于对流层低层而言，西太平洋副热带高压位置和强度的变化对东亚地区的气候异常有着极为重要的影响。考虑到不同再分析资料对对流层低层东亚夏季风环流描述的不确定性(黄刚，2006；陈际龙和黄荣辉，2007)，我们对比分析了NCEP/NCAR和ERA-40两套最常用的长期再分析资料中850hPa低层风场和比湿的特征。

尽管在两套再分析资料中，多年气候平均的850hPa比湿在副热带西北太平洋上差异较大，表现为比湿在ERA-40资料中明显比在NCEP/NCAR资料中数值偏大，但是，在中国大陆东部地区两套再分析资料差异明显较小，而且均表现出由南向北的减少梯度，并在东北地区形成一个相对的“湿舌”(图1.26)。特别地，该东北地区“湿舌”和位于日本海、鄂霍次克海的干区形成由西向东的减少梯度。在华北及其以南地区，盛行南风，而在东北地区基本为西风。相比于比湿场，风场在两套再分析资料中有很好的一致性。比湿场在我国东部地区呈现的经向梯度分布以及东北—东部海域的纬向梯度分布在两套再分析资料中也有很好的一致性。

在东北冷涡异常活跃年份，低层副热带西北太平洋上存在着显著的反气旋式风场异常(图1.27)。这一异常风场加强了气候态的西太平洋副热带反气旋西部的南风分量，从而更加有利于低纬地区的充足水汽向长江流域甚至更北地区的输送。此外，在中纬度50°N左右，从西北太平洋沿岸至贝加尔湖北侧，存在一条强盛的东风异常带。以上两个显著风场异常区在两套再分析资料中的描述大致相同，说明所得结果可信，只是相对于

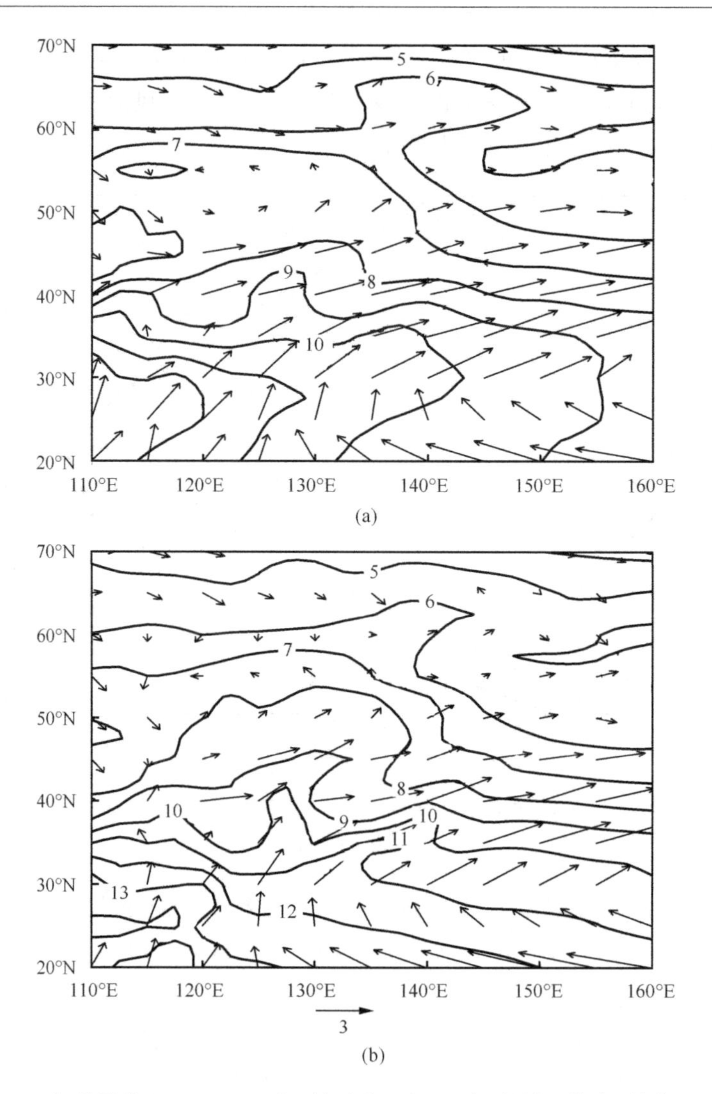

图 1.26 气候平均(1979～2002 年)的夏季 850hPa 水平风场(箭头,单位:m/s)和比湿场(等值线,单位:g/kg)

(a) NCEP/NCAR 再分析资料;(b) ERA-40 再分析资料

ERA-40 资料,在 NCEP/NCAR 资料中夏季东北冷涡多发年西北太平洋反气旋西侧的南风异常稍强些。

黄荣辉等(1998)的研究指出,水汽的扰动平流输送项 $(-\mathbf{V}'\nabla\bar{q})$ 是水汽通量散度 $(\nabla q\mathbf{V})$ 异常的主要贡献项。在东北冷涡频繁活动的夏季,低层长江流域西北太平洋反气旋西侧的南风分量和向北的水汽梯度所带来的正水汽扰动平流输送,造成水汽通量散度辐合,进而有利于长江流域降水的偏多。

为了说明水汽的扰动平流输送对东北地区降水的影响,图 1.28 给出 850hPa 扰动风场和气候态比湿场的相互配置关系。在中纬度地区,由 NCEP/NCAR 和 ERA-40 资料分析得到的结果都表明,东北亚地区西北太平洋沿岸的东风异常和向西的水汽梯度也给东

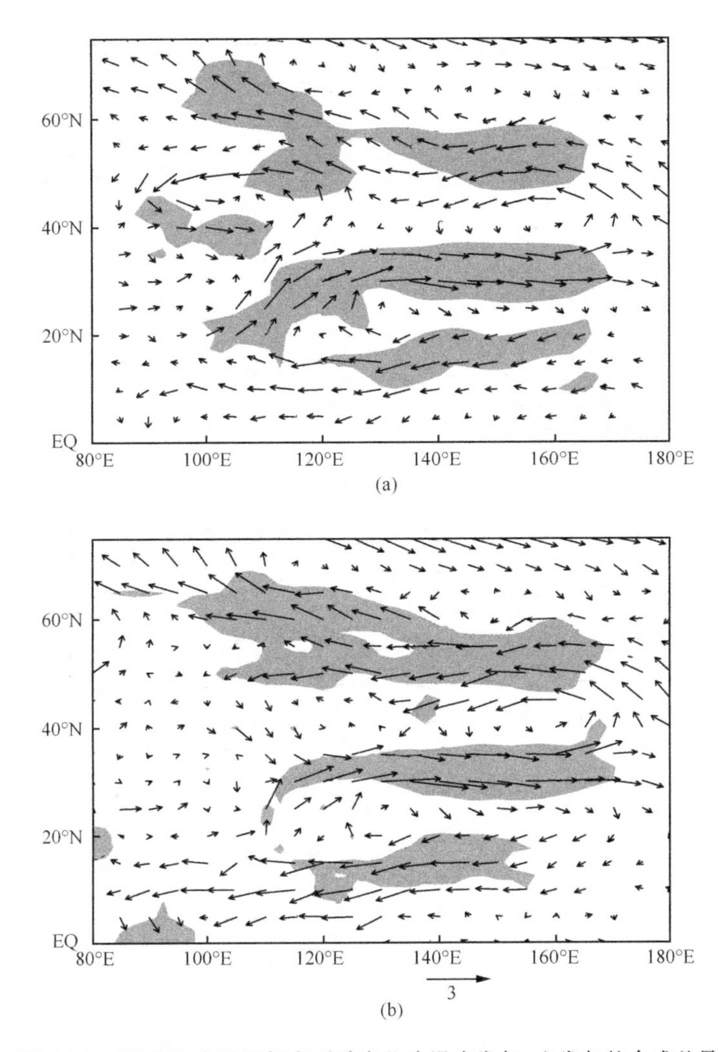

图1.27　850hPa水平风场在夏季东北冷涡多发年、少发年的合成差异

(a) NCEP/NCAR再分析资料；(b) ERA-40再分析资料。阴影区表示纬向或经向风速达到95%信度水平

北地区带来了正的水汽扰动平流输送。考虑到东北地区气候态的风场为西风，因而东风异常实际上是起到了阻碍湿度更大的气团向下游输送，使得水汽通量有利于在东北地区辐合，进而导致降水偏多。

东北冷涡是东亚中高纬度地区重要的天气系统，其持续性频繁活动在一定程度上能影响局地和非局地的气候异常。本节利用客观识别方法所得到的近50年东北冷涡数据，分析了东北冷涡的年际变率及演变趋势，并分析了其持续性活动对我国气候的影响及相关联的大尺度环流异常特征，得到了如下的一些结论。

(1) 东北冷涡具有很明显的年际变率特征。就全年平均而言，约49个冷涡(225天)活跃于东北地区。全年冷涡发生个数(发生天数)的相对标准偏差为10%(9%)，为各季节值的一半左右，表明各季节年际变率比全年更为明显。就长期演变来看，除了春季冷涡发生个数有0.7个/10a的增多趋势外，其余季节和全年都没有显著的长期演变趋势。此

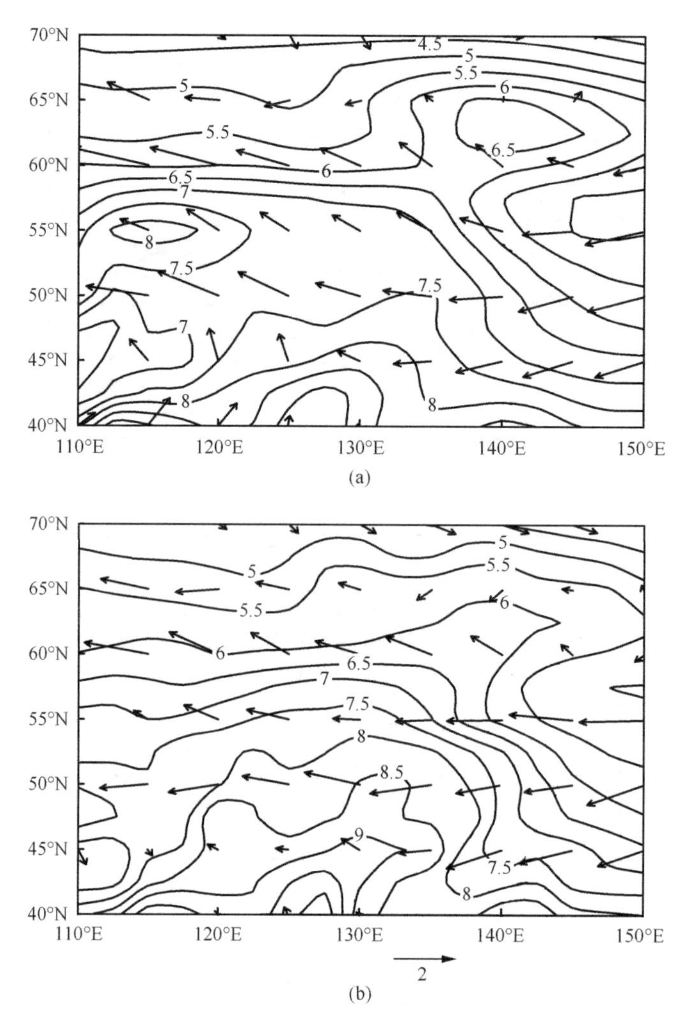

图 1.28　气候平均(1979～2002 年)的夏季 850hPa 比湿场(等值线,单位:g/kg)和夏季东北冷涡多发年、少发年 850hPa 水平风场(矢量)的合成差异(单位:m/s)

(a) NCEP/NCAR 再分析资料;(b) ERA-40 再分析资料

外,东北冷涡的发生个数和发生天数的演变具有很好的一致性,二者在除冬季之外的其他季节均存在一个 2.5 年左右的主振荡周期。

(2) 持续性的东北冷涡活动能够影响局地和非局地的气候异常,造成一定的"气候效应"。春季,频繁的东北冷涡活动可以造成东北大部的低温多雨和华北大部的少雨。在最不活跃的秋季,除了东北南部的低温异常外,冷涡活动对中国区域气候的影响较小。当冬季有频繁的东北冷涡活动时,中国大部分地区明显地气温偏低,降水偏少。

(3) 冬季东北冷涡的持续性活动与东亚冬季风的强盛密切相关,二者之间的相关达到了 99%的信度水平。冬季东北冷涡持续性活动强的年份,东亚冬季风也偏强;反之,冷涡活动偏弱的年份,东亚冬季风也偏弱。

(4) 在东北冷涡最为活跃的夏季,中国东北和华北大部分地区往往气温异常偏低,而在东北中西部和长江流域降水显著地偏多。分析表明，当夏季东北冷涡活动频繁时，东亚地区对流层存在深厚的偶极型位势高度异常，高空急流向南偏移并略加强，低层西北太平洋反气旋异常和中高纬度地区的东风异常分别有助于长江流域和东北地区的水汽通量的辐合，进而有利于降水的偏多。

参考文献

蔡雪薇，谌芸，沈新勇，等. 2019. 冷涡背景下不同类型强对流天气的成因对比分析. 气象，45(5)：621-631.

陈德坤，孙继昌，等. 1999. 1998水情年报. 北京：中国水利水电出版社.

陈际龙，黄荣辉. 2007. 亚澳季风各子系统气候学特征的异同研究 Ⅱ. 夏季风水汽输送. 大气科学，31(5)：766-778.

丁士晟. 1980. 东北地区夏季低温的气候分析及其对农业生产的影响. 气象学报，38(3)：44-52.

何晗，谌芸，肖天贵，等. 2015. 冷涡背景下短时强降水的统计分析. 气象，41(12)：1466-1476.

何金海，吴志伟，祁莉，等. 2006. 北半球环状模和东北冷涡与我国东北夏季降水关系分析. 气象与环境学报，22(1)：3-7.

胡开喜，陆日宇，王东海，2011. 东北冷涡及其气候影响. 大气科学，35(1)：179-191.

黄刚. 2006. NCEP/NCAR 和 ERA-40 再分析资料以及探空观测资料分析中国北方地区年代际气候变化. 气候与环境研究，11(3)：310-320.

黄荣辉，张振洲，黄刚，等. 1998. 夏季东亚季风区水汽输送特征及其与南亚季风区水汽输送的差别. 大气科学，22(4)：460-469.

黄璇，李栋梁. 2020. 1979～2018年5～8月中国东北冷涡建立的客观识别方法及变化特征. 气象学报，78(6)：945-961.

贾小龙，王谦谦，周宁芳. 2003. 近50a东北地区降水异常的气候特征分析. 南京气象学院学报，26(2)：164-171.

李艺苑，王东海，王斌. 2009. 中小尺度过山气流的动力问题研究. 自然科学进展，19(3)：310-324.

廉毅，安刚. 1998. 东亚季风 El Niño 与中国松辽平原夏季低温关系初探. 气象学报，56(6)：724-735.

刘刚，封国林，秦玉琳，等. 2017. 初夏东北地区冷涡降水"累积效应". 大气科学，41(1)：202-212.

苗春生，吴志伟，何金海，等. 2006. 近50年东北冷涡异常特征及其与前汛期华南降水的关系分析. 大气科学，30(6)：195-202.

乔枫雪. 2007. 东北暴雨天气气候特征及东北低涡结构特征. 北京：中国科学院大气物理研究所：101.

孙力. 1997. 东北冷涡持续活动的分析研究. 大气科学，21(3)：297-307.

孙力，安刚. 2001. 1998年松嫩流域东北冷涡大暴雨过程的诊断分析. 大气科学，25(3)：342-354.

孙力，王琪，唐晓玲. 1995. 暴雨类冷涡与非暴雨类冷涡的合成对比分析. 气象，21(3)：7-10.

孙力，安刚，廉毅，等. 2000. 夏季东北冷涡持续性活动及其大气环流异常特征的分析. 气象学报，58(6)：65-75.

陶诗言. 1980. 中国之暴雨. 北京：科学出版社.

王东海，钟水新，刘英，等. 2007. 东北暴雨的研究. 地球科学进展，22：549-560.

王晓明，谢静芳. 1994. 东北地形对强对流天气影响的分析. 地理科学，14(4)：347-354.

杨吉，郑媛媛，夏文梅，等. 2020. 东北冷涡影响下江淮地区一次飑线过程的模拟分析. 气象，46(3)：357-366.

杨珊珊，谌芸，李晟祺，等. 2016. 冷涡背景下飑线过程统计分析. 气象，42(9)：1079-1089.

张弛，王咏青，沈新勇，等. 2019. 东北冷涡背景下飑线发展机制的理论分析和数值研究. 大气科学，43(2)：361-371.

张庆云，陶诗言. 1998. 亚洲中高纬度环流对东亚夏季降水的影响. 气象学报，56(2)：199-211.

张庆云，陶诗言，张顺利. 2001. 1998年嫩江、松花江流域持续性暴雨的环流条件. 大气科学，25(4)：567-576.

张顺利，陶诗言，张庆云，等. 2001. 1998年夏季中国暴雨洪涝灾害的气象水文特征. 应用气象学报，12(4)：59-74.

郑秀雅，张廷治，白人海. 1992. 东北暴雨. 北京：气象出版社.

朱乾根，林锦瑞，寿绍文，等. 2000. 天气学原理与方法. 3版. 北京：气象出版社.

Blender R, Schubert M. 2000. Cyclone tracking in different spatial and temporal resolutions. Monthly Weather

Review, 128: 377-384.

Chen S, Bai L, Barnes S. 1988. Omega diagnosis of a cold vortex with severe convection. Weather and Forecasting, 3: 296-304.

Chen W, Graf H F, Huang R H. 2000. The interannual variability of East Asian winter monsoon and its relation to the summer monsoon. Advances in Atmospheric Science, 17: 46-60.

Fuenzalida H A, Sanchez R, Garreaud R D. 2005. A climatology of cutoff lows in the Southern Hemisphere. Journal of Geophysical Research-Atmospheres. 110: DOI: 10. 1029/2005JD005934.

Gimeno L, Trigo R M, Ribera P, et al. 2007. Editorial: Special issue on cut-off low systems (COL). Meteorology and Atmospheric Physics, 96: 1-2.

Hsieh Y P. 1949. An investigation of a selected cold vortex over North America. Journal of Meteorology, 6: 401-410.

Hu K X, Lu R Y, Wang D H. 2010. Seasonal climatology of cut-off lows and associated precipitation patterns over Northeast China. Meteorology and Atmospheric Physics, 106: 37-48.

Huang R H, Chen J L, Huang G. 2007. Characteristic's and variations of the East Asian monsoon system and its impacts on climate disasters in China. Advances in Atmospheric Sciences, 24: 993-1023.

Jhun J G, Lee E J. 2004. A new East Asian winter monsoon index and associated characteristics of the winter monsoon. Journal of Climate, 17: 711-726.

Jorgensen D L. 1963. A computer derived synoptic climatology of precipitation from winter storms. Journal of Applied Meteorology, 2: 226-234.

Ju J H, Lu J M, Cao J, et al. 2005. Possible impacts of the Arctic oscillation on the interdecadal variation of summer monsoon rainfall in East Asia. Advances in Atmospheric Sciences, 22: 39-48.

Kalnay E, Kanamitsu M, Kistler R, et al. 1996. The NCEP/NCAR 40-year reanalysis project. Bulletin of the American Meteorological Society, 77: 437-471.

Kentarchos A S, Davies T D. 1998. A climatology of cut-off lows at 200hPa in the Northern Hemisphere, 1990-1994. International Journal of Climatology, 18: 379-390.

Kistler R, Kalnay E, Collins W, et al. 2001. The NCEP-NCAR 50-year reanalysis: Monthly means CD-ROM and documentation. Bulletin of the American Meteorological Society, 82: 247-267.

Klein W H, Jorgense D L, Korte A F. 1968. Relation between upper air lows and winter precipitation in western plateau states. Monthly Weather Review, 96: 162-168.

Lee D K, Park J G, Kim J W. 2008. Heavy rainfall events lasting 18 days from July 31 to August 17, 1998, over Korea. Journal of the Meteorological Society of Japan, 86: 313-333.

Li J P, Wang J X L. 2003. A modified zonal index and its physical sense. Geophysical Research Letters, 30: DOI: 10. 1029/2003GL017441.

Lin Z D, Lu R Y. 2005. Interannual meridional displacement of the east Asian upper-tropospheric jet stream in summer. Advances in Atmospheric Sciences, 22: 199-211.

Llasat M C, Martin F, Barrera A. 2007. From the concept of "Kaltlufttropfen" (cold air pool) to the cut-off low. The case of September 1971 in Spain as an example of their role in heavy rainfalls. Meteorology and Atmospheric Physics, 96: 43-60.

Lu R Y. 2004. Associations among the components of the east Asian summer monsoon system in the meridional direction. Journal of the Meteorological Society of Japan, 82: 155-165.

Matsumoto S, Ninomiya K, Hasegawa R, et al. 1982. The Structure and the role of a sub-synoptic-scale cold vortex on the heavy precipitation. Journal of the Meteorological Society of Japan, 60: 339-354.

Nielsen J W, Dole R M. 1992. A survey of extratropical cyclone characteristics during gale. Monthly Weather Review, 120: 1156-1167.

Nieto R, Gimeno L, TorreL De La, et al. 2005. Climatological features of cutoff low systems in the Northern Hemisphere. Journal of Climate, 18: 3085-3103.

Nieto R, Sprenger M, Wernli H, et al. 2008. Identification and climatology of cut-off lows near the tropopause. Trends and Directions in Climate Research, 1146: 256-290.

Porcu F, Carrassi A, Medaglia C M, et al. 2007. A study on cut-off low vertical structure and precipitation in the Mediterranean region. Meteorology and Atmospheric Physics, 96: 121-140.

Sakamoto K, Takahashi M. 2005. Cut off and weakening processes of an upper cold low. Journal of the Meteorological Society of Japan, 83: 817-834.

Singleton A T, Reason C J C. 2007. Variability in the characteristics of cut-off low pressure systems over subtropical southern Africa. International Journal of Climatology, 27: 295-310.

Sun L, Shen B Z, Gao Z T, et al. 2007. The impacts of moisture transport of East Asian monsoon on summer precipitation in Northeast China. Advances in Atmospheric Sciences, 24: 606-618.

Trigo I F, Davies T D, Bigg G R. 1999. Objective climatology of cyclones in the Mediterranean region. Journal of Climate, 12: 1685-1696.

Uppala S M, Kallberg P W, Simmons A J, et al. 2005. The ERA-40 re-analysis. Quarterly Journal of the Royal Meteorological Society, 131: 2961-3012.

Wang L, Chen W, Zhou W, et al. 2009. Interannual variations of East Asian trough axis at 500hPa and its association with the East Asian winter monsoon pathway. Journal of Climate, 22: 600-614.

Wu B. Wang J. 2002. Winter arctic oscillation, siberian high and East Asian winter monsoon. Geophysical Research Letters, 29(19). doi:10. 1029/2002GL015373.

Zhang C, Zhang Q, Wang Y, et al. 2008. Climatology of warm season cold vortices in East Asia: 1979-2005. Meteorology and Atmospheric Physics, 100: 291-301.

Zhao S X, Sun J H. 2007. Study on cut-off low-pressure systems with floods over Northeast Asia. Meteorology and Atmospheric Physics, 96: 159-180.

第 2 章　东北冷涡的天气学特征

第 1 章已经提及，东北冷涡是东北地区的主要天气系统，在夏季可造成短时强雷暴过程及冰雹、大风甚至强飑线过程，如 2005 年 6 月 10 日黑龙江中东部沙兰镇短时强暴雨过程、2009 年 6 月 3 日河南商丘强飑线过程等；冷涡也能带来连续性降水，如 1998 年夏季嫩江、松花江持续性暴雨，2009 年夏季东北持续的连阴雨天气等。郑秀雅等(1992)指出，冷涡的持续时间较长，短则 1 天至 2 天，长则 10 天至 20 天，常常造成低温连阴雨天气。可以说，东北冷涡的活跃程度对东北地区的降水尤其是夏季降水影响极大。

关于东北冷涡的活动，孙力(1997)分析了东北冷涡的持续性活动特征，然后讨论了东亚大气 10 天至 20 天低频振荡及瞬变扰动对东北冷涡持续性活动的影响。他指出，准双周振荡在中国东北地区十分活跃，从时间连续的低频天气图上发现，该地区附近周期性循环出现的低频气旋同东北冷涡的形成和发展关系密切，并且其传播路径也较有规律。随后，孙力等(2000)利用 NCEP/NCAR 1958～1997 年月平均再分析资料，分析了夏季东北冷涡持续性活动特征及其对东北地区天气气候的影响，探讨了东北冷涡持续性活动与大气环流异常之间的联系。其结果表明，东北冷涡持续性活动是导致东北地区夏季低温的一个十分关键的因子，同时对降水也有重要影响。冷涡活跃年夏季，500hPa 高度场会出现以东北地区为中心的南北向和东西向分布的一正一负正距平波列，即与东亚阻高偏强而西太平洋副高位置偏南等大尺度环流背景相联系。

郑秀雅等(1992)指出，冷涡位置在 50°N 以北，天气更为复杂，时而风雨交加，时而晴空万里。冷涡若在 40°N 以南，一般高温少雨。张立祥(2008)根据东北区域 500hPa 环流特征，对 2001～2006 年 5 月至 10 月东北冷涡个例进行普查，将冷涡分成三类，分别为经向型、纬向型和移动型冷涡，对三类冷涡的天气环流演变形势及典型个例的涡度场、环流场等进行了对比分析，指出经向和纬向型冷涡的最大区别在于冷涡区的湿度，经向型冷涡由于涡前部南来气流一直输送到涡顶部，所以从地面到对流层上层较纬向型冷涡均存在更明显的湿度较大区。

可以看出，东北冷涡是造成东北地区降水及低温的关键因素，不仅如此，东北冷涡对华北和江淮梅雨期的降水也有重要的影响(徐辉，2006；王丽娟等，2010)。研究表明，暴雨主要发生在冷涡的发展阶段(孙力等，1995；白人海和谢安；1998)，但在衰退阶段也会引起强降水(张云等，2008)。不同持续时间的冷涡暴雨的高、低空环流特征有何不同？东北冷涡在什么环流背景下长久维持或迅速衰退？大尺度环流对冷涡的维持、衰退及移动有何作用？类似问题的研究对今后不同生命期冷涡及其降水的研究和预报具有重要的实际意义。

2.1 东北冷涡的演变与结构特征

2.1.1 冷涡的生命史与分类

东北冷涡的活动通常具有群发性、持续性等特征，不同学者对冷涡的识别标准、活动以及统计时间范围有些差异，因此对冷涡的生命史与分类结论有所不同。例如，刘刚等(2017)统计 1960～2012 年 5～6 月的东北冷涡活动发现，东北冷涡过程维持时间(即生命史)以 3～7 天为主，平均维持天数为 4.58 天。黄璇和李栋梁(2020)对 1979～2018 年 5～8 月的东北冷涡进行了统计，分析发现其生命史平均为 3.2 天。

1. 典型个例

本书主要采用冷涡的传统定义：冷涡是在 500hPa 高空图上，在 115°E～145°E、35°N～60°N 范围内出现等高线的闭合圈，并有冷中心或冷槽相配合，持续 3 天及 3 天以上的低压环流系统(郑秀雅等，1992)。但鉴于在冷涡形成前有高空冷槽切断形成，这里定义切断前在东北地区的高空冷槽也属于冷涡发展生命史的一部分，认为高空冷槽在切断前属于冷涡发展阶段，即切断前高空低槽、横槽及冷槽低压区和切断后的高空冷涡、低涡等均属于冷涡系统整个发展和演变生命史的一部分。

刘英等(2012)曾分析了一例典型的东北冷涡过程。该例中，2009 年 6 月 26 日 00 时(世界时，下同)地面有气旋发展，中心位于内蒙古中部，850hPa 对应有低涡。此时高空低涡还没形成，500hPa 中高纬度气流较为平直，在贝加尔湖西南有一浅槽。随后该浅槽逐渐加深，于 26 日 18 时切断出一个小的闭合低压，中心强度为 5580gpm。低压后部伴有冷中心，之后该冷涡逐渐向地面气旋靠近，于 28 日 00 时高空冷涡赶上地面气旋，低涡中心强度加强为 5480gpm，中心位于(47°N，116°E)，－16℃冷中心与低压中心逐渐趋于重合。从 28 日 06 时至 29 日 00 时冷涡中心强度维持在 5540gpm 且东移缓慢，中心位于(47°N，117°E)，冷中心与低涡中心基本重合。29 日 06 时冷涡中心强度开始减弱，东移速度加快。至 30 日 12 时冷涡中心移至(44°N，124°E)，中心强度减弱为 5620gpm，对东北地区的影响逐渐减弱。受其影响，从 27 日至 30 日内蒙古东北部至东北大部地区普降中到大雨，部分地区出现暴雨，累积雨量大多在 25mm 以上，内蒙古东北部至黑龙江中部累积雨量超过 50mm，黑龙江部分地区超过 100mm。从这一典型个例分析可以获得东北冷涡结构与演变特征的大致概念。

事实上，通过深入分析发现，东北低涡尚可区分为不同的类别。下文拟在统计分析的基础上利用合成分析方法对所谓“持续缓动型”和“短时移动型”两类冷涡作进一步介绍。

2. 冷涡的分类

利用 NCEP/NCAR 一日 4 次再分析资料，统计分析了 2002～2009 年 5 月至 8 月逐日的 500hPa 位势高度场分布，根据东北冷涡的定义，将此 8 年间 5 月至 8 月主要的冷涡系统进行了分类与合成分析，主要依据冷涡系统的持续时间和移动速率，分为“持续缓动型”和“短时移动型”冷涡：

(1) 持续缓动型(Ⅰ型)：生命史为4天或以上，一般平均移动速度小于18.5km/h。

(2) 短时移动型(Ⅱ型)：生命史为3天至4天，通常平均移动速度大于18.5km/h。

2.1.2 冷涡合成分析

根据冷涡的定义与分类，选取2002～2009年5月至8月14个冷涡系统，分别对两类冷涡系统进行合成对比分析，综合对比分析了两类冷涡对流层低、中及高层的形势场和垂直结构，并且从位涡和涡度收支的角度对两类冷涡进行对比分析。

1. 个例介绍

两类冷涡共选取14个个例进行合成，个例概况见表2.1和表2.2。从表中可以看出，持续缓动型冷涡位置多位于内蒙古偏东部、吉林中西部和黑龙江中西部地区，持续时间多在4天至6天，冷涡系统多为偏东移。短时移动型冷涡位置多位于内蒙古偏东北和黑龙江西北部地区，持续时间均为3天，系统主要移动方向为偏东南。

表2.1　持续缓动型冷涡个例概况

个例	持续缓动型	持续时间/天	移动方向	成熟期中心位置
1	2005年7月6日至10日	5	东南偏东	内蒙古偏东部
2	2005年7月26日至29日	4	东移	吉林中部
3	2009年6月9日至14日	6	东南偏东	吉林偏西部
4	2004年7月4日至8日	5	偏东	黑龙江偏西南
5	2009年6月18日至22日	5	偏东	黑龙江西北部
6	2006年7月20日至25日	6	东南偏东	黑龙江中部
7	2009年6月27日至30日	4	偏东	内蒙古偏东部

表2.2　短时移动型冷涡个例概况

个例	短时移动型	持续时间/天	移动方向	成熟期中心位置
1	2002年7月22日至24日	3	偏南	内蒙古东北、黑龙江西北部
2	2008年6月1日至3日	3	偏东南	内蒙古偏东部
3	2007年7月30日至8月1日	3	东南偏东	内蒙古偏东
4	2007年7月9日至11日	3	东南偏南	内蒙古偏东
5	2009年5月11日至13日	3	偏东	黑龙江北侧
6	2007年6月4日至6日	3	偏东南	黑龙江西部
7	2006年8月12日至14日	3	偏东	黑龙江西北部、内蒙古东北部

2. 合成方法

为了在合成过程中避免将不同类型冷涡资料混合在一起而导致合成结果平滑，本研究采用伴随冷涡移动的坐标系(x,y)，并参考热带气旋研究过程中的合成分析方法(Gray，1979；李英等，2004)进行合成：

$$\bar{V}_t(x,y)=\frac{1}{N}\sum V_t(x,y) \tag{2.1}$$

式中，$\bar{V}_t(x,y)$ 为样本平均场；$V_t(x,y)$ 为 t 时刻物理量场；(x,y) 为所选区域的坐标；N 为样本个数。考虑到不同冷涡个例生命期的差异，在对冷涡个例各阶段划分时采用时间归一化处理，以避免在合成过程中造成的冷涡特征的错位。在动态坐标里，冷涡总是位于研究区域的中心，这种合成方法与简单的算术平均在物理意义上有明显不同，它可减少样本物理量平均时的相互抵消作用，从而使冷涡结构保持相对完整。

利用以上方法对两类冷涡进行合成分析，采用 4 次/d，格距分辨率为 1°×1°，垂直方向上取 1000～100hPa 共 21 层的 NCEP 全球格点资料，经向为 91 个格点，纬向为 71 个格点。Ⅰ型取 17 个时段(T1～T17)，令 T5、T9 和 T17 分别代表Ⅰ型冷涡发展、成熟和衰退阶段；Ⅱ型取 13 个时段(T1～T13)，令 T3、T7 和 T13 分别代表Ⅱ型冷涡发展、成熟和衰退阶段。一个时段为 6h，中心时刻为冷涡成熟时刻，即 500hPa 位势高度在整个冷涡发展过程中达到最低。

2.1.3　两类冷涡合成结构特征对比分析

1. 500hPa 形势场

从动态坐标合成的Ⅰ型冷涡 500hPa 形势场可以看出(图 2.1)，在发展阶段，大尺度环流为纬向型分布，温度槽落后于高度槽，冷涡西侧、西北侧有低槽，槽底不断有冷空气向冷涡输送；成熟阶段，冷涡中心位势高度和温度均达到最低；衰退阶段，冷涡与冷涡西侧的冷槽被一高压脊隔开，使得西侧的冷空气无法向冷涡中心输送，此时 500hPa 大尺度环流呈“Ω”形，为经向环流分布，冷涡位于高压脊南侧，并最终减弱衰亡。从合成的Ⅱ型冷涡 500hPa 形势场可以看出(图 2.2)，冷涡发展、成熟和衰退阶段的形势场和Ⅰ型冷涡的衰退阶段类似，环流形势为经向型环流分布，冷涡西侧均为一暖高脊，不利于冷涡的发展和维持。

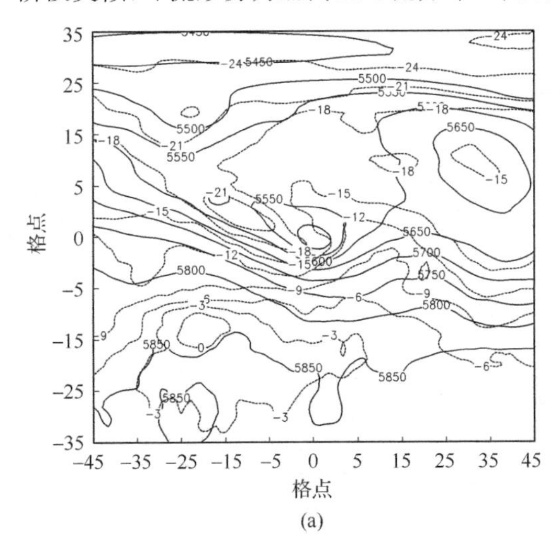

(a)

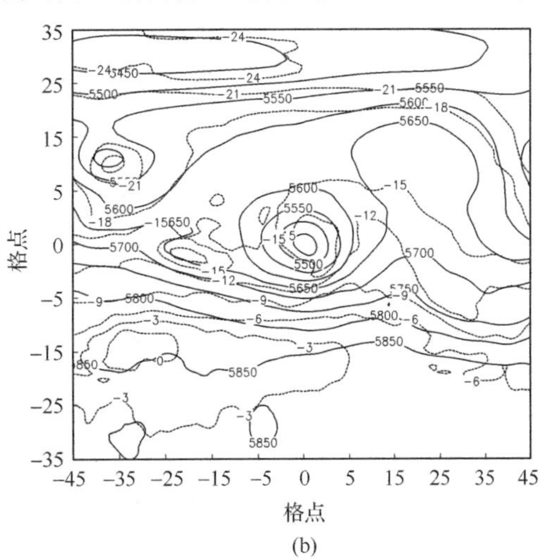

(b)

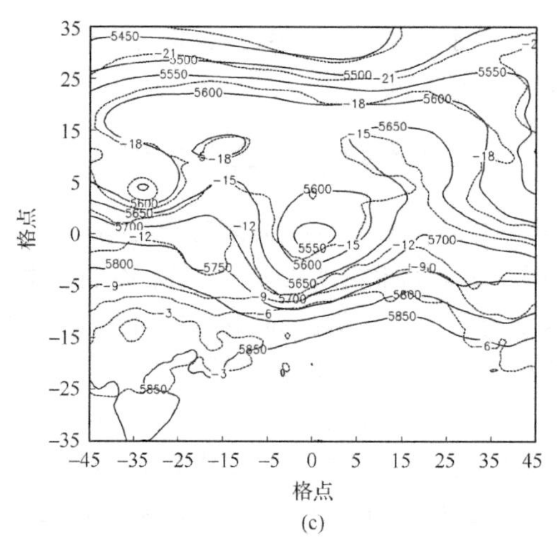

图 2.1　合成的Ⅰ型冷涡 500hPa 高度场(实线,单位:gpm)和温度场(虚线,单位:℃)

(a) T5;(b) T9;(c) T17

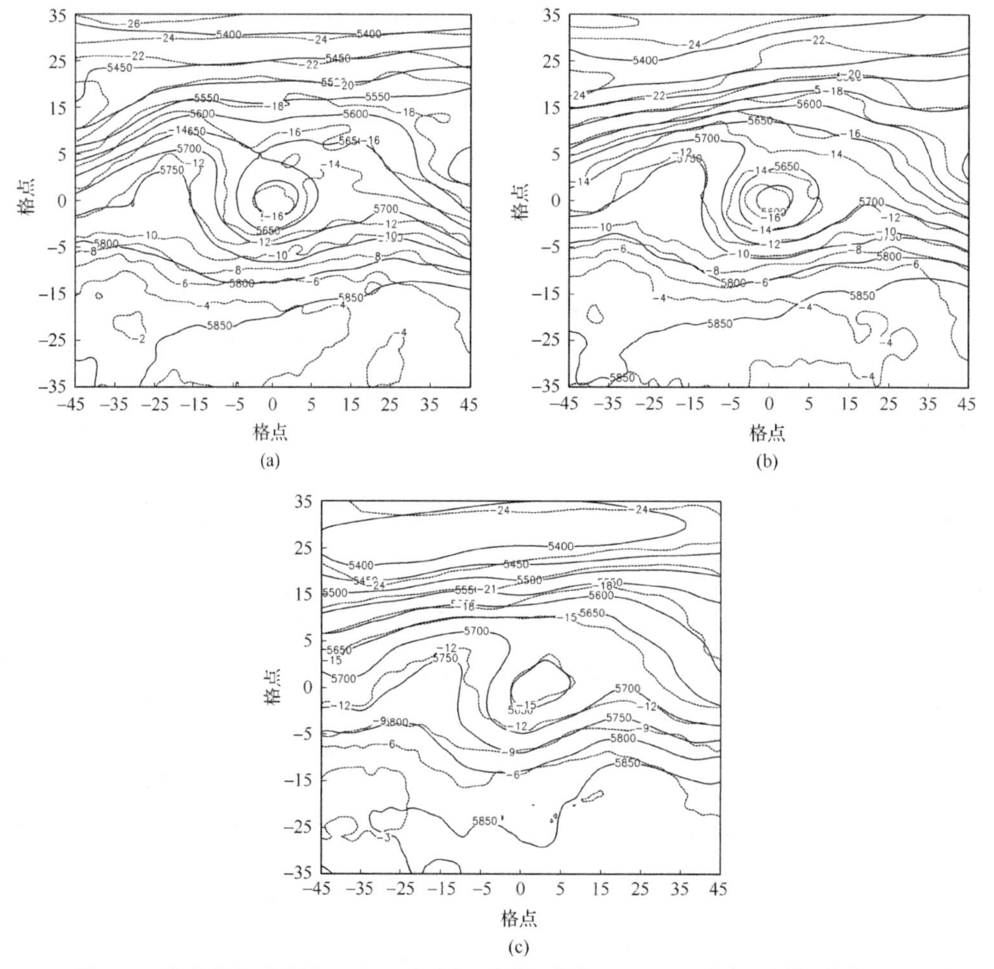

图 2.2　合成的Ⅱ型冷涡 500hPa 高度场(实线,单位:gpm)和温度场(虚线,单位:℃)

(a) T3;(b) T7;(c) T13

2. 300hPa 高空急流

从Ⅰ型冷涡 300hPa 形势场可以看出(图 2.3),在发展阶段,冷涡位于高空急流的北侧,高空急流的位置和强度直接影响冷涡东侧对流区高层辐散的位置和强度。不计黏性项,du/dt 的运动方程为:

$$\frac{du}{dt} = f(v - v_g) = f v_{ag} \tag{2.2}$$

式中,v_g 为地转风的经向分量;u 是纬向分量;v 是经向分量;v_{ag} 是非地转风的经向分量;t 是时间。冷涡东侧 0～15 个经距内处于高空急流的出口区北侧,即空气质点向出口区移动时不断减速,因而有 $v - v_g < 0$,表明所有向出口区运动的气块会得到向右偏的非地转风分量,结果在急流出口区的北侧产生高空辐散;并且辐散区位于冷涡东侧 25 个经距附近的高层大风入口区南侧,高空辐散得到增强。冷涡西侧为一低槽,槽前不断有冷平流和正涡度平流向东输送,使得冷涡不断东移且加强,这点将在本章涡度方程分析中给出详细说明。

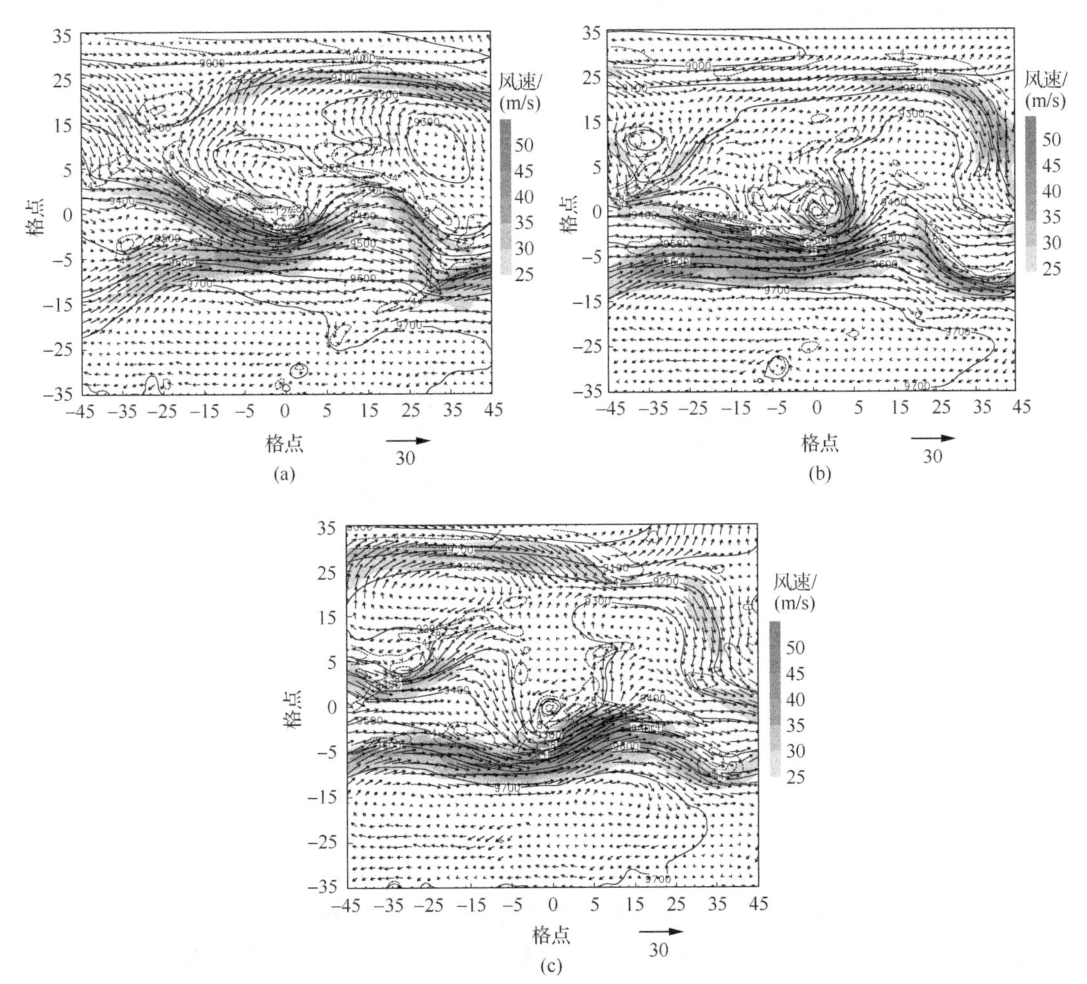

图 2.3　合成的Ⅰ型冷涡 300hPa 高度场(实线,单位:gpm)、风场和全风速

(a) T5;(b) T9;(c) T17

成熟阶段，冷涡位于急流核的正北侧，冷涡东侧高层辐散减弱。衰退阶段冷涡位于高空急流入口区的北侧，空气质点向入口区移动时不断加速，$v - v_g > 0$，所有向入口区运动的气块会得到向左偏的非地转风分量，结果在急流出口区的北侧产生高空辐合。从合成的Ⅱ型冷涡300hPa形势场可以看出(图2.4)，短时移动型冷涡各阶段南侧的高空急流风速明显比持续缓动型冷涡要弱，冷涡西侧均为一高空脊，环流场呈经向分布，不利于冷涡的加强及维持。

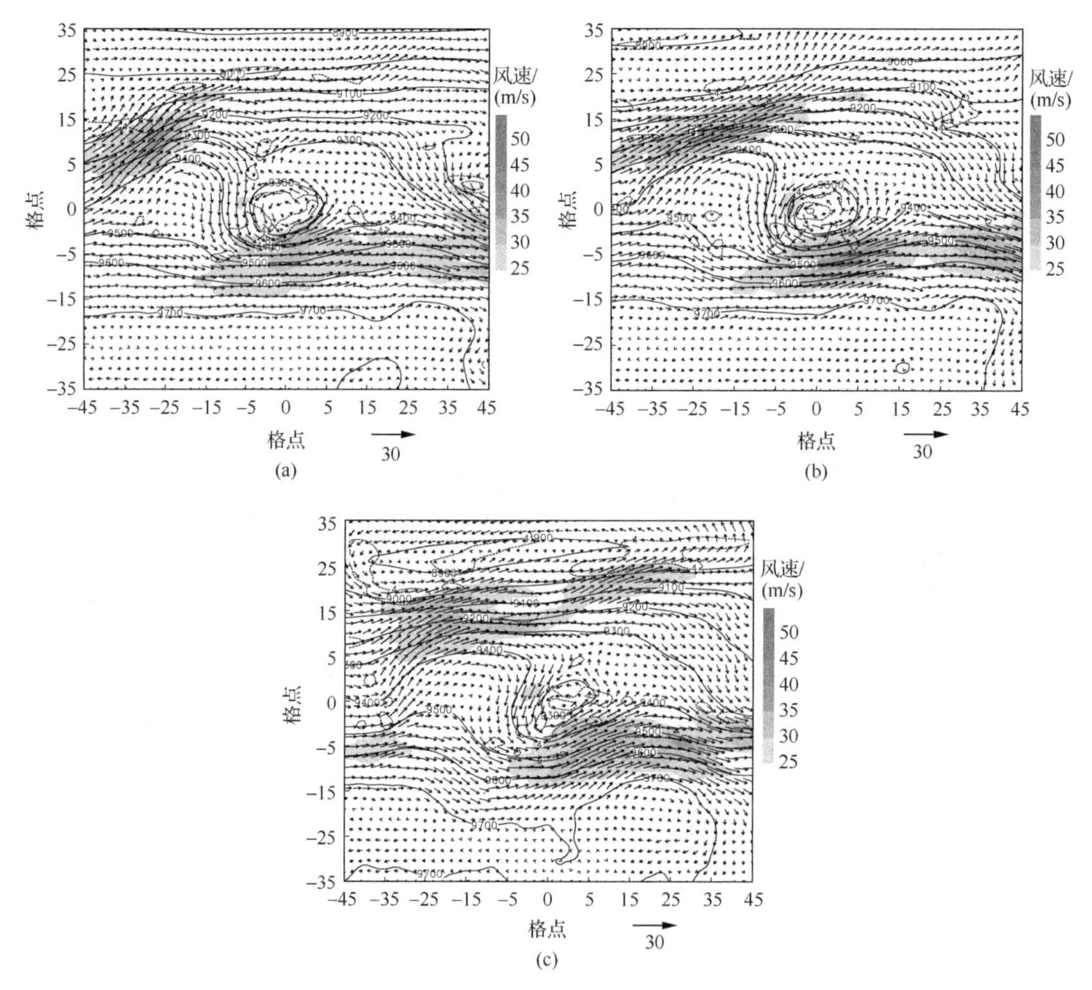

图2.4　Ⅱ型冷涡300hPa高度场(实线，单位：gpm)、风场和全风速

(a) T3；(b) T7；(c) T13

从以上的分析可以看出，Ⅱ型冷涡各阶段高层环流形势和Ⅰ型冷涡的衰退阶段较相似，为经向型环流分布，冷涡西侧为一暖高脊，高空急流较弱，不利于冷涡的发展和维持。Ⅰ型冷涡的发展和成熟阶段的高层环流场呈纬向型环流分布，冷涡西侧、西北侧有低槽，槽底不断有冷空气向冷涡输送；高空急流的位置有利于加强冷涡的气旋性环流和在冷涡东侧产生高空辐散形成上升气流，在冷涡西侧产生下沉气流，进而为强对流在冷涡发展阶段对冷涡东侧的发展提供上升气流条件，配合对流层低层适当的水汽即可触发形成暴雨。

3. 850hPa 低空急流

低层 850hPa Ⅰ型冷涡合成结果表明(图 2.5),冷涡发展阶段,强风速位于沿低层位势高度低值中心外沿 1～5 个格距内,最大风速超过 18m/s,冷涡外沿强风速带(大于 12m/s)分两股:一股是低值中心前侧西南低空急流携带的暖湿气流,另一股为后侧的西北干冷气流,两股气流相遇形成水汽通量散度的辐合,强对流一般位于辐合带及暖湿气流前侧,即冷涡系统的偏东侧,如Ⅰ型冷涡的个例 3、个例 6 等,水汽主要来源于冷涡南侧的西南风低空急流。成熟阶段强风速有所减弱,范围有所增大;发展阶段的水汽辐合带减弱消失;到冷涡衰退阶段,强风速带减弱消失,西南低空急流位于冷涡的南侧,冷涡后部西北气流

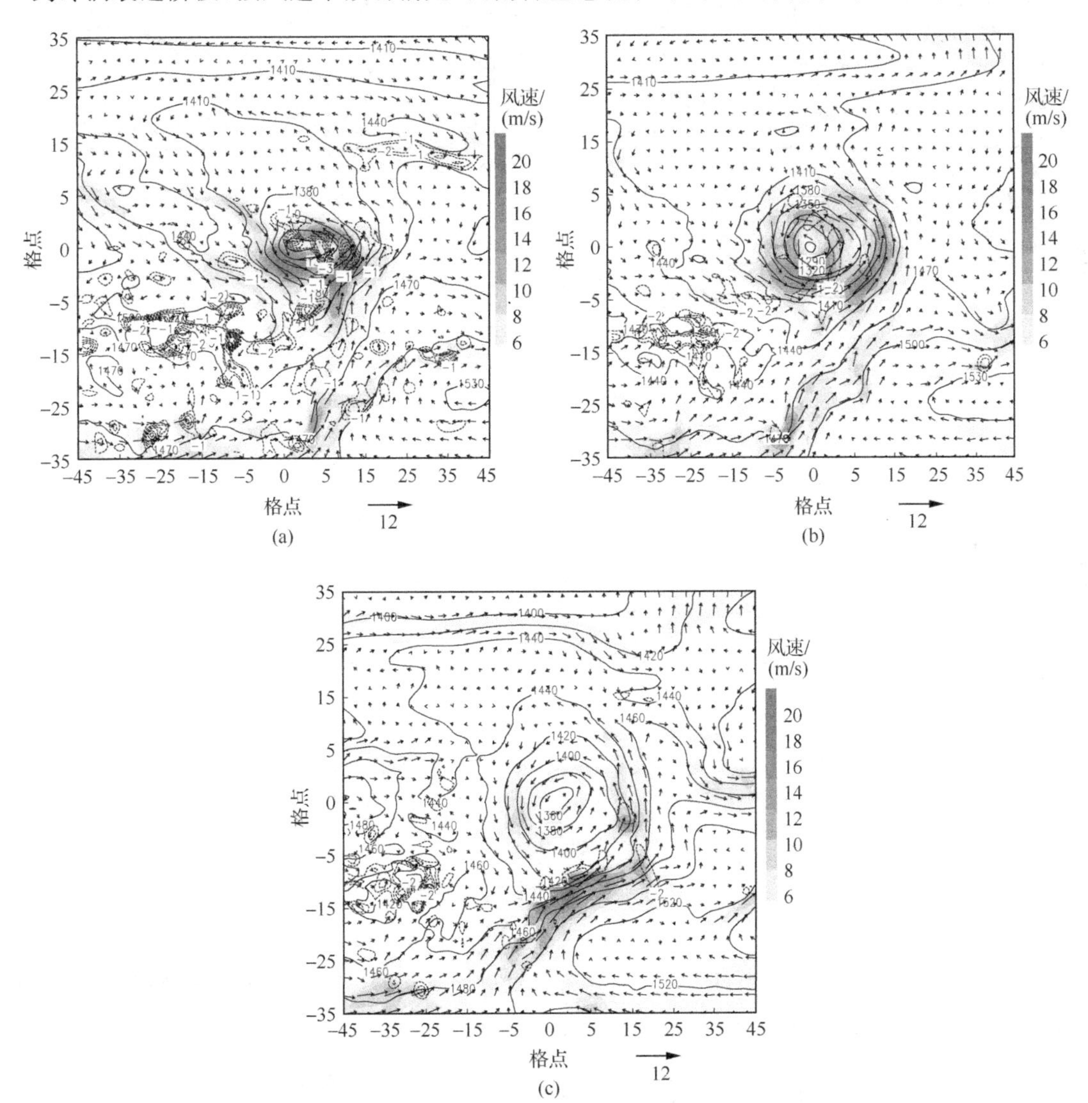

图 2.5　合成的Ⅰ型冷涡 850hPa 高度场(实线,单位:gpm)、全风速和水汽通量散度场[单位:10^{-7}g/(s · hPa · cm^2)]

(a) T5;(b) T9;(c) T16。虚线代表辐合

明显减弱，水汽辐合区亦主要位于冷涡的南侧，辐合程度比发展阶段明显减弱。Ⅱ型冷涡各阶段的合成结果表明（图 2.6），850hPa 层上没有明显的强风速中心和水汽通量辐合区，不利于对流的形成和发展。

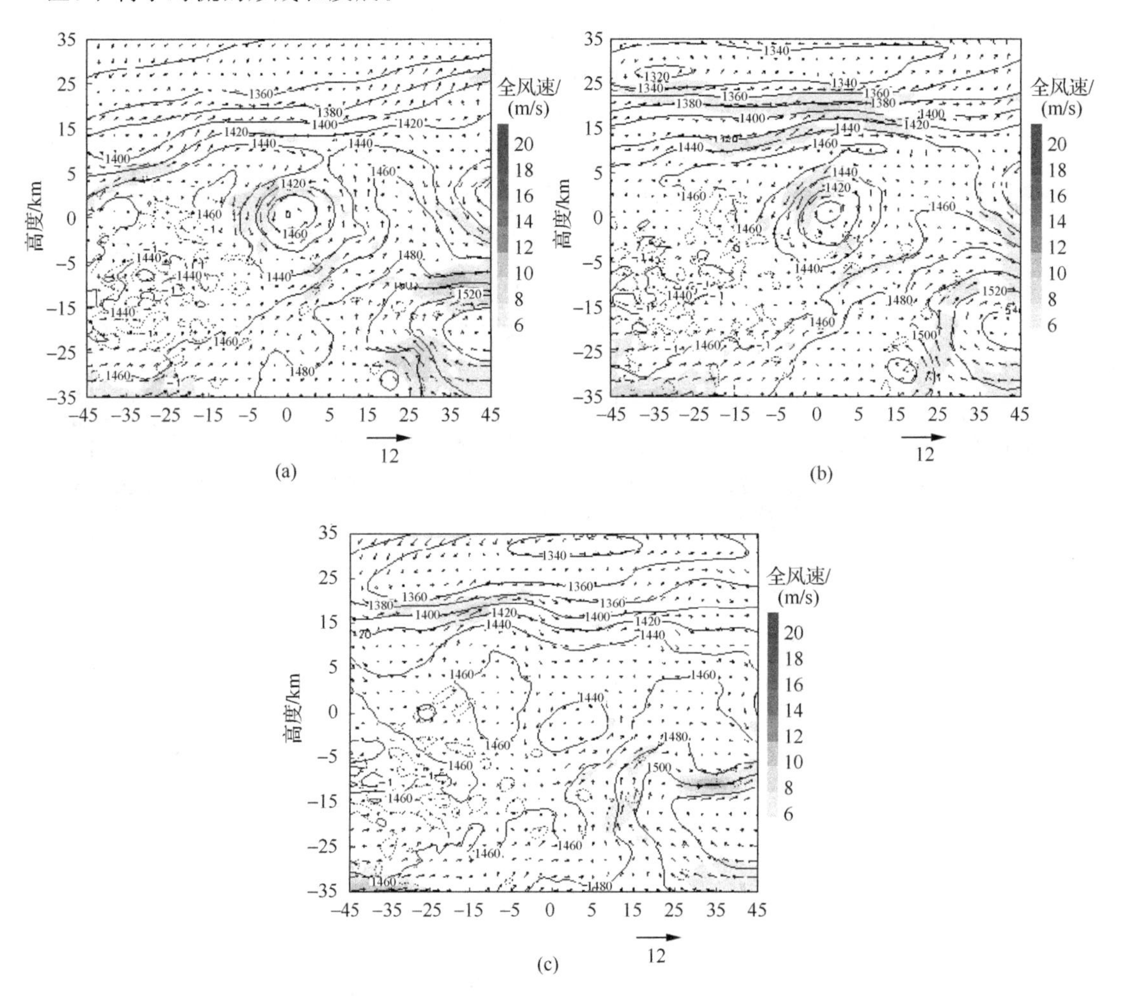

图 2.6　合成的Ⅱ型冷涡 850hPa 高度场（实线，单位：gpm）、全风速（阴影，单位：m/s）和水汽通量散度场［虚线代表辐合；单位：10^{-7} g/(s·hPa·cm^2)］

(a) T3；(b) T7；(c) T13

4. 位涡分析

位涡（potential vorticity，PV）是一个综合反映系统动力和热力因子的物理量，在 p 坐标系中，忽略 ω 的水平变化，干位涡的表达式为

$$PV = -g(\zeta + f)\frac{\partial\theta}{\partial p} + g\left(\frac{\partial v}{\partial p}\frac{\partial\theta}{\partial x} - \frac{\partial u}{\partial x}\frac{\partial\theta}{\partial y}\right) \tag{2.3}$$

式中，ζ 为相对涡度；f 为科里奥利参数；g 为重力加速度；PV 为干位涡；θ 为位温。位涡的单位为 PVU［1PVU=10^{-6} m^2/(s·K·kg)］。

从合成的 PV 分布图上可以看出(图 2.7),Ⅰ型冷涡中心的 PV 值在各个阶段在对流层各层均比Ⅱ型冷涡要大,持续缓动型冷涡中心 PV 值在 300hPa 超过 10PVU,冷涡中心高 PV 带对应高涡度区且呈“西北—东南”分布,这些高 PV 带在冷涡发展和成熟阶段对应于干区(图 2.8),表明Ⅰ型冷涡西北侧的干冷、高 PV 气流不断向冷涡中心输送,有利于冷涡的发展加强和在对流层高层 300hPa 形成高 PV 库,这是冷涡本身结构在对流层高层一个独特的体现:即高层冷涡中心具有高的相对涡度 ζ 和大的位温垂直梯度 $\partial\theta/\partial p$,使得位涡在对流层高层 300hPa 附近冷涡中心体现为一高 PV 库,并在冷涡中心及其西侧向对流层中、低层伸展、侵入。

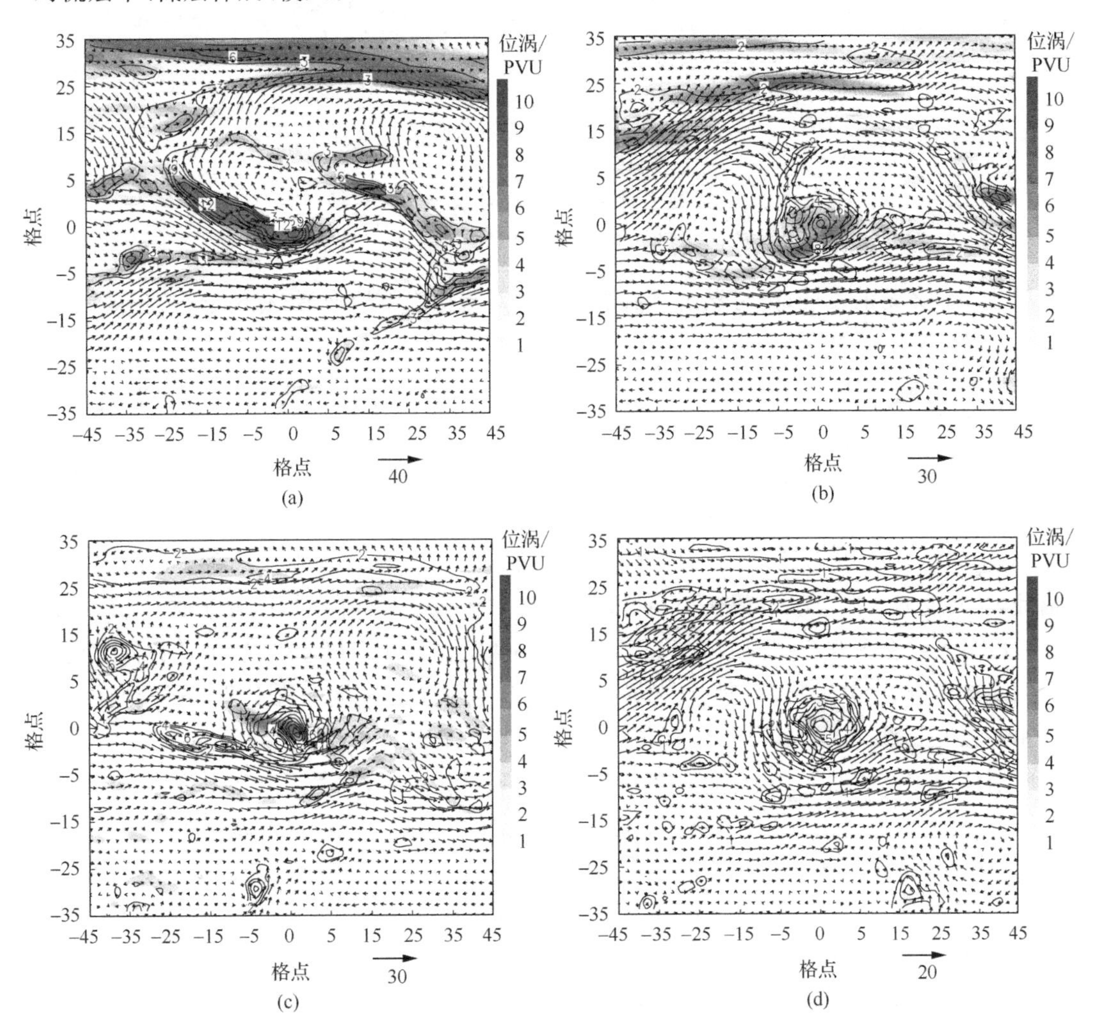

图 2.7　合成的 PV、涡度(实线,单位:$10^{-5}s^{-1}$)和风场分布

(a)、(b)分别为 300hPaⅠ型 T5 和Ⅱ型 T3 的合成结果;(c)、(d)分别为 500hPaⅠ型 T5 和Ⅱ型 T3 的合成结果

Ⅱ型冷涡合成结果表明,500hPa 冷涡西侧为一暖高脊,缺少西侧干、冷的高 PV 气流补充,使得冷涡减弱东移。从 500hPa 涡度和 PV 合成图上可以看出,Ⅰ型冷涡中心的涡度和 PV 均大于Ⅱ型冷涡中心的涡度和 PV。由此可见,对流层中上层 PV 的演变能较好

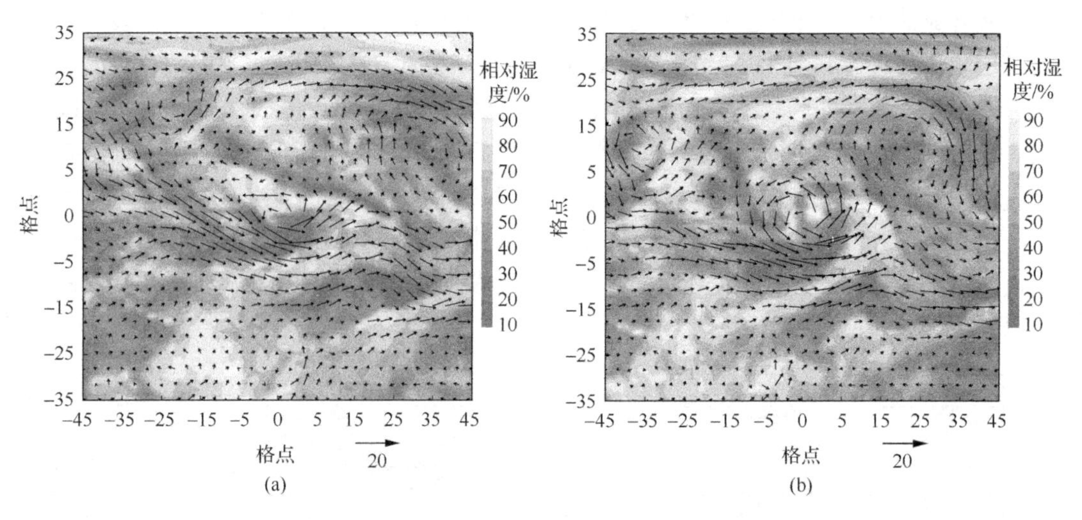

图 2.8　合成的Ⅰ型冷涡 500hPa 相对湿度和风场分布

(a) T5；(b) T9

地反映冷涡系统的发展；高位涡自对流层高层向对流层中下层伸展，有利于在其前部触发上升运动，形成强对流。

5. 垂直结构分析

图 2.9 为沿冷涡中心的经向和纬向垂直剖面图，从Ⅰ型、Ⅱ型冷涡经向的垂直流场可以看到，Ⅰ型冷涡两侧存在强风速带，冷涡西侧和东侧的强风速带分别对应为下沉和上升气流，这和 300hPa 高空急流分析的结果一致，即高层急流出口区北侧有利于在高层形成辐散，触发上升气流，反之急流入口区北侧有利于干、冷空气在冷涡西侧形成下沉气流。Ⅱ型冷涡虽然在东侧存在弱的上升运动，但冷涡两侧不存在强风速带，缺少了类似Ⅰ型冷涡的高空辐合、辐散机制，不利于冷涡的维持以及强对流的发生。从Ⅰ型冷涡经向、纬向的相对湿度及垂直流场可以看出，在冷涡中心及西侧存在干、冷空气的侵入，这个特征在纬向剖面图中更加明显，由于对流层中层冷涡的强旋转作用，使得干空气在冷涡的南侧侵入，即在冷涡西侧及南侧存在旋转式干侵入，从而使得暴雨多在冷涡的东侧和北侧形成。

Browning 和 Golding(1995)指出，干侵入是来自对流层顶折叠区域的高 PV 气流，它的 PV 值常在 0.5～2.0PVU，干侵入的最大 PV 轴线位于 500～700hPa 高度。Browning 和 Roberts(1994)指出，高层大于 1PVU 的气流向下伸展到 600hPa 高度，高 PV、低湿的空气沿等熵面倾斜向下伸向地面冷锋。从通过冷涡中心的 PV 合成剖面图可以看到(图 2.10)，冷涡中心为一高位涡库，高 PV 中心从对流层上层 300hPa 附近的冷涡中心向中下层伸展，高 PV 中心为低的相对湿度区(小于 40%)，冷涡具有高 PV、干冷的特征。冷涡高层大于 0.5PVU 的 PV 可向下伸展到 800hPa。综上可见，Ⅰ型冷涡系统体现为一高 PV、干冷的气旋性低值系统，冷涡干侵入程度比英国的锋面气旋系统(Browning and Roberts，1994)和中国的华南、华北干侵入(阎凤霞等，2005；杨帅，2007)要强。

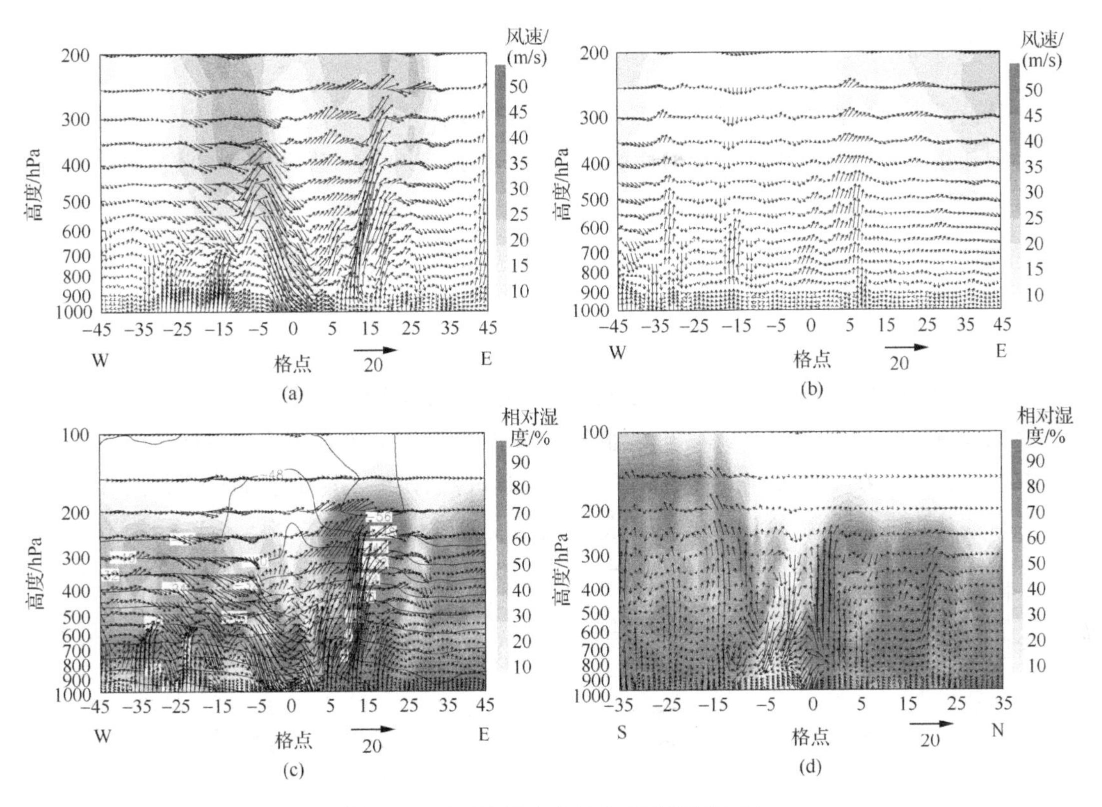

图 2.9　通过冷涡中心的合成垂直剖面图

(a) Ⅰ型冷涡 T5 纬向剖面全风速与垂直流场(u 与 $-\omega\times100$);(b) Ⅱ型冷涡 T3 时刻纬向剖面全风速与垂直流场(u 与 $-\omega\times100$);(c) Ⅰ型冷涡 T5 纬向剖面相对湿度与垂直流场(v 与 $-\omega\times100$);(d) Ⅰ型冷涡 T5 经向剖面相对湿度与垂直流场(v 与 $-\omega\times100$)

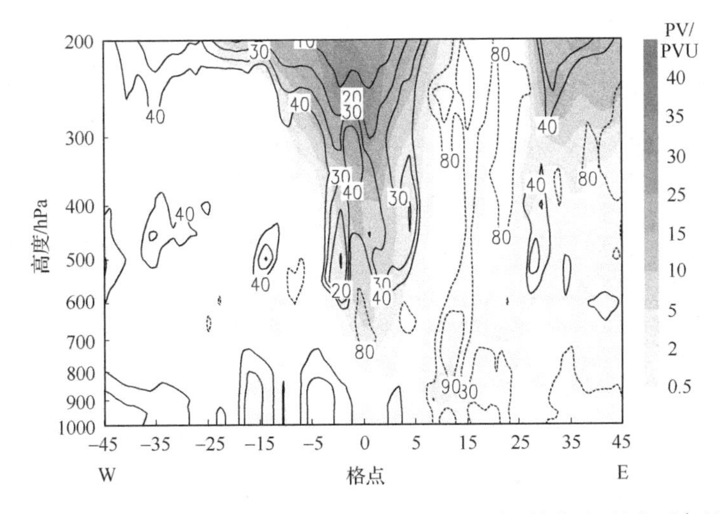

图 2.10　通过 T5 时刻Ⅰ型冷涡中心的合成 PV 和相对湿度(等值线,单位:%)的纬向剖面

6. 冷涡涡度收支分析

持续缓动型冷涡的发生发展主要受什么因子影响？高空急流在冷涡的发生发展过程中有何作用？本节利用涡度方程对两类冷涡在不同高度和不同阶段的涡度收支进行了分析，所用涡度方程为(杨大升等，1982)

$$\underset{\text{VT}}{\frac{\partial \zeta}{\partial t}} = \underset{\text{VA}}{-\boldsymbol{V}\,\nabla_p \zeta - \beta v} \underset{\text{VD}}{- (\zeta_p + f)\,\nabla_p \boldsymbol{V}} \underset{\text{VC}}{- \left(k\,\nabla_p w \times \frac{\partial v}{\partial p}\right)} \tag{2.4}$$

式中，VA、VD 和 VC 分别代表相对涡度的平流输送项、水平辐散(辐合)项和扭转项；$\boldsymbol{V}$ 为水平风矢量。从计算结果可以看出，正涡度平流 VA 和水平辐合项 VD 对冷涡的发展维持起主要作用。在Ⅰ型冷涡的发展阶段(图 2.11)，冷涡西侧不断有正涡度平流 VA 和水平辐合 VD 沿西风气流向冷涡输送，使得冷涡涡度不断增强，其中，VD 比 VA 量值大，且

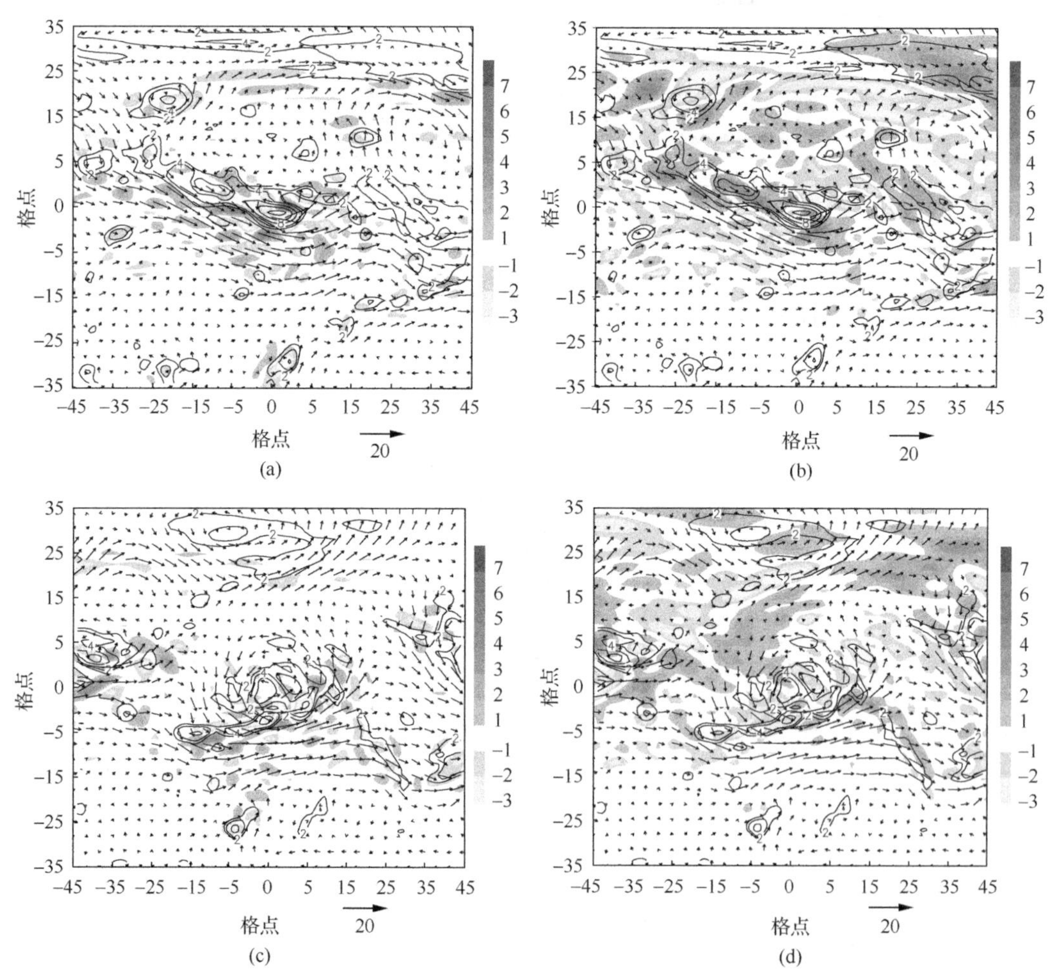

图 2.11　合成的Ⅰ型冷涡 T6[(a)，(b)]和 T14[(c)，(d)]时刻 500hPa VA 项[(a)，(c)]及 VD 项[(b)，(d)](阴影，单位：$10^{-9}\,\mathrm{s}^{-2}$)、涡度(实线，单位：$10^{-5}\,\mathrm{s}^{-1}$)和风场分布

分布更加集中，而 VA 分布较分散。到冷涡衰亡阶段，冷涡西侧正涡度平流减弱消失，冷涡中心为负的涡度平流和水平辐散，使得冷涡中心涡度逐渐减弱。Ⅱ型冷涡的计算结果表明，在冷涡发展阶段，冷涡西侧的正涡度平流 VA 沿冷涡西侧的偏西气流向北输送，说明水平输送项对冷涡的贡献较小；冷涡西侧有正水平辐合向冷涡输送，但强度要比Ⅰ型冷涡弱得多。

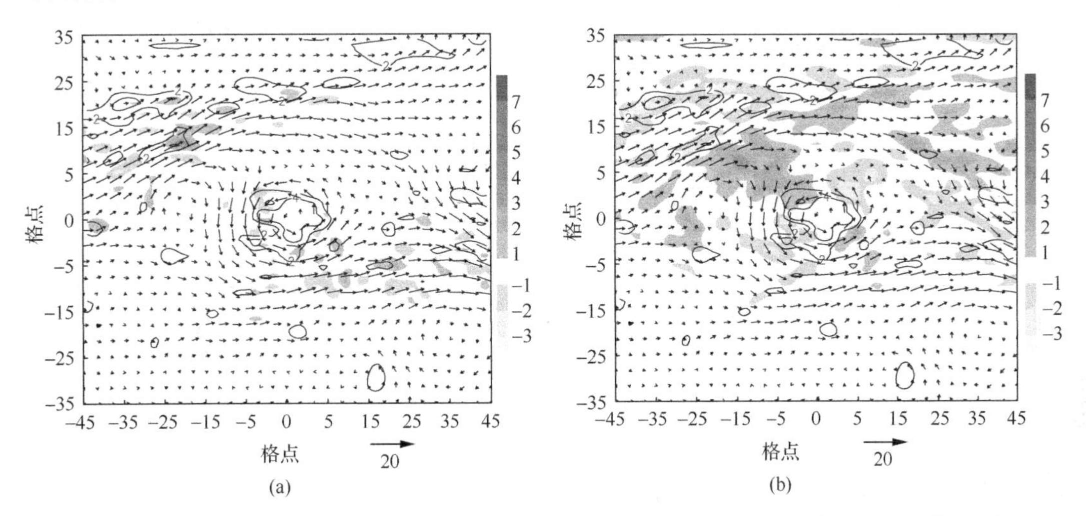

图 2.12　合成的Ⅱ型冷涡 T5 时刻 500hPa VA 项(a)及 VD 项(b)(阴影，单位：$10^{-9}s^{-2}$)、涡度(实线，单位：$10^{-5}s^{-1}$)和风场分布

由此可见，在Ⅰ型冷涡的发展演变过程中，冷涡西侧的正涡度平流和水平辐合项对冷涡的发展维持起了重要的作用，而水平辐合项是Ⅱ型冷涡发展过程中涡度的主要贡献项。可以看出，水平辐合项 VD 对冷涡的发展演变有着至关重要的作用；由 300hPa 高空急流分析可知，高层散度场分布与高空急流的强度和位置密切相关。本节计算了高层 300hPa 全风速的经向偏微分 $\partial \mathbf{V}/\partial x$。此处定义：

$\frac{\partial \mathbf{V}}{\partial x} > 0$：高层空气质点向东移并不断加速，为急流入口区；

$\frac{\partial \mathbf{V}}{\partial x} < 0$：高层空气质点向东移并不断减速，为急流出口区。

图 2.13 和图 2.14 分别为 300hPa 的Ⅰ型和Ⅱ型冷涡 $\partial \mathbf{V}/\partial x$ 和 VT 分布。从图中可以看出，在Ⅰ型冷涡发展阶段，冷涡西侧有 $\partial \mathbf{V}/\partial x > 0$，$\partial \mathbf{V}/\partial x$ 正值区对应于正的 VT 分布，高层的这种配置对冷涡的发展有重要的作用：冷涡西侧处在高空急流的入口区北侧，由不计黏性项的运动方程可知（丁一汇，1991），高空急流的入口区北侧为高层辐合，再结合涡度方程的分析可知，水平辐合项 VD 是冷涡高层涡度收支的主要因子。所以说，高空急流的位置和强度与东北冷涡的发生发展密切相关。

另外，冷涡东侧有 $\partial \mathbf{V}/\partial x < 0$，位于高空急流出口区的北侧，高层辐散，大气因质量调整，在冷涡东侧产生上升气流，西侧为下沉气流，使得强对流多在冷涡东侧形成。Ⅱ型冷涡发展和衰亡阶段，冷涡东、西侧的 $\partial \mathbf{V}/\partial x$ 和 VT 量值比Ⅰ型冷涡的明显要小，使得冷

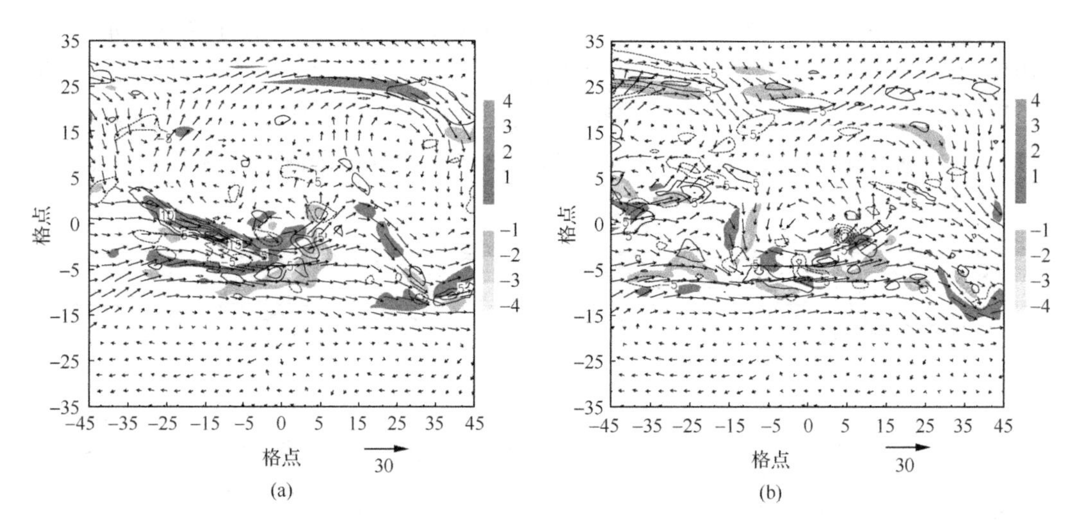

图 2.13　合成的Ⅰ型 300hPa 的 $\partial \boldsymbol{V}/\partial x$（阴影，单位：$10^{-3}\mathrm{s}^{-1}$）、VT（实线，单位：$10^{-9}\mathrm{s}^{-2}$）和风场分布

(a) T8；(b) T14

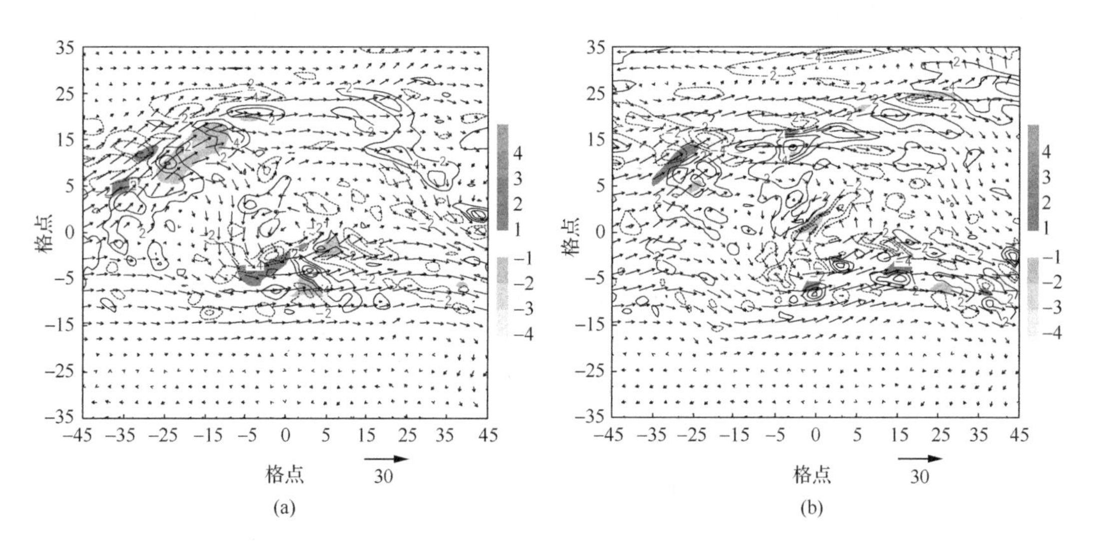

图 2.14　合成的Ⅱ型 300hPa 的 $\partial \boldsymbol{V}/\partial x$（阴影，单位：$10^{-3}\mathrm{s}^{-1}$）、VT（实线，单位：$10^{-9}\mathrm{s}^{-2}$）和风场分布

(a) T4；(b) T12

涡不易维持，且冷涡东侧高层辐散相对较弱，使得东侧上升气流减弱，这和垂直结构分析的结果是一致的。

本节分析了两类合成冷涡长久维持或迅速衰退的不同环流背景配置，考察了大尺度环流对冷涡维持、衰退及移动的作用。主要结论如下：

(1) 持续缓动型冷涡位置多位于内蒙古偏东部、吉林中西部和黑龙江中西部地区，冷涡系统多为偏东移。短时移动型冷涡位置多位于内蒙古偏东北和黑龙江西北部地区，系统主要移动方向为偏东南。

(2) 持续缓动型冷涡在发展和成熟阶段高层环流呈纬向型环流分布，冷涡西侧、西北侧有低槽，槽底不断有冷空气和正涡度平流向冷涡输送；高空急流的位置有利于加强冷涡的气旋性环流和在冷涡东侧产生高空辐散形成上升气流，在冷涡西侧产生下沉气流。短时移动型冷涡在各阶段高层环流形势和Ⅰ型冷涡的衰退阶段较相似，为经向型环流分布，冷涡西侧多为一暖高脊，高空急流较弱，不利于冷涡的发展和维持。

(3) 南方暴雨发生时暴雨区高层常位于高空急流入口区的南侧(覃庆第，2001；顾清源等，2010)，而和南方暴雨不一样，东北冷涡发展阶段的暴雨，作为影响系统的冷涡则位于高空急流的北侧，有利于冷涡的发展加强并且在急流出口区的北侧产生高空辐散；位涡在对流层高层 300hPa 附近的冷涡中心体现为一高 PV 库，在冷涡西侧、南侧存在干空气的侵入，这是由于对流层中层冷涡的强旋转作用，使得干空气在冷涡的南侧侵入，即在冷涡西侧及南侧存在旋转式干侵入，从而使得暴雨多在冷涡的东侧和北侧形成。

(4) 在冷涡的发展演变过程中，冷涡西侧的正涡度平流和水平辐合项对冷涡的发展维持起重要的作用。东北冷涡的发生发展与高空急流的位置和强度密切相关，在冷涡的发展阶段，冷涡西侧处在高空急流的入口区北侧，高层辐合，正涡度平流和水平辐合项 VD 使得冷涡增强。冷涡东侧位于高空急流出口区的北侧，高层辐散，使得强对流多在冷涡东侧形成。

2.2　典型冷涡过程的结构演变特征

2.2.1　个例简介

本节先介绍 2009 年的一个典型冷涡个例。2009 年 6 月 26 日 00 UTC 地面有气旋发展，中心位于内蒙古中部，850hPa 对应有低涡。此时高空低涡还没形成，500hPa 中高纬度气流较为平直，在贝加尔湖西南有一浅槽。随后该浅槽逐渐加深，于 26 日 18 UTC 切断出一个小的闭合低压，中心强度为 5580gpm。低压后部伴有冷中心，之后该冷涡逐渐向地面气旋靠近，于 28 日 00 UTC 高空冷涡赶上地面气旋，低涡中心强度加强为 5480gpm(图 2.15)，−16℃冷中心与低压中心逐渐趋于重合。从 28 日 06 UTC 至 29 日 00 UTC 冷涡中心强度维持在 5540gpm 且缓慢东移，中心位于(47°N，117°E)，冷中心与低涡中心基本重合。29 日 06 UTC 冷涡中心强度开始减弱，东移速度加快。

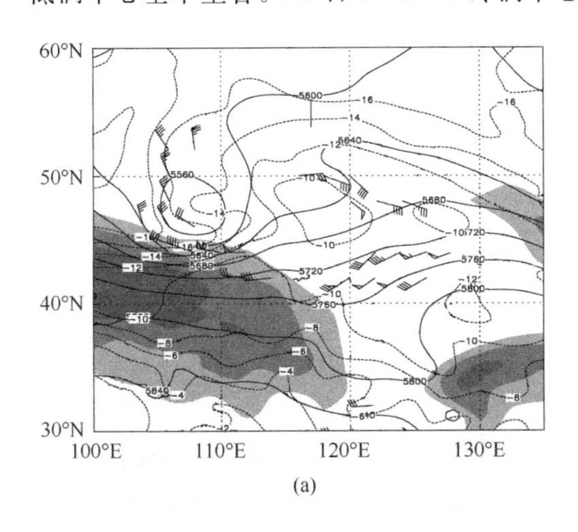

(a)

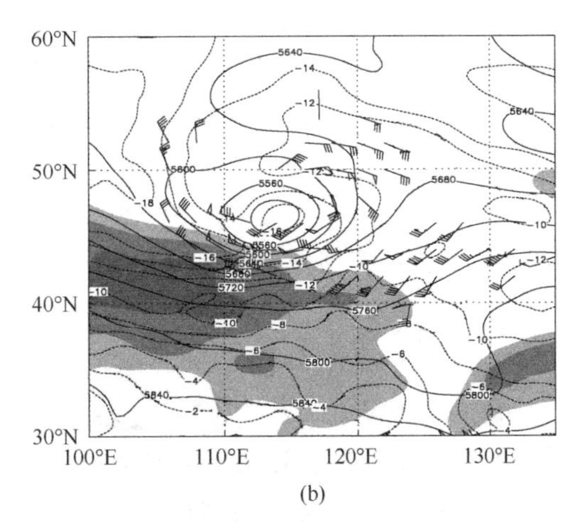

(b)

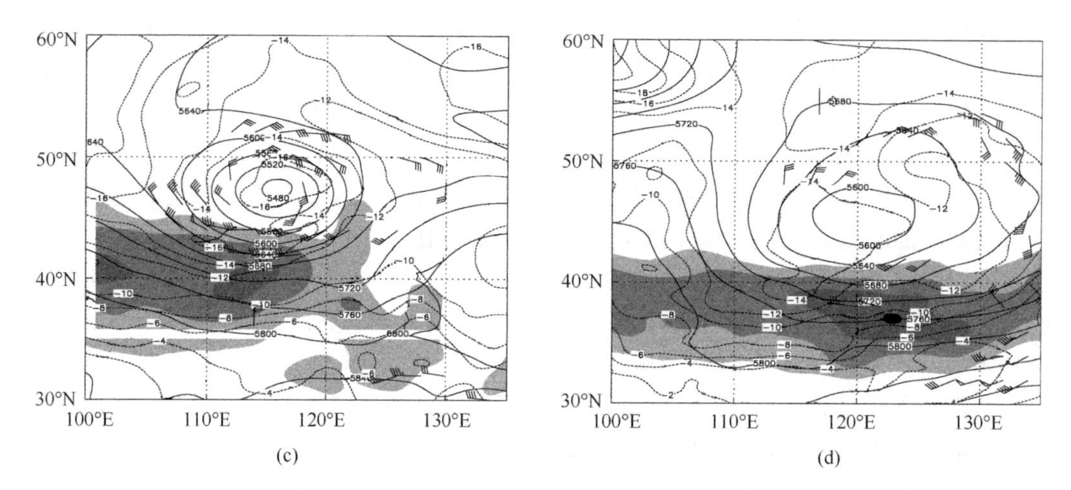

图 2.15　2009 年 6 月 27 日至 29 日 500hPa 形势场

粗实线为高度场(单位:gpm);虚线为温度场(单位:℃);阴影为 200hPa 水平风大于 30m/s 的区域,色标间隔 10m/s;风羽为 850hPa 大于 12m/s 的风场

受其影响从 6 月 27 日至 30 日内蒙古东北部至东北大部地区普降中到大雨,部分地区出现暴雨,累积雨量大部在 25mm 以上,内蒙古东北部至黑龙江中部累积雨量超过 50mm,黑龙江部分地区超过 100mm(图 2.16)。

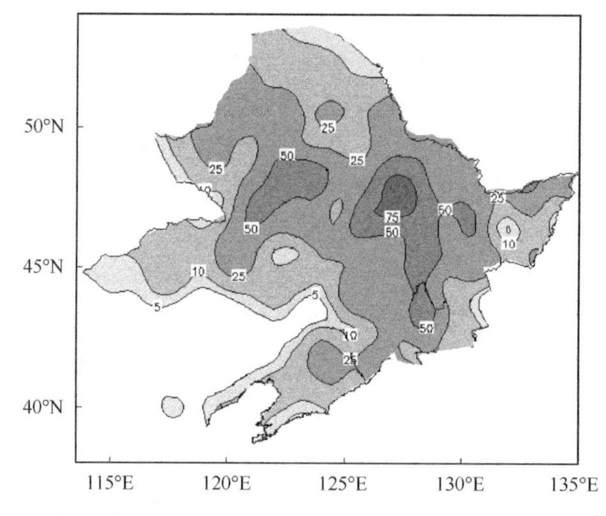

图 2.16　2009 年 6 月 27 日 00 UTC 至 7 月 1 日 00 UTC 累积降水量(单位:mm)

2.2.2　冷涡的空间结构

1. 等压面特征分析

1) 热力结构特征

按东北冷涡的定义,在 500hPa 天气图上,有闭合的环流中心,且有冷中心或冷槽相配合,即冷心结构是东北冷涡的主要特征之一。为了揭示冷涡的热力结构特征,本节给出

了冷涡发展不同时期过冷涡中心的温度场和位势高度场距平的垂直剖面图。具体计算方法为，先分别求出研究区域垂直方向每层的温度和位势高度平均值，再用每层上各点的温度和位势高度值减去同层相应的平均值。由图 2.17 可看出，在冷涡发展初期[图 2.17(a)、(b)]高度槽后对应有温度槽，且温度槽和高度槽均向西倾斜，位势高度场低值中心位于 250hPa 附近，在 300hPa 附近存在一穿过冷涡中心的温度低值区，表明冷涡发展初期在高层表现更为明显。冷涡加强阶段位势高度负距平中心强度加大，达到－16dagpm，且向低层伸展至 400hPa 附近，高度槽轴线趋于垂直，300hPa 以下均为冷区，高度槽后仍然配合有较强的温度槽，此时 300hPa 以上 6℃暖中心已形成。成熟阶段[图 2.17(c)、(d)]，高度槽与温度槽重合，且轴线近于垂直，位势高度负距平中心进一步向下伸展至 500hPa，

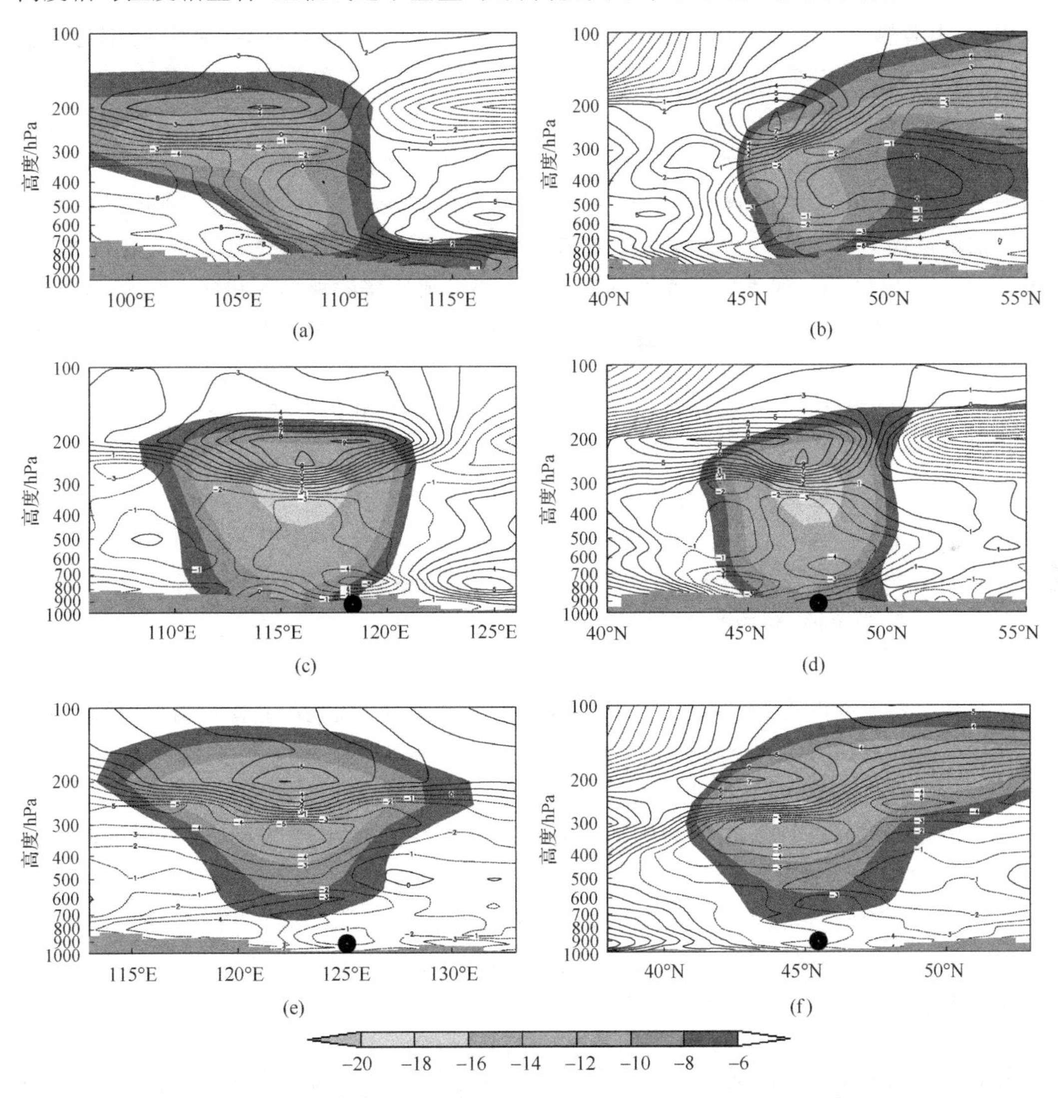

图 2.17　过冷涡中心温度距平(等值线，虚线为负温度距平区，单位：℃)和位势高度距平(阴影，单位：dagpm)的经向、纬向垂直剖面图

(a)、(b) 27 日 00 UTC；(c)、(d) 28 日 00 UTC；(e)、(f) 30 日 00 UTC。圆点代表冷涡中心，下同

位势高度距平呈准对称分布，300hPa 以上暖中心进一步加强至 9℃。冷涡减弱阶段[图 2.17(e)、(f)]，高度负距平中心上抬至 250hPa，对流层整层即 300hPa 以下为冷空气控制，已不存在明显的冷中心，且上部暖中心也减弱。

大气的非绝热加热是天气系统发展的主要热力强迫因子，通常视热源(Q_1)和视水汽汇(Q_2)在 P 坐标下的诊断公式为

$$Q_1 = C_p\left[\frac{\partial T}{\partial t} + \mathbf{V}\,\nabla T + \left(\frac{p}{p_0}\right)^{\kappa}\omega\,\frac{\partial \theta}{\partial p}\right] \tag{2.5}$$

$$Q_2 = -L\left(\frac{\partial q}{\partial t} + \mathbf{V}\,\nabla q + \omega\,\frac{\partial q}{\partial p}\right) \tag{2.6}$$

式中，L 为潜热系数；θ 为位温；q 为比湿；$\mathbf{V}$ 为水平风矢量；$\kappa = R/C_p$，R 和 C_p 分别为摩尔气体常量和定压比热容；ω 为垂直速度，由质量连续方程垂直积分，并经过散度订正得到的，下边界条件考虑地形强迫作用，上边界条件由温度方程考虑辐射冷却作用得到。右边三项分别代表局地变化项、水平平流项和垂直输送项。Q_1 表示单位时间内单位质量空气的增温率，Q_2 表示单位时间内单位质量水汽凝结释放热量引起的增温率。视热源和视水汽汇的单位均为 J/(kg · s)，为使视热源和视水汽汇直观地反映大气温度的变化情况，文中以 Q_1/C_p 和 Q_2/C_p 代表冷涡发展过程冷暖中心形成所需的视热源和视水汽汇，单位为 K/d。现定义 $Q = Q_1/C_p + Q_2/C_p$。图 2.18 为 Q 的经向和纬向垂直剖面图。可以看出，在冷涡发展初期[图 2.18(a)、(b)]，在 500hPa 为 Q 的负值中心，强度为 −10K/d，且负值中心轴线随高度略向西北倾斜，而正值中心位于 300～400hPa。成熟阶段[图 2.17(c)、(d)]，负值中心加强到 −20K/d，且向下伸展至近地面层，表明由于冷空气的侵入，形成了从地面至对流层高层深厚的冷中心，而在对流层上层 200～300hPa 之间 Q 为正，与冷涡中心上层的暖中心相对应。冷涡减弱阶段[图 2.18(e)、(f)]，从地面至 200hPa 冷涡中心区 Q 值均为负且强度大大减弱，缺少了冷空气的侵入，冷涡逐渐减弱消亡，同时由于冷中心上层 Q 也转为负值，暖中心强度便随之减弱消失。

2) 风场特征

发展成熟的冷涡为深厚的气旋性涡旋，从各层散度场和流场配置图可看出，低层表现为气旋性流入，700hPa 上冷涡中心为气旋性流出，与外围气旋性流入在冷涡中心外围形成辐合带；高层则表现为气旋性流出。

分析各时刻过冷涡中心的风场垂直剖面图(图 2.19)，发展初期南风随高度向西倾斜明显[图 2.19(a)]，北风大值中心位于 500hPa 以下，同时刻西风[图 2.19(b)]在 300hPa 以下随高度向南倾斜，其上侧向北倾斜，风速零线代表了冷涡的轴线，因此发展初期冷涡轴线在 300hPa 以下随高度向西南倾斜，以上则向东北倾斜，具有很强的斜压结构。在冷涡西侧至南侧为一致的倾斜下沉气流所控制，在其东侧至北侧为较强的上升气流。随着冷涡进一步发展，轴线趋于垂直，经向风逐渐向对称结构演变[图 2.19(c)]，在冷涡中心的东西两侧均为随高度向外倾斜的上升气流控制，此时下沉运动区集中在冷涡南侧，且偏西风分量进一步加大下传[图 2.19(d)]。在冷涡减弱阶段，低层偏北风减弱明显，轴线又略向西倾斜，在冷涡中心低层出现了弱上升运动，这正是导致减弱阶段冷涡中心产生弱降水的原因。

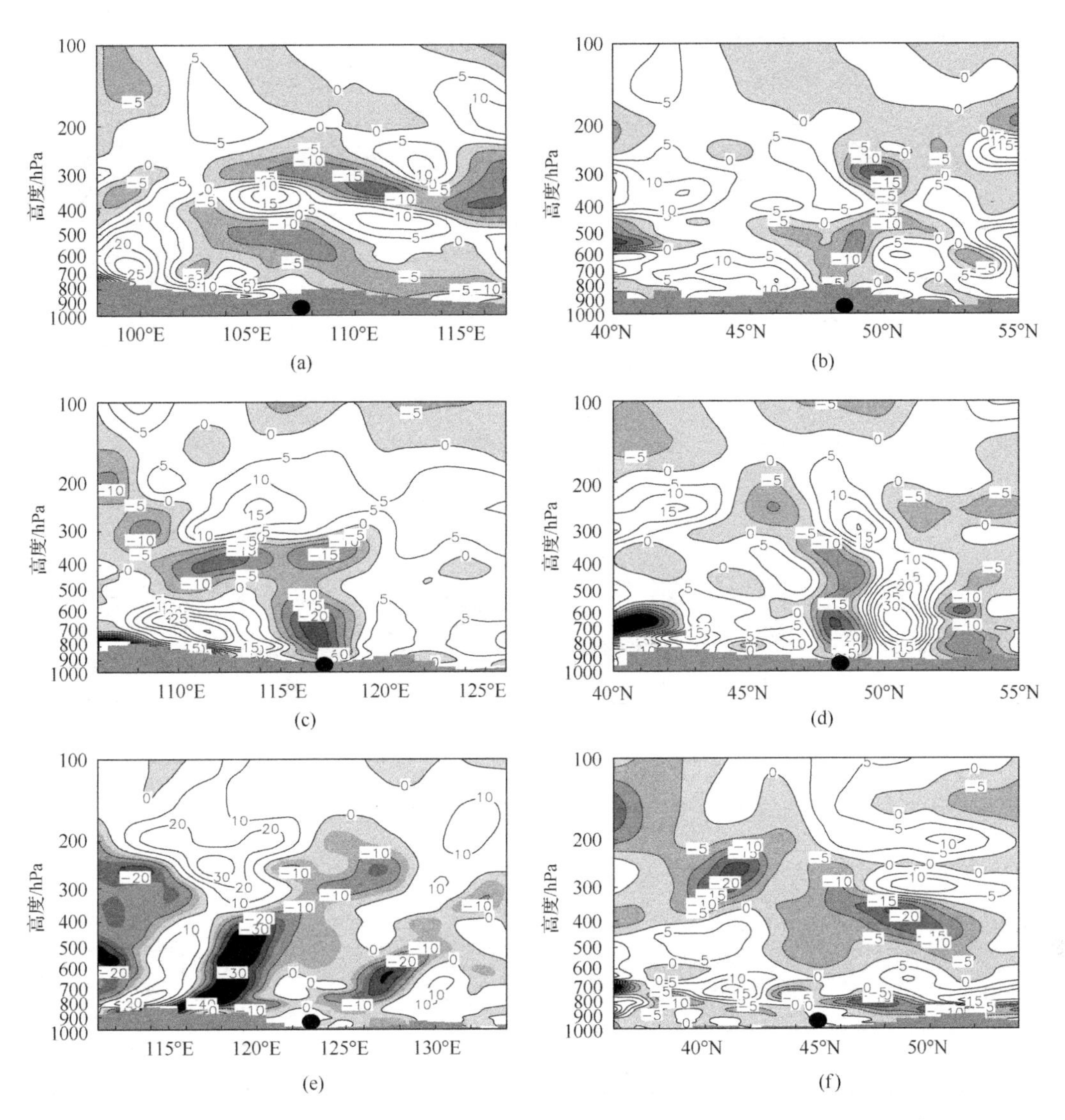

图 2.18　过冷涡中心 Q_1/C_p 与 Q_2/C_p 之和(阴影为负值区,单位:K/d)的经向/纬向垂直剖面图

(a)、(b) 27 日 00 UTC;(c)、(d) 29 日 12 UTC;(e)、(f) 30 日 00 UTC

以上分析表明,对流层高层的冷空气下传对冷涡的发展有着重要的作用,除了冷涡西南侧外,在冷涡其他部位均存在不同程度的上升运动区,最强上升区出现在冷涡北侧至东侧,发展成熟的冷涡在其中心东西两侧上升气流随高度向外倾斜。减弱期冷涡西侧低层偏北风减弱明显,冷涡中心低层出现弱上升运动。冷涡风场的结构演变特征决定了冷涡降水的不均匀性和复杂性,对冷涡降水的形成有重要影响。

3) 涡度和散度

冷涡是一个天气尺度的正涡度系统,在冷涡发展初期[图 2.20(a)],对流层高层表现为一条从冷涡中心向西北方向延伸的强正涡度带。随着冷涡发展到强盛期,正涡度带逐渐演变为以冷涡中心为起点,尾部向西北延伸的逗点状正涡度区[图 2.20(b)],最大正涡

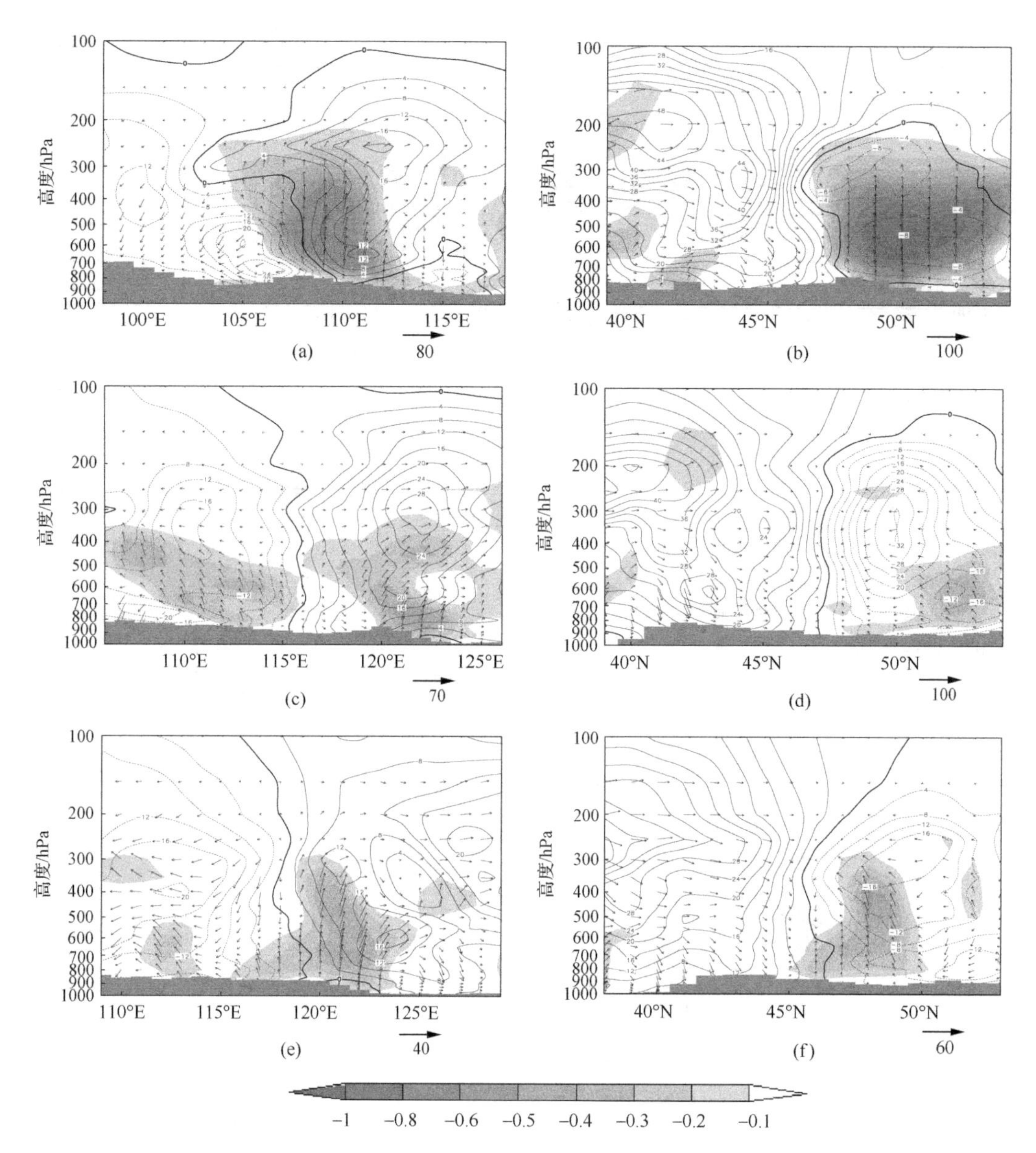

图 2.19　过冷涡中心经向风[(a)、(c)、(e)]、纬向风[(b)、(d)、(f)](等值线,单位:m/s)和垂直速度(阴影为上升区,单位:Pa/s)的垂直剖面

(a)、(b) 6 月 27 日 00 UTC;(c)、(d) 6 月 28 日 00 UTC;(e)、(f) 6 月 29 日 00 UTC。矢量为垂直速度与 ***U*** 或 ***V*** 的合成

度中心位于冷涡中心。至减弱阶段,向西北延伸的正涡度带明显减弱,同时冷涡中心涡度强度亦减弱,且等涡度线分布变得较为凌乱[图 2.20(c)]。而中层 500hPa 涡度分布与高层 300hPa 相似,只是正涡度中心数值略小,且冷涡后部正涡度带中心值也略小。低层 850hPa 涡度中心与冷涡中心重合,正涡度区近似呈圆形分布,在距冷涡中心约 5 个经距的东侧和东南侧分布着两条呈带状的正涡度带。分析涡度的垂直剖面图,最大涡度中心位于 300～400hPa。

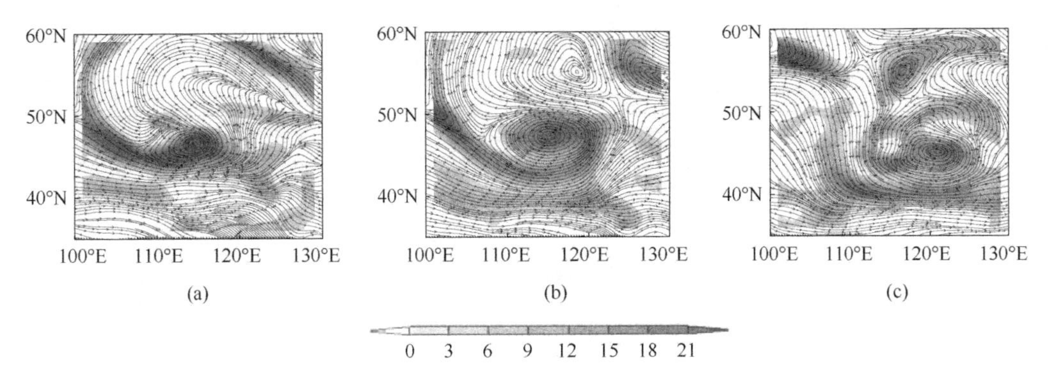

图 2.20　300hPa 水平流场和涡度场(阴影,单位:10^{-5} s)

(a) 6 月 27 日 12 UTC;(b) 6 月 28 日 00 UTC;(c) 6 月 29 日 12 UTC

散度和垂直速度的垂直剖面图(图 2.21)上,冷涡在发展阶段[图 2.21(a)、(b)]从冷涡中心至东侧到北侧对流层低层为辐合区,辐散中心位于 350hPa 附近,因而冷涡的东侧至北侧为大范围上升运动区,上升运动区随高度向西倾斜,且最大上升区出现在对流层中层近似为中性层结的 500hPa 附近。在冷涡中心西侧和南侧对流层高层为辐合,低层辐散,对应下沉运动。至成熟阶段,冷涡中心附近近似为中性层结(散度为 0),在冷涡中心东西两侧均为向外倾斜上升气流控制,在其南侧则下沉运动进一步加强,最大下沉区位于 600～700hPa。减弱阶段,冷涡中心低层转为弱辐合区控制,导致冷涡中心低层出现了弱上升气流。

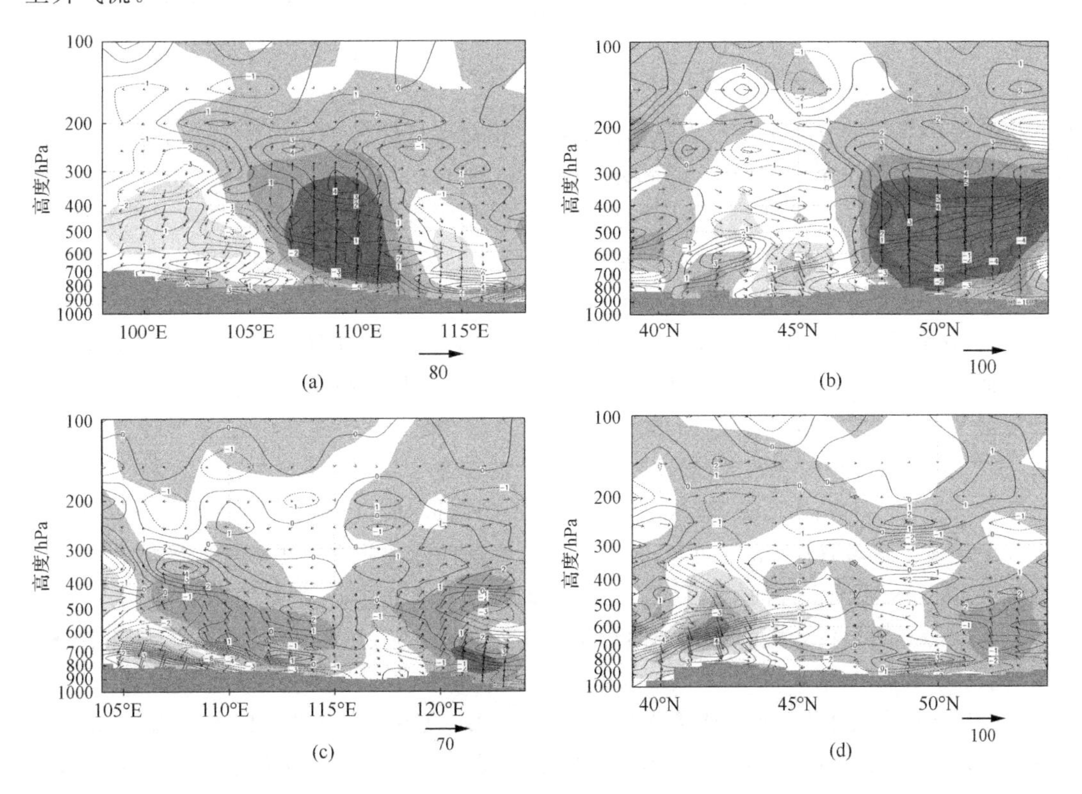

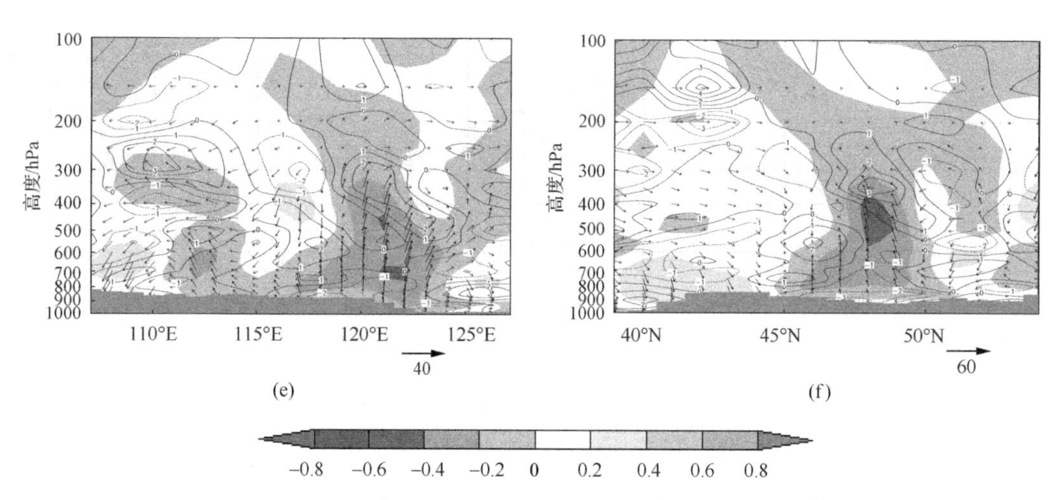

图 2.21　过冷涡中心散度(等值线,单位:10^{-5}s)和垂直速度(阴影,单位:Pa/s)的垂直剖面图

(a)、(b) 6 月 27 日 00 UTC;(c)、(d) 6 月 28 日 00 UTC;(e)、(f) 6 月 29 日 00 UTC。

矢量为垂直速度与 ***U*** 或 ***V*** 的合成

散度场和垂直速度场分析表明,冷涡的形成和发展是大范围的冷暖气流相对运动的结果。在发展初期,由于斜压性较强,在冷涡中心及其东北侧为向西倾斜的大范围的上升运动控制,降水特征类似锋面降水。冷涡成熟阶段,上升运动区范围进一步扩大,在冷涡中心西侧也转为上升气流,且上升运动随高度向外倾斜,冷空气主要从冷涡外围在其南侧从对流层高层倾斜下沉。减弱阶段,冷涡中心低层转为弱上升气流控制,导致冷涡中心出现弱降水。

4) 水汽分布特征

冷涡中水汽的分布决定冷涡降水的分布。相对湿度反映的是水汽的饱和程度,对降水有很好的指示作用。如图 2.22 所示,干空气(Browning,1997)对干侵入的描述(这里相对湿度小于 60%视作干空气)从远离冷涡的西北侧逐渐向冷涡南部伸至其东北侧,呈气旋式弯曲被卷入到冷涡环流内,而暖湿气流则从远离冷涡的南侧经冷涡东部也呈气旋式弯曲被卷入到冷涡中心的西北部,湿区和干区相互缠绕形成偶极。分析各层相对湿度与 6h 降水场配置图(图 2.22),在各个层次上均存在干空气,干区的分布和演变特征各层较相似,只是中层强度更强,干区前沿略偏东,降水落区与中高层干区至湿区的相对湿度梯度最大区相对应。从垂直剖面图上可见,在冷涡东部,干空气在中层向东倾斜最为明显,叠置在低层暖湿气流之上,形成“上干下湿”的不稳定层结,因而在这个区域多对流不稳定天气发生。对照地面图,降水并非出现在冷锋附近,而是出现在冷锋前远离锋面约 5 至 6 个经度的区域,降水带走向与锋面平行,暖锋前降水出现在靠近暖锋的区域。随着冷涡发展,降水带逐渐向地面气旋锋面靠近,也即逐渐向冷涡中心靠近。冷涡降水的这种分布型式与冷涡内干侵入随高度增加向东南倾斜有关,也与“上干下湿”的不稳定层结的厚度有关。

分析各层水汽通量和水汽通量散度可知,冷涡中水汽主要来自低层偏东气流(图 2.23),在冷涡环流周围均有水汽的辐合,但辐合中心主要位于冷涡中心的东北至西北部,构成冷

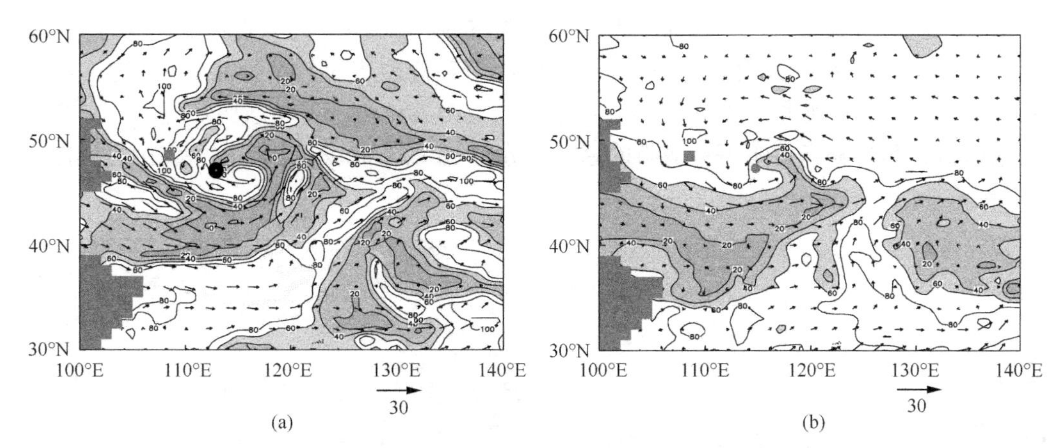

图 2.22　6 月 27 日 18 UTC 相对湿度(单位:%;阴影为<60%的区域,深色阴影为地形)、水平风场(矢量,单位:m/s)

(a) 500hPa;(b) 850hPa

涡逗点云系的头部,且由于在冷涡发展强盛期涡壁风速较强,风速辐合也较强,因而冷涡云系头部在冷涡发展阶段发展较旺盛,呈现"冠"状分布。另外,在冷涡外围的东部和东南部也有两条呈带状分布的水汽辐合区,构成冷涡逗点云系的尾部,这个区域常伴有西南低空急流,且与高能舌相对应,水汽充沛,因而是对流发展较剧烈的区域。

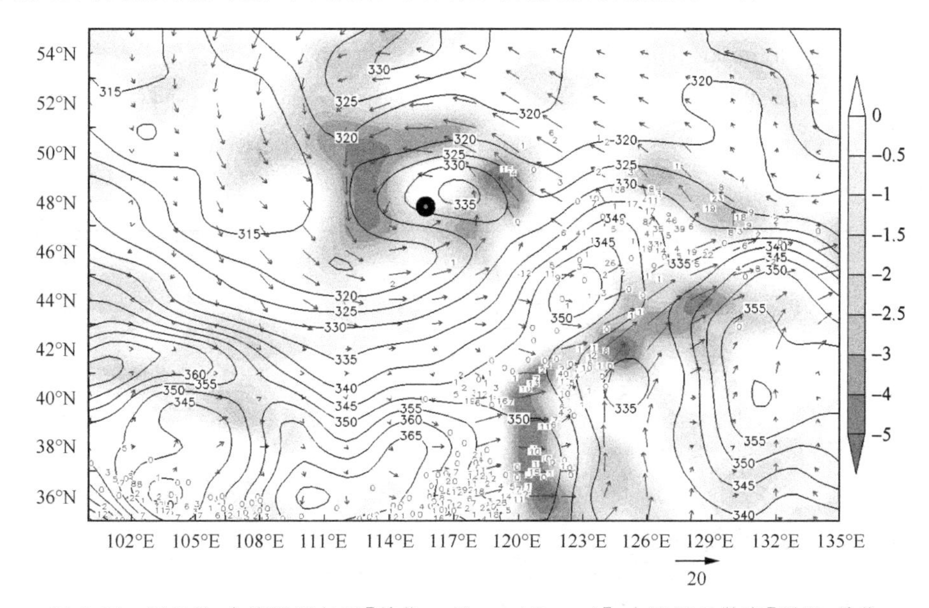

图 2.23　850hPa 水汽通量矢量[单位:g/(cm · hPa · s)]、水汽通量散度[阴影,单位:10^{-5} g/(cm^2 · hPa · s)]和假相当位温(实线,单位:K)

数字为 6h 降水量,单位:mm

5) 云系结构特征分析

总体上讲,冷涡云系呈逗点状分布。在发展期其头部云系发展旺盛,呈现"冠"状分布,冷涡环流中心东侧可见清晰的暗带由东侧被卷入到冷涡中心北部,随着冷涡发展,暗带由浅逐渐加深，云系边缘也逐渐变为规整清晰，对应干冷空气的入侵由弱变强，冷涡发展[图 2.24(a)]。在冷涡发展至成熟阶段时，冷涡环流内多对流云团发展，暗缝已不明显，且冷涡云系边缘变得模糊[图 2.24(b)]，对应此时入侵的冷空气减弱，冷涡行将减弱。冷涡衰减阶段，冷涡云系不再呈清晰的逗点状分布，在残留的冷涡云系内主要由局地性对流云组成(钟水新等，2011a)。

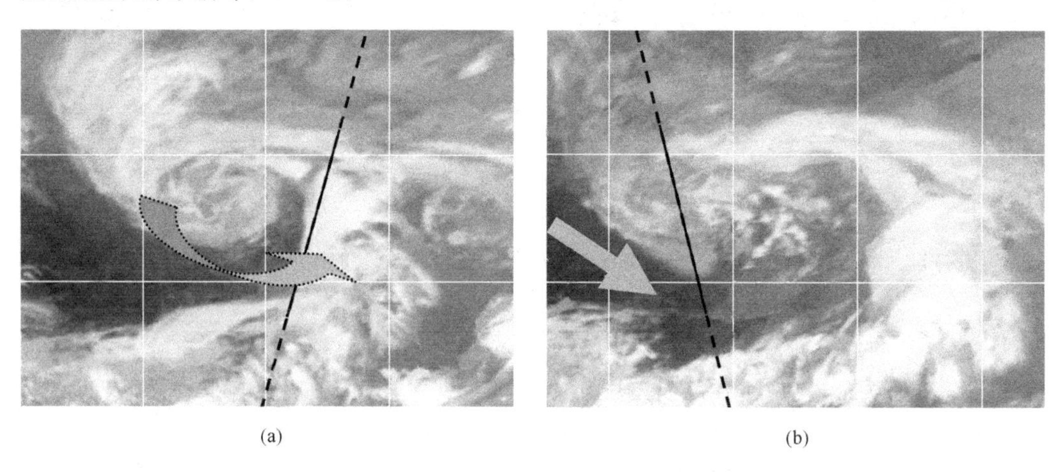

(a)　　(b)

图 2.24　冷涡发展不同阶段时的云图

(a) 6 月 28 日 05:00；(b) 6 月 29 日 04:30。斜线为 CloudSat 轨迹

图 2.25 是 CloudSat 卫星沿图 2.24(a)中轨迹测得的反射率垂直剖面，图中等值线为相对湿度。CloudSat 从南到北从冷涡中心略偏东侧穿过，测得四块不同特征的云团。其中云团Ⅰ范围较大，属冷涡东北部暖锋云系，相对湿度场上反映出有一股干冷空气从对流层顶倾斜下沉至约 4km 高度，而在其北部整层为暖湿气流控制，对流就发生在干湿区交

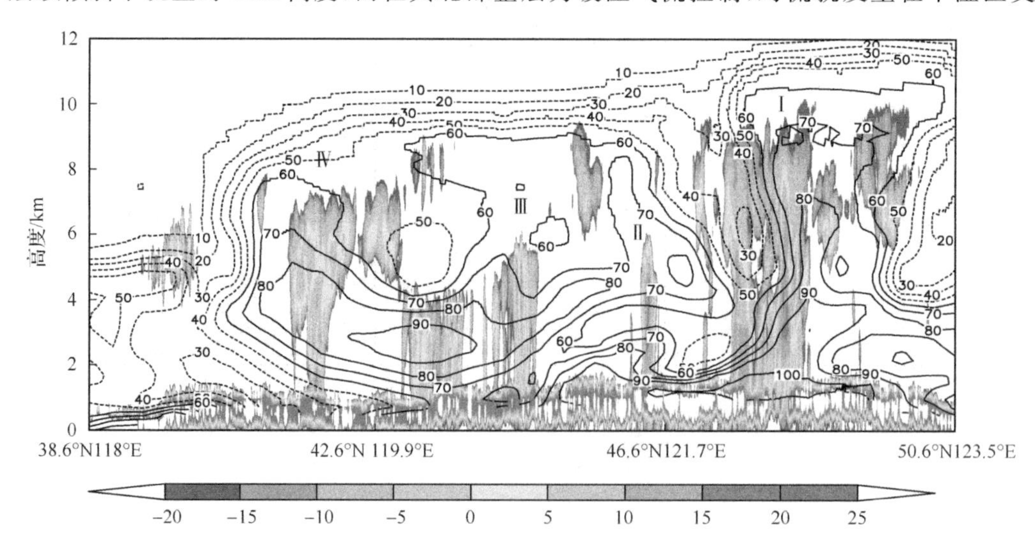

图 2.25　CloudSat 云雷达垂直剖面图：反射率(阴影，单位：dBZ)和相对湿度(等值线，单位：%，虚线为小于 60%的区域)

轨迹对应图 2.24(a)

界处也即湿度梯度最大处；由于上干下湿的不稳定层结，导致对流发展旺盛，云顶高度达到9.5km，但此时的强回波中心位于2～4km，根据Luo等(2008)此时这块云已处于发展后期。云团Ⅱ-Ⅲ为冷涡环流内云系，靠近冷涡中心，由尺度很小的对流单体组成，云顶高度在6km以下，强度相对较弱，从相对湿度分布上看，这部分云团由暖湿气流随冷涡环流卷入到涡中心附近生成，由于冷涡中心垂直运动较弱，主要为中低云。云团Ⅳ位于冷涡中心的东南侧，由于受干冷空气下沉作用影响，这部分云团发展受到抑制，云团主要位于对流层中层，强度较弱，云顶高度约7km，对应地面无降水。

29日06 UTC CloudSat从冷涡中心略偏西侧扫过[轨迹见图2.24(b)]，此时冷涡中心附近已出现阵性降水，冷涡处于减弱阶段。总体来看，在这个阶段，冷涡西侧距离涡中心约3个纬距的区域内有较强的对流单体发展，云顶伸展到7～9km，云系分布极不均匀，而在其西北侧仍有尺度较大的云团发展，顶高约6km。

由以上分析可见，在冷涡发展各个阶段，冷涡环流内都可诱生出对流单体。发展阶段，对流单体多发生在东侧距离冷涡中心3～6个纬距的区域内，尤以东北侧云体发展最为旺盛，云顶伸展高度约9.5km，冷涡中心附近以低云为主，降水主要集中在冷涡东北侧。至成熟期，在涡中心附近开始有对流单体发展，云顶高度可伸展到约9km，在冷涡中心和冷涡东侧均有降水产生。因此，涡中心降水的出现意味着冷涡不再发展，同时降水释放的凝结潜热，会加快冷心的填塞，促使冷涡趋于减弱和消亡。

6) 湿位涡特征分析

无摩擦、湿绝热的饱和大气满足湿位涡守恒(吴国雄等，1995)：

$$\frac{\mathrm{d}p_{\mathrm{m}}}{\mathrm{d}t}=0 \tag{2.7}$$

$$p_{\mathrm{m}}=-gk\times\alpha\zeta_{\mathrm{a}}\nabla\theta_{\mathrm{e}} \tag{2.8}$$

式中，p_{m}为湿空气位势涡度，即湿位涡；ζ_{a}为绝对涡度；α为比容；θ_{e}为相当位温。将湿位涡在等压面上展开，定义其垂直和水平分量分别为p_{m1}和p_{m2}，即

$$p_{\mathrm{m1}}=-g(\zeta_{\mathrm{p}}+f)\frac{\partial\theta_{\mathrm{e}}}{\partial p} \tag{2.9}$$

$$p_{\mathrm{m2}}=-gk\times\frac{\partial \boldsymbol{v}}{\partial p}\nabla_{\mathrm{p}}\theta_{\mathrm{e}} \tag{2.10}$$

式中，$\zeta_{\mathrm{p}}=\frac{\partial v}{\partial x}-\frac{\partial u}{\partial y}$为垂直涡度；$f$为地转涡度；其他为气象常用符号；$p_{\mathrm{m1}}$的值取决于空气块绝对涡度的垂直分量与相当位温垂直梯度的乘积，是湿位涡的正压项；p_{m2}的值由风的垂直切变和θ_{e}的水平梯度决定，是湿位涡的斜压项。在湿位涡守恒的制约下，水平风垂直切变、大气垂直稳定度和湿斜压性的变化都可能导致垂直涡度ζ_{p}的显著发展，这种涡度的增长称为倾斜涡度发展SVD(吴国雄等，1995)。在诱发SVD过程中，风的垂直切变、大气垂直稳定度和湿斜压性的影响不是孤立的。当高空的位涡值很高时，在此气团同一高度上可导致气旋性环流生成，如果地面位温是均匀的，则在位涡最大值下方将有一地面气旋生成(丁一汇，1989)。

图 2.26 为冷涡发展阶段 p_m 的垂直剖面图。从图中可见，27 日 00 UTC 在冷涡中心的西侧从对流层顶有呈“漏斗”状下伸的大值区，大于 0.5PVU 的正 p_m 从对流层顶一直延伸至 800hPa 附近，同时在 700hPa 附近有大于 2PVU 的大值中心，而在其东侧距离冷涡中心 3～4 个经距也有一呈漏斗状 p_m 的大值区下伸，0.5PVU 下伸至 400hPa。随着冷涡的进一步发展，东西两侧大值区均呈下伸之势，尤其是冷涡中心西侧的大值区，在 27 日 06 UTC 时 1PVU 的等值线从对流层顶一直延伸至 700hPa，在冷涡后部形成 p_m 大值柱。

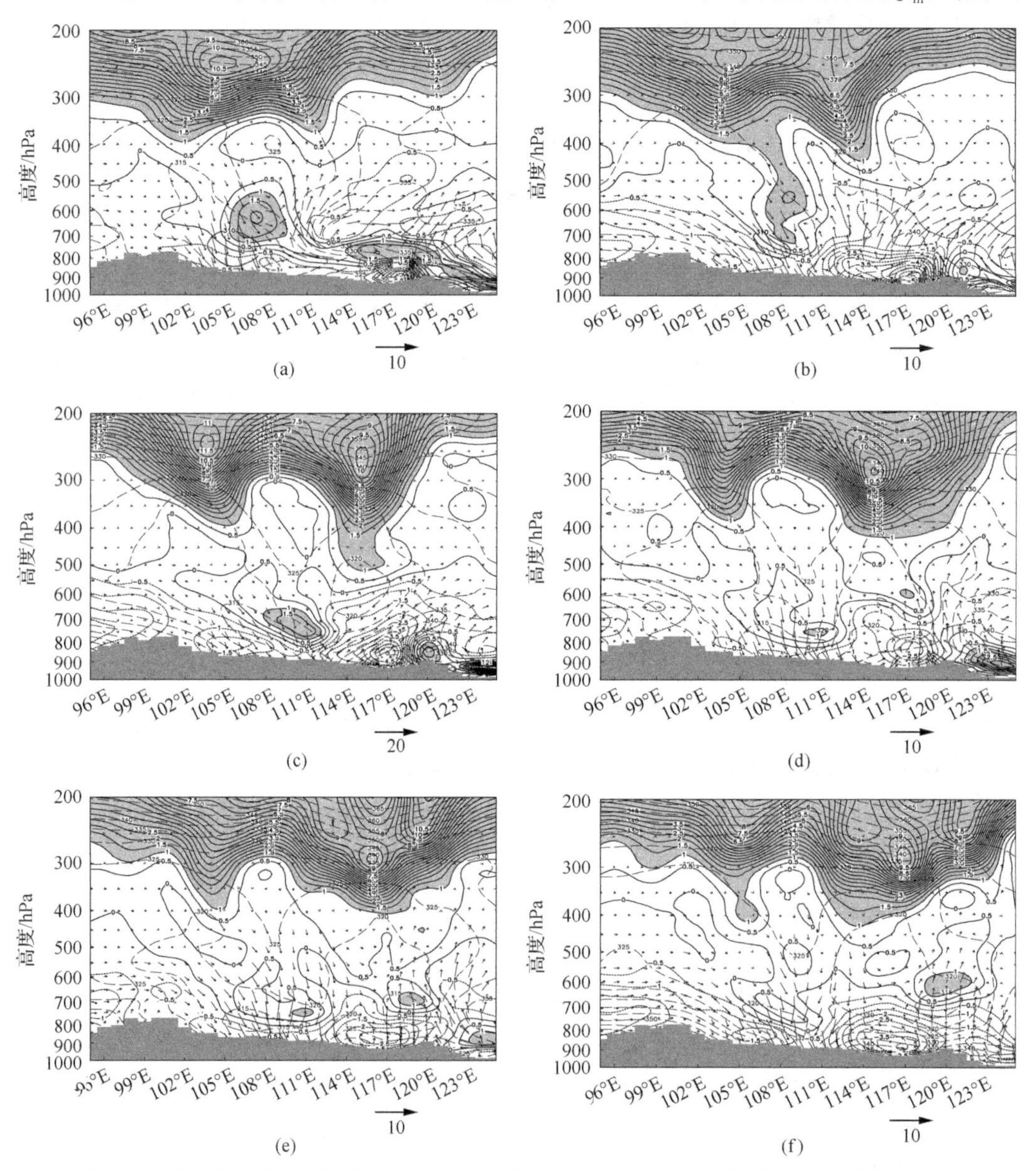

图 2.26　冷涡发展阶段过冷涡中心的 p_m（阴影为大于 1PVU 的区域，其中短虚线为负值）、相当位温（虚线，单位：K）的纬向垂直剖面

(a) 2009 年 6 月 27 日 00 时；(b) 2009 年 6 月 27 日 06 时；(c) 2009 年 6 月 27 日 12 时；(d) 2009 年 6 月 27 日 18 时；(e) 2009 年 6 月 28 日 00 时；(f) 2009 年 6 月 28 日 06 时。下部阴影为地形

而东侧大于 1PVU 的大值区也下伸至 500hPa，且大值区从上至下略向东倾斜，对照冷涡移动路径，其东侧的 p_m 向东倾斜的大值区对于位涡的移动具有一定指示意义。对应东侧大值区的下方对流层低层为负 p_m，且随着冷涡的发展负值有所增大，高度向上伸展至 600hPa 附近，对应冷涡东侧低层有暖湿气流爬升，位势不稳定进一步发展。对比分析过冷涡中心经向垂直剖面图，在经向剖面上从对流层顶下伸呈漏斗状的 p_m 大值区基本位于冷涡中心的上方略偏南一点的区域，在低层涡中心北侧为正 p_m，而其南侧低层为负 p_m。至冷涡发展至成熟阶段[图 2.26(e)、(f)]，冷涡中心低层 700hPa 以下均变为负 p_m，且负值进一步增大，表明在冷涡成熟期，在涡中心附近对流层低层为湿对流不稳定层结。在冷涡减弱阶段，对流层顶下伸的 p_m 大值区已趋于减小，且移至冷涡中心的上方，等 p_m 线变得平直，低层均为负 p_m 区。

湿位涡的演变与冷涡的发展演变有较好的对应关系，从对流层顶下伸的正 p_m 大值区并不位于冷涡中心的正上方，且经向和纬向上表现也不相同。分析各等压面上 p_m 的演变可知，在发展阶段，在冷涡的西侧和东侧各有一正 p_m 中心，从对流层顶下伸的 p_m 大值区向东倾斜，与冷涡未来移动方向相一致。

2. 等熵面特征分析

1）冷涡内三维气流结构特征

Hoskins 等(1985)曾指出：绝热无摩擦大气有沿着等熵面做二维运动的趋势。等熵面不同于等高面或等压面，在绝热情况下，它有可能更好地反映气流的三维运动特征。分析 2009 年 6 月 27 日 18 UTC 冷涡发展阶段的 300K 和 310K 等熵面上的高度场、相对湿度和水平风场(图 2.27)，可见，在贝加尔湖西侧为高压脊，干冷空气沿脊前西北气流从 5000 多米的高空下滑，一部分冷空气南下前沿达到 36°N 附近后沿陡峭的等熵面下滑至 1400m 左右，且呈扇状散开，促成远离冷涡底部江淮流域的强降水。另一部分气流则沿等熵面呈气旋式弯曲，向北卷入到冷涡中心附近；同时，暖湿气流则沿冷涡槽前西南气流从 1800m 低空向北倾斜上升，在冷涡的东侧分为两支，一支沿西南气流继续流入到冷涡东侧中高层，随高层气流流出。另一支湿气流则沿冷涡环流呈气旋式旋转上升，卷入冷涡中心，与上述下沉至冷涡中心附近的干冷气流交汇构成冷涡中心附近的弱上升气流，但干冷气流和暖湿气流并不在同一平面上，而是呈螺旋式上升，从图 2.27 可见冷暖气流在冷涡中心形成偶极，相互缠绕。干冷空气的侵入对冷涡冷心结构的形成和维持有重要作用。

图 2.28 为等熵坐标中过冷涡中心的相对湿度、等压面、垂直环流和 6h 降水量的垂直剖面图。图中可见在冷涡东侧距离冷涡中心 4～7 个经距处有相对湿度小于 60%的干气流(图 2.28 中 C 区)，干气流从低层至约 500hPa 高度向东倾斜，上侧略向西倾斜，表明干冷气流在中层时势力达到最强，且位于低层暖湿气流之上，形成位势不稳定层结，对流层整层均为上升气流控制，对应在这个区域形成了较强的降水。在冷涡中心附近西侧(图 2.28 中 A 区)，显见干湿气流在此交汇，共同构成了冷涡中心西侧的上升气流。在冷涡中心附近东侧情况较为复杂(图 2.28 中 B 区)，干气流到达冷涡东部后一部分继续下沉，另一部分在对流层中层转为上升气流在高层并入到冷涡中心上空的上升气流中。冷涡中气

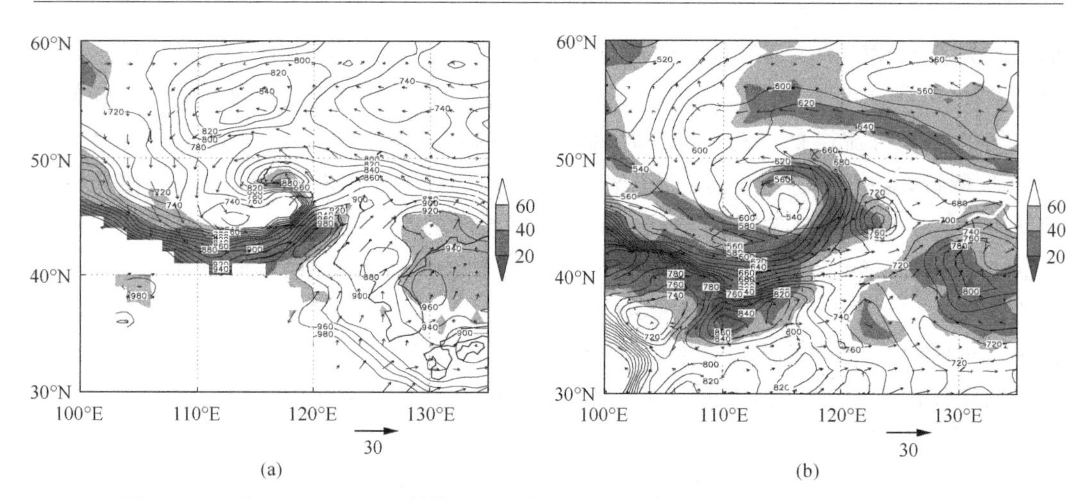

图 2.27 6 月 27 日 18 UTC 等熵面上的气压(实线,单位:hPa)、风矢量(单位:m/s)和相对湿度(单位:%,阴影为小于 60%区域)

(a) 300K;(b) 310K

流这种分布状态,可以解释冷涡逗点云系的形成,在冷涡中心西北侧由干湿气流交汇形成较强的上升气流,构成冷涡逗点云系的头部,在冷涡发展期由于上升气流较强,云系发展较旺盛,而在冷涡中心东南侧,由于中低层以弱下沉气流为主,上升区仅位于对流层中上层,且气流较干,因而在冷涡中心东侧以少云天气为主。而在冷涡外围东侧处于位势不稳定区,水汽充沛,这里云系发展旺盛,构成冷涡云系的尾部,强对流天气多发生在这个区域。

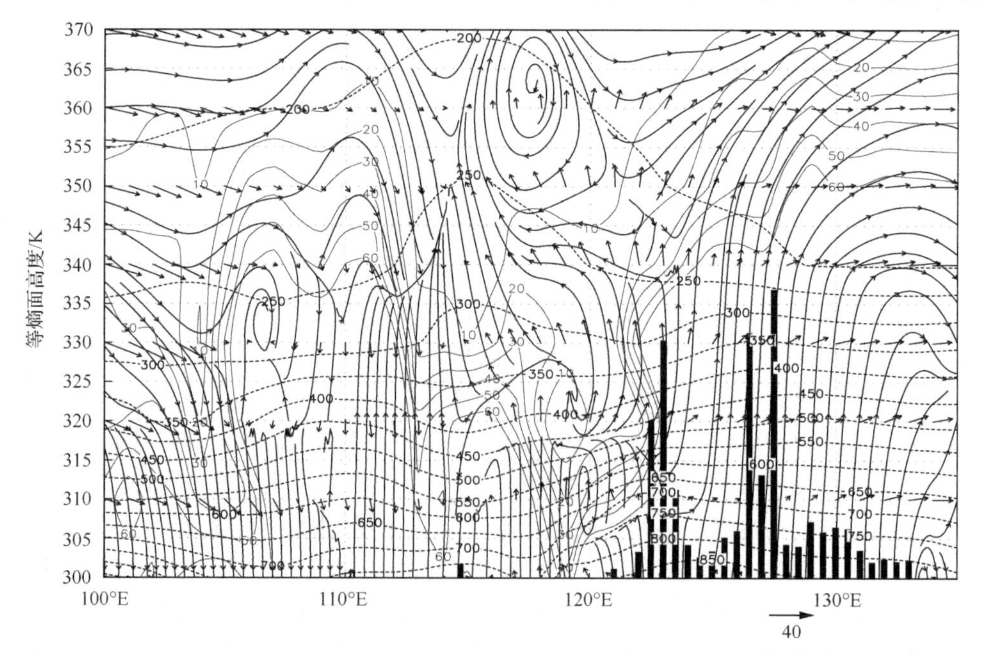

图 2.28 2009 年 6 月 27 日 18 时(UTC)等熵坐标中过冷涡中心相对湿度(实线,单位:%)、等压面(虚线,单位:hPa)、垂直流场和 6h 降水(柱形图,单位:mm)的垂直剖面

箭头为水平风矢

2）等熵面上的位涡特征

等熵位涡不但在绝热无摩擦大气中是守恒的，而且根据位涡运动场和质量间可逆性原理，即使有如摩擦和重力波拖曳的非守恒效应或非绝热加热存在时，等熵位涡概念依然适用。等熵面上的位涡分布对应着一定的气流结构，高位涡对应着气旋性环流，低位涡对应着反气旋性环流，其分布一般是高纬度大于低纬度，高层大于低层。

由等熵面位涡、气压和风场配置图可见[图2.29(a)]，高位涡在西北气流引导下从高层向东南向下侵入，引导高层干冷空气下沉，高位涡区域随着高度的增加而扩大，且位于低层偏东和偏南侧，而暖湿气流则在偏南偏东气流引导下，从低涡东南侧低层向北向上输送，随低涡环流被卷入到低涡的北至西北侧。这与上述分析结果一致，即干冷空气随着高度的增加向东向南倾斜，形成“上干下湿”的不稳定层结，而不稳定层结的垂直分布与降水落区密切相关，这也可用来解释在冷涡发展期降水区远离锋面的原因。对比水汽图像可以发现，等熵面上高位涡区与水汽图像上的暗区有很好的对应关系，且暗区前沿也就是干侵入的前沿正好与等位涡线密集带相对应，随着低涡的发展干侵入与高位涡区一同向东偏南方向移动。

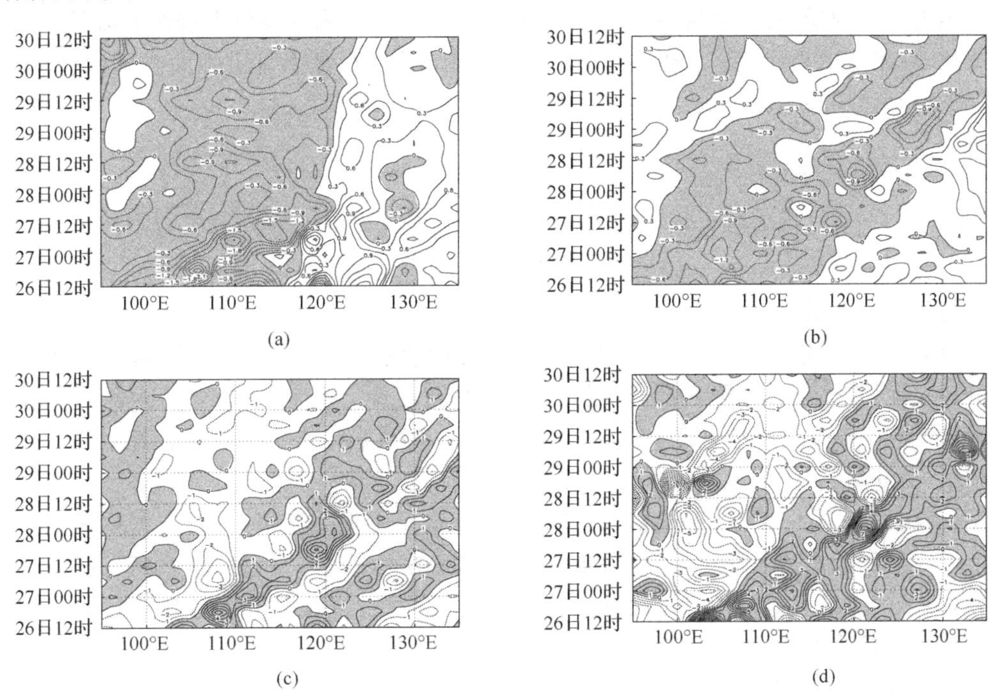

图2.29 26日12UTC至30日12 UTC 40°N～50°N平均温度平流和涡度平流的时间纬向演变图
(a) 850hPa温度平流；(b) 500hPa温度平流；(c) 500hPa涡度平流；(d) 300hPa涡度平流。

2.2.3 冷涡发生发展的机制分析

1. 冷涡发生发展的热力动力条件

由各时刻过冷涡中心的温度平流和涡度平流垂直剖面图可知，在冷涡发展初期冷平流主要位于对流层低层冷涡的西南侧，暖平流中心位于冷涡东北侧，随着冷涡的发展，冷暖平流区呈气旋式旋转，在冷涡东侧也出现了弱的冷平流，暖平流区初期位于冷涡东南侧，逐渐向东北至西北侧旋转。冷涡东北侧为正涡度平流，正涡度平流中心位于300～400hPa，西南侧为负涡度平流区。当低层冷暖平流中心成对出现，且冷平流中心位于冷涡西南侧，暖平流中心位于东北侧时，冷涡发展；当冷涡东南侧转为冷平流控制且强度明显减弱时，冷涡趋于减弱。对流层高层涡东侧为强正涡度平流，西侧为强负涡度平流时，冷涡发展；当冷涡西侧转为正涡度平流，且强度减弱时冷涡趋于减弱。

从40°N～50°N温度和涡度平流区域平均的时间演变图上(图2.29)可见，从26日12 UTC至27日18 UTC，即冷涡发展期间，低层冷涡底部冷平流较强，中高层也伴有弱冷平流。考察涡度平流，850hPa以负涡度平流为主，中高层槽前为强的正涡度平流，且正涡度平流随高度增加。从前面的分析我们得知，冷涡在发展前，地面有气旋式环流发展，冷平流是其发展的主要因子。从500hPa扰动发展至冷涡发展到成熟期，中高层槽前始终伴有较强的正涡度平流。当高层冷涡赶上地面气旋后，中高层冷平流增强，低层则以暖平流为主，暖平流的强度与气旋发展初期相比有所减弱。由此可见，对低层系统，冷平流是其发展的主要因子，对中高层系统，槽前的正涡度平流在冷涡发展整个过程中均起着重要的作用，而槽底的冷平流作用也不可忽视，尤其是当中高层低涡赶上地面气旋后，槽后至槽底的冷平流明显增大，对冷涡的加强起着重要的作用。

2. 冷涡发展的干侵入机制分析

从上面的分析中不难发现，从高层下传的干冷空气对低涡的发展起着重要作用。早在20世纪60年代，Danielson就曾绘制了干侵入的三维结构(Danielson，1964)，干侵入在低涡发展中起着重要作用。

冷涡发展初期27日18 UTC 320K等熵面图[图2.30(a)]上，高位涡从高纬高层300hPa在西北气流的引导下向东南向下层入侵，至冷中心呈气旋式弯曲，对比等熵面相对湿度[图2.30(b)]，高位涡区与干侵入区相对应，等位涡线密集带前沿正好对应干侵入的前沿，由此可见，干侵入实际上就是高位涡的侵入和下传。而根据下滑倾斜涡度发展的理论(吴国雄和刘还珠，1999)，高位涡沿等熵面从高层向低层下滑，即具有高位涡的干气流沿着等熵面从高层向低层下滑时，将使得中低层的垂直涡度发展，低涡加强；而在冷涡东侧，暖湿气流沿着等熵面上滑，根据上滑倾斜涡度发展的理论(崔晓鹏等，2002)，低涡所在的中低层垂直涡度也发展，低涡加强。

本节主要对2009年6月27日至30日东北冷涡系统的结构及其演变特征进行了综合诊断研究，主要结果归纳如下：

(1) 发展成熟的冷涡，对流层整层为冷心结构，其上即平流层低层为暖心结构，冷中心位于对流层中高层。冷涡发展初期斜压结构较明显，轴线随高度向西倾斜，随着冷涡的发展成熟至衰亡，环流低值中心经历了从高层向低层伸展再回复至高层的演变过程，而温度槽则从最初落后于高度槽演变为与其重合，且轴心趋于垂直，至减弱阶段对流层为冷空气控制，冷心结构特征逐渐消失，轴线又演变为随高度略向西倾斜。

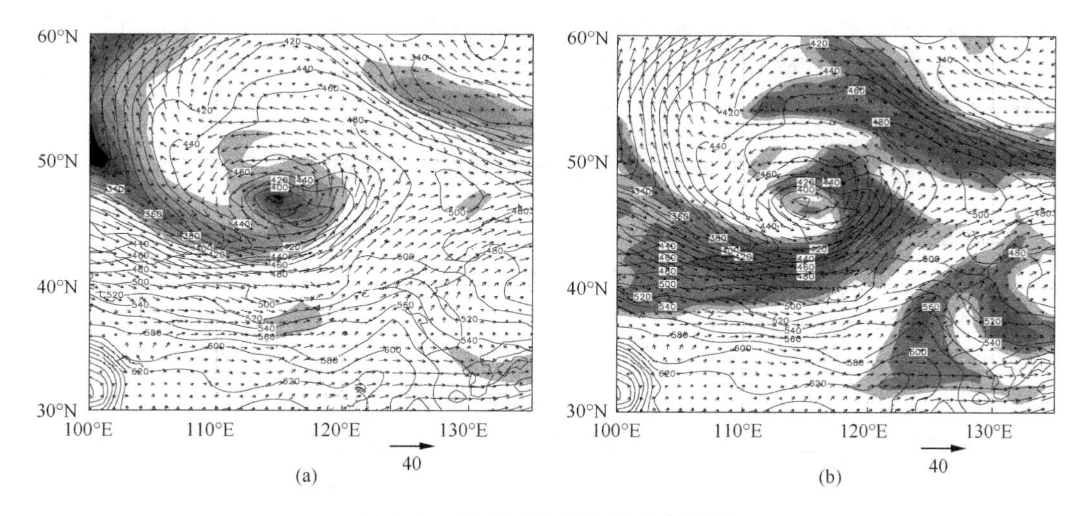

图 2.30　27 日 18 UTC 320K 等熵面

(a) 气压(实线,单位:hPa)、水平风矢量和位涡(阴影为大于 1PVU 的区域);

(b) 气压(实线,单位:hPa)、水平风矢量和相对湿度(阴影区小于 60%)

(2) 除了冷涡西南侧外在冷涡其他部位均存在不同程度的上升运动区,最强上升区出现在冷涡北侧至东侧。发展成熟的冷涡在其中心东西两侧上升气流随高度向外倾斜。减弱期冷涡西侧低层偏北风减弱明显,冷涡中心低层出现弱上升运动。冷涡风场的结构演变特征决定了冷涡降水的分布,但其分布具有不均匀性和复杂性。

(3) 冷涡的形成和发展是大范围的冷暖气流相汇的结果,对流层高层的冷空气下传对冷涡的发展有着重要的作用。干冷空气从远离冷涡中心的西北高层下沉经冷涡南部绕至冷涡东北部,呈气旋式弯曲,而暖湿气流在从远离冷涡的西南部经冷涡东部上滑至冷涡西北部,也呈气旋式弯曲。冷暖气流呈旋转式下沉和上升,可在冷涡中心形成偶极。

(4) 冷涡云带的产生与低层辐合带密切相关。在冷涡发展期,云带上多对流性云团生成发展,随着冷涡的发展云带边缘逐渐变为规整清晰。CloudSat 云探测卫星分析结果表明,冷涡环流内多中小尺度对流云团发展,且分布极不均匀。

(5) 等熵面分析表明,干冷空气总是沿着等熵面从高层穿越等压面向下侵入到冷涡中心附近,致使冷中心得以维持,冷涡发展。干侵入机制实际就是高位涡的侵入和下传,对预报冷涡的发展演变具有重要指示意义。

2.3　东北冷涡环流及其动力学特征

东北冷涡是东亚地区一个持续时间较长且较为频繁的系统,冷涡天数占夏季总天数的近 1/3。东北冷涡活动的多寡,是造成中国东北地区的洪涝灾害和持续性低温事件的主要原因(孙力等,2000,2002;沈柏竹等,2011),对华北与黄淮地区的暖季暴雨与强对流天气的发生发展、江淮地区梅雨形势是否正常建立有重要影响(何金海等,2006)。中高纬度盛行的环流特征、演变和动力过程与东北冷涡的形成与维持有密切关系。东北冷涡系统的形成受特殊的地理环境因素,首先我国东北地区地处欧亚大陆东部,也是东亚大槽的平均位相区，这本身有助于切断低压（冷涡）的形成，而大兴安岭和小兴安岭的地形有利于对流层低气压系统在其下游发展。此外，由于东北地区南濒渤海，东邻日本海，水汽条件也有利于东北冷涡系统的形成和发展（布和朝鲁和谢作威，2013）。

2.3.1　持续性冷涡的形成和维持机理（以贝加尔湖型冷涡为例）

谢作威（2012）对1965～2007年的冷涡活跃期（5月1日～6月14日）界定出的100个冷涡事件进行了旋转主分量分析，基于分析结果将东北冷涡分为贝加尔湖（BKL）型、叶尼塞河（YNS）型、乌拉尔（UR）型和雅库次克/鄂霍次克海（YO）型等四个类型（图2.31）。关于东北冷涡形成发展与维持的动力机制，以贝加尔湖型东北冷涡为例，发现在冷涡峰值日之前的第6天，北欧上空有一显著的阻塞型环流，它由上游Rossby（罗斯贝）波及局地瞬变涡动强迫共同维持。冷涡峰值日之前的4天内（图2.32（a）、（b）），Rossby

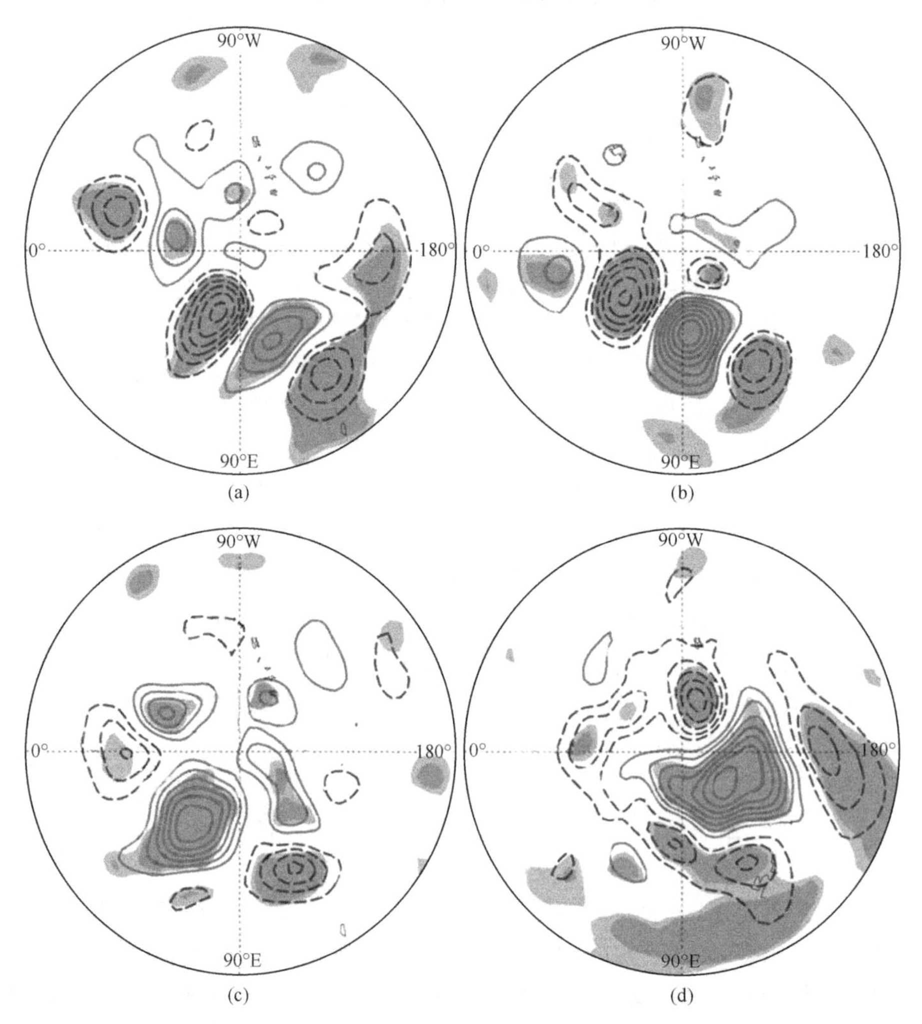

图2.31　东北冷涡的峰值日500hPa位势高度距平场（单位：gpm，合成）

（a）贝加尔湖（BKL）型；（b）叶尼塞河（YNS）型；（c）乌拉尔（UR）型；（d）雅库次克/鄂霍次克海（YO）型。等值线间隔为10gpm，深（浅）阴影表示95%（90%）置信度波能量由北欧逐步向乌拉尔山、贝加尔湖以及中国东北地区频散，使东北冷涡环流形成和发展。与此同时，在西北太平洋地区及相邻的东北亚地区存在负位相西太平洋(WP)型环流，对应着西风气流的分支现象。这样的环流形势有利于瞬变天气扰动在其上游处强迫出低频异常环流，即东北地区上空稳定维持的异常瞬变涡动强迫作用有利于冷涡环流的形成和维持[图 2.32(c)、(d)]。由此可见，欧亚大陆上空低频 Rossby 波活动及在 WP 型环流背景下的瞬变涡动强迫作用是持续性东北冷涡活动的主要原因，并且这种动力学特征在叶尼塞河型、乌拉尔型东北冷涡事件中亦普遍存在(布和朝鲁和谢作威，2013)。有别于那些移动性东北冷涡，来自上游的瞬变扰动与下游异常环流相互匹配，导致冷涡持续滞留于东北地区上空，进而有利于东北冷涡的持续与维持。

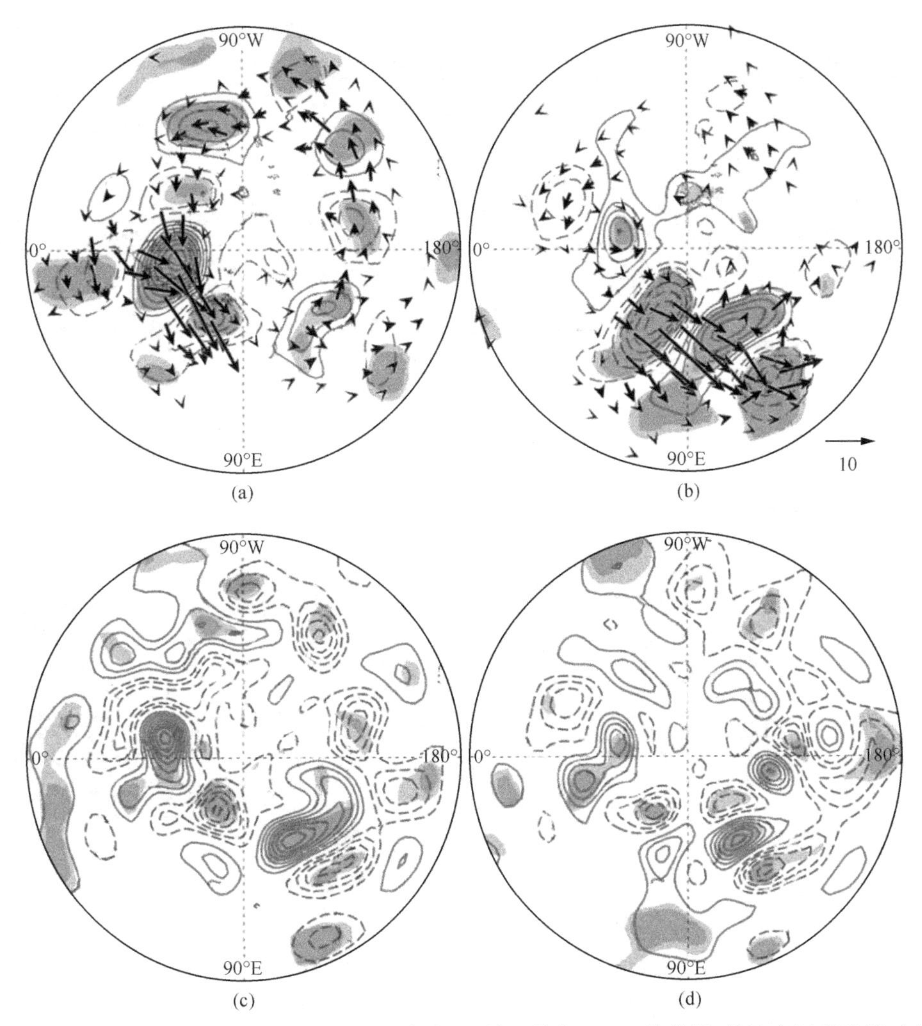

图 2.32　持续性 BKL 型东北冷涡 500hPa 高度距平场(单位：gpm，等值线)的演变过程及其对应的波作用通量(单位：m^2/s^2，箭头)

(a) 东北冷涡峰值日之前的第 4 天；(b) 为东北冷涡峰值日当天，等值线间隔为 20gpm；(c) 和(d)同(a)和(b)，但为异常瞬变涡动强迫(单位：gpm/d)，等值线间隔为 2gpm/d，深(浅)阴影表示 95%(90%)置信度

2.3.2 移动性冷涡形成和维持机制(以雅库次克/鄂霍次克海型冷涡为例)

对于东北地区气象业务部门最为关注的 YO 型东北冷涡，它的动力学特征与其他三类有明显不同。与移动性 YO 型冷涡活动相联系的低频异常环流及瞬变涡动强迫异常特征表明，在冷涡峰值日之前第 4 天，在北太平洋地区中部存在"北正南负"的偶极子型异常环流，是东北地区下游最为明显的异常环流[图 2.33(a)]。在上游的乌拉尔山地区，有一个气旋式异常环流。这些上下游异常环流主要由异常瞬变涡动强迫所维持[图 2.33(d)]。冷涡峰值日前 2 天至峰值日当天[图 2.33(b)和(c)]，上述北太平洋偶极子型异常环流逐步向西扩展和移动，最终成为典型的 YO 型冷涡环流。这一过程主要由异常瞬变波强迫完成[图 2.33(d)和(e)]。也就是说，由瞬变涡动强迫机制所体现的上游瞬变扰动与下游异常环流的相互匹配是 YO 型冷涡环流形成的主要原因。

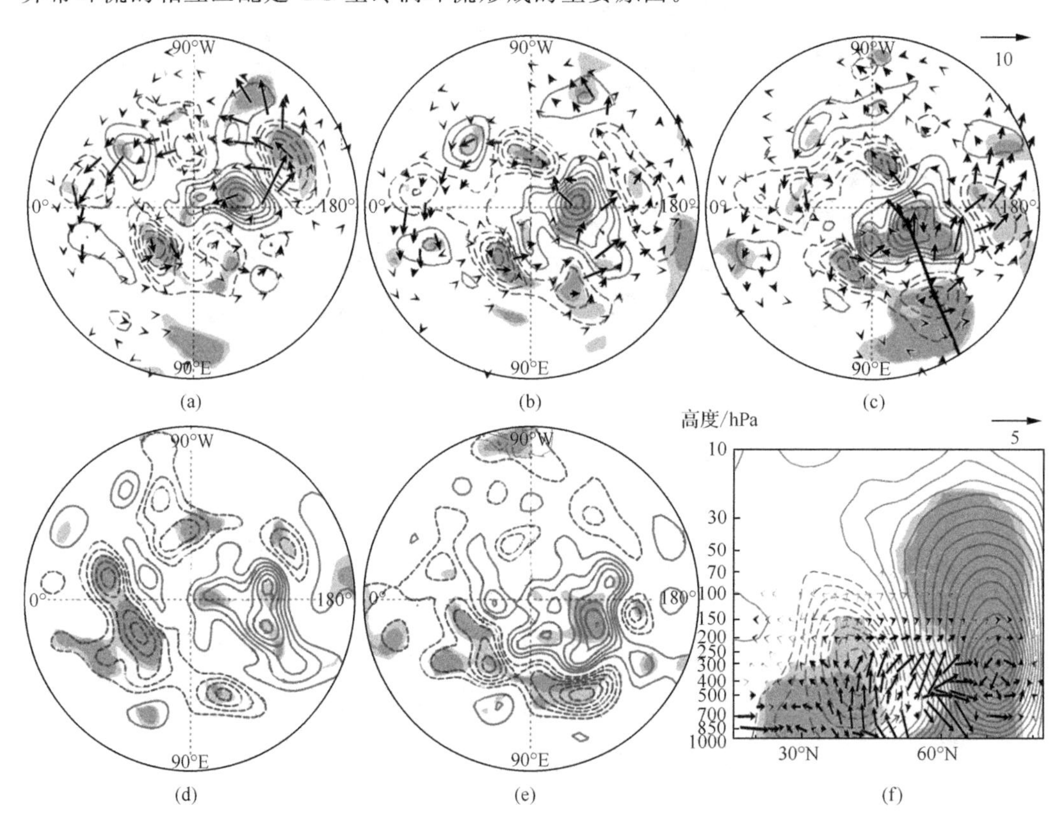

图 2.33 移动性 YO 型东北冷涡 500hPa 高度距平场(单位：gpm，等值线)的演变过程及其对应的波作用通量(单位：m^2/s^2，箭头)

(a) 为东北冷涡峰值日之前的第 4 天；(b) 为东北冷涡峰值日之前的第 2 天；(c) 为冷涡峰值日当天，等值线间隔为 20gpm；(d)和(e)同(a)和(c)，但为异常瞬变涡动强迫(单位：gpm/d)，等值线间隔为 2gpm/d；(f)冷涡垂直结构(沿图(c)粗黑线画的纬度-气压剖面)，等值线为位势高度距平(间隔为 1gpm)，箭头为波作用通量(单位：m^2/s^2)，深(浅)阴影表示 95%(90%)置信度

源于乌拉尔山气旋式异常环流的 Rosssby 波能量频散过程也有利于西北太平洋/东北亚地区的阻塞型环流向西扩展。值得注意的是，雅库次克/鄂霍次克地区阻塞型环流引

导对流层中低层冷空气活动，在东北地区强迫出局地向上传播的Rossby波，对流层中层环流对此进行调整，这一过程也有利于冷涡环流的形成和维持[图2.33(f)]。持续性YO型冷涡的形成过程与上述移动性冷涡过程十分相似，但雅库次克/鄂霍次克地区阻塞型环流的维持时间更为持久，这使其有别于对应的移动性冷涡活动。可见，瞬变涡动强迫作用以及东北地区局地向上传播的Rossby波活动是YO型冷涡形成和维持的主要机制(谢作威，2012；布和朝鲁和谢作威，2013)。

中高纬度西风环流的季节性变化决定了东北冷涡形成和维持的动力学机理也具备季节性特征(谢作威，2012)。首先，在活跃期，欧亚大陆上空盛行较强的西风气流，波状环流显著，源自上游地区的Rossby波能量的注入，使得东北冷涡活动较为强盛。在仲夏和晚夏(即6月15日～8月31日)，欧亚大陆中高纬西风气流波导的位置偏北，对应的准纬向Rossby波也在偏高纬地区传播，因此东北冷涡活动较弱，与冷涡相联系的东北亚阻塞型环流也生成于偏高纬地区；其次，在仲夏和晚夏，由于东亚急流的北进，东北地区上空为局地静止波波数的大值区。其结果是，源自东北亚阻塞型环流及副热带异常环流的Rossby波均可以经向传播到东北地区，有利于东北冷涡环流的维持；最后，在仲夏和晚夏，在准纬向Rossby波向东北地区频散较弱的情况下，瞬变波强迫为东北冷涡的形成和发展提供了能量来源，它对各类冷涡的发展均有重要贡献(布和朝鲁和谢作威，2013)。

2.4　基于CloudSat卫星资料的冷涡对流云带垂直结构特征分析

近年来，一些学者对冷涡系统的环流特征及动力热力学结构进行了分析，包括冷涡个例的数值模拟与诊断分析等(孙力等，1994；陈文选等，1999；姜学恭等，2001；陈力强等，2005；章国材等，2005；乔枫雪等，2007)。Sakamoto(2005)指出，在冷涡近地层的锋前有上升运动，对流云的潜热释放对冷中心的减弱起了重要的作用。齐彦斌等(2007)利用飞机穿云观测资料对一次东北冷涡对流云带的宏微物理结构进行了探测，结果表明，该次冷涡云带具有带状水平回波结构，垂直尺度小，云中过冷液态水含量丰富，最大可达3.3g/m^3，对流云带的上部存在冰粒子高浓度区，出现在5km左右。然而，类似研究仅限于一次过程的特定时刻观测，不仅飞行成本高，且可用观测资料有限，不能系统地对整个冷涡过程对流云带结构进行分析，限制了对冷涡系统结构特征尤其是冷涡背景下中小尺度对流云的三维结构特征的认识。

方宗义和覃丹宇(2006)的研究表明，利用卫星可见光、红外、微波通道遥感观测、反演资料，从相态、光学厚度、垂直结构等各方面分析，可以很好地体现降雨云团的垂直结构，说明卫星遥感对揭示中尺度强暴雨云团的云特征，具有很好的指示作用。本节利用美国NASA在2006年4月发射的CloudSat卫星资料，结合NCEP再分析资料、可见光云图等资料对2006年7月20日至24日东北冷涡过程不同阶段下中小尺度对流系统结构，包括冷涡对流云带的演变特征等进行了分析，从而提高对冷涡系统特别是冷涡不同阶段云带的垂直结构以及云内分层结构包括不同相态的垂直分布结构特征的认识。

2.4.1 资料和方法介绍

CloudSat 卫星由美国 NASA 研制，于 2006 年 4 月 18 日发射，承担地球科学系统探路者(ESSP)任务，作为 A-train 卫星的一部分，其轨迹近似遵循 Aqua、PAROSOL 和 Aura 卫星(Stephens and Coauthors, 2002)，沿着轨道和穿过轨道的分辨率分别为 2.5km 和 1.4km，垂直分辨率为 240m，垂直探测的高度大约 30km；CloudSat 卫星搭载的遥感探测器是近似 3mm 波段的云剖面雷达 CPR (Cloud Profile Radar)，频率为 94GHz。该雷达拥有较短的波长(相对于地基新一代天气雷达 10cm 波段)和强的探测灵敏度(－30～50dBz)，使得该云剖面雷达能观测到大范围云厚及云类型等。

CloudSat 卫星主要提供两类数据：标准数据和辅助数据，如表 2.3 所示。标准数据按反演程度分为两个等级，初级产品是通过卫星搭载的云雷达直接得到的数据产品，二级产品结合初级产品及其他卫星产品反演得到的云参数资料，包括雷达后向散射剖面、云的几何剖面、云分类、云水含量、云光学路径、云光学厚度、长短波辐射通量及本节用到的云液态水含量及冰水含量资料。

表 2.3 CloudSat 卫星数据产品代码及相应产品名称

产品代码	产品名称
1B-CPR 和 1B-CPR-FL	雷达散射剖面
2B-GEOPROF	云的几何剖面
2B-CLDCLASS	云的分类
2B-CWC-RO	组合(液态、固态)水含量(单雷达)
2B-CWC-RVOD	同 2B-CWC-RO(雷达＋可见光光学厚度)
2B-TAU	云光学厚度
2B-FLXHR	通量和加热率
2B-CLDCLASS-LIDAR	激光雷达云几何剖面

冰水含量采用校正 γ 尺度分布进行反演(Austin，2004)，液态水含量采用对数正态云滴谱分布进行反演：

$$N(r) = \frac{N_{\mathrm{T}}}{\sqrt{2\pi}\sigma_{\log} r}\exp\left[\frac{-\ln^2(r/r_{\mathrm{g}})}{2\sigma_{\log}^2}\right] \tag{2.11}$$

式中，N_{T} 为云微滴数密度；r 为云微滴粒子半径；r_{g} 为云微滴粒子几何平均半径。r_{g}、$\sigma_{\log}$、σ_{g} 分别定义为

$$\ln r_{\mathrm{g}} = \overline{\ln r}, \quad \sigma_{\log} = \ln\sigma_{\mathrm{g}}, \quad \sigma_{\mathrm{g}}^2 = \overline{(\ln r - \ln r_{\mathrm{g}})^2} \tag{2.12}$$

其中，σ_{g} 为几何标准偏差，横杠为算术平均；$\sigma_{\log}$ 为 σ_{g} 取对数的值。液态水含量(LWC)和粒子有效半径(r_{e})定义为

$$\mathrm{LWC} = \int_0^{\infty} \rho_{\mathrm{w}} N(r)\, \frac{4}{3}\pi r^3 \mathrm{d}r$$

$$r_e = \frac{\int_0^{\infty} N(r) r^3 \mathrm{d}r}{\int_0^{\infty} N(r) r^2 \mathrm{d}r}$$

式中，ρ_w 为水密度。

冰水含量采用校正 γ 尺度分布进行反演：

$$n_{\gamma}(D) = N \frac{1}{\Gamma(\nu)} \left(\frac{D}{D_n}\right)^{\nu-1} \frac{1}{D_n} \exp\left(\frac{-D}{D_n}\right) \tag{2.13}$$

式中，N 为冰粒子数浓度；D 为粒子直径；D_n 为特征直径；ν 为宽度参数。冰水含量(IWC)和粒子有效半径(r_e)定义为

$$\mathrm{IWC} = \int_0^{\infty} \rho_i \frac{\pi}{6} n_r(D) D^3 \mathrm{d}D$$

$$r_e = \frac{1}{2} \frac{\int_0^{\infty} n_r(D) D^3 \mathrm{d}D}{\int_0^{\infty} n_r(D) D^2 \mathrm{d}D}$$

式中，ρ_i 为冰密度。对含有毛毛雨和降水或薄冰的云体，因云粒子微滴太小，不能以瑞利散射形式被 CloudSat 雷达模拟出来，类似云体 CloudSat 有不同的反演方法，在此不拟说明。

此外，还用到 FY-2C 可见光云图资料、NCEP 每 6h 再分析资料、欧洲中期预报中心(ECMWF)全球分析资料，分辨率为 0.5°，包括温度、水汽、位势高度等数据，该数据可时间与空间插值匹配到 CloudSat 每条轨道上。更多 CloudSat 数据产品的算法、资料说明及下载请登录 CloudSat 网站查询。

2.4.2　不同时段冷涡对流云带结构特征的对比分析

1. 冷涡发展阶段

本节主要以 2006 年的冷涡过程为例。2006 年 7 月 20 日至 24 日，受冷涡天气系统影响，中国东北地区普降大雨甚至暴雨，过程降水分布表现为经向带状分布(钟水新，2008；钟水新等，2011b)。根据冷涡的定义(郑秀雅等，1992)，我们将 500hPa 位势高度场的演变趋势作为划分冷涡不同阶段的依据，即 500hPa 低位势高度中心有减弱趋势，定义为冷涡发展增强阶段；反之为冷涡消亡减弱阶段；若 500hPa 低位势高度中心较前后时刻增强减弱趋势不明显，则认为是冷涡成熟维持阶段。在此，我们把冷涡发展阶段划分为两阶段，一个是冷涡发展阶段初期，另一个为冷涡发展至成熟阶段，即由发展到成熟的过渡阶段。

冷涡发展前期为局地性的降水；冷涡发展阶段的初期(20 日 00 时至 21 日 00 时)，在内蒙古东北阿尔山附近 500hPa 为一低压中心(图 2.34)，低压西南区存在冷区，950hPa 分析场上为一地面气旋发展，CloudSat 扫过低压中心偏东部暖区，可见光云图上(图 2.35)，对流云主要分布在气旋前部的暖区内，气旋后部有强冷空气南下，结合地面资

料分析发现气旋东南部有一冷锋发展东移，CloudSat 扫过气旋前部暖锋区对流云区。

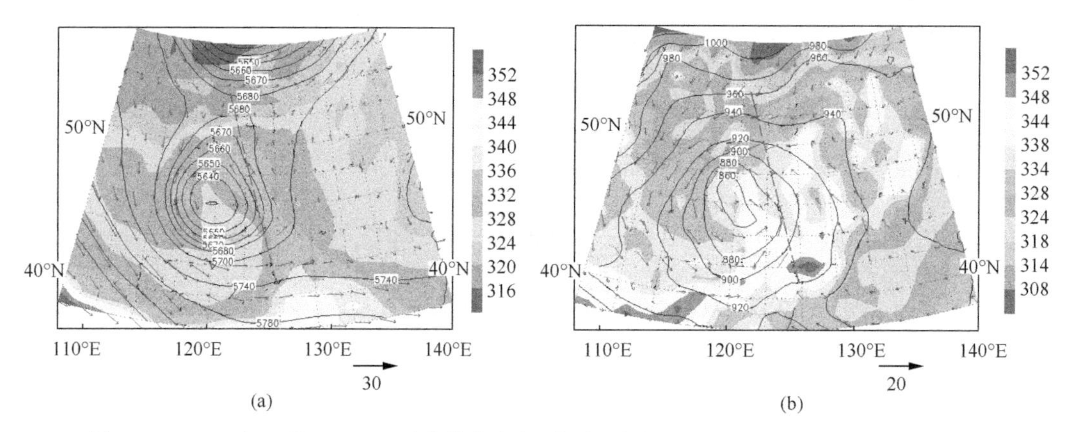

图 2.34　2006 年 7 月 20 日 06 时位势高度场（实线，单位：gpm）、位温场（阴影，单位：K）及水平风场（矢量，单位：m/s）

(a) 500hPa；(b) 950hPa。长虚线为 CloudSat 轨道 1206 03:50 扫过的轨迹

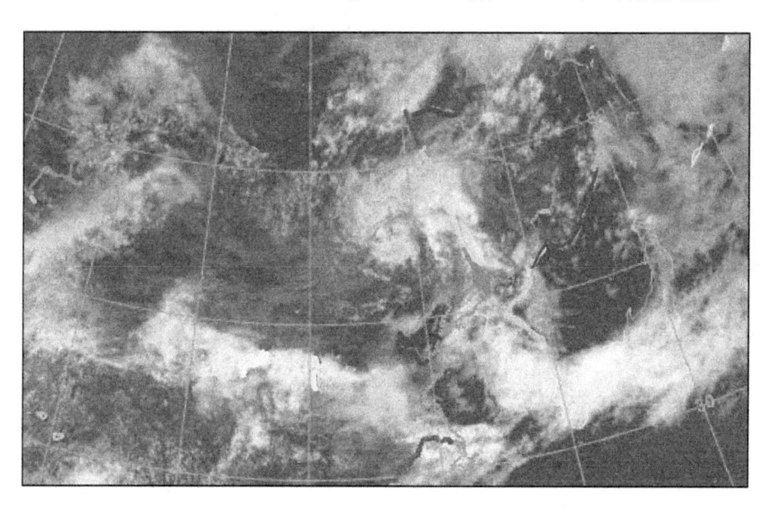

图 2.35　2006 年 7 月 20 日 04UTC FY-2C 可见光云图

实线为 CloudSat 扫过轨迹

图 2.36 为 20 日 04:53 UTC CloudSat 扫过东北地区时的雷达反射率与假相当位温剖面，可以看到，对流云结构表现为暖锋特征（Simmons and Hoskins，1979；Thorncroft and Hoskins，1990；Orlanski and Chang，1993；Posselt et al.，2004；Decker and Martin，2005；Mailier et al.，2006），但不同于传统的暖锋对流云的结构特征：首先不同于传统暖锋单一强盛的对流系统，冷涡发展初期暖锋对流结构体现为孤立的回波系统多，且对流系统更深厚更强盛，而此类结构的对流系统往往能造成短时强降水；观测资料分析表明，在该区域附近阿尔山站 3h 降水达 49mm，而实际预报中往往对此类系统很难作出准确的预报，其中一个关键问题是对冷涡背景场下对流系统的结构特征了解不够；其次强对流深厚，反射率大于 10dBz 的高度达 10km，为深厚、强的回波亮带，对流系统体现为孤立、深厚的特征。

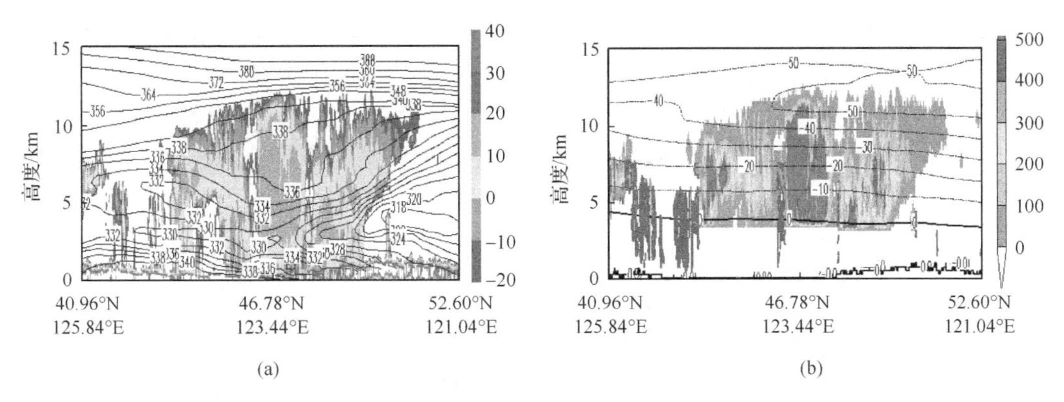

图 2.36　2006 年 7 月 20 日 04:53 UTC 轨道 1206 扫过轨迹

(a) 雷达反射率(等值线,单位:dBz)和假相当位温(阴影,单位:K)剖面;(b) 冰水含量和液态水含量(等值线,单位:mg/m³)与温度剖面(阴影,单位:K)

除了以上特征,CloudSat 还提供了云内的冰水含量和液态水含量等数据,这不仅使我们能更加清晰地了解冷涡系统下的云内结构特征,还大大丰富了对传统锋面的认识。图 2.36(b)为同时刻扫过的冰水含量和液态水含量剖面图,可以看出,冷涡发展阶段初期冷涡东部暖锋内对流云主要为冰水,对应于强的回波带,其最大冰水含量超过 800mg/m³;液态水主要分布在冷涡的东南部。综上所述,冷涡发展阶段初期,暖区对流云结构为强盛孤立的系统,对流云主要是冰水,对应于强的地面降水,液态水主要分布在冷涡的东南部。

2. 冷涡发展至成熟阶段

冷涡发展至成熟阶段,500hPa 上低槽被切断形成低涡,冷空气脱离低槽,主体位于低涡中心及偏西南地区,冷涡还有发展加强的趋势,此阶段为冷涡由发展到成熟阶段的过渡期。22 日 06 时,冷涡主体位于内蒙古东北部、黑龙江中西部地区[图 2.37(a)];950hPa 上,冷锋追上暖锋,冷暖空气势力相当,形成锢囚[图 2.37(b)],此时降水主要由锢囚锋造成;地面观测资料分析表明,黑龙江黑河站 3h 降水达 44mm;22 日 04 时可见光云图上(图 2.38),冷涡后部(西南部)存在冷空气侵入形成冷舌,冷涡前部(偏东部)为暖空气,锢囚云带明显。图 2.38 中实线为 CloudSat 扫过的轨迹,可以看出,该日轨道沿着地面锢囚锋,穿过涡前暖空气与低涡南部冷空气交汇处。

从轨道扫过的雷达反射率与假相当位温剖面图可以看出[图 2.39(a)],回波强度比冷涡发展初期的对流系统的有所减弱,且为浅薄的对流系统。沿着锢囚锋,其西北部呈现传统锢囚锋的回波结构(Shapiro and Keyser,1990;Posselt and Martin,2004),整个对流系统回波区随高度向北倾斜,往南回波逐渐加强且强回波区的高度逐渐降低。但冷涡系统下发展的锢囚锋不同于传统的锢囚锋结构,沿锢囚锋,其东南部存在一闭合的假相当位温低值区,离地面距离 4km 处最低值达 312K,说明锢囚锋尾部存在干、冷空气的侵入;在闭合假相当位温低值区外沿存在弱的回波区,从 04 时观测到的可见光云图(图 2.38)可知,云图上锢囚锋表现为一西北-东南方向的云带,而雷达回波观测分析表明,强的对流系

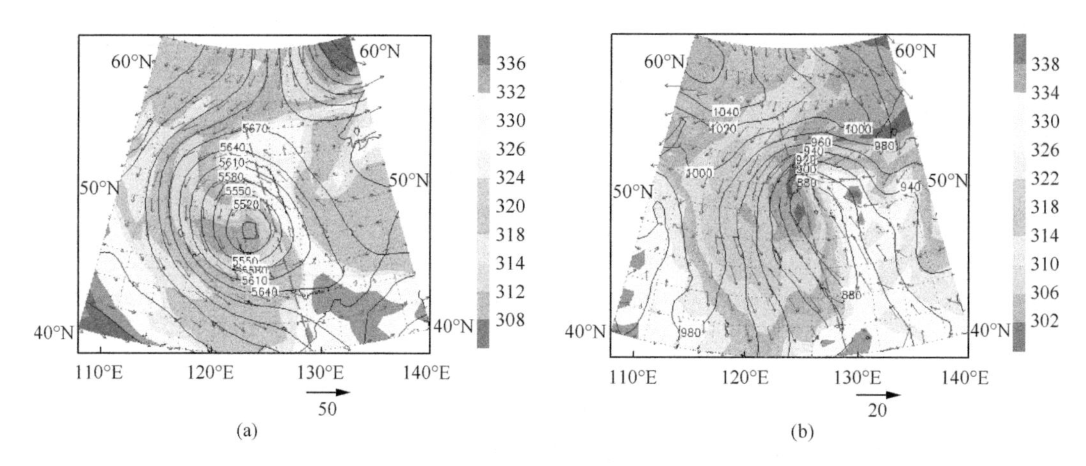

图 2.37　2006 年 7 月 22 日 06 时位势高度场(实线,单位:gpm)、位温场(阴影,单位:K)及水平风场(矢量,单位:m/s)

(a) 500hPa;(b) 950hPa。长虚线为 CloudSat 轨道 1206 03:50 扫过的轨迹

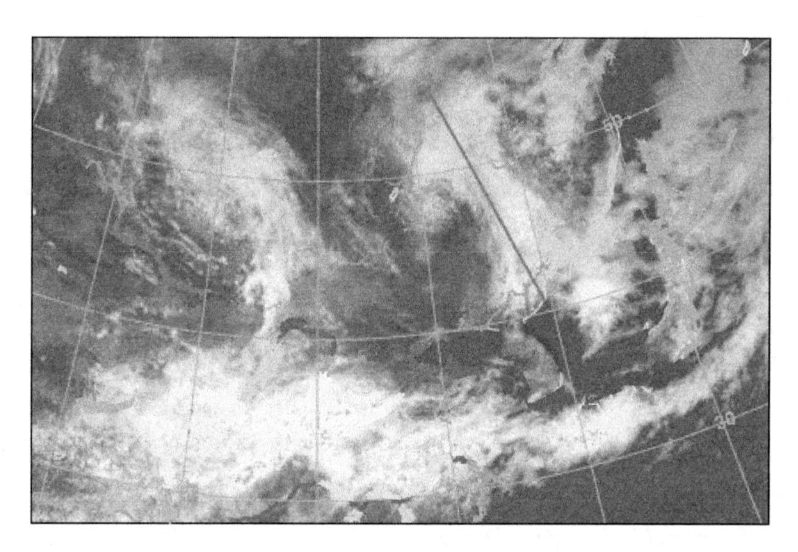

图 2.38　2006 年 7 月 22 日 04UTC FY-2C 可见光云图

实线为 CloudSat 扫过轨迹

统位于锢囚锋的前部暖区内。整个锢囚锋回波系统顶部呈现独特的结构特征:东南部为干、冷空气侵入造成的回波区、中部为锢囚锋主体对流区、西北部为暖锋遇冷锋抬升作用形成的回波区。

结合冰水含量、液态水含量剖面图[图 2.39(b)],可以看到,冰水含量最大值区对应于强的雷达回波区,最大值为 400mg/m^3,相比冷涡发展阶段初期有明显减弱。在锢囚锋尾部存在冰水含量与液态水含量分层的现象,干冷空气侵入层在 5km 左右,在干冷空气侵入层上部为冰态水含量分布的弱回波区,下部为液态水分布的弱回波区。

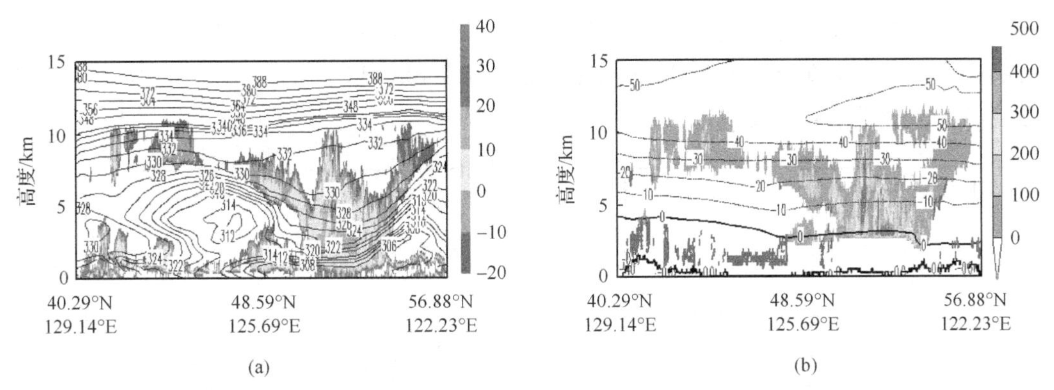

图 2.39　2006 年 7 月 22 日 04:41 UTC 轨道 1235 扫过轨迹

(a) 雷达反射率(等值线,单位:dBz)和假相当位温(阴影,单位:K)剖面;(b) 冰水含量和液态水含量(等值线,单位:mg/m³)与温度剖面(阴影,单位:K)

3. 冷涡成熟阶段

在冷涡成熟阶段,22 日 18 时低涡中心 500hPa 位势高度最低为 5490gpm[图 2.40(a)],低涡系统维持且东移;两个强风速中心分别位于低涡偏北部与偏南部,冷涡后部冷空气侵入不明显,冷中心脱离冷槽,与低涡中心重合。低层 950hPa 地面气旋后部为强西北风带[图 2.40(b)],将后部冷空气卷入气旋,气旋前部暖气流减弱,系统逐渐被冷空气支配,此时对流也明显减弱。CloudSat 轨道扫过冷涡中心偏西,由于扫过东北地区为北京时间凌晨 4 点,凭可见光资料无法对此时的云图进行分析,但由红外云图分析可知,此时冷涡涡旋云带明显,CloudSat 扫过冷涡云带中心偏西地区。

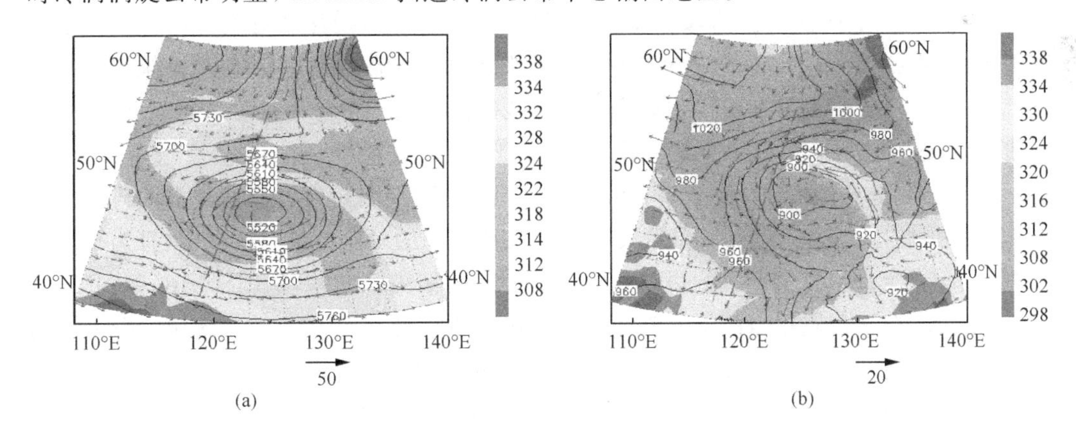

图 2.40　2006 年 7 月 22 日 18 时位势高度场(实线,单位:gpm)、位温场(阴影,单位:K)及水平风场(矢量,单位:m/s)

(a) 500hPa;(b) 950hPa。长虚线为 CloudSat 轨道 1206 03:50 扫过的轨迹

从沿轨道雷达回波剖面图上可以看出[图 2.41(a)],冷涡成熟阶段对流系统分布在冷涡外沿,表现为孤立的对流系统多,但此时对流系统强度及厚度均减弱。冷涡中心为假相当位温低值中心,说明冷涡中心多为干冷空气。从冰态水含量及液态水含量图上可以

看出[图 2.41(b)],冰水含量多的对流系统主要在涡的北面,而液态水主要分布在冷涡中心零度层以下。温度资料表明,冷涡的冷中心主要在 8km 以下,以上为一暖中心,这与实际观测资料分析结果一致。

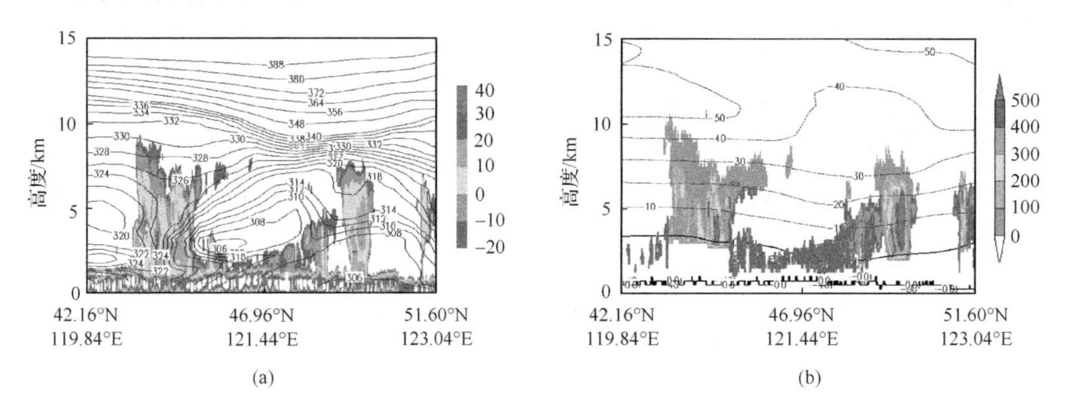

图 2.41　2006 年 7 月 22 日 18:14 UTC 轨道 1243 扫过轨迹

(a) 雷达反射率(等值线,单位:dBz)和假相当位温(阴影,单位:K)剖面;(b) 冰水含量和液态水含量(等值线,单位:mg/m^3)与温度剖面(阴影,单位:K)

总之,本节利用 CloudSat 卫星资料提供的雷达反射率、冰水含量、液态水含量等资料,分析了 2006 年 7 月 20 日至 24 日东北冷涡过程的对流云带结构及演变特征,对比分析了冷涡系统不同时期对流云的水平分布、垂直结构、云内部中小尺度结构,不仅发现了以前对传统锋面所不能观测到的一些特征,还发现了冷涡背景下不同于传统挪威学派的锋面结构,充实了对冷涡背景下锢囚锋面垂直结构的认识,其主要结果可归纳如下:

(1) 冷涡发展阶段的初期,CloudSat 扫过地面气旋前部暖锋区对流云区。不同于传统暖锋模型的对流系统,暖锋对流结构体现为孤立的深对流回波亮带,对流系统表现为孤立、深厚的特征。冷涡发展阶段初期冷涡东部暖锋内对流云主要为冰水含量,对应于强的回波带,液态水主要分布在冷涡的东南部。

(2) 冷涡发展至成熟阶段,CloudSat 轨道沿着地面锢囚锋,穿过涡前暖空气与低涡南部冷空气交汇处。分析发现,回波强度比冷涡发展初期的对流系统有所减弱,且为较浅薄的对流系统,冷涡系统下发展的锢囚锋不同于传统的锢囚锋结构,锢囚锋尾部存在干、冷空气的侵入;在闭合假相当位温低值区外沿存在弱的回波区,强的对流系统位于锢囚锋的前部暖区内。整个锢囚锋回波系统顶部呈现独特的结构特征:东南部为干、冷空气侵入造成的回波区、中部为锢囚锋主体对流区、西北部为暖锋遇冷锋抬升作用形成的回波区。在锢囚锋尾部存在冰水含量与液态水含量分层的现象,干冷空气侵入层在 5km 左右,在干冷空气侵入层上部为冰态水含量分布的弱回波区,下部为液态水分布的弱回波区。

(3) 冷涡成熟阶段,CloudSat 轨道扫过冷涡中心偏西,冷涡成熟阶段对流系统分布在冷涡外沿,表现为孤立的对流系统多。冷涡中心为假相当位温低值中心,冷涡中心多为干冷空气。冰水含量多的对流系统主要在涡的北面,而液态水主要分布在冷涡中心零度层以下。

2.5 本章小结

本章主要对东北冷涡暴雨的天气学特征进行了诊断分析研究，分别对东北冷涡的结构特征及冷涡暴雨的中尺度对流系统进行了分析，包括对两类冷涡的合成结构特征、典型冷涡的结构演变特征和冷涡对流云带垂直结构特征分析，所得的具体结论如下：

（1）南方暴雨发生时暴雨区高层常位于高空急流入口区的南侧，和南方暴雨不一样，东北冷涡发展阶段出现的暴雨，作为影响系统的冷涡位于高空急流的北侧，有利于冷涡的发展加强并且在急流出口区的北侧产生高空辐散；位涡在对流层高层300hPa附近的冷涡中心体现为一高PV库。在冷涡的发展演变过程中，冷涡西侧的正涡度平流和水平辐合项对冷涡的发展维持起了重要的作用。东北冷涡的发生发展与高空急流的位置和强度密切相关，冷涡发展阶段，冷涡西侧处在高空急流的入口区北侧，高层辐合，正涡度平流和水平辐合项VD使得冷涡增强。在冷涡西侧、南侧存在干空气的侵入，使得干空气在冷涡的南侧侵入，且冷涡东侧位于高空急流出口区的北侧，高层辐散，使得强对流多在冷涡东侧形成。

（2）发展成熟的冷涡，对流层整层为冷心结构，其上即平流层低层为暖心结构，冷中心位于对流层中高层。冷涡发展初期斜压结构较明显，轴线随高度向西倾斜，随着冷涡的发展成熟至衰亡，环流低值中心经历了从高层向低层伸展再回复至高层的演变过程，而温度槽则从最初落后于高度槽演变为与其重合，且轴心趋于垂直，至减弱阶段对流层为冷空气控制，冷心结构特征逐渐消失，轴线又演变为随高度略向西倾斜。干侵入机制实际就是高位涡的侵入和下传，对预报冷涡的发展演变具有重要指示意义。

（3）冷涡系统下发展的锢囚锋不同于传统的锢囚锋结构，锢囚锋尾部存在干、冷空气的侵入；在闭合假相当位温低值区外沿存在弱的回波区，强的对流系统位于锢囚锋的前部暖区内。整个锢囚锋回波系统顶部呈现独特的结构特征：东南部为干、冷空气侵入造成的回波区、中部为锢囚锋主体对流区、西北部为暖锋遇冷锋抬升作用形成的回波区。在锢囚锋尾部存在冰水含量与液态水含量分层的现象，干冷空气侵入层在5km左右，在干冷空气侵入层上部为冰态水含量分布的弱回波区，下部为液态水分布的弱回波区。

参考文献

白人海，谢安. 1998. 东北冷涡过程中的飑线分析. 气象，24(4)：37-40.

布和朝鲁，谢作威. 2013. 东北冷涡环流及其动力学特征. 气象科技进展，3(3)：34-39.

陈力强，陈受钧，周小珊，等. 2005. 东北冷涡诱发的一次MCS结构特征数值模拟. 气象学报，63(2)：173-183.

陈文选，王俊，刘文. 1999. 一次冷涡过程降水的微物理机制分析. 应用气象学报，10(2)：190-198.

崔晓鹏，吴国雄，高守亭. 2002. 西大西洋锋面气旋过程的数值模拟和等熵分析. 气象学报，60(4)：385-398.

丁一汇. 1989. 天气动力学中的诊断分析方法. 北京：科学出版社：177-180.

丁一汇. 1991. 高等天气学. 北京：气象出版社：140-155，316-317.

方宗义，覃丹宇. 2006. 暴雨云团的卫星监测和研究进展. 应用气象学报，17(5)：583-593.

顾清源，师锐，徐会明. 2010. 移出与未移出高原的两类低涡环流特征的对比分析. 气象，36(4)：7-15.

何金海，吴志伟，江志红，等. 2006. 东北冷涡的“气候效应”及其对梅雨的影响. 科学通报，51：2803-2809.

姜学恭，孙永刚，沈建国. 2001. 98 · 8松嫩流域一次东北冷涡暴雨的数值模拟初步分析. 应用气象学报，12(2)：176-187.

李英，陈联寿，王继志. 2004. 登陆热带气旋长久维持与迅速消亡的大尺度环流特征. 气象学报，62(2)：167-179.

刘英，王东海，张中锋，等. 2012. 东北冷涡的结构及其演变特征的个例综合分析. 气象学报，70(3)：354-370.

齐彦斌，郭学良，金德镇. 2007. 一次东北冷涡中对流云带的宏微物理结构探测研究. 大气科学，31(4)：621-634.

乔枫雪，赵思雄，孙建华. 2007. 一次引发暴雨的东北低涡的涡度和水汽收支分析. 气候与环境研究，12(3)：397-411.

覃庆第. 2001. 高空急流入口区次级环流在一次突发性强降水过程中的作用. 广西气象，24(4)：20-21.

沈柏竹，刘实，廉毅，等. 2011. 2009 年中国东北夏季低温及其与前期海气系统变化的联系. 气象学报，69：320-333.

孙力. 1997. 东北冷涡持续活动的分析研究. 大气科学，21(3)：297-307.

孙力，郑秀雅，王琪. 1994. 东北冷涡的时空分布特征及其与东亚大型环流系统之间的关系. 应用气象学报，5(3)：297-303.

孙力，王琪，唐晓玲. 1995. 暴雨类冷涡与非暴雨类冷涡的合成对比分析. 气象，21(3)：7-10.

孙力，安刚，廉毅，等. 2000. 夏季东北冷涡持续性活动及其大气环流异常特征的分析. 大气科学，58(6)：704-714.

孙力，安刚，高枞亭，等. 2002. 1998 年夏季嫩江和松花江流域东北冷涡暴雨的成因分析. 应用气象学报，13：156-162.

王丽娟，何金海，司东，等. 2010. 东北冷涡过程对江淮梅雨期降水的影响机制. 大气科学学报，33(1)：89-97.

吴国雄，刘还珠. 1999. 全型垂直涡度倾向方程和倾斜涡度发展. 气象学报，57(1)：1-15.

吴国雄，蔡雅萍，唐晓箐. 1995. 湿位涡和倾斜位涡的发展. 气象学报，53(4)：387-405.

谢作威. 2012. 夏季东北冷涡活动特征及其机理研究. 北京：中国科学院大气物理研究.

徐辉. 2006. 西南季风强劲江南华南暴雨成灾，东北冷涡活跃东北华北降雨偏多. 气象，9(32)：121-125.

阎凤霞，寿绍文，张艳玲，等. 2005. 一次江淮暴雨过程中干空气侵入的诊断分析. 南京气象学院学报，28(1)：117-124.

杨大升，刘玉滨，刘式适，等. 1982. 动力气象学. 北京：气象出版社：181.

杨帅. 2007. 华北暴雨形成机理研究. 北京：中国科学院研究生院博士学位论文：21-37.

张立祥. 2008. 东北冷涡中尺度对流系统的研究. 南京：南京信息工程大学：11-13.

张云，雷恒池，钱贞成. 2008. 一次东北冷涡衰退阶段暴雨成因分析. 大气科学，32(3)：481-497.

章国材，李晓莉，乔林. 2005. 夏季 500hPa 副热带高压区域一次暴雨过程环流条件的诊断分析. 应用气象学报，16(3)：396-401.

郑秀雅，张延治，白人海. 1992. 东北暴雨. 北京：气象出版社：19-43.

钟水新. 2008. 一次东北冷涡暴雨过程的诊断分析与数值模拟研究. 北京：中国气象科学研究院：19-40.

钟水新，王东海，张人禾，等. 2011a. 基于 CloudSat 资料的冷涡对流云带垂直结构特征. 应用气象学报，22(3)：254-257.

钟水新，王东海，张人禾，等. 2011b. 一次东北冷涡降水过程的结构特征与影响因子分析. 高原气象，30(4)：951-960.

Austin R. 2004. Level 2 cloud ice water content product process description and interface control document. Colorado State University，(3)：1-29.

Browning K A，Golding B W. 1995. Mesoscale aspects of a dry intrusion within a vigorous cyclone. Quarterly Journal of the Royal Meteorological Society，121：463-493.

Browning K A，Roberts N M. 1994. Structure of a frontal cyclone. Quarterly Journal of the Royal Meteorological Society，120：1535-1557.

Browning K A. 1997. The dry intrusion perspective of extra-tropical cyclone development. Meteorological Applications，4：317-324.

Gray W M. 1979. Recent advance in tropical cyclone research from rawnsonde analysis (P)，WMO Program on Research in Tropical Meteorology. Department of Atmospheric Science，Colorado State University，80：5-23.

Hoskins B J，McIntyre M E，Robertson A W. 1985. On the use and significance of isentropic potential vorticity maps. Quarterly Journal of the Royal Meteorological Society，111：470，877-946.

Mailier P J，Stephenson D B，Ferro C A T，et al. 2006：Serial clustering of extratropical cyclones. Monthly Weather Review，134：2224-2240.

Orlanski I，Chang E K M. 1993. Ageostrophic geopotential fluxes in downstream and upstream development of baroclinic waves. Journal of the Atmospheric Sciences，50：212-225.

Posselt D J，Martin J E. 2004. The role of latent heat release in the formation of a warm occluded thermal structure. Monthly Weather Review，132：578-599.

Sakamoto K. 2005. Cut off and weakening processes of an upper cold low. Journal of the Meteorological Society of Japan，83：817-834.

Shapiro M A，Keyser D. 1990. Fronts，jet streams，and the tropopause//Newton C W，Halopainen E O. Extratropical Cyclones，The Erik Palmen Memorial Volume. American Meteorological Society：167-191.

Simmons A J，Hoskins B J. 1979. The downstream and upstream development of unstable baroclinic waves. Journal of the Atmospheric Sciences，36：1239-1254.

Stephens G L，Vane D G，Boain R J，et al. 2002. The CloudSat mission and the A-train. Bulletin of the American Meteorological Society，83：1771-1790.

Thorncroft C D，Hoskins B J. 1990. Frontal cyclogenesis. Journal of the Atmospheric Sciences，47：2317-2336.

第3章　东北冷涡暴雨形成发展的机理研究

3.1　东北冷涡降水过程的模拟与分析

为深入细致地研究东北冷涡及其中尺度系统的三维结构特征和发生发展机理，必须获得分辨率比较高的观测资料作为分析的基础。为此，我们曾对2007年7月上旬一次东北冷涡天气过程进行了外场加密观测试验，观测时间为2007年7月8日00 UTC至7月12日23 UTC，试验区域为东北地区的三省一区一市，包括辽宁、吉林、黑龙江、内蒙古东部地区，以及大连市，其中加密试验的区域为118°E～135°E、38.6°N～52.6°N，参与加密观测的为矩形区域中的东北三省和内蒙古气象局所属的气象台站，图中所标为上述试验区域多普勒天气雷达共10部，获取到每6min一次的体扫资料。

3.1.1　环流背景

本次东北冷涡于7月8日在蒙古国与我国内蒙古交界处形成，并逐渐向东南方向移动影响中国东北和华北北部大部分地区。8日08时的500hPa位势高度场中贝加尔湖以东有一明显的低槽，同时内蒙古东部直到渤海湾地区也存在一个深槽，整个东北地区位于这两个槽的槽前位置，有利于对流性系统的发生发展；从850hPa地面风场可知，在内蒙古东部(43°N，117°E)附近已形成一个气旋性闭合环流，在此环流的作用下东北大部分地区受偏南气流的影响，有利于将南方的暖湿空气向我国东北地区输送。9日08时，500hPa(图3.1)上贝加尔湖以东的槽继续加深发展，而内蒙古东部地区出现闭合低压环流，形成低涡，且在移动过程中不断发展加强，随着冷涡的形成与加强，原本比较连贯的200hPa高空急流被切断，在东北冷涡的东侧和西侧分别各存在一支急流区；到了10日08时，由500hPa和850hPa的闭合环流中心位置可以看出这次冷涡过程是一个较深厚的系统，并且影响范围很大，包括内蒙古中东部、华北北部、辽宁、吉林和黑龙江地区，200hPa上在冷涡西南侧的一支高空急流随着冷涡而运动，整个冷涡位于此高空急流出口区的左侧，由于高空急流的动力作用，此处容易形成上升运动。500hPa和850hPa的冷涡东侧为较强的偏南气流，将大量的暖湿空气向此处输送，这种大尺度的天气配置，易引发强降水和强对流性天气。

3.1.2　数值模拟

1. 方案介绍

WRF模式为可压、非静力模式，控制方程组为通量形式，网格形式采用Arakawa C网格。本节利用NCEP/NCAR再分析资料作为WRF模式的初始资料和边界资料，用WRF(V3.0)对2007年7月6日08时至12日08时的一次东北冷涡过程进行数值模拟，

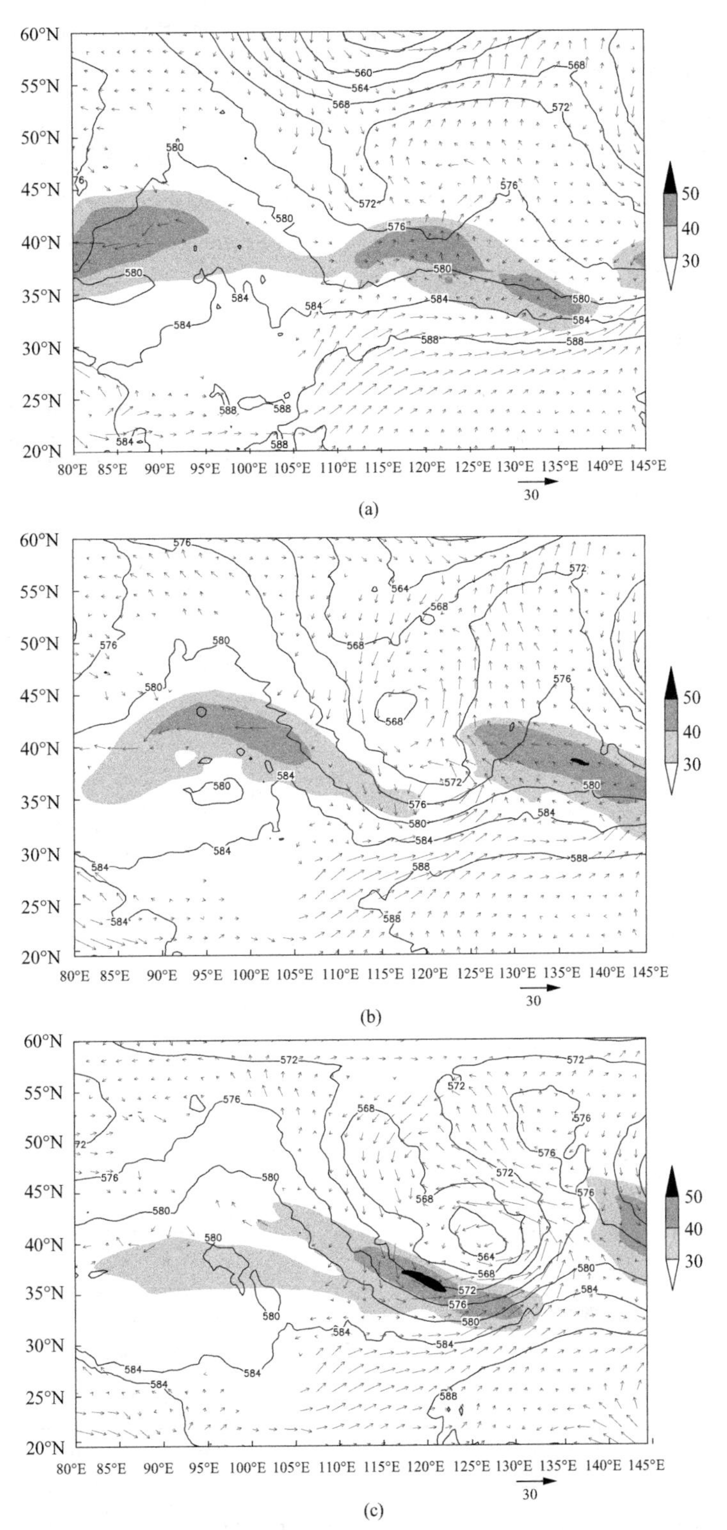

图3.1 500hPa位势高度(等值线,单位:dagpm)、850hPa风矢量场及200hPa高空急流(阴影区,单位:m/s)
(a) 8日08时;(b) 9日08时;(c) 10日08时

并将 2007 年 7 月 6 日 08 时的地面常规资料和探空资料通过 WRF-3DVAR 进行同化处理，利用同化后的结果进行数值模拟。模拟采用三层双向嵌套方案，兰勃托投影方式，模式模拟中心区域位置为(40°N,115°E)；水平网格距分别为 81km、27km 和 9km；水平格点数分别为 111×70、184×130 和 316×322；垂直分层为 28 层，时间积分步长为 180s、60s 和 60s；模式选用的物理过程中的微物理参数化方案过程为 Ferrier (New Eta)参数化方案，边界层方案为 YSU 方案，积云参数化方案为 Grell-Devenyi 集合方案，长波辐射和短波辐射方案分别为 RRTM 和 Duhia 方案。

2. 模拟结果与实况对比分析

此次东北冷涡过程在我国的降水主要集中在 2007 年 7 月 8 日 08 时至 7 月 10 日 08 时这个时段，由图 3.2 可见，实际观测的 24h 降水中心主要是在辽宁与内蒙古交界处，位

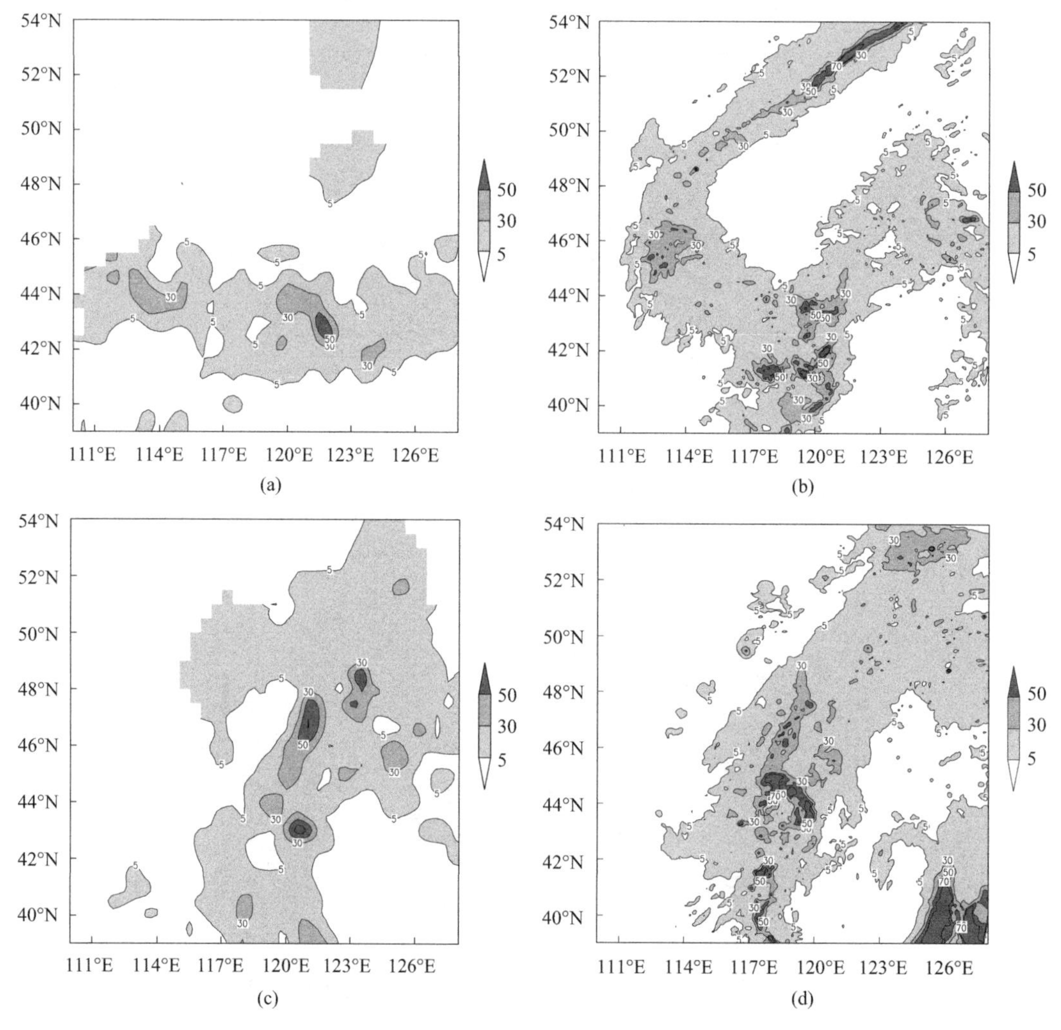

图 3.2　2007 年 7 月 24h 观测降水[(a)、(c)]和模式模拟降水[(b)、(d)]结果(单位：mm)

(a)、(b) 8 日 08 时至 9 日 08 时；(c)、(d) 9 日 08 时至 10 日 08 时

于赤峰、朝阳和阜新一带，整个降水区域从内蒙古一直向东延伸到辽宁北部和吉林大部地区，且在黑龙江与内蒙古交界处也有少量降水；对比该时段的模拟结果可见，在阜新、朝阳一带的降水与实际观测非常接近，但是模拟的降水区域比实际观测略大，辽宁西南部为主要降水区域，降水中心的量级与实际观测一致，在降水大值区中出现 3 个降水中心可能是由于模式分辨率较高所致。9 日 08 时至 10 日 08 时 24h 的实际降水与模拟降水对比发现，在实际观测降水中，主要降水中心位于呼伦贝尔以南并一直向南延伸至西辽河，此雨带呈南北方向的走势，同时在赤峰处存在一个降水大值中心，最大值超过 70mm。从模拟结果中可见一条明显的南北走向的雨带从呼伦贝尔以南向西辽河方向延伸，同时在赤峰南侧有一个降水大值中心，由于在内蒙古境内有地形的作用，对降水落区的模拟结果有一定影响，但是雨带走势及降水大值区的量级都与实际观测结果接近，因此能够比较真实地反映这次东北冷涡的降水过程。

另外，从连续的两个 24h 累计降水的模拟结果中发现，本次冷涡过程引起的降水呈涡旋状，即雨带是呈逆时针方向自西北向东南方向移动进入我国，我国东北地区正位于此涡旋状雨带的范围内。

3. 数值模拟中尺度对流系统

为了进一步验证模拟结果，将高时空分辨率的卫星 TBB(云顶黑体温度)资料和模式模拟的 1h 累计降水进行对比；TBB 资料可以用来反映对流云的强度，因此它能够反映在降水过程中中尺度对流云团的发展过程。图 3.3 为相关地区的 TBB 分布，该图显示，从 9 日 00 时开始，在辽宁南部与内蒙古交界的地方，出现两个云顶温度低于－40℃的区域，9 日 02 时辽宁南部的 TBB 低值区逐渐向北推进与朝阳北部的 TBB 低值区合并，同时向东北方向移动，在 9 日 03 时至 04 时辽宁和内蒙古交界处出现云顶温度低于－50℃的大范围区域，此时中尺度对流云团发展到成熟阶段，到 9 日 07 时开始逐渐减弱，并在 8 日趋近于消散。

与 TBB 过程对应的逐小时降水中同样发现中尺度对流系统引发的降水过程(图 3.4)。从图 3.4 可见，从 9 日 00 时开始在辽宁南部和朝阳北部出现降水区，9 日 02 时辽宁南部雨区逐渐向东北方向移动，而朝阳北部降水区位置不变，强度增强；同样在 9 日 04 时，辽宁

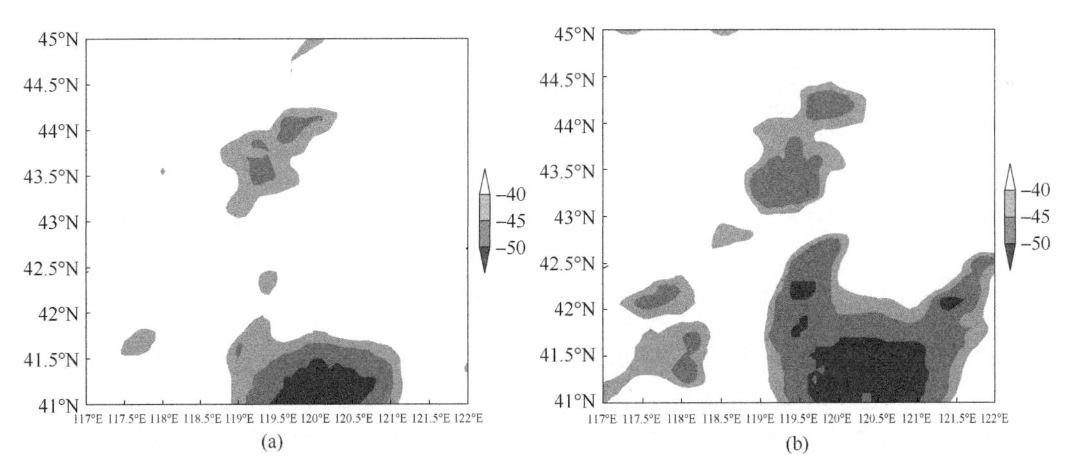

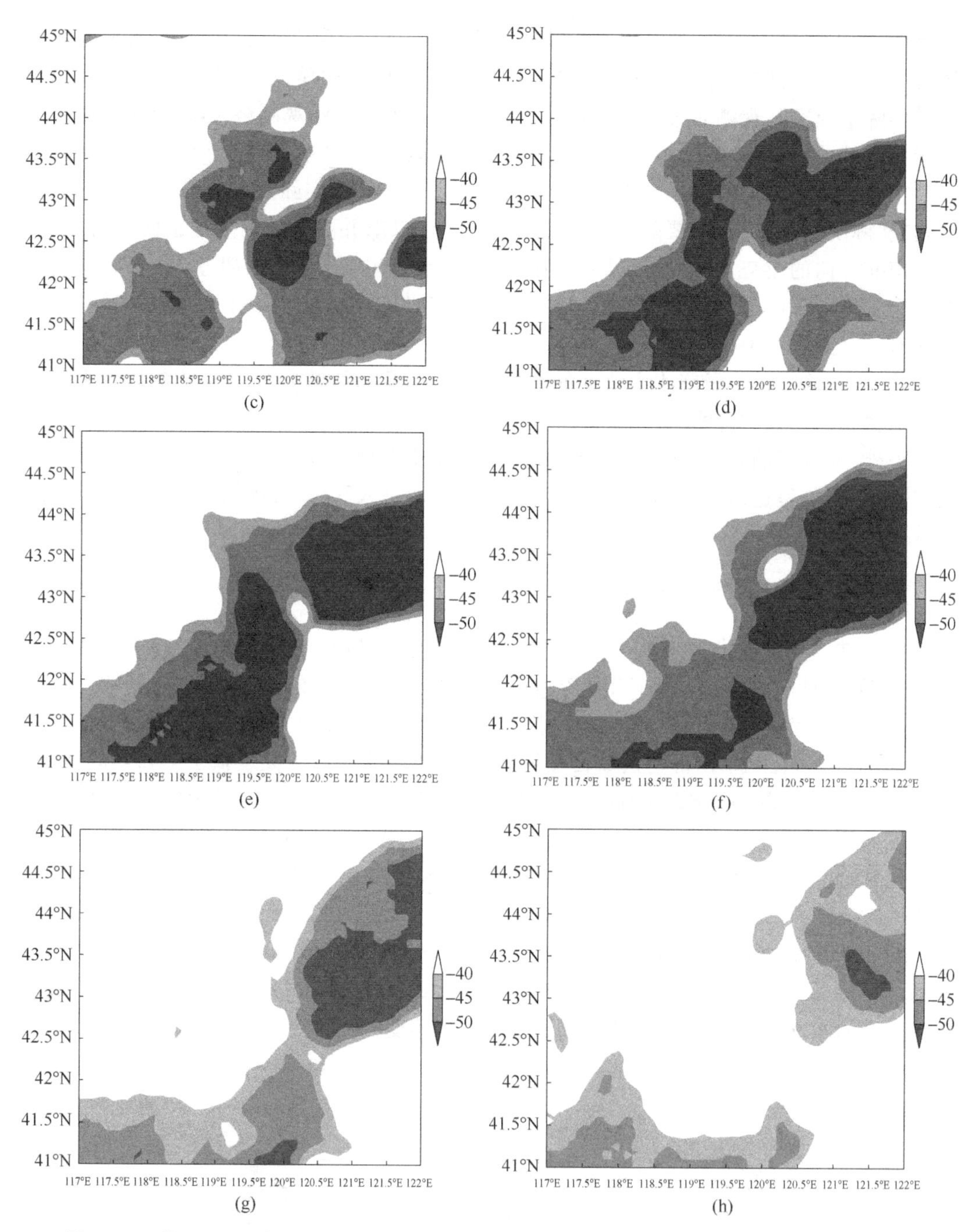

图 3.3　7 月 8 日 23 时(a)和 9 日 00 时(b)、01 时(c)、02 时(d)、03 时(e)、04 时(f)、05 时(g)和 06 时(h)的 TBB 分布(单位:℃)

阴影为 TBB<－40℃

南部雨区由南向北形成一条雨带,降水量明显增加;在 9 日 05 时和 06 时每小时降水量超过 10mm,达到逐小时降水量的最大值,这与 TBB 图中对流云团达到成熟阶段的时间一致;然后在 07 时降水开始减弱,最后到 08 时逐渐消散。这次降水过程的发生时间和降水区域与TBB资料中的强对流云出现的位置和区域有较好的对应关系，特别是整个过程开始和结束的时间对应也较好，因此可以认为本次模拟结果能够反映出东北冷涡过程中的中尺度系统的发生发展以及成熟到消亡的过程，此模拟结果可以用来对中尺度对流系统结构做进一步的分析。

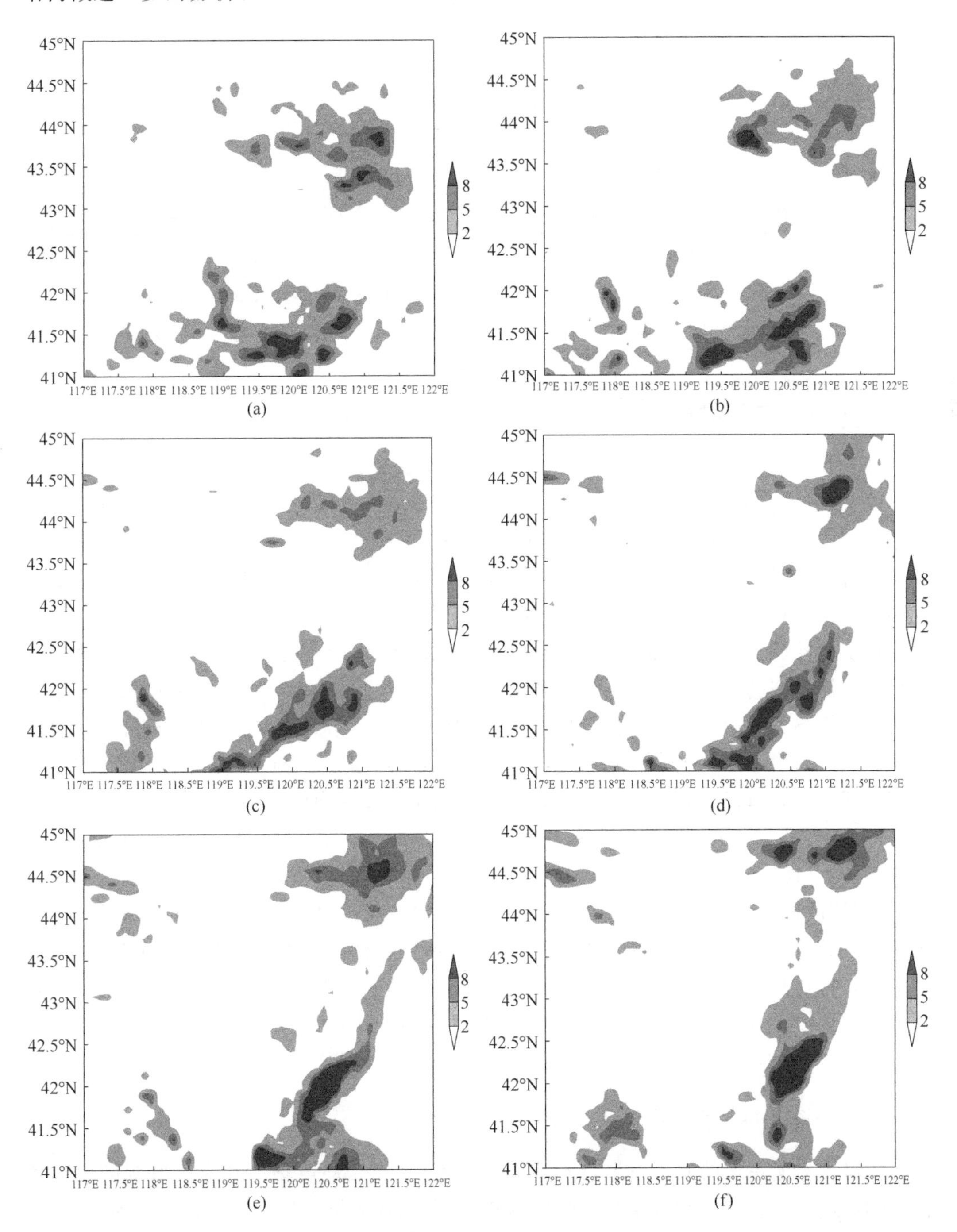

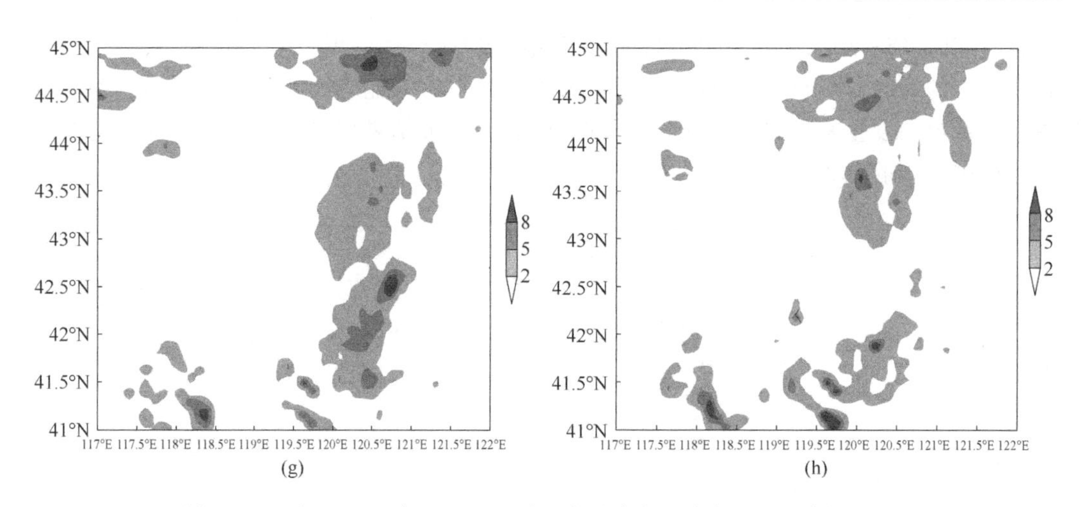

图 3.4 7 月 8 日 23 时至 9 日 06 时逐小时降水量分布(阴影,单位:mm)
(a) 8 日 23 时;(b) 9 日 00 时;(c) 9 日 01 时;(d) 9 日 02 时;(e) 9 日 03 时;(f) 9 日 04 时;(g) 9 日 05 时;(h) 9 日 06 时

3.1.3 中尺度对流系统

钟水新等(2013)最近曾利用 2009 年东北暴雨试验资料、常规气象观测资料、自动站资料、FY-2C 卫星资料、美国国家环境预报中心(National Centers for Environmental Prediction,NCEP)再分析资料,对 2009 年 6 月 19 日东北地区一次短时强降水过程的天气尺度环流特征、中尺度对流系统(MCS)环境场及其触发机制进行分析,概括出了此次冷涡发展阶段暴雨过程的三维概念模型(参见本书第 5 章)。结果表明,此次强降水系统主要发生在东北冷涡发展阶段,造成强对流天气的系统尺度较小、突发性强,具有明显的 β-γ 中尺度对流系统的特点。高温、高湿、位势不稳定层结、低层有湿舌北伸、中层有干冷空气侵入,为 MCS 的发生、发展提供了非常有利的环境条件。位于高空西风急流出口区北侧和偏东北大风中心入口区南侧的暴雨区上层有强的高空辐散,与辐合区南侧的低空急流前部相互耦合,使得暴雨区上升气流增强;高空急流出口区南侧的偏南风低空急流加强了风暴的入流强度,为风暴提供了有利的风场环境和水汽条件。暴雨区西南侧中低层存在干空气侵入,使中低层干冷空气迅速向对流风暴发生区输送,形成逆温层。在强对流暴发前,中低层的逆温层与上层的干层分开,使风暴发展所需的不稳定能量得以累积,冷涡系统东移引导低层偏西北气流南下增强了地面流场的辐合,是触发初始对流的关键因素。

上述工作只是对一次东北冷涡发展阶段短时强降水过程中的典型 MCS 环境场及其触发机制进行了分析。事实上,相关 MCS 的研究涉及中尺度动力学和物理量场诊断分析的各个方面,本小节拟给出这一研究方向的若干主要结果。

1. 干冷空气活动与水汽输送

中尺度对流系统的发生发展离不开天气尺度环境场,环境场为其提供有利的发展条件,同时也制约、影响着它的结构和强度等特征,因此在分析中尺度对流系统之前,对于环境场的分析必不可少。

首先对干冷空气的活动情况进行分析，姚秀萍等(2007)以相对湿度小于或等于 60%来表征干侵入气流，刘会荣和李崇银(2010)曾提出以北风表征干空气的活动特征，用其强弱表征干空气活动的强弱。这样，通过将 300hPa 和 500hPa 的相对湿度和经向风场的分布和范围进行对比分析(图 3.5)，来研究本次东北冷涡过程中干空气的活动特征是合宜的。

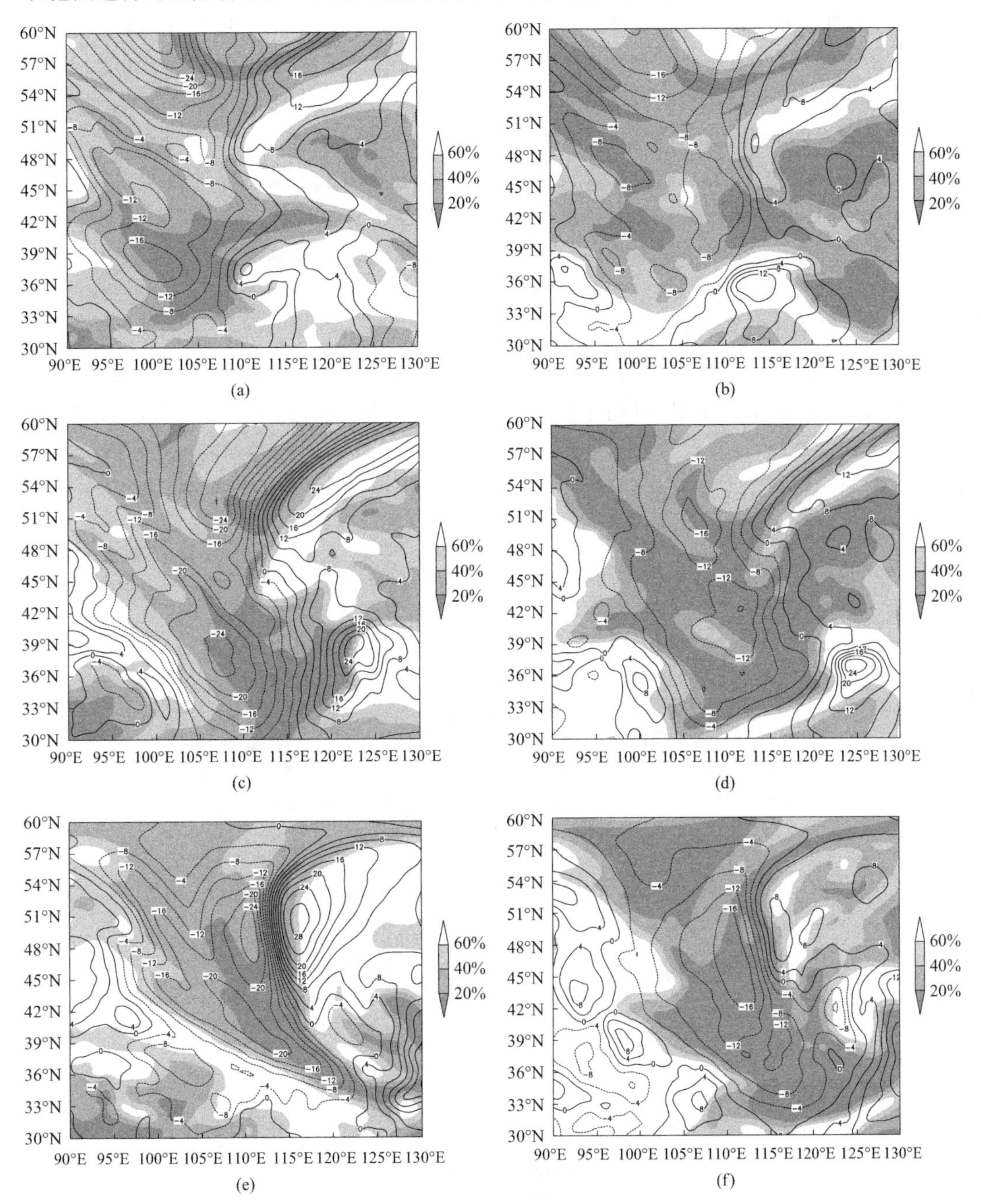

图 3.5　2007 年 7 月 300hPa[(a)、(c)、(e)]和 500hPa[(b)、(d)、(f)]相对湿度(阴影为相对湿度<60%的区域)和经向风分量(等值线，虚线为偏北风，实线为偏南风)

(a)、(b) 7 日 08 时；(c)、(d) 8 日 08 时；(e)、(f) 9 日 08 时

从图 3.5 可见，7 日 08 时，在 300hPa 上，内蒙古中北部为相对湿度在 20％以下的干空气区，此干空气区在 42°N 处向东延伸至辽宁境内；从经向风场中可知在干空气区有较强的北风气流，中心强度达 18m/s，有利于北方干冷空气的输送。8 日 08 时，原位于内蒙古境内的干空气区向东移动，影响我国华北地区和华东北部地区。另外，随着东北冷涡的南下加强，在贝加尔湖以东也有一个相对湿度小于 20％的干区，并呈气旋性涡旋运动，向华北地区的干冷空气区靠近；此时在两个干区偏西处出现最大风速达 24m/s 的偏北风，而在两个干区中心偏东处出现最大风速达 24m/s 的偏南风，因此经向风梯度很大，这也说明了干侵入过程明显。到 9 日 08 时，贝加尔湖以东的干区已与华北地区的干冷空气区汇合，并随着东北冷涡一起呈涡旋状移动，干冷空气区主要位于东北冷涡的西北侧，由于干冷空气较强，在冷涡南侧也有相对湿度低值区，特别在辽宁中部和吉林东南部也出现相对湿度小于 20％的区域；在经向风场中，114°E 以西主要为较强的偏北风，而在 114°E 以东主要为强偏南风，但是在辽宁西南侧出现一个 4m/s 的偏北风，从相对湿度和经向风场中都可看出此处有干冷空气的输送。

500hPa 相对湿度场和经向风场的变化与 300hPa 相似，但是干空气区范围却比 300hPa 更大，特别是在 9 日 08 时东北冷涡的南侧，干空气向南延伸至 31°N，且在 31°N 以北已出现偏北风，而在辽宁西南处最大偏北风达 12m/s，表明此时干侵入已向南扩大。

从上面的相对湿度场和经向风场分析可知，在对流层中高层出现干侵入过程，干空气主要来源于我国内蒙古西部和东北冷涡的西北部，随着东北冷涡一起呈涡旋状运动，而中层的干空气范围比高层要大得多，表明在对流层中层的干侵入更加明显。

图 3.6 为 9 日 08 时位温和相对湿度沿 121°E 的垂直剖面图，从 34°N 向北，在对流层顶向下伸出一个干舌，其北侧的对流层中层均为干空气区，而在 40°N 至 46°N 的对流层

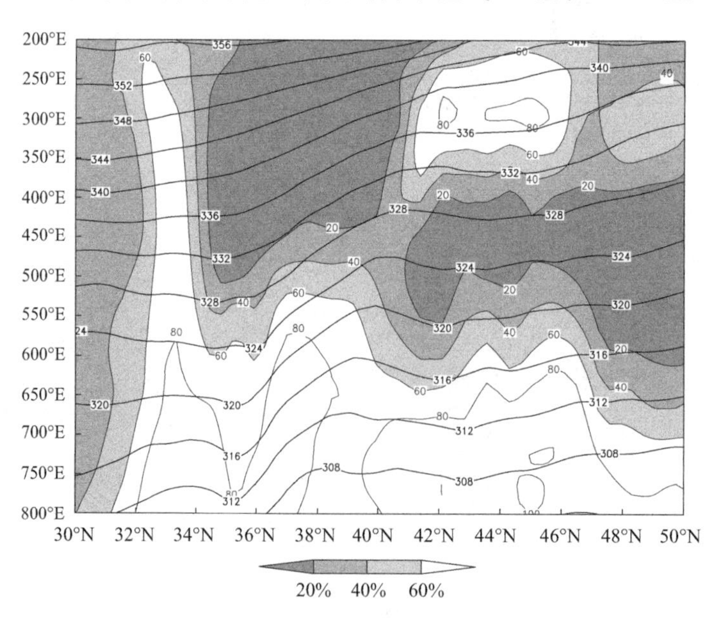

图 3.6　2007 年 7 月 9 日 08 时位温（等值线，单位：K）和相对湿度（阴影为相对湿度＜60％的区域）沿 121°E 的垂直剖面图

高层 300hPa 有一个湿空气中心，这种上层湿下层干的大气层结很容易产生对流不稳定。另外，从位温分析可见，在 40°N 从对流层低层到高层有一条向上凸的等位温线，说明在对流层中层对应的干区都是冷空气，由垂直剖面图中也可以看到在对流层中出现干侵入过程，并且在对流层中层的干侵入最为明显。

另外，从 700hPa 风场中可以看到(图 3.7)，内蒙古东部的气旋性涡旋东侧，为大范围

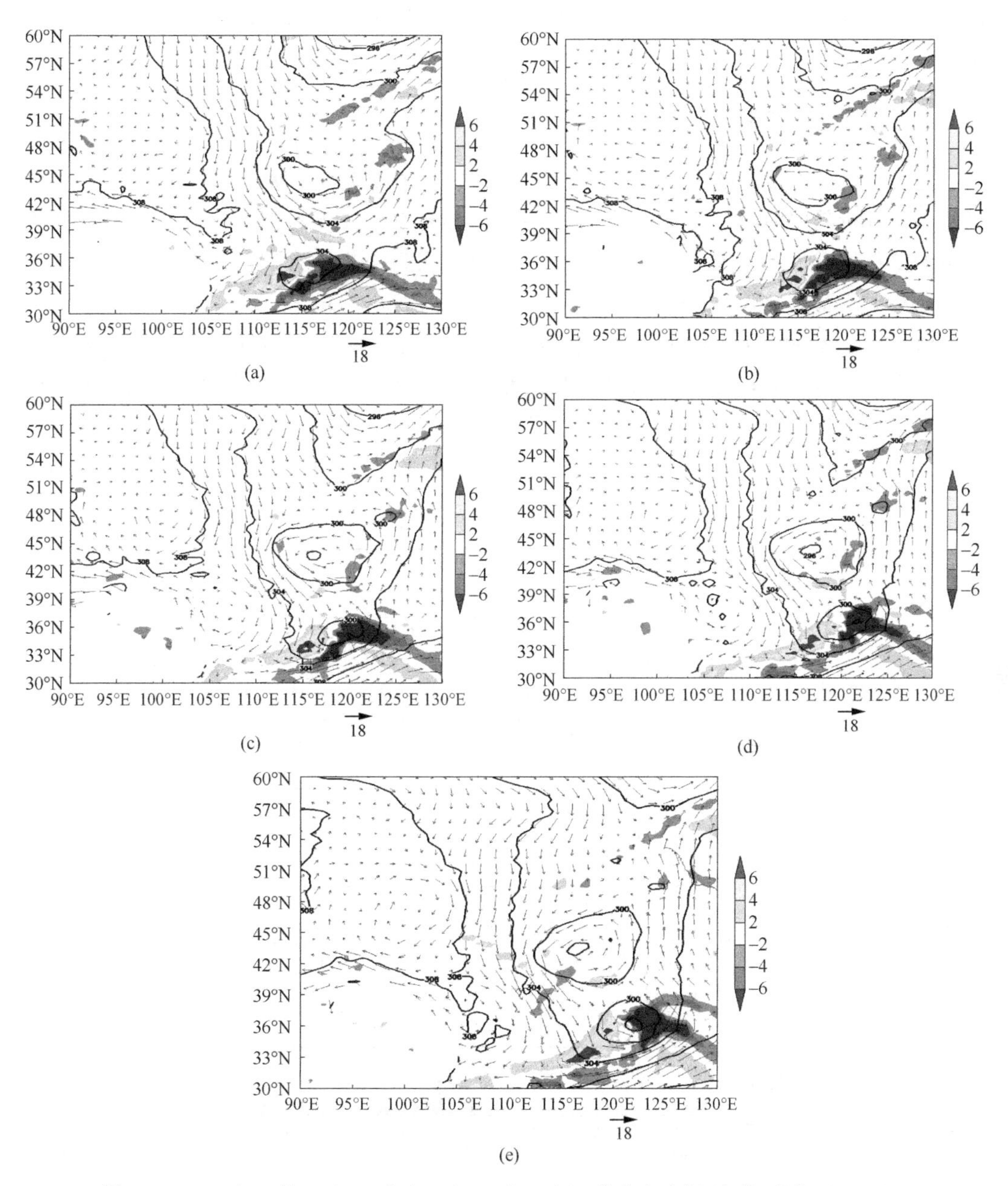

图 3.7 2007 年 7 月 8 日 21 时至 9 日 08 时 700hPa 位势高度场(实线，单位：dagpm)、风场(矢量)及整层大气水汽通量散度[阴影，单位：10^{-5} g/(cm^2 · s)]

(a) 8 日 21 时；(b) 8 日 23 时；(c) 9 日 02 时；(d) 9 日 05 时；(e) 9 日 08 时

的偏南风，这有利于将南方的暖湿气流向东北地区输送，特别是从渤海湾地区带来较为充沛的水汽。另外，通过整层水汽通量散度积分可知，在辽宁南部与内蒙古交界处，从 8 日 21 时开始出现水汽辐合区，并逐渐加强；在 9 日 02 时辐合中心达到最强，而这个区域正与 TBB(图 3.3)中的中尺度对流系统发生的区域一致，说明此处水汽输送量很强；而 9 日 05 时辐合区逐渐减弱，并逐渐被水汽通量辐散区代替，表明这次水汽输送过程逐渐结束，而与此同时，中尺度对流系统也逐渐减弱。因此大尺度背景场的水汽输送对中尺度对流系统的发展起着重要作用。

2. 中尺度对流系统的地面物理量分析

通过上述对环境场的分析，了解到本次东北冷涡中冷空气与暖湿空气的活动特征，为了进一步分析其中的中尺度对流系统的结构，有必要对中尺度对流系统发生时近地面物理量的变化情况进行深入分析(图 3.8)。从图 3.8 可以看出，在(43°N，121°E)处，中午 12 时温度和湿度都达到最大，说明此时大气是处于高温高湿的状态，地面气压也稳定在 1001hPa 左右，但此时冷涡中的中尺度对流系统并没有发生；到了晚上 18 时，地面温度与 14 时相比下降了 6℃，比湿变化不大。同时地面气压也略有下降；在 21 时，逐渐开始产生降水，温度维持不变，但比湿却略有回升，并不断有水汽的补充，由水汽输送通量图(图 3.7)也可看到，南方的暖湿空气不断向此处输送水汽，因此也是水汽开始逐渐增加的原因之一。

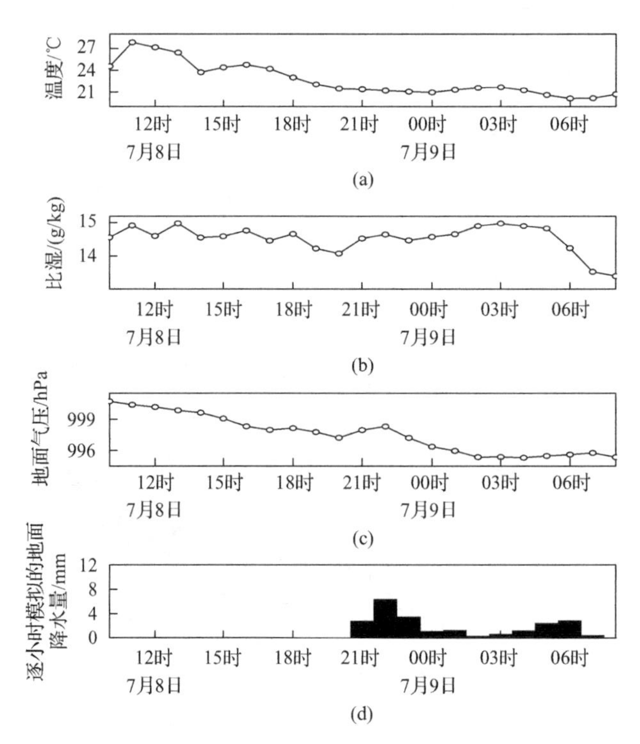

图 3.8　2007 年 7 月 8 日 09 时至 9 日 09 时(43°N，121°E)处距地面 2m

另外，在降水发生后，地面气压略有增加，但在 21 时开始地面气压下降约 4hPa，在 9 日 04 时达到最低约为 995hPa，说明此时的中尺度对流系统发展成熟，伴随着强的降压和降水过程；在 9 日 07 时，比湿明显下降，说明此时已无水汽的补充输送，由水汽通量散度图也可知此时主要为水汽通量辐散区，对应的降水也逐渐减弱，此次中尺度对流系统的降水过程趋近于结束。

3. 中尺度对流系统的风压场演变特征

“气旋曲度”降水在天气业务预报中经常用到，它是指在天气图中，等压线或等高线不能形成闭合曲线，但是风场中却存在着明显的气旋性弯曲，在气旋性弯曲的曲率最大处容易形成降水，此处的降水称为“气旋曲度”降水。

由地面气压场和风场图(图 3.9)可见，7 月 8 日 23 时东北冷涡中心位于(45°N,115°E)，在此处存在闭合等压线，其周围有明显的风场辐合运动，但在这个冷涡的右前方，大约(43°N,119°E)附近，出现一个闭合小低压中心，配合着风场辐合。在 9 日 02 时，随着冷涡

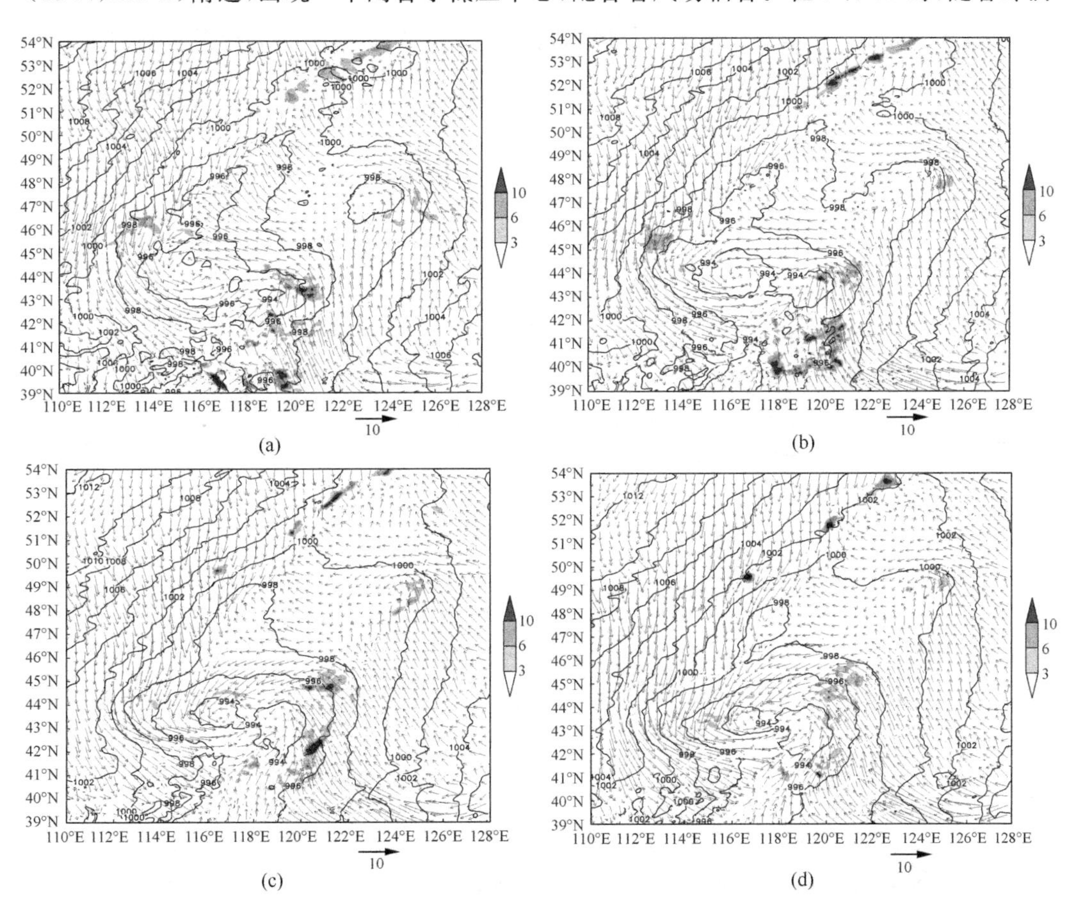

图 3.9　2007 年 7 月 8 日 23 时至 9 日 08 时的地面气压场(实线，单位：hPa)、风场(矢量)和逐小时模拟降水(阴影，单位：mm)

(a) 8 日 23 时；(b) 9 日 02 时；(c) 9 日 05 时；(d) 9 日 08 时

中心气压降至 994hPa，冷涡前的小低压也在不断加强扩大，且与此低压系统配合的风场风速加大，在此低压的东南侧有一股气流来自渤海湾，有利于暖湿空气的输送，此低压的西北侧即冷涡的西北侧为来自西伯利亚地区的干冷空气，这两股气流在低压的东南侧和东北侧交汇，而这里有明显的气旋性辐合，因此有利于降水的生成。到了 9 日 05 时，小低压的范围和强度几乎与冷涡相同，同时低压东南侧的中尺度降水系统沿着东南风气流向低压东北侧移动。在 9 日 08 时，低压系统合并进入冷涡中，而此时的低压降水几乎都沿着低压东侧的偏南风向东北方向移动，但由于低压与冷涡的合并使得低压东南侧的风场辐合减弱，同时由于水汽辐合场的填塞，导致降水逐渐减弱消失。

此外，在 700hPa 风场图中(图 3.10)，8 日 23 时，冷涡中心已经很明显，中心位势高度达到 298 dagpm，但在冷涡中心的东侧并没有形成闭合的低压系统，只是有一条较弱的切变线，对应有较弱的降水。在 9 日 02 时，冷涡范围扩大，且强度加强，中心位势高度降至 296 dagpm，在冷涡的东南和东北侧风场有明显的气旋性切变，此切变处既是气旋性曲率最大处，也是冷暖气团的交界处，因此容易产生降水，此时的降水即上文提到的所谓“气旋曲度”降水。9 日 05 时，冷涡东北侧的风场气旋性切变仍稳定存在，而冷涡东侧的偏南气

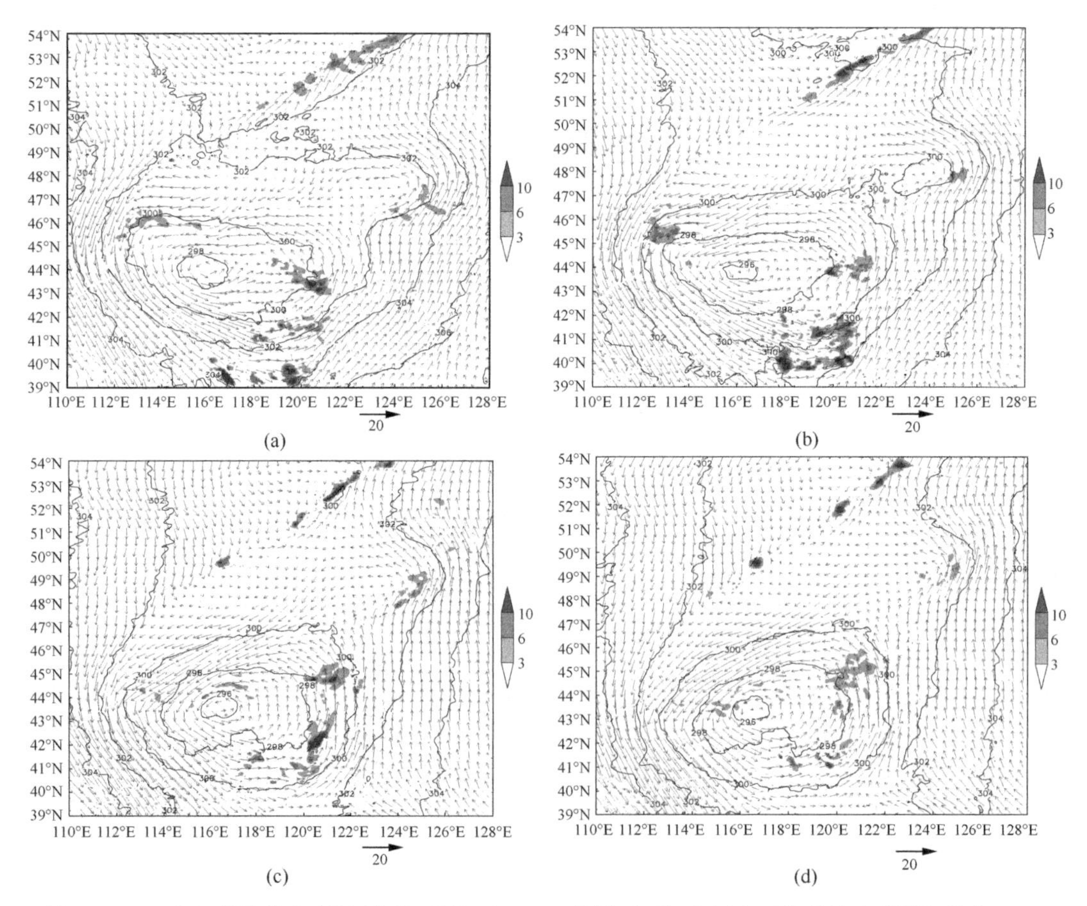

图 3.10　700hPa 等位势高度场(实线，单位：dagpm)、风场(矢量)和逐小时模拟降水(阴影，单位：mm)
(a) 8 日 23 时；(b) 9 日 02 时；(c) 9 日 05 时；(d) 9 日 08 时

流加强，将降水区沿着风场外围向北推进，中尺度系统降水沿着涡旋外围向东北方向移动，与冷涡东北侧的雨带合并。在 9 日 08 时，涡旋中心略向东南方向移动且强度加强，此时涡旋东侧几乎全为西南气流，减少了水汽的输送，同时降水也逐渐减少。

从地面风场和 700hPa 风场可知，在对流层低层，涡旋中心的东侧有一低压系统，配合着风场的辐合运动，有利于上升运动的产生。同时在低压系统的东侧为暖湿的东南气流，与低压系统西侧的干冷空气在低压系统的东南侧和东北侧相遇。另外，低压系统的东南侧和东北侧有明显的风场气旋性切变，出现了最大气旋性曲率，从而引发"气旋曲度"降水，这种区域在气象预报中非常重要，也正是中尺度系统降水在该处发生的主要原因。最后，随着东北冷涡系统逐渐向东南方向移动，冷涡前的低压合并进入冷涡中使得冷涡加强，冷涡东侧偏南风气流主要为西南气流，水汽输送减弱导致降水逐渐减少。

4. 中尺度对流系统的垂直环流与结构

在对中尺度对流系统的垂直结构研究前，首先对其散度的垂直剖面进行分析是有必要的(图 3.11)。从图 3.11 可见，沿 121°N 的散度垂直剖面上，7 月 9 日 02 时，对流层低层 800～850hPa 为水平辐合区，在 40.5°N 和 43°N 有两个散度辐合区中心，这正与东北冷涡东侧低压系统的"气旋曲度"区位置一致，而在 650hPa 附近为水平辐散区，因此"气旋曲度"区有利于在对流层低层形成气旋式辐合区。在 9 日 08 时水平散度的垂直剖面图中，只有在 42°N～43°N 的对流层低层有较弱的水平辐合区，而原本在 40.5°N 的水平辐合区已变为辐散区，说明此处的气旋式辐合区主要在北侧，而南侧的水平辐合区消散，这也与中尺度降水逐渐北移的过程一致。

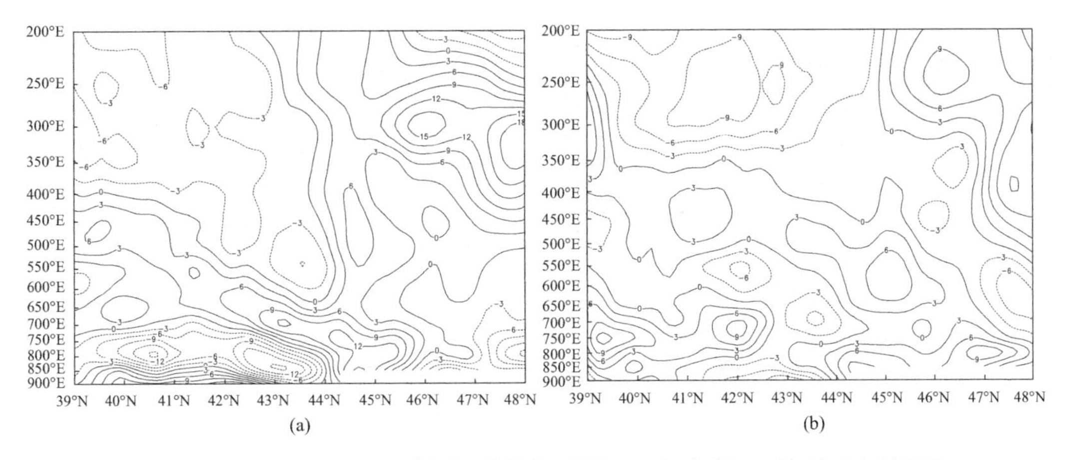

图 3.11　2007 年 7 月 9 日散度场(等值线，单位：$10^{-5}s^{-1}$)沿 121°E 的垂直剖面图

(a) 02 时；(b) 08 时

下面对中尺度系统的垂直环流和层结结构进行分析(图 3.12)。从图 3.12 可见，7 月 8 日 23 时，在 41°N～43°N 处的对流层中层 650hPa 为假相当位温 θ_{se} 的低值中心，在对流层中低层为 $\partial\theta_{se}/\partial p>0$ 的区域，即对流不稳定区，有利于对流的发展；从此时的垂直环流图中可知，在 42°N 以南的对流层低层有垂直上升运动，而在 43°N 北侧有一支上升运动区，并一直向上运动至对流层中高层大约 300hPa 的高度，而在 400hPa 附近有一个垂直

次级环流圈，因此在对流不稳定区对应着两个垂直上升区，分别在41°N以南及43°N附近，这正与东北冷涡东侧的“气旋曲度”降水对应的位置一致，因此“气旋曲度”区有利于在对流层低层形成辐合运动，从而激发出较强的垂直上升运动，在对流不稳定区产生降水。7月9日02时，对流不稳定区范围向北扩大，41°N到43°N的垂直上升运动范围合并，形成一个较为集中的上升运动区。7月9日05时对流性不稳定区向南，在7月9日08时对流不稳定区又向北扩大，主要在43°N～46°N的对流层中低层，但此时在这个区域的对流层中低层的垂直运动主要以下沉运动为主，抑制了对流系统的发展，因此降水逐渐减弱。

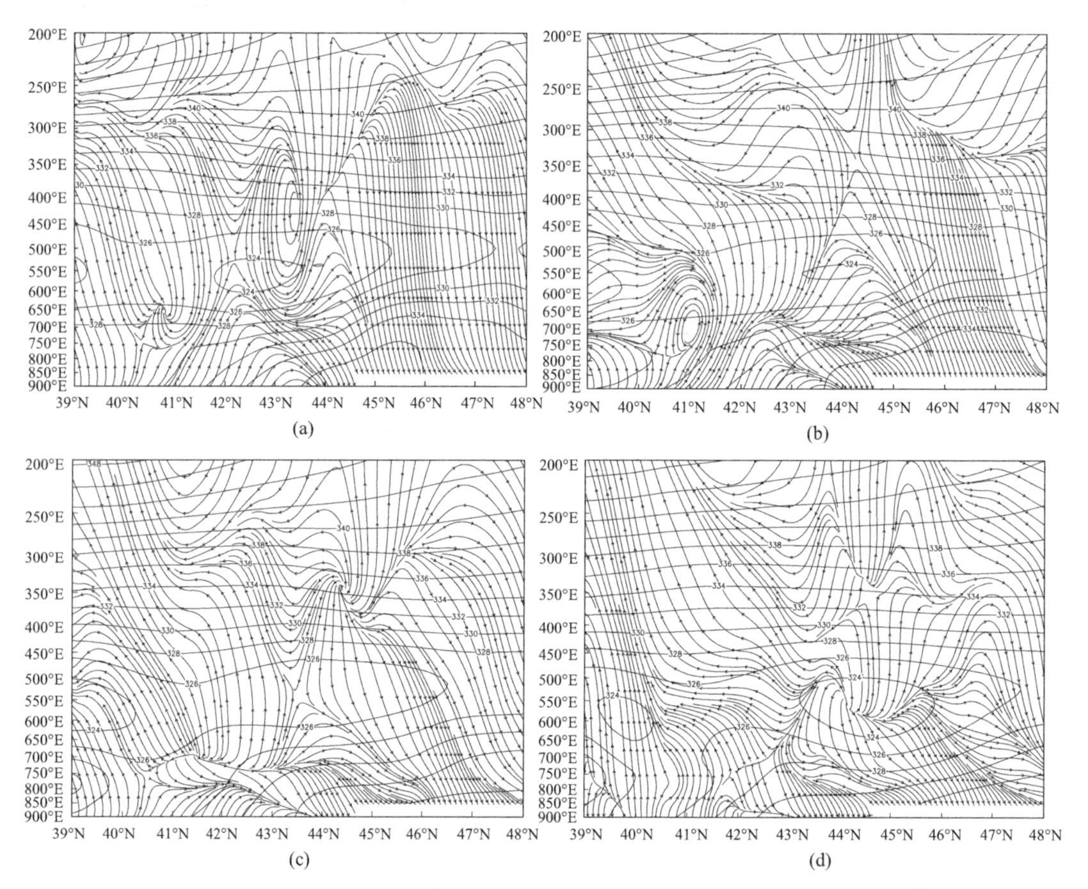

图3.12　2007年7月8日23时至9日08时的v-ω合成流线图(细箭矢)与假相当位温θ_{se}(等值线，单位:K)沿121°E的垂直剖面图

(a) 8日23时；(b) 9日02时；(c) 9日05时；(d) 9日08时

由垂直散度、垂直环流及层结结构的分析可知，在东北冷涡东侧的低压系统中，“气旋曲度”区易在对流层低层产生强辐合运动，而风场的水平辐合运动激发出较强的上升运动，在对流不稳定区配合着强上升运动，有利于对流系统的发展而在此处产生降水，因此在低压系统东南侧及东北侧的“气旋曲度”区易形成降水。

5. 对流涡度矢量对降水落区的诊断分析

对流涡度矢量(convective vorticity vector，CVV)(Gao et al.，2004；赵宇和高守亭，

2008)的表达形式为

$$C = \frac{\zeta_a \nabla\theta}{\rho} \tag{3.1}$$

式中，ζ_a 为绝对涡度，由牵连涡度和相对涡度构成；θ 为位温；$\nabla\theta$ 为位温梯度；ρ 为大气密度。在深对流中，等位温面的分布近于垂直，因此等位温梯度主要呈水平方向，在这种情况下，CVV 在垂直方向表现明显，因此可以用 CVV 的垂直分量来判断中尺度对流系统的发展。

下面将 700hPa CVV 的垂直分量与东北冷涡逐小时降水落区进行对比(图 3.13)。由图 3.13 可见，在降水刚开始的时候，CVV 的垂直分量较小，说明此时只是降水的初期阶段，并没有形成深对流；到了 9 日 01 时，此时降水区逐渐扩大，同时 CVV 的垂直分量区也逐渐增大，而 CVV 的垂直分量表示深对流的强度，说明深对流在加强，9 日 01 时和 9 日 04 时降水发生的区域均有 CVV 的垂直分量，因此，可以说明此时中尺度对流系统进入成熟阶段。从此过程可知，CVV 的垂直分量对于东北冷涡中的中尺度对流系统有一定的指示作用，虽然其对于降水初期的预报不是很准确，但是当中尺度对流系统进入深对流阶段时，CVV 可以作为一个诊断量，配合“气旋曲度”降水，可供对东北冷涡中的中尺度对流系统的发生区域进行预报时作参考。

本节通过对一次东北冷涡过程的“气旋曲度”降水进行数值模拟，分析了有利于降水发生的天气尺度背景场和中尺度系统的结构，具体结论如下：

(1) 利用 WRF 数值模式，对 2007 年 7 月 7 日 08 时至 12 日 08 时的东北冷涡进行数值模拟，通过 7 月 8 日 08 时至 9 日 08 时的 24h 降水和 9 日 08 时至 10 日 08 时的 24h 降水的对比可知，模拟的降水结果与实际观测的结果基本一致，但是由于模式分辨率较高及内蒙古境内的地形作用使模拟结果略有偏差。通过对比逐小时模拟降水与 TBB 资料，说明此次东北冷涡的模拟结果能够体现出其中的一次中尺度对流系统的发展过程，因此可以对中尺度系统的结构进行进一步分析。

(2) 通过分析天气尺度背景场可知，本次东北冷涡过程是一个深厚系统，从 850hPa 到 300hPa 都存在闭合环流。500hPa 在贝加尔湖以东存在一个低槽，此低槽不断向东北冷涡系统输送干冷空气，有利于东北冷涡的维持与加强。从相对湿度场和经向风场分析可知，在对流层中高层出现干侵入过程，干空气主要来源于我国内蒙古西部和东北冷涡的西北部，随着东北冷涡一起呈涡旋状运动，而中层的干空气范围比高层要大得多，因此在对流层中层的干侵入更加明显。850hPa 和 700hPa 中冷涡东部的偏南气流，不断向东北地区输送水汽和暖空气，提供充足的水汽条件，从水汽通量中可以看到，在辽宁南部和内蒙古交界处存在明显的水汽通量辐合区，为“气旋曲度”降水的发生提供必要的水汽条件。

(3) 通过分析对流层中低层的风场结构可知，在对流层低层的冷涡中心的东侧有一个小低压系统，配合着风场的辐合运动，有利于上升运动的产生。在此小低压系统的东侧为暖湿空气，与低压系统西侧的干冷空气相遇，而低压系统的东南侧和东北侧为气旋性涡旋曲率最大处，因此降水主要发生在低压系统的东南侧和东北侧，这种类型的降水为“气旋曲度”降水。另外，通过分析垂直散度、垂直环流及层结结构可知，东北冷涡东侧的低压系统中，“气旋曲度”区易在对流层低层产生强辐合运动，而风场的水平辐合运动激发出较

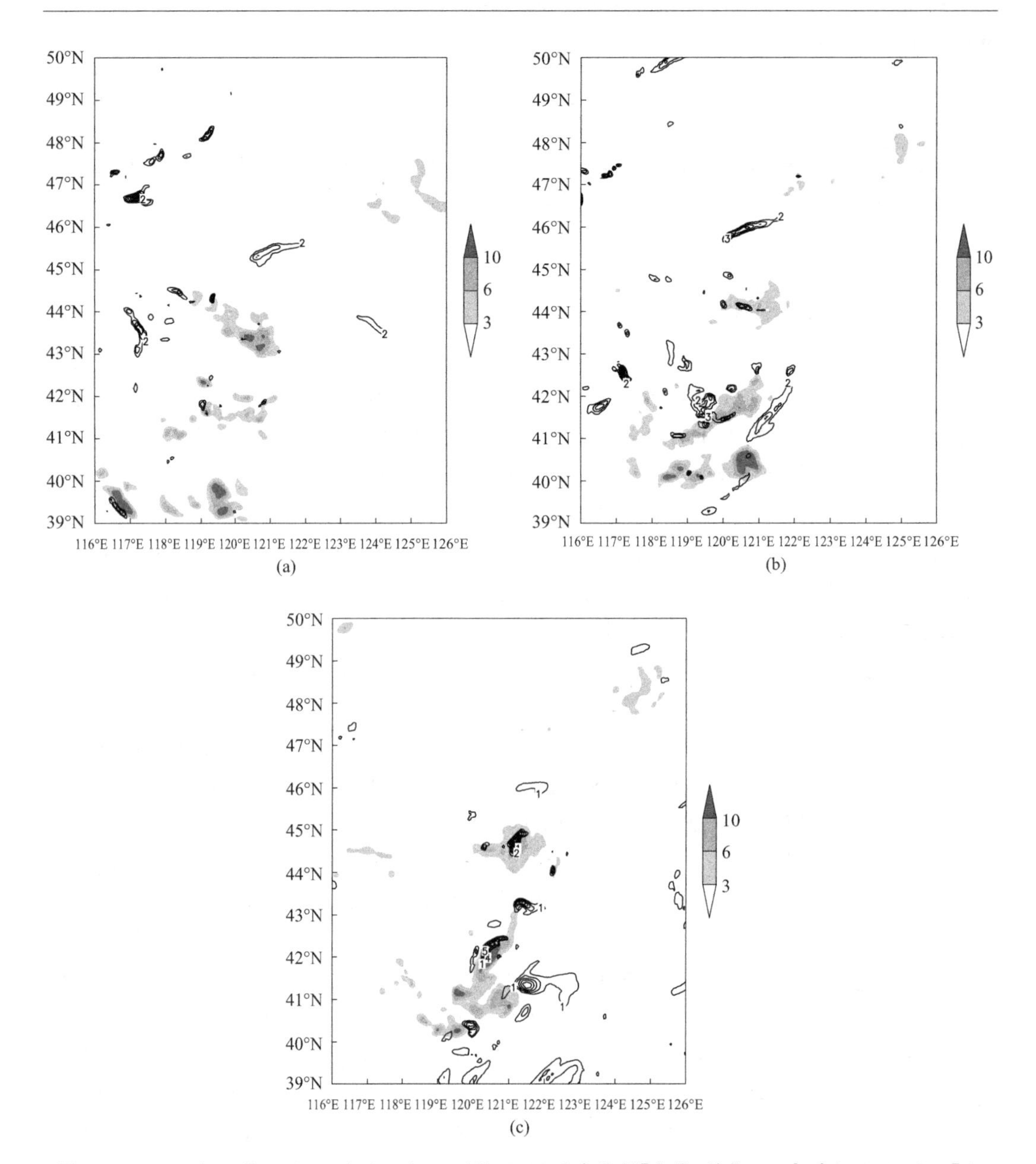

图 3.13　2007 年 7 月 8 日 23 时至 9 日 04 时的 CVV 垂直分量[实线,单位:$10^{-7}\mathrm{m^2/(s \cdot K \cdot kg)}$]和逐小时降水量(阴影,单位:mm)

(a) 8 日 23 时;(b) 9 日 01 时;(c) 9 日 04 时

强的上升运动,在对流不稳定区配合着强上升运动,有利于对流系统的发展而在此处产生降水,因此在低压系统东南侧及东北侧的“气旋曲度”区易形成降水。东北冷涡过程中并非所有区域都存在降水,也并非涡旋中心有强降水,而是在有利于降水发生的天气尺度背景下,在气旋性曲率最大处形成的明显的风场辐合运动区,易形成较大降水。

(4) 700hPa 的 CVV 的垂直分量与降水区对应一致,在降水刚开始时,CVV 的垂直分量较小,而在进入深对流时,CVV 的垂直分量增大,降水区有 CVV 的垂直分量,说明此时对流系统达到成熟阶段，而随着 CVV 垂直分量的减少，中尺度对流系统的降水也减弱。从此过程可以看出，在东北冷涡的中尺度对流系统进入成熟阶段时，CVV 的垂直分量对降水的发生区域有一定的指示作用。

3.2　东北冷涡暴雨过程中的涡度与动能收支及其转换特征

20 世纪四五十年代，诸多学者在研究阻塞高压形成的机制时就注意到上游斜压不稳定扰动的发展与下游阻高的形成有关。Green(1977)指出，时变波在高层不断向高压中心输送负涡度，在几天之内激发出反气旋环流。刘辉等(1995)在研究北半球阻高的维持机制时指出，时间平均流的位涡平流使得位涡低中心东移，不利于阻高的维持，而时变扰动位涡输送的作用正好与之相反，有利于低涡中心的维持。Zeng(1983)指出，只要存在扰动和急流，就存在扰-流相互作用。副热带对流层高层的气旋性扰动的活跃通常与副热带急流位置偏北有关，这种分布有利于锋面系统向东渗透，对南美热带地区冷涌的发生发展有极其重要的作用。东北冷涡形成过程中是否存在扰-流相互作用，冷涡中心涡度收支主要受什么因子影响？本章首先对以上等问题进行探讨。

众所周知，强对流区常伴有水平风场和垂直风场的剧烈变化，预报员常把高空急流和低空急流的突然加强看成是强天气过程的前兆(Helfand and Schubert，1995；翟国庆等，1999)。通过计算动能方程中各项收支变化是分析对流天气系统风场发展演变的有效途径之一(Shukla 和 Saha，1974；Chen et al.，1978；Henry and Browning，1983；Henry and Dennis，1988)。Henry 和 Dennis(1988)利用 AVE-SESAME 试验观测结果对一次雷暴过程不同层次间大气辐散风和旋转风的动能收支进行了分析，结果表明辐散风动能通过辐合作用是旋转风动能的主要来源之一。Chen 和 Wiin-Nielsen (1976)利用模式输出和观测到的北半球资料得到的分析结果指出，尽管辐散风动能比旋转风动能小一个量级，但是它在能量收支中起着非常重要的作用，在有效位能向旋转风动能转换过程中起着“催化剂”的作用。

东北冷涡最强斜压区和动能大值区主要位于涡旋外围，涡度收支研究表明，与对流活动密切相关的垂直涡度平流是该次冷涡产生的主导因子，而涡度垂直输送和辐合作用是冷涡快速发展的主导因子。辐散作用最终导致了冷涡的消亡。从能量收支角度看，旋转风动能制造是冷涡生成过程中动能的主要产生方式，特别是冷涡动能在冷涡发展期维持的主导因子(傅慎明等，2015)。

涡散场能量学的研究虽已涉及台风、梅雨锋和气旋等天气系统(Chen et al.，1978；汪钟兴和刘勇，1994；励申申和寿绍文，1997)，但对于东北冷涡引起的暴雨及其增幅的动力学机制的分析目前仍缺乏深入的研究。东北冷涡的发生发展、移动及消亡，经常伴随有锋面系统和高、低空急流的发展演变，在夏季常带来强对流天气。冷涡系统中的对流系统具有持续时间短、强度大、结构复杂等特征，且涉及不同尺度天气系统间复杂的相互作用。本节利用辐散风动能方程和旋转风动能方程对以上等问题进行分析，这有助于我们更深入了解冷涡天气系统发生、发展的内部过程和动力学机制。

3.2.1 局地涡度收支分析

由第 2 章合成分析涡度方程的分析结果可知，正涡度平流和水平辐合项对冷涡的发展维持起了重要的作用。为了分别分析涡度方程中平均场和扰动场的作用，采用时变涡度 ζ' 方程：

$$\underset{\text{VT}}{\frac{\partial \zeta'}{\partial t}} = \underset{\text{VA}_m}{- \bar{\boldsymbol{v}} \nabla \zeta'} \underset{\text{VA}_e}{- v' \nabla(\bar{\zeta} + f)} \underset{\text{VA}_t}{- v' \nabla \zeta'} \underset{\text{VD}_e}{- (\bar{\zeta} + f) \nabla v'} \underset{\text{VD}_m}{- \zeta' \nabla \bar{v}} \underset{\text{VD}_t}{- \zeta' \nabla v'} \underset{\text{VC}}{- \left(k \nabla w \times \frac{\partial v}{\partial p}\right)'} + \text{VR} \tag{3.2}$$

式中，f 为科里奥利参数；$\overline{(\ )}$ 和 $(\ )'$ 分别为时间平均场和扰动场，这里的括号内表示某个变量；VT 为扰动涡度的时间变率；VA_m 为平均气流对扰动涡度的输送；VA_e 代表扰动流场对平均绝对涡度的输送；VA_t 为扰动气流对涡度扰动非线性输送；VD_e 为平均绝对涡度和散度扰动的伸展效应；VD_m 为扰动绝对涡度和平均散度的伸展效应；VD_t 为扰动绝对涡度和扰动散度的伸展效应；VC 为扭转项；VR 包含未写在式(3.2)中其他项的作用(如摩擦项，积云对流和次网格尺度间输送作用等)。

计算过程中，$\overline{(\ )}$ 采用 10 天滑动平均结果，$(\ )'$ 为带通(2～8 天)滤波后结果(Blackmon，1976)，以 2006 年 7 月 20 日至 25 日的冷涡过程为例，计算了冷涡不同发展阶段对流层各层式(3.2)的各项分布，结果表明，VA_m、VA_t 和 VD_t 项对 VT 起主要作用，拆分 VA_m 项有

$$- \bar{\boldsymbol{v}} \nabla \zeta' = - \bar{u} \frac{\partial \zeta'}{\partial x} - \bar{v} \frac{\partial \zeta'}{\partial y} \tag{3.3}$$

式中，方程右边第一项 $- \bar{u} \frac{\partial \zeta'}{\partial x}$ 对 VA_m 起主要贡献。图 3.14 为 22 日 18 时 500hPa 涡度和 VT 分布，可以看出，冷涡在 500hPa 强涡度中心位于内蒙古、黑龙江和吉林交界处，强涡度中心东侧为正涡度变化，西侧为负涡度变化，东侧正涡度变化区对应冷涡在该时刻系统的移动方向。下面就 22 日 18 时的局地变化项进行分析。

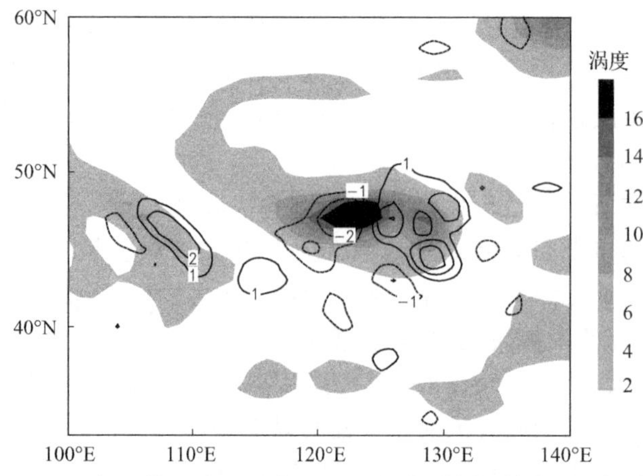

图 3.14　2006 年 7 月 22 日 18 时 500hPa 涡度(阴影，单位：$10^{-5}\,\text{s}^{-1}$)和 VT (等值线，单位：$10^{-9}\,\text{s}^{-2}$)分布

图3.15为22日18时500hPa式(3.1)右边主要项的分布，可以看出，$-\bar{u}\frac{\partial\zeta'}{\partial x}$对VT起主要贡献，在冷涡中心东侧的两侧量级为$(1\sim2)\times10^{-9}\,s^{-2}$，即平均水平风场在涡度扰动的输送项中占主要部分；$-\zeta'D'$项量级虽比$-\bar{u}\frac{\partial\zeta'}{\partial x}$要小，但其贡献也不可忽略，冷涡中心东侧$-\zeta'D'$最大约$1\times10^{-9}\,s^{-2}$，说明高层散度扰动项对冷涡局地变化贡献较大；$-u'\frac{\partial\zeta'}{\partial x}$和$-v'\frac{\partial\zeta'}{\partial y}$两者量级相当，但符号相反，两者之和为小值。

对于$-\bar{u}\frac{\partial\zeta'}{\partial x}$有

$$-\bar{u}\frac{\partial\zeta'}{\partial x}=-\bar{u}\left(\frac{\partial^2 v'}{\partial x^2}-\frac{\partial^2 u'}{\partial y\partial x}\right) \tag{3.4}$$

式中，$-\bar{u}\frac{\partial^2 v'}{\partial x^2}$占$-\bar{u}\frac{\partial\zeta'}{\partial x}$的主要部分(图3.16)，$-\bar{u}\frac{\partial^2 v'}{\partial x^2}$比$-\bar{u}\frac{\partial^2 u'}{\partial y\partial x}$大一个量级左右，

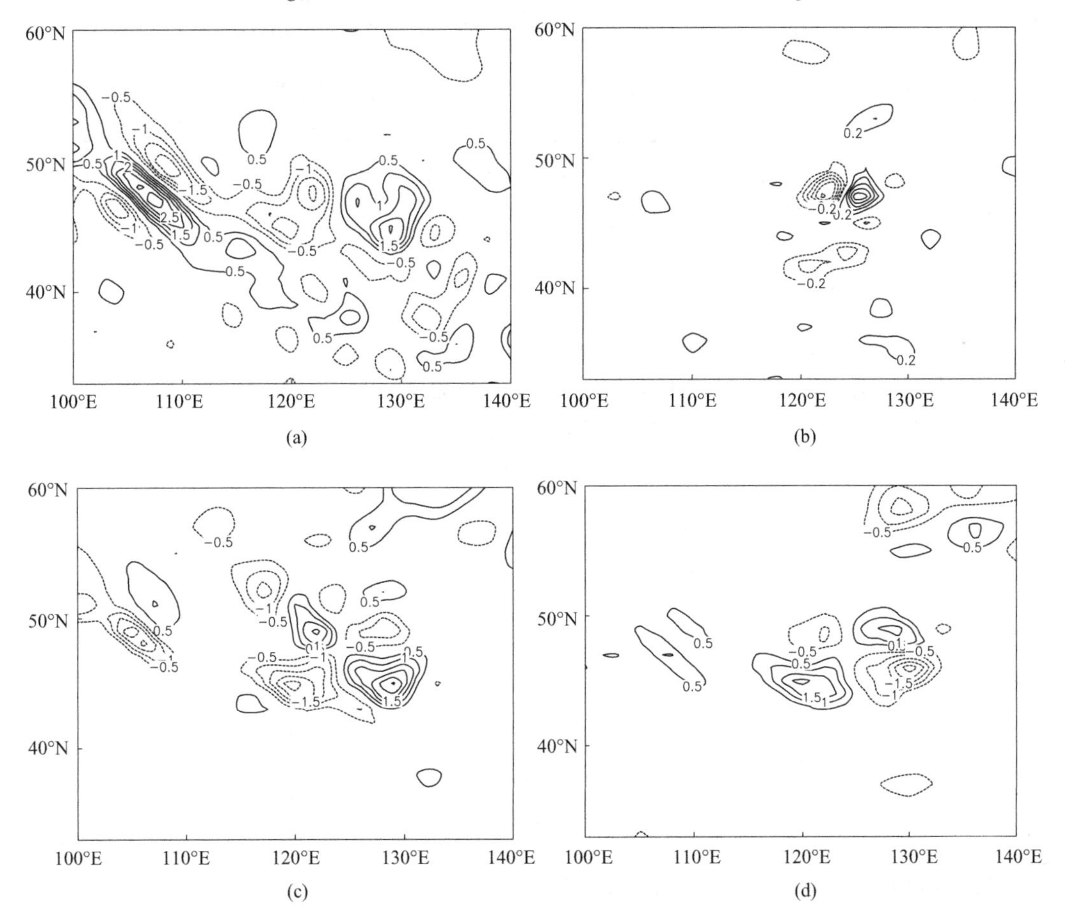

图3.15　2006年7月22日18时500hPa $-\bar{u}\frac{\partial\zeta'}{\partial x}$(a)、$-\zeta'D'$(b)、$-u'\frac{\partial\zeta'}{\partial x}$(c)、$-v'\frac{\partial\zeta'}{\partial y}$(d)分布(单位：$10^{-9}\,s^{-2}$)

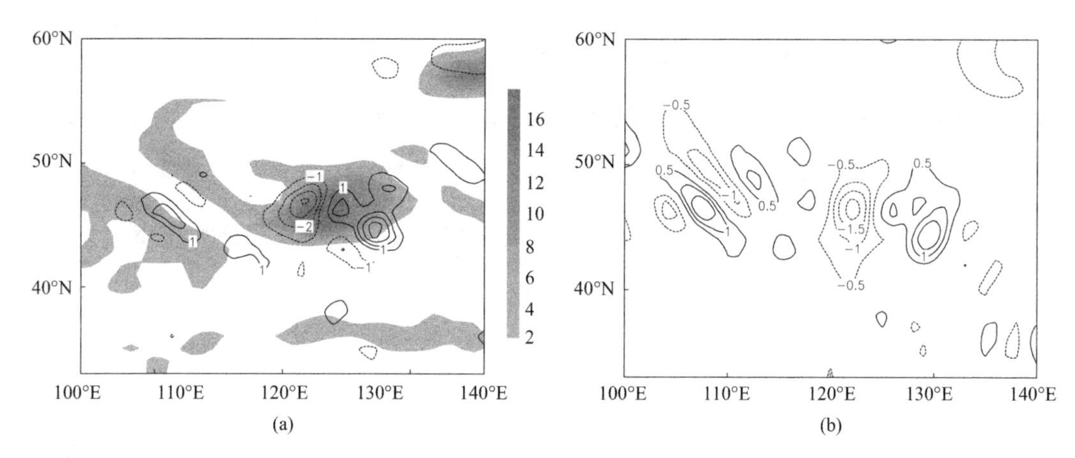

图 3.16　2006 年 7 月 23 日 00 时 500hPa 涡度(阴影,单位:$10^{-5}\mathrm{s}^{-1}$)和 VT(等值线,单位:$10^{-9}\mathrm{s}^{-2}$)分布(a)及 $-\bar{u}\dfrac{\partial^2 v'}{\partial x^2}$ 分布(单位:$10^{-9}\mathrm{s}^{-2}$)(b)

说明在对流层 500hPa 层上,平均西风气流对 $\dfrac{\partial^2 v'}{\partial x^2}$ 的输送对涡度扰动的局地变化贡献最大。

由此可见,西风带平均气流对涡度扰动的水平输送项和散度扰动项使得局地涡度增加,说明冷涡系统高层涡度主要受高层西风急流和中层干冷空气作用的影响,这验证了合成分析的结果,即高层副热带西风急流越强,东北冷涡也越强,维持时间也更久;相反,弱的高层西风急流,往往配合以相对弱的冷涡系统,且冷涡生命史较短。

3.2.2　涡散场动能分析

下面分别利用辐散风和旋转风动能方程,计算个例 1 和个例 2 两次冷涡过程中涡旋的发展、成熟和消亡三个阶段中对流层各层动能制造、输送和转换等动力过程的主要特征,来分析冷涡暴雨发生、发展的内部过程和动力学机制。

对于风场 V,可分解为旋转风 V_R 和辐散风 V_D 两部分,有

$$V = V_\mathrm{R} + V_\mathrm{D} \tag{3.5}$$

则由式(3.5)得,单位质量空气动能可表示为

$$k = k_\mathrm{D} + k_\mathrm{R} + V_\mathrm{R}V_\mathrm{D} \tag{3.6}$$

式中,$k_\mathrm{D} = \dfrac{1}{2}V_\mathrm{D}V_\mathrm{D}$;$k_\mathrm{R} = \dfrac{1}{2}V_\mathrm{R}V_\mathrm{R}$。

在等压坐标系下,单位体积动能有:$K = \iint k$,其中,$\iint = \dfrac{1}{gA}\iiint \mathrm{d}x\,\mathrm{d}y\,\mathrm{d}p$,则有:$\mathrm{KR} = \iint k_\mathrm{R}$,$\mathrm{KD} = \iint k_\mathrm{D}$,$K = \mathrm{KR} + \mathrm{KD} + \iint V_\mathrm{R}V_\mathrm{D}$。$\iint V_\mathrm{R}V_\mathrm{D}$ 对全球封闭区域而言积分为零,对于有限区域则该项不为零。式(3.6)对时间求微分,则有

$$\underset{\mathrm{DK}}{\frac{\partial K}{\partial t}} = \underset{\mathrm{DKR}}{\frac{\partial \mathrm{KR}}{\partial t}} + \underset{\mathrm{DKD}}{\frac{\partial \mathrm{KD}}{\partial t}} + \underset{\mathrm{DVRVD}}{\iint \frac{\partial V_R \cdot V_D}{\partial t}} \tag{3.7}$$

最后可得辐散风和旋转风动能平衡方程：

$$\underset{\text{DKD}}{\frac{\partial \mathrm{KD}}{\partial t}} = \underset{\text{INTD}}{\iint -V_{\mathrm{D}}\frac{\partial V_{\mathrm{R}}}{\partial t}} - \Big[\underset{\text{Af}}{\iint -f(v_{\mathrm{R}}u_{\mathrm{D}} - u_{\mathrm{R}}v_{\mathrm{D}})} + \underset{\text{Az}}{\iint -\zeta(v_{\mathrm{R}}u_{\mathrm{D}} - u_{\mathrm{R}}v_{\mathrm{D}})}$$

$$+ \underset{\text{B}}{\iint -\omega\frac{\partial k_{\mathrm{R}}}{\partial p}} + \underset{\text{C}}{\iint -\omega V_{\mathrm{R}}\frac{\partial V_{\mathrm{D}}}{\partial p}}\Big] + \underset{\text{GD}}{\iint -V_{\mathrm{D}}\cdot\nabla\phi} + \underset{\text{HFD}}{\iint -\nabla k V_{\mathrm{D}}} \tag{3.8}$$

$$+ \underset{\text{VF}}{\iint -\frac{\partial \omega k}{\partial p}} + \underset{\text{DD}}{\iint V_{\mathrm{D}}F}$$

$$\underset{\text{DKR}}{\frac{\partial \mathrm{KR}}{\partial t}} = \underset{\text{INTR}}{\iint -V_{\mathrm{R}}\frac{\partial V_{\mathrm{D}}}{\partial t}} + \Big[\underset{\text{Af}}{\iint -f(v_{\mathrm{R}}u_{\mathrm{D}} - u_{\mathrm{R}}v_{\mathrm{D}})} + \underset{\text{Az}}{\iint -\zeta(v_{\mathrm{R}}u_{\mathrm{D}} - u_{\mathrm{R}}v_{\mathrm{D}})}$$

$$+ \underset{\text{B}}{\iint -\omega\frac{\partial k_{\mathrm{R}}}{\partial p}} + \underset{\text{C}}{\iint -\omega V_{\mathrm{R}}\frac{\partial V_{\mathrm{D}}}{\partial p}}\Big] + \underset{\text{GR}}{\iint -V_{\mathrm{R}}\nabla\phi} + \underset{\text{HFR}}{\iint -\nabla k V_{\mathrm{R}}} + \underset{\text{DR}}{\iint V_{\mathrm{R}}F} \tag{3.9}$$

式中，$\omega = \mathrm{d}p/\mathrm{d}t$；$f$ 为地转科里奥利力；$\zeta = \partial V_{\mathrm{R}}/\partial x - \partial U_{\mathrm{R}}/\partial y$；$F$ 为摩擦强迫项。

图 3.17 概述了式(3.8)和式(3.9)的动能收支各项之间的关系，A 代表有效位能库(reservoir of available potential energy)。线条代表各项之间的转换，DKR、DKD 分别为旋转风和辐散风时间变化率；GR 和 GD 分别为旋转风和辐散风穿越等压线产生或耗散的动能；HFR 和 HFD 分别为旋转风和辐散风的水平通量散度项；VF 为辐散风动能垂直通量散度，该项仅影响辐散风动能；INTR 和 INTD 项分别为旋转风和辐散风非线性相互作用引起的各自动能的变化，表示两类风场之间的相互作用；DR 和 DD 分别为次网格尺度"摩擦"项，它包括摩擦耗散及次网格尺度与网格尺度之间的动能交换，该项在本节中是作为余差进行计算的；C(KD,KR)表示旋转风和辐散风之间的能量交换，它包括 Af、Az、

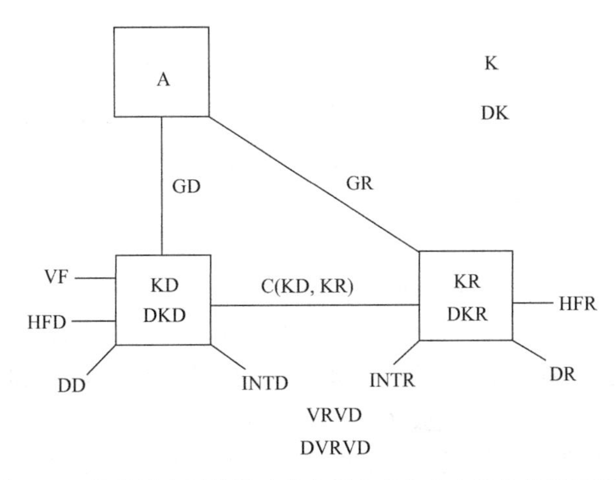

图 3.17　旋转风和辐散风动能方程各项收支和转换关系示意图

B 和 C 四项，其中 Af、Az 取决于 VR、VD 的相对大小和方向，当两者为 90°时，两项达最大值，B 项表示旋转风动能的垂直交换，C 项与旋转风和辐散风的相对配置及辐散风的垂直分布有关。

选取 2006 年 7 月 20 日至 25 日(个例 1)和 2009 年 6 月 18 日至 22 日(个例 2)两次冷涡暴雨过程为例，利用每日 4 次 1°×1° NCEP/NCAR 再分析资料，下边界取 1000hPa，上边界取 100hPa，垂直方向共 21 层。通过求解 Possion 方程，个例 1 取 122°E～126°E、45°N～49°N 和 119°E～129°E、43°N～51°N 为积分区域(图 3.18)，个例 2 取 120°E～126°E、44°N～49°N 为积分区域，得到旋转风和辐散风动能方程中各项在冷涡发展不同阶段的对流层各层的时间区域平均值。

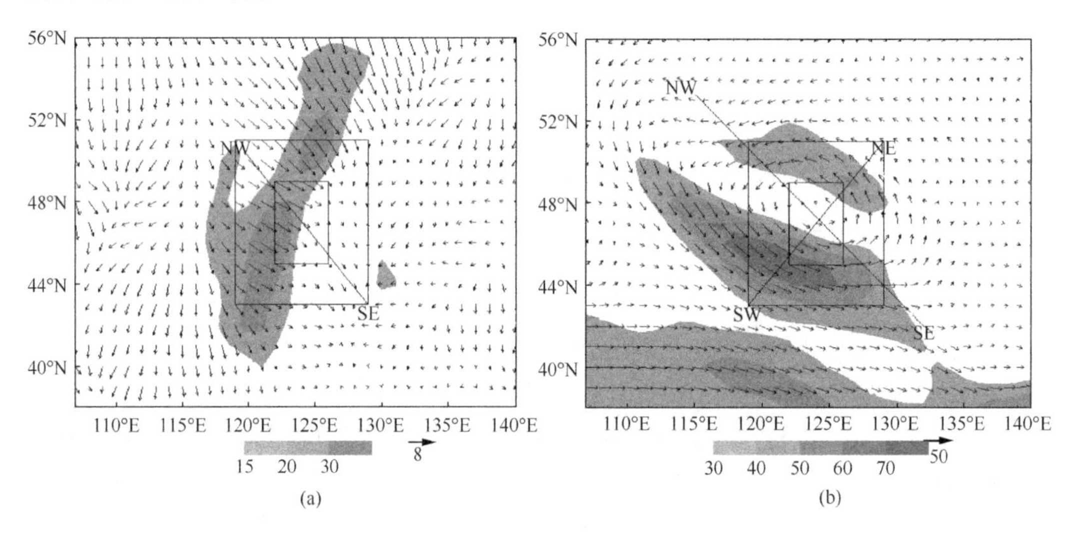

图 3.18　2006 年 7 月 21 日 12 时 850hPa 辐散风(a)及 22 日 12 时 300hPa 旋转风(b)分布
阴影为全风速(单位：m/s)，方框为文中积分区域

对个例 1 冷涡过程划分为发展、成熟和减弱移出阶段，分析对比了各阶段两层积分区域的旋转风和辐散风动能方程中各项在不同层次的发展演变(图 3.18)。在冷涡发展阶段，在对流层低层 850hPa 存在经向大于 15m/s 的强风速带[图 3.18(a)]，强风速带对应偏西北辐散风，在冷涡成熟阶段，对流层高层 300hPa 冷涡存在南北两支强风速带，南支对应于强偏西旋转风。其中，外围积分区域包含了冷涡在对流层低层、高层的主要强风速区，内层积分区域包括了冷涡发展阶段主要的强降水区和成熟阶段冷涡中心，用来考察冷涡和冷涡强降水的旋转风和辐散风的动能收支情况。

图 3.19 为冷涡发展阶段垂直于强降水移动方向散度和水平风场的斜剖面，可以看到，在偏西北强风速带前部对流层低层为强的辐合中心，这主要是因为冷涡后部对流层中层的冷、干气流侵入造成的(钟水新等，2013)，辐合带自对流层低层向高层后部倾斜，系统具有明显的斜压结构。对应于低层辐合中心，在对流层高层为强的辐散中心，大气因质量调整将触发上升气流，配合适当的水汽条件即可形成强降水。

图 3.20 分别为冷涡成熟阶段垂直于冷涡移动方向和平行于其移动方向的涡度和水平风场的斜剖面，可以看出，正涡度中心在 300hPa 附近最强，在靠近中低纬的对流层高层

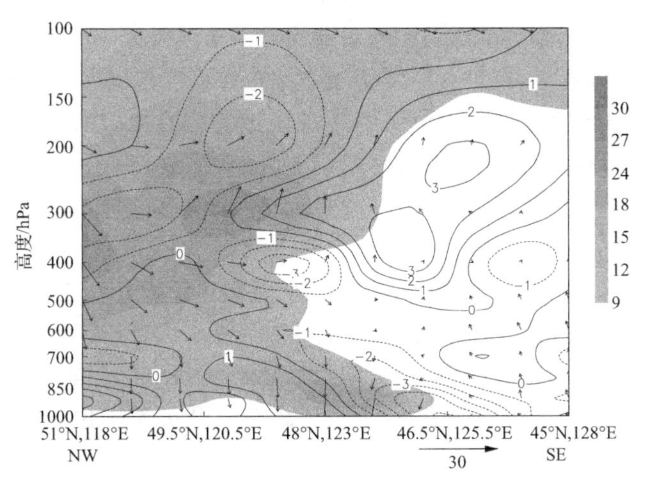

图 3.19　2006 年 7 月 21 日 12 时沿图 3.18(a)中斜线(NW—SE)的散度(等值线,单位:$10^{-5}s^{-1}$)、全风速(阴影,单位:m/s)和水平风场剖面

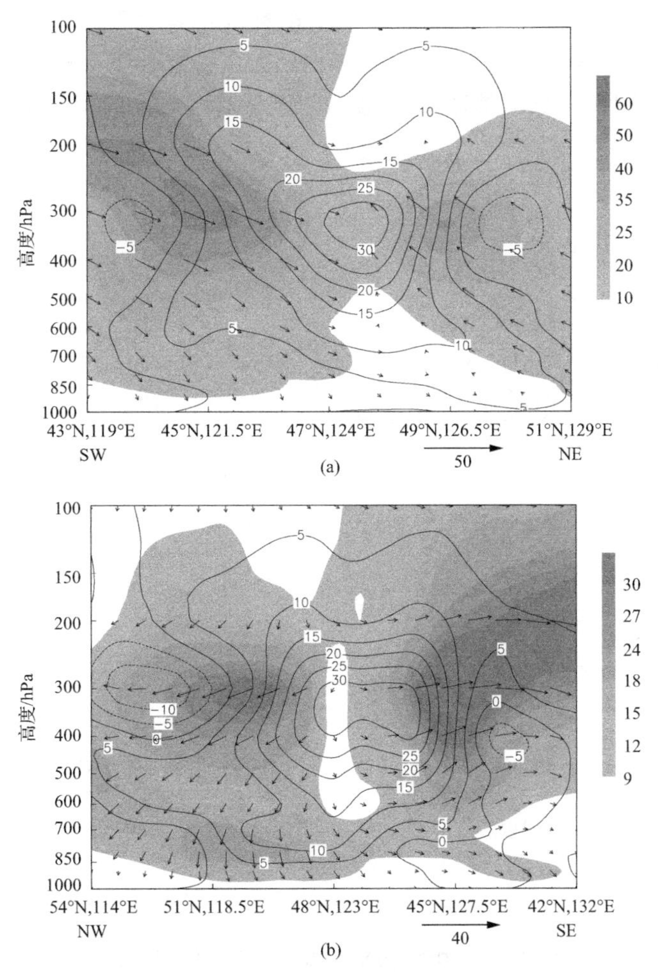

图 3.20　2006 年 7 月 22 日 12 时沿图 3.18(b)中斜线[SW—NE(a)和 NW—SE(b)]的涡度(等值线,单位:$10^{-5}s^{-1}$)、全风速(阴影,单位:m/s)和水平风场剖面

均存在强风速中心，说明副热带西风急流对冷涡偏南支强风速带的发展起了重要的作用。从 NW—SE 剖面可以看出，在对流层高层，冷涡中心正涡度范围在 119°E～129°E、43°N～51°N 内；SW—NE 剖面可以看出，冷涡中心正涡度范围在 122°E～126°E、45°N～49°N 内，对比分析两个区域辐散风动能和旋转风动能收支，有助于研究冷涡天气系统的演变过程和系统内部以及系统之间动能的产生、输送和转换，这也正是在图 3.18 中选择的两层积分区域的原因之一。

对比分析内、外层积分区域结果发现，旋转风、辐散风动能方程各项大小相差不大，变化趋势也是相似的，由于内层积分区域包含了主要的强降水区域，本节以下内容主要采用个例 1 内层积分结果进行讨论，这有助于更细致描述冷涡暴雨的动能收支和冷涡内部以及系统之间能量的产生、输送和转换关系；个例 2 和外层积分结果作为辅助性讨论和分析。

1. 冷涡发展阶段

从个例 1 冷涡发展阶段内层雨区各层无辐散风和无旋转风的平均动能收支状况可以看出(图 3.21)，旋转风和散度风动能的汇源在对流层各层及整层差异明显。1000～700hPa(以下称对流层低层)辐散风动能主要由辐散风的水平通量散度项 HFD 提供动能源[图 3.21(b)]，次网格尺度“摩擦”项和辐散风及旋转风之间的能量交换 C(KD,KR)是

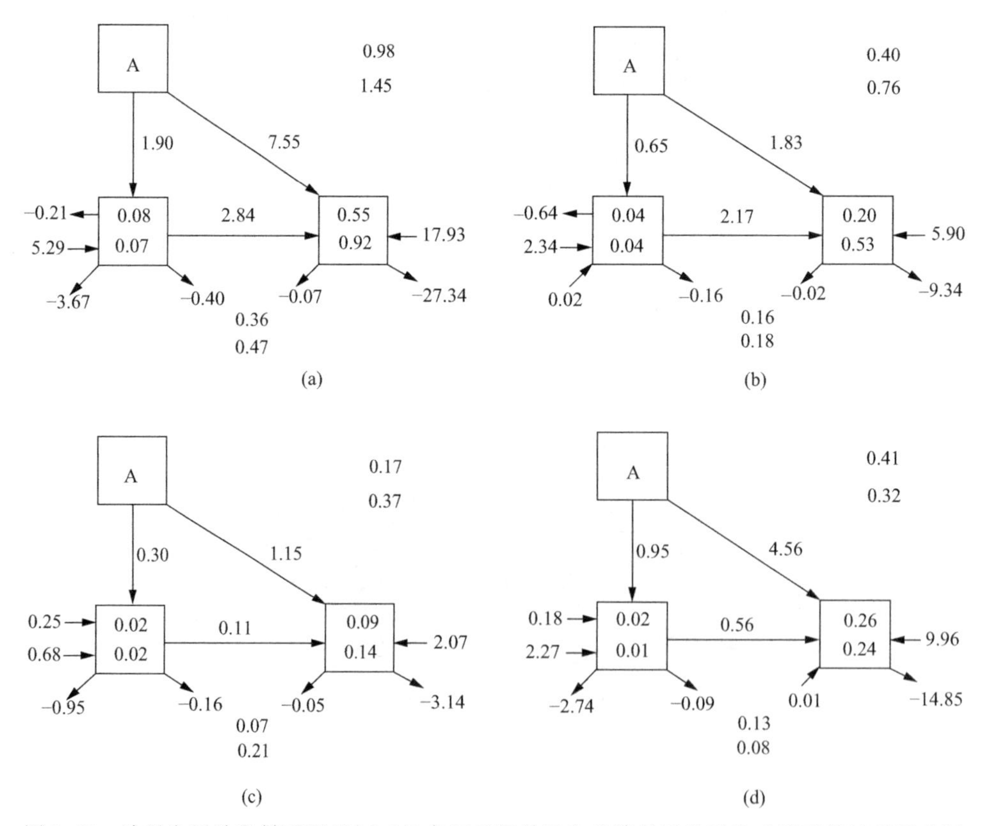

图 3.21　冷涡发展阶段暴雨区(图 3.18)各层无辐散风和无旋转风的平均动能平衡过程示意图

(a) 1000～100hPa；(b) 1000～700hPa；(c) 700～300hPa；(d) 300～100hPa；

K、KR、KD、VRVD 单位：10^5 J/m^2，其他项单位：W/m^2

辐散风动能汇；旋转风动能源主要由旋转风穿越等压线产生动能项GR、辐散风和旋转风之间的能量交换C(KD,KR)和旋转风的水平通量散度项HFR提供；它也是冷涡低层主要的动能源。说明在冷涡发展阶段对流层低层，辐散风动能水平通量辐合作用向辐散风动能提供能源，而辐散风动能通过转换项向旋转风提供能量，成为对流层低层旋转风动能的主要能源之一。与对流层低层和高层[300～100hPa，图3.21(d)]相比，方程各项在对流层中层[700～300hPa，图3.21(c)]贡献均要小，对流层高层次之，说明在冷涡发展阶段，对流层低层占整层旋转风动能和辐散风动能的主要部分[图3.21(a)]，动能的增加和消耗主要表现在对流层低层。

2. 冷涡成熟阶段

冷涡成熟阶段，对流层低层辐散风动能方程和旋转风动能方程各项均显著减弱[图3.22(b)]，DKD，DKR由动能源转变为动能汇，消耗动能。对流层中层动能K和旋转风动能KR比发展阶段大了近一个量级[图3.22(c)]，其中，HFR和GR对旋转风动能贡献最大。与对流层低层不同，中层通过斜压过程的动能制造项GR将有效位能A转换为KR，KR通过C(KD,KR)再向KD转换。INTD和INTR项由发展阶段正变化转变为负贡献，该项为旋转风和辐散风非线性相互作用引起的各自动能的变化，即实现相互作用动能向辐散风动能的转换。对流层高层C(KD,KR)、HFR和GR项显著增强[图3.22(d)]，

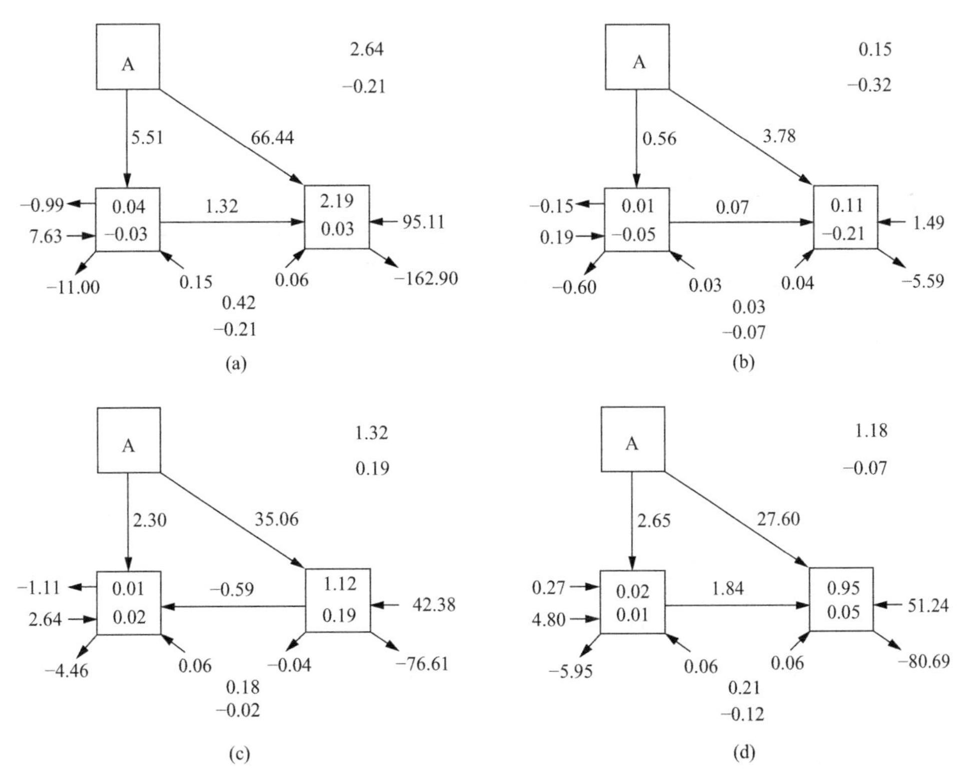

图3.22　冷涡成熟阶段暴雨区(图3.18)各层无辐散风和无旋转风的平均动能平衡过程示意图

(a) 1000～100hPa；(b) 1000～700hPa；(c) 700～300hPa；(d) 300～100hPa；

K、KR、KD、VRVD单位：10^5 J/m^2，其他项单位：W/m^2

但 DK 强度有所减弱，内层积分结果为－0.07W/m²，个例 2 和外层积分结果分别为 0.13W/m²和 0.02W/m²，这可能与所选内层积分区域有关系，说明冷涡成熟阶段高层旋转风动能仍有增强趋势，数对流层中层增强最明显。从整层积分结果来看，旋转风动能在成熟阶段仍有增强的趋势，而辐散风动能在个例 1 和个例 2 中都减弱为负贡献，即消耗动能，次网格尺度“摩擦”DR、DD 为主要的动能消耗项。

3. *冷涡减弱阶段*

冷涡减弱阶段(图 3.23)，整层总动能变化率 DK 减弱至－1.63W/m²，从对流层低、中、高层的积分结果可以看出，DK 在对流层中层减弱最迅速，其次是对流层高层，分别为－1.11W/m²和－0.52W/m²，对流层低层个例 2 和个例 1 外层 DK 值为－0.32W/m²和－0.03W/m²，且旋转风动能的时间变化率 DKR 占 DK 的主要部分，说明对流层中层冷涡涡旋的减弱直接导致了旋转风动能的减弱，从而使得冷涡中心动能减弱。对比冷涡成熟阶段旋转风动能各项收支发现，HFR、GR 和 DR 减弱最强，从图 3.22 各层积分结果可以看出，对流层中、上层减弱最快，其中对流层中层的 HFR、GR 和 DR 分别由成熟阶段的 42.38W/m²、35.06W/m²和－76.61W/m²减弱至 9.02W/m²、7.09W/m²和－17.92W/m²。虽然 HFR 和 GR 对旋转风动能仍有正的贡献，在对流层中上层强的摩擦耗散效应 DR 作用下，导致冷涡旋转风动能持续减弱，最终使得冷涡总动能减弱。

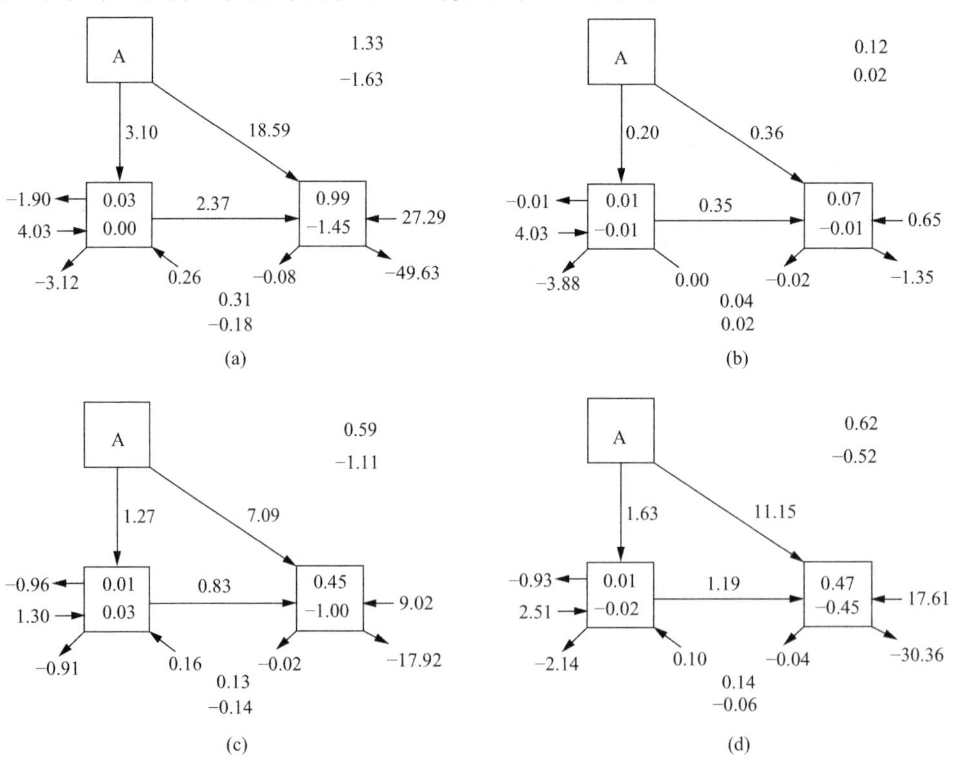

图 3.23 冷涡减弱阶段暴雨区(图 3.18)各层无辐散风和无旋转风的平均动能平衡过程示意图

(a) 1000～100hPa；(b) 1000～700hPa；(c) 700～300hPa；(d) 300～100hPa；

K、KR、KD、VRVD 单位：10^5 J/m²，其他项单位：W/m²

由此可见，冷涡在发展、成熟和减弱阶段对流层各层的涡、散场动能收支特征各有异同。总的来说，动能在冷涡发展和成熟阶段增加，而在冷涡减弱阶段减少，且总的来说，在冷涡各个阶段各层均存在位能向动能的转换，这和Cressman(1981)根据实际资料计算得到的高空急流能量转换特征是一样的，表明冷涡系统多表现出一单圈的直接力管环流，即冷空气下沉，暖空气上升，厚度达整个对流层顶。然而，冷涡涡、散场动能各阶段的变化在对流层低层、中层和高层又表现出较大的差异：在冷涡发展阶段，对流层低层的旋转风动能变化率、辐散风和旋转风之间的能量交换C(KD，KR)和总动能占整层积分的主要部分，这与台风中辐散风动能和旋转风动能收支不同，台风中辐散风的动能制造往往比旋转风动能制造项要大一些(Chen et al.，1978；Sinclair，2002；朱佩君等，2005)。冷涡成熟阶段，对流层中层总动能最强最显著，低层减弱迅速甚至出现负增长；冷涡减弱阶段，总动能在对流层中层减弱最明显，其次是在对流层高层。结合前述的冷涡涡散场特征分析可以看出，在冷涡发展阶段，水平通量辐合主要出现在对流层低层，这有利于低层流场的辐合加强，从而触发并增强了上升运动，有利于暴雨的增强；反之在成熟和减弱阶段，水平通量低层辐合骤减，高层辐散增强，不利于暴雨区能量的累积。

4. 涡、散场动能演变与转换特征

从冷涡发展、成熟和减弱阶段涡、散场的动能收支特征分析可以发现，涡、散场动能在冷涡各阶段的变化在对流层低层、中层和高层出现较大的差异。图3.24为冷涡发展、成熟和减弱阶段对流层各层KD和KR的收支演变，由图可见，KD和KR在整个冷涡发展过程中均主要呈现"单峰"特征，KD在冷涡发展阶段达到最强，而KR在冷涡成熟阶段对流层中上层发展最强。KR在整个冷涡发展过程中，主要集中在对流层中上层700～100hPa，而KD在冷涡发展阶段主要集中在对流层低层1000～700hPa，成熟和减弱阶段对流层上层占主要部分，且KD比KR小1～2个量级。研究表明，虽然辐散风动能比旋转风动能量级要小，但它在台风和气旋的发展过程中起了极其重要的作用，散度风场的变化直接受动力扰动及非绝热加热场的影响，在有利的涡度、散度场配置地区发生强烈的涡

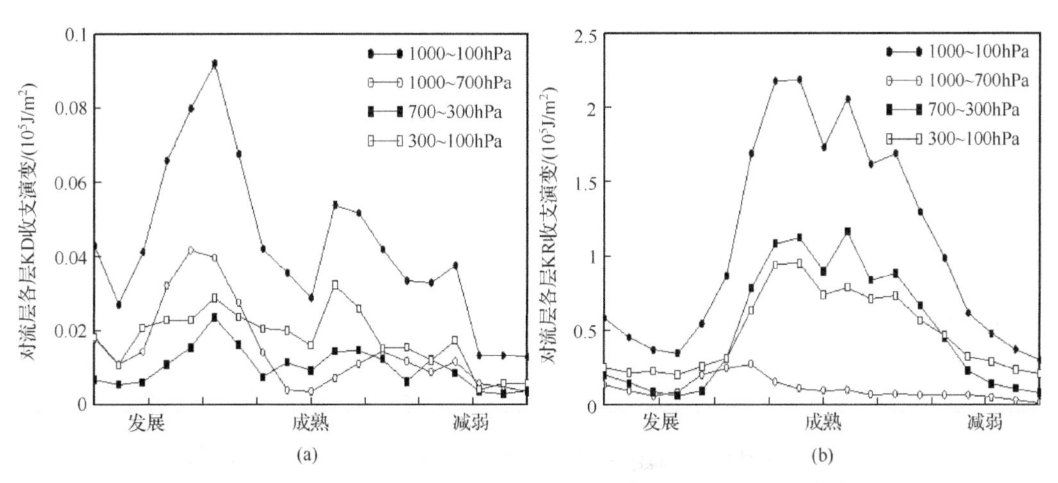

图3.24　冷涡发展、成熟和减弱阶段对流层各层KD和KR收支演变

(a) KD；(b) KR

度、散度场能量转换就决定了暴雨发生的特定地区(Chen et al.,1978;励申申和寿绍文,1997)。从动能收支方程各项结果可以看出,冷涡发展阶段,KD 通过低层水平通量 HFD 获得能量,同时通过动能转换函数 C(KD,KR)使 KD 向 KR 转换,当对流层中、低层水平通量辐合加强时,有利于低层流场辐合加强,使得上升运动增强并使得暴雨增幅。

动能是冷涡维持的必要条件,动能的强弱结合其水平分布形式能在一定程度上反映冷涡的强弱。从动能方程各项收支分析可知,尽管 KD(DKD)量级很小,但在动能转换过程中起了重要的作用。结合图 3.7～图 3.9 涡、散场动能收支分析可知,动能转换项 C(KD,KR)在冷涡发展过程中充当着重要的"桥梁"作用:通过斜压过程的动能产生率 GD 和辐散风水平通量辐合 HFD 为 KD 提供动能源,KD 通过 C(KD,KR)向 KR 提供动能源,其中,发展阶段 KD 的主要动能源为 HFD,成熟和减弱阶段 GD 的量级和 HFD 相当,成为 KD 的主要动能源。

由表 3.1 可知,C(KD,KR)在冷涡发展不同阶段各层呈现较大差异:发展阶段,对流层低层占整层积分结果的 76%,到成熟阶段减弱至 0.05%;对流层中层由 0.11W/m^2 转成−0.59W/m^2,即成熟阶段中层 KR 向 KD 转换;对流层高层由发展阶段的 0.56W/m^2 增加到成熟阶段的 1.84W/m^2 和减弱阶段的 1.17W/m^2。其中,C(KD,KR)四项中,总的来说,Af 占主要部分,Az、B 和 C 的作用依次减小,当中高层的相对涡度 ζ 和 f 相当时,Az 和 Af 量级相当甚至超过 Af,两者在强的涡度和散度场区在能量转换 C(KD,KR)中均起着重要的作用。B 项、垂直速度及 KR 与高度的变化有关,当出现强上升运动,且 KR 随高度减小时,该项为正,反之为负。C 项由于比前三项小了 1 个甚至 2 个量级,在此不做讨论。

表 3.1　冷涡各阶段对流层各层动能转换项 C(KD,KR)的各项值　(单位:W/m^2)

时段	层次	Af	Az	B	C	C(KD,KR)
发展阶段	整层	2.26	0.54	0.11	−0.07	2.84
	低层	1.34	0.57	0.25	0.01	2.17
	中层	0.28	−0.02	−0.07	−0.07	0.11
	高层	0.65	0.00	−0.06	−0.02	0.56
成熟阶段	整层	0.19	0.19	0.98	−0.05	1.32
	低层	0.02	−0.02	0.07	−0.01	0.07
	中层	−0.66	−0.69	0.76	−0.01	−0.59
	高层	0.83	0.9	0.15	−0.04	1.84
减弱阶段	整层	1.04	0.68	0.59	0.07	2.37
	低层	0.31	0.03	0.01	0.00	0.35
	中层	0.14	0.14	0.49	0.07	0.83
	高层	0.58	0.50	0.09	0.00	1.17

图 3.25 为动能转换项和区域平均降水的演变。从图 3.25 可以看到,强降水随着低层C(KD,KR)的加强而加强,当低层 C(KD,KR)减弱,降水也相应减弱,对流层低层 C(KD,KR)最强时刻先于降水最大时刻,表明低层 C(KD,KR)的演变对冷涡强降水有一

定的预报意义。和低层强辐合及高层强辐散机制不一样，对流层中层 C(KD,KR)的量级较低层和高层弱，高层动能转换 C(KD,KR)随冷涡的减弱而加强。

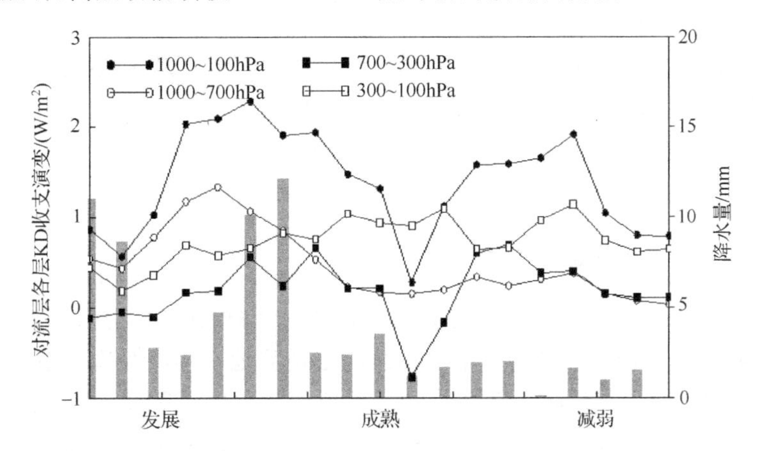

图 3.25　冷涡发展、成熟和减弱阶段对流层各层 KD 收支演变[动能转换函数 C(KD,KR)]
柱状图为降水，对应于右边坐标

总之，本节利用绝对涡度和时变涡度方程分别对冷涡的局地变化和个别变化进行了分析，并结合辐散风和旋转风动能方程，计算了两次冷涡过程中涡旋的发展、成熟和消亡三个阶段中对流层各层动能制造、输送和转换等动力过程的主要特征，得到以下结果：

(1) 西风带平均气流对涡度扰动的水平输送项和散度扰动项使得局地涡度增加，说明冷涡系统高层涡度主要受高层西风急流和中层干冷空气作用的影响。尽管辐散风动能 KD(DKD)的量级很小，但在冷涡总的能量平衡中起了极其重要的作用，即通过斜压过程的动能产生率 GD 和辐散风水平通量辐合 HFD 为 KD 提供动能源，使有效位能 A 向 KD 转换，再通过 C(KD,KR)向 KR 提供动能源，成为对流层低层旋转风动能的主要能源之一。

(2) 对于旋转风和散度风动能的汇源而言，冷涡不同阶段在对流层各层呈现出明显的差异。发展阶段，对流层低层的旋转风动能变化率、辐散风和旋转风之间的能量交换 C(KD,KR)和总动能占整层积分的主要部分；成熟阶段，对流层中层总动能最强最显著，低层减弱迅速甚至出现负增长；减弱阶段，总动能在对流层中层减弱最明显，其次是在对流层高层。

(3) 旋转风和散度风动能在整个冷涡发展过程中均主要呈现“单峰”特征，KD 在冷涡发展阶段达到最强，而 KR 在冷涡成熟阶段对流层中上层发展最强。KR 在整个冷涡发展过程中，主要集中在对流层中上层 700～100hPa，而 KD 在冷涡发展阶段主要集中在对流层低层。动能转换项在冷涡发展过程中充当着重要的“桥梁”作用，低层 C(KD,KR)的演变对冷涡强降水有一定的预报意义。

顺便指出，Xia 等(2012)、傅慎明等(2015)分别对 2009 年 6 月、2015 年 7 月的一次东北冷涡过程的涡度和能量收支与演变作了深入的个例分析，得出了一些有意义的结果，有兴趣的读者可参考相关论文做进一步了解，此处不拟赘述。

3.3 干侵入导致的不稳定机理分析

本节拟利用2009年6月19日至22日东北三省及内蒙古东北地区的加密观测资料，以及高分辨率数值模拟结果，揭示此次冷涡暴雨过程的一些中尺度特征，以及此次暴雨过程的大尺度天气背景、风暴尺度环境等特征，着眼于研究冷涡暴雨中尺度对流系统的发生发展与触发机制和冷涡中尺度对流系统的三维动力结构特征。

3.3.1 降水概况与天气尺度环流特征

2009年6月19日04时开始(北京时间)，我国东北偏北的黑龙江以西地区发生短时强降水过程，降水中心位于齐齐哈尔市及偏北的富裕县地区，其中，富裕地面自动站观测到最大1h降水达25mm，6h降水超过120mm。地面24h累积降水发现，雨带呈东北—西南走向，强降水范围比较集中，最大降水发生在富裕县，24h降水达127mm。从富裕县和科右前旗地面自动站每小时降水和气压随时间的演变图可以看出(图3.26)，地面气压在20日达到最低，降至980hPa，强降水时间段主要集中在19日00时至19日12时，在此期间，地面气压降低，即地面气旋发展加强。由此可见，此次强降水过程具有持续时间短、落区集中、强度大，且强对流天气系统尺度较小、突发性强，具有明显的β-γ中尺度对流系统等特点。

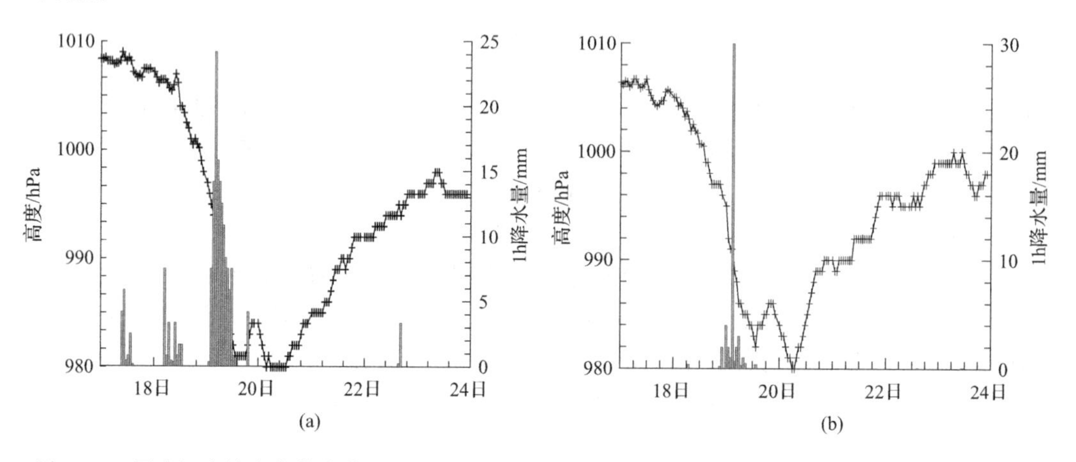

图3.26 黑龙江富裕和内蒙古科右前旗地面自动站逐时降水(柱形)与地面气压(曲线)随时间变化图

(a)富裕县;(b)科右前旗

2009年6月18日乌拉尔山东部500hPa低槽移到内蒙古东北部，19日低槽在东北地区切断形成冷涡，由18日20时至21日02时500hPa平均位势高度场与平均整层水汽通量分布图可知[图3.27(a)]，东北地区处于低涡槽前，冷涡位置偏北属于北涡(郑秀雅等，1992)，低涡槽后有强冷空气补充、侵入，低涡前部有强的水汽输送，暴雨区位于冷涡右前、高空急流的出口区左侧。可以看出，此次冷涡强降水过程，不断有冷空气沿中高纬平直西风急流向东移动，并且有持续的西南气流为暴雨区提供水汽输送；从逐日整层水汽通量演变图可知，水汽输送大值区位于冷涡右前部，并随着冷涡移动向东移。

对流层低层 900hPa，在暴雨发生时期(2009 年 19 日 08 时)，有两支低空水汽输送带给暴雨区提供水汽源[图 3.27(b)]，一支是受季风影响的西南低空急流，另一支是由黄海、东海带来的东南气流，两支气流在东北地区汇合，形成一支强盛的偏南风低空急流。其中，19 日 08 时齐齐哈尔 850hPa 高空观测风速为 20m/s，风向为南风；长春市 850hPa 风速为 32m/s，风向为西南风，由此可见，强盛的偏南风低空急流为此次强降水提供了丰富的水汽条件。强的水汽输送带位于暖空气团偏右、地面气旋前部，气旋后部为冷空气团，冷、暖气团在内蒙古东北部、黑龙江西南部汇合，配合充沛的水汽条件，最终触发形成暴雨。从图 3.27(b)与 500hPa 高空槽的演变还可以看出，19 日 08 时，温度槽落后于高度槽，低涡处于发展加深阶段，属于冷涡发展阶段。由以上分析可见，此次暴雨过程主要发生在冷涡发展东移阶段，对流层低层槽前强盛的西南风低空急流为暴雨提供了丰富的水汽来源，槽后西北风为强降水提供了一次次冷空气输送。

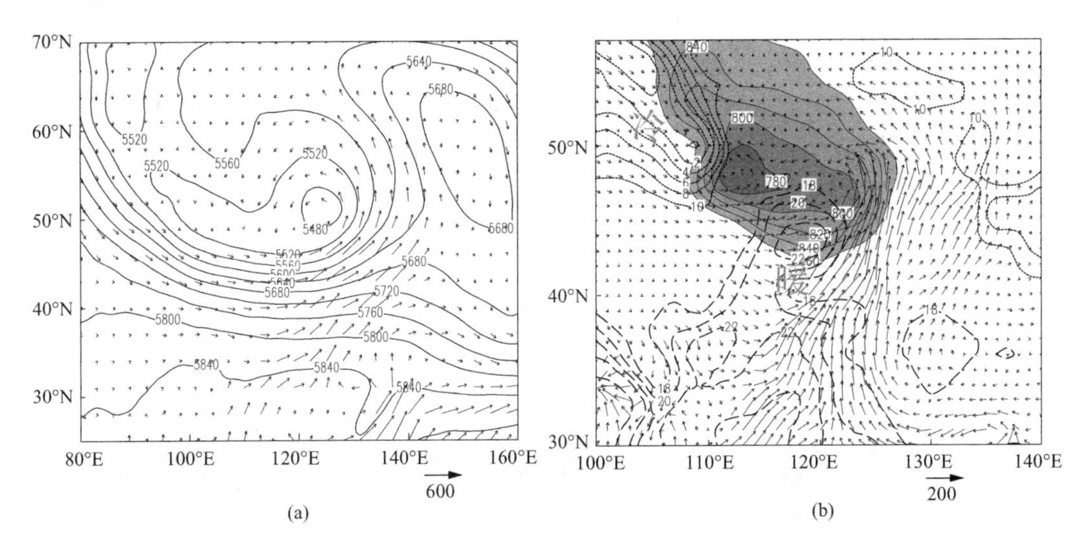

图 3.27　2009 年 6 月 18 日 20 时至 21 日 02 时 500hPa 平均位势高度场(实线，单位：gpm)与整层水汽通量(矢量，kg)(a)及 6 月 19 日 08 时 900hPa 水汽通量(矢量，kg)、位势高度(阴影，单位：gpm)和温度分布(单位：℃，点线为 10℃以下，短虚线代表 18℃以上)(b)

3.3.2　MCS 发展与演变

从以上分析可见，大环境条件非常有利于中小尺度对流系统的发生发展。图 3.28 为 6 月 19 日 00 时至 08 时每小时 FY-2C 卫星云顶亮温及对应的每小时降水分布。从图 3.28 可以看出，强降水过程云带在发展过程中呈螺旋状分布，TBB 小于－32℃的云带覆盖东北中部地区，强降水发生在云带的偏北部，即黑龙江偏西部地区。在螺旋云带东移发展的过程中，存在中小尺度系统的组织、发展。在 19 日 00 时，在内蒙古东部的科右前旗地区存在 MCS(A)发展东移，01 时，在齐齐哈尔有 MCS(B)新生发展，初期 TBB 小于－50℃，并有逐渐加强的趋势；在齐齐哈尔西部的甘南县，1h 降水达 33mm。02 时，降水范围增大，MCS(B)发展加强，面积增大，中心 TBB 最低小于－55 ℃。03 时，MCS(A)维持约 4h 后与前部 MCS(B)合并，使得 MCS(B)迅速增大，云团中心出现小于－60℃的云顶亮温，5 个地面自动站观测到 1h 降水超过 20mm，其中，两站超过 30mm，说明云团合并后对流面积迅速增大，对流强度增强。

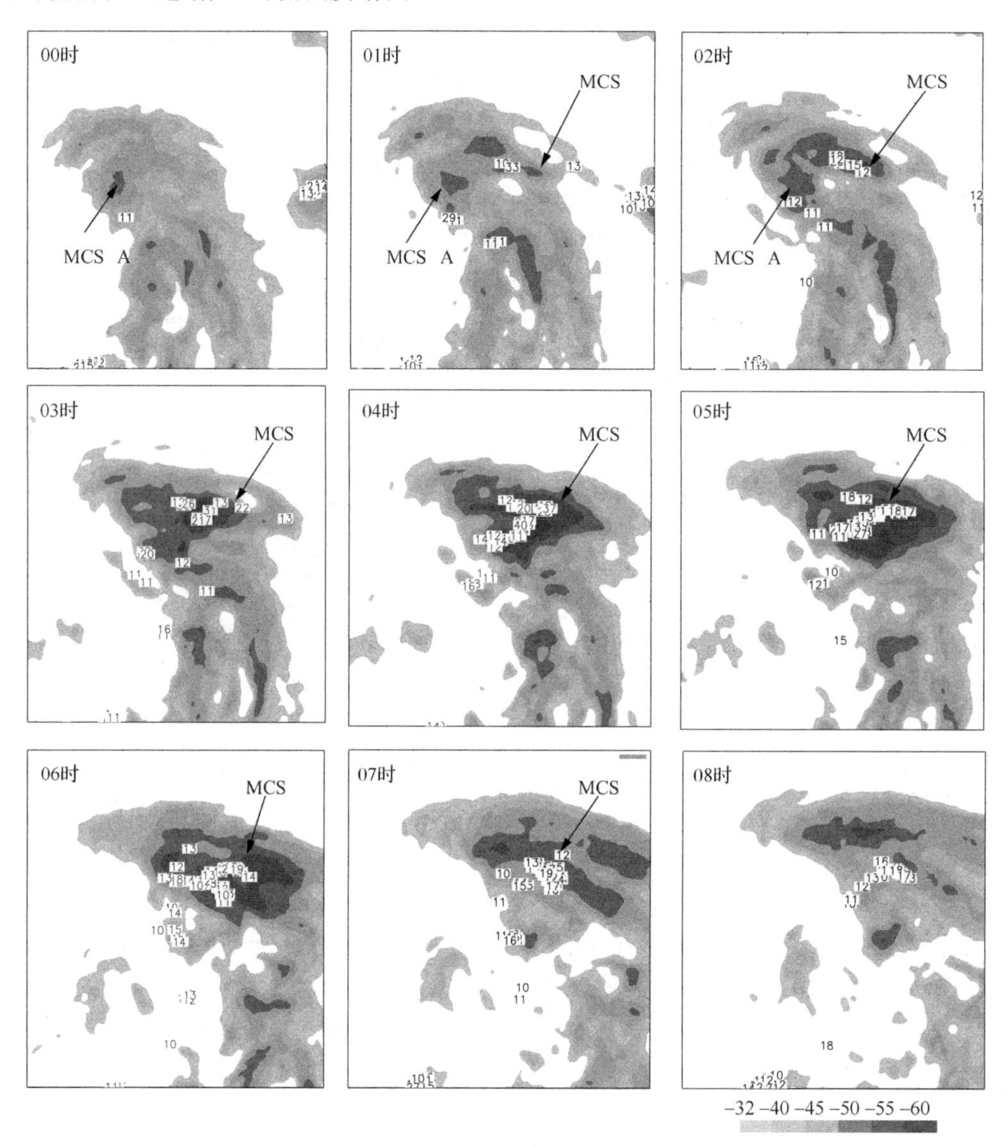

图 3.28　2009 年 6 月 19 日 00 时至 08 时每小时 FY-2C 卫星云顶亮温(阴影，间隔 5℃)与每小时降水(图中数值，单位：mm，仅标出单站大于 10mm)分布

04 时，MCS(B)小于－60 ℃的云顶亮温范围发展最大，对流强度增强，7 个站点的 1h 降水超过 20mm，其中，一个站的 1h 降水达 54mm。05 时，雨带向北移，强度有所减弱，降水范围增大，小于－60 ℃的云顶亮温面积显著减小，但小于－50 ℃的面积比 04 时稍有增大。06 时，MCS(B)分离成 2 个云团，一个云团迅速北移减弱，在 08 时减弱消失，且没有明显降水；另一个云团在原地减弱。07 时，降水雨带减弱北移，呈东南—西北走向的带状分布。08 时，MCS(B)小于－50℃的面积显著减小，雨带减弱逐渐消失。综上所述，此次

强降水过程持续时间短、强度大、局地性强，具有明显的 β-γ 中尺度对流系统的特点。中小尺度对流系统除了受大尺度背景场的动力和水汽条件影响外，还与中尺度风暴环境密切相关。

3.3.3　干冷空气侵入

丁一汇(2004)曾指出，雷暴一般是在干冷的环境中成长或发展起来的。从东北单站探空中各变量随时间演变图来看，在强降水发生前的 18 日 20 时，齐齐哈尔对流层中层有干空气存在[图 3.29(a)]，温度露点差在 500hPa 附近达 29 ℃，对流层低层 800hPa 以下温度露点差维持在 1～2 ℃，由表 3.1 分析可知近地面为高湿区。19 日 08 时干区在 400hPa 附近[图 3.29(b)]，气团受强迫抬升作用，使得低层高湿区、上层干气团抬升，最终形成强降水，反映出较强的水汽垂直输送使得暴雨发生前雨区上空干空气减弱。从齐齐哈尔探空图可以看出，在强降水发生、发展过程中，对流层中层存在干空气层，19 日 20 时 500hPa 温度露点差达 41 ℃，近地层温度露点差均维持在 5 ℃以上，温度降低，说明低层的暖湿气流在强对流结束后发展成干冷气团。最新的研究结果表明，对流层中上层干空气对不稳定能量有一定的积累作用，在增强干空气相对湿度的情况下，干空气的减弱对降水量的减少有一定影响(郭英莲和徐海明，2010)，而干侵入前端存在不稳定层结是东北冷涡降水得以维持的重要原因(傅慎明等，2015)。

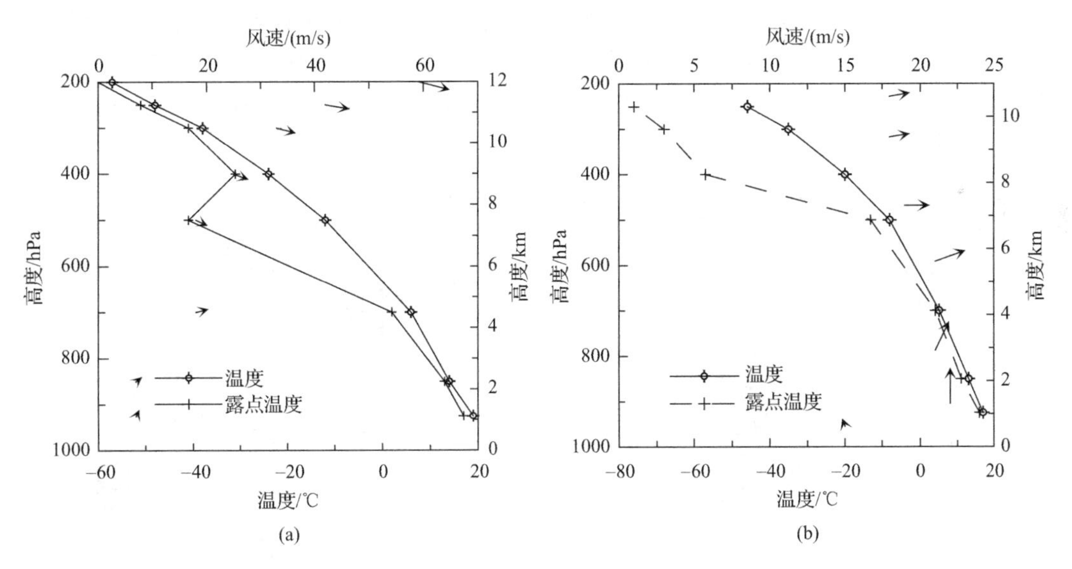

图 3.29　黑龙江齐齐哈尔温度、露点和风场探空图

(a) 2009 年 6 月 18 日 20 时；(b) 2009 年 6 月 19 日 8 时

风场上，18 日 20 时，在对流层高层存在偏西风高空急流[图 3.29(b)]，急流中心最大风速达 60m/s，对流层中层 500hPa 有干空气层，结合图 3.29(a)可以看出，在对流区后部中高层有干、冷空气侵入，干空气侵入有利于将对流层高层高位涡带入低层，促进对流层低层气旋及对流运动的发展，继而引起降水的增强(阎凤霞等，2005)。从大尺度环境场分析可知，低层为暖湿平流，高、低层存在水汽及温度场差异，形成逆温层，有利于位势不稳

定层结的建立。在位势不稳定层结建立过程中，低空西南风急流起着重要的作用，它一方面可带来暖湿空气，使得在其前方有强水汽辐合，另一方面可使南方的湿空气迅速从低层向北推进时，在近地面层能形成越来越湿的空气层，从而迅速建立起不稳定层结。由此可见，大尺度环境场提供了必要的动力、水汽条件及不稳定层结，如果结合一定的触发条件就能引起强降水。

3.3.4　强对流触发机制

中尺度对流系统多在高温、高湿、低层有低空急流、位势不稳定层结、中层有干空气等天气条件下生成，但上述条件都只是必要条件，即在强风暴发生发展时往往可以看到这种情况，因而在做预报时，即使出现这些条件强风暴也不一定发生（丁一汇，2004）。中尺度对流系统的生成除了要满足以上有利的环境条件外，还需要其他天气动力学条件，其中包括一定的触发条件，这是目前中尺度系统问题中最关键的问题之一（陶诗言，1980）。

2009年6月19日08时，在对流层低层黑龙江西北部地区存在辐合区[图3.30(a)]，辐合带位于地面低压右前部，低压后部为西北干冷气流（14～21m/s），南部为偏南风暖湿低空急流（12～30m/s），两股气流在黑龙江西南部汇合，辐合强度超过$-6\times10^{-5}s^{-1}$。由前面的分析可知，偏南风低空急流一直存在，西北干冷气流的出现，增强了初始对流。图3.31为强降水附近的5个地面自动站的每小时风场随时间的演变，可以看出，在整个强降水期间，在位于强降水中心南部的乾安站及东部的伊春站，偏南低空暖湿气流始终维持，只有位于北部的嫩江和西部的科右前旗站的偏北气流在强降水发生时刻（19日04时）风向由偏北转为偏西风，说明偏北气流的出现增强了地面流场的辐合，是触发初始对流发生发展的关键因素。

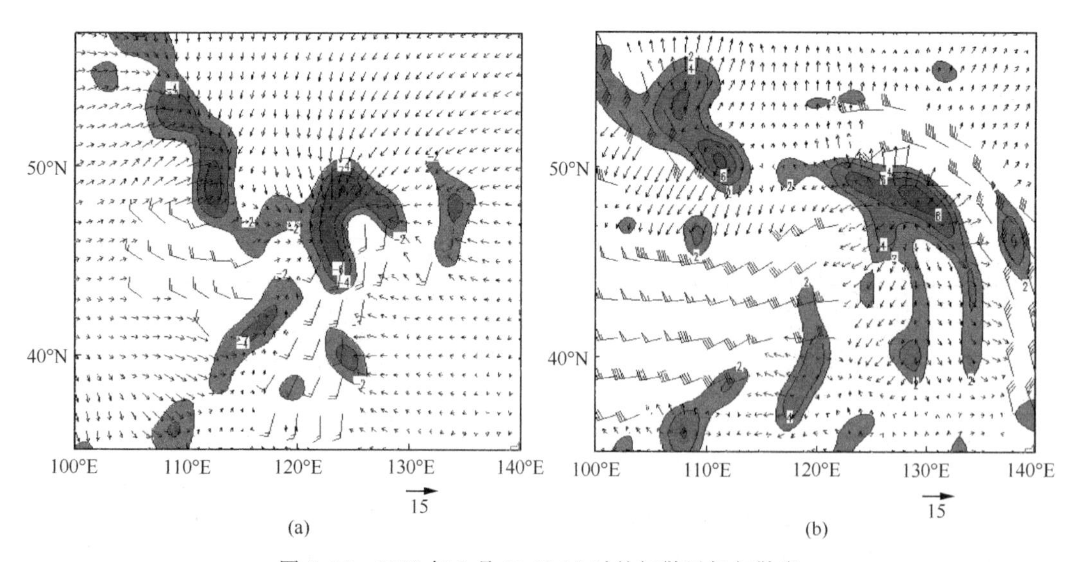

图3.30　2009年6月19日08时的辐散风场与散度

(a) 925hPa（阴影代表辐合，单位：$10^{-5}s^{-1}$，风向杆代表全风速大于12m/s的水平风场）；

(b) 300hPa（阴影代表辐散，单位：$10^{-5}s^{-1}$，风向杆代表全风速大于30m/s的水平风场）

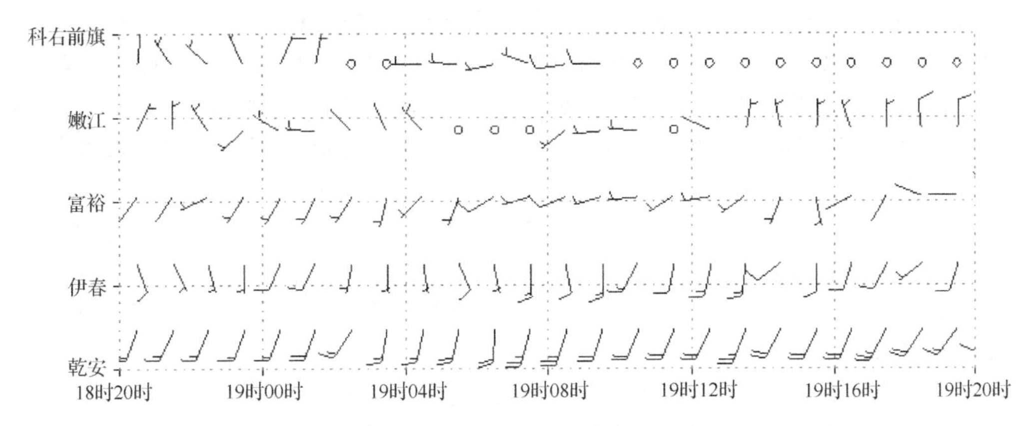

图 3.31 2009 年 6 月 18 日 20 时至 19 日 20 时强降水附近的 5 个地面自动站的每小时风场随时间的演变

不计黏性项，$\mathrm{d}u/\mathrm{d}t$ 可表示为

$$\frac{\mathrm{d}u}{\mathrm{d}t}=f(v-v_g)$$

式中，u 为东西向风速；v 为南北向风速；v_g 为南北向地转风速分量。在急流入口区，空气质点向中心移动时不断加速，因而有 $v>v_g$，表明所有在急流入口区运动的气块会得到向左偏的非地转风分量，结果在入口区北侧产生高空辐合，急流南侧产生高空辐散；在急流出口区，空气块向下游移动且是不断减速的，则有 $v<v_g$，表明空气块的运动向右偏转，使得在出口区北侧和南侧分别产生高空辐散和辐合。从 6 月 19 日 08 时对流层中高层 300hPa 水平风场和辐散场可以看出[图 3.30(b)]，暴雨区上空位于高空西风急流的出口区北侧和东北侧大风中心入口区的西北侧，两者叠置使得该地区高层为强的高空辐散，辐散强度达到 $8\times10^{-5}\mathrm{s}^{-1}$。对应对流层低层 925hPa 为辐合区[图 3.30(a)]，大气层上下层质量调整，触发上升运动，最终触发强对流。

综上所述，强对流区位于对流层高层高空急流出口区右前部，高层辐散，低层辐合，上下层质量调整触发上升气流，对流引起的动量垂直输送可在高空急流出口区引起低空急流的发展，对流区低层西北部的偏北气流的出现增强了地面流场的辐合，高、低空急流的相互耦合是此次强降水系统在高空急流的出口区发展的一个重要因子。

3.3.5 干冷侵入对东北冷涡强降水演变影响的数值模拟研究

近些年来，随着国内外对暴雨天气系统研究的不断深入，干侵入对于强降水天气系统的产生、发展和维持逐渐被重视。傅慎明等(2015)指出，入侵干空气对东北冷涡降水云系有以下两方面作用：一是高层干冷空气下沉迫使干侵入前端暖湿气流抬升，促进东北冷涡降水发展；二是下沉冷空气流向前推进“挤压”可导致冷空气前沿界面较为陡峭，与不稳定层结叠加，有助于云系垂直发展，降水主要集中于云系中部。研究表明，干侵入对梅雨锋降水、热带气旋与温带气旋的生成和发展，以及中尺度气旋、龙卷的生成起着重要的促进作用(Hobbs et al.，1975；Neiman et al.，1993；Browning and Golding，1995；Browning，

1997;姚秀萍等,2007)。Browning 等研究者认为,干侵入是指来源于对流层顶附近的气流侵入低层的现象,具有高位势涡度的特征,干侵入由对流层顶附近下传至低层暖湿区上方,能导致位势不稳定的产生,有利于促进对流性降水的发生发展(Browning,1997)。高位势涡度沿对流层顶向下层下传,加强了下方准地转 $\boldsymbol{Q}$ 矢量辐合,使得上升运动加强,从而使强对流增强(Mei et al.,2008)。杨贵名等对梅雨期一次强降水过程的干侵入特征分析时指出,叠加相对湿度场的垂直气流的发展、变化特征能清楚地反映干侵入与降水的关系,对短时预报有一定指示意义,干侵入对强降水起激发作用,观测事实说明,干侵入在红外云图和水汽图上表现为少云或水汽暗区,水汽图像暗区动态对强降水有很好的预报指示意义(杨贵名等,2006)。

于玉斌和姚秀萍(2003)回顾了国外近年来干侵入研究的进展和有关结果,指出对干侵入及其机制的进一步研究具有较大的理论价值和实际天气预报意义。姚秀萍等(2007)的研究结果表明,与梅雨锋上低涡降水相伴的干侵入来自于对流层各个层次,它总是沿着等熵面由高层向低层侵入到低涡附近,干侵入的效应随着高度的增加,有向东倾斜的特征,在对流层高层表现最为显著。干侵入所引起的垂直方向上不同程度的降温和降湿,对低涡降水区对流不稳定的发展起着增强作用,干侵入对梅雨锋低涡降水起着重要的增幅作用。事实上,干侵入在东北地区、华北地区的强降水过程中的表现应该比长江流域及其以南地区的梅雨过程来得明显(王东海和杨帅,2009)。王东海和杨帅(2009)根据干侵入具有低相对湿度、冷平流、高位涡等特征,定义了一个干侵入参数,其结果表明,干侵入参数能够较好地量化强干侵入强度,指示卫星云图和水汽图像上干区的演变。

1. 模拟方案设计与初步结果

本节采用中尺度模式 WRF(Weather Research and Forecasting),对此次冷涡过程进行了 48h 模拟,模拟时间段为 2009 年 6 月 18 日 00 时至 20 日 00 时。模式采用三重嵌套,模式最外层粗网格格点分辨率为 36km,格点为 364×240,中间嵌套与最内层嵌套分辨率分别为 12km 和 4km,格点数均为 468×465,模式结果插值到 19 层等压面上。模式初始场边界采用 ARPS (Advanced Regional Prediction System) Data Analysis System,即 ADAS 同化模块,同化的初始场为 6h 一次的 FNL 资料、地面观测站点资料、自动站资料、探空资料和卫星 TBB 资料。最内层嵌套模拟 24h,逐小时输出模式结果,外两层嵌套模拟 48h,每 3h 输出模式结果。

模式采用 Kain-Fritsch 积云参数化方案,微物理方案采用 WSM 5-Class 方案,本部分着重分析干冷侵入对东北冷涡强降水演变的影响,包括分析等熵面位涡演变特征、风场演变特征及各层水汽演变特征,包括了中尺度结构特征到天气尺度演变的分析,模式结果主要采用 12km 分辨率结果进行分析。

2. 等熵面位涡演变与干冷侵入垂直结构

模拟结果表明,此次模拟较好地再现了冷涡强降水发生阶段的形势场的发展演变。本节模拟初步结果只给出低层 850hPa 的模拟分析结果,图 3.32(a)为 19 日 00 时 850hPa (Domain 2)模拟的风场及形势场分布,强对流区位于来自于中低纬的西南低空急流的前部，西侧为来自中高纬的强西北气流，西南低空急流给对流区输送了大量暖湿空气，西北气流提供了充分的冷空气，两者在内蒙古中东部相遇。强对流区在西南急流前侧，除了偏南侧的西南暖湿气流提供的水汽条件，其西侧西北气流的干冷空气对对流区和冷涡系统的发展演变有重要影响。19 日 06 时冷涡系统发展东移，中心位势高度值降低[图 3.32(b)]，大于 15m/s 的风场面积增大，西北气流和西南风低空气流风速增强，冷涡系统发展东移。分析表明，模拟结果和观测资料得到的诊断分析结果对应较好，比较好地模拟出了冷涡的发生发展及其演变，包括雨带的强度及分布。

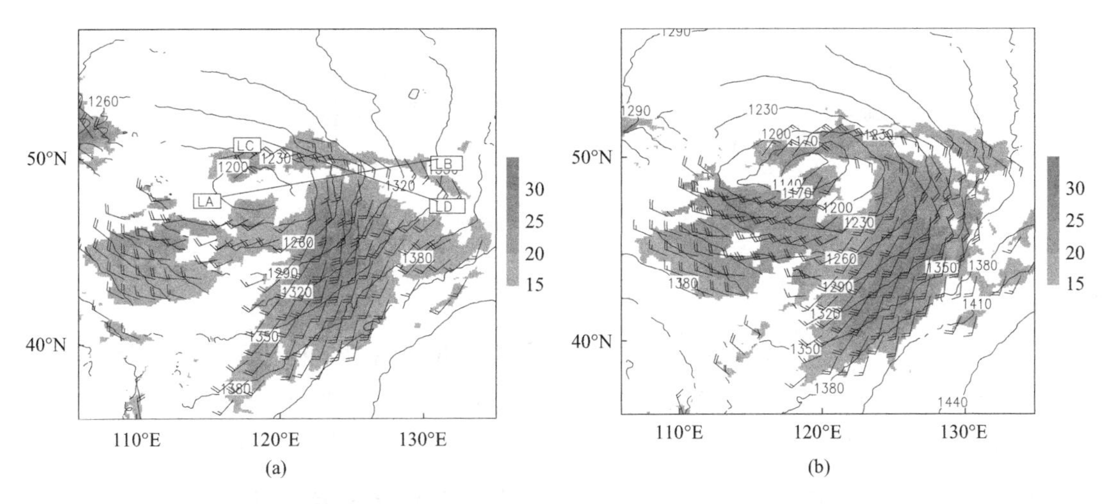

图 3.32　Domain 2 模拟 2009 年 6 月 19 日 850hPa 位势高度场(实线)，全风速(阴影，大于 15m/s，单位：m/s)和对应风场分布图

(a) 00 时；(b) 06 时

观测资料分析表明，冷涡强降水主要发生在 18 日 20 时至 19 日 08 时之间，选取 19 日 00 时、06 时对模拟冷涡各等熵面位涡及垂直结构进行分析，并分析模拟干冷空气侵入结构演变特征及其对冷涡初期强降水的作用；选取 12 时、18 时对各等熵面位涡演变进行分析，来探讨干冷侵入对冷涡及冷涡中后期降水的作用。

从图 3.33(a)可以看出，在对流层低层的 315K(800～700hPa)等熵面上，19 日 00 时，冷涡前侧对应一个中心值约 2PVU 的狭长弧状位涡带，该弧状位涡带对应地面强对流辐合带，位涡带南侧对流层低层为强的偏南风，且高位涡带自西南向东北方向移动，这种移动趋势随着模式积分时间增长变得越来越明显。19 日 06 时[图 3.33(b)]，位涡带向东北移动，强度增强，中心位涡值超过 4PVU，315K 等熵面上超过 15m/s 全风速区的面积增大，风场呈现气旋式旋转，地面对流区辐合带南侧西南风减弱，系统向东北移动，地面辐合带相应北移，强度减弱。可以看出，强对流主要发生在对流层低层强的西南风背景下，发生在低层高位涡带内，位涡带呈现向东北地区伸展的趋势。我们选取沿位涡带[LC—LD，图 3.33(a)]和其移动方向(LA—LB)作剖面，以探讨低层强对流带的动力、热力及微物理结构演变特征。

图 3.34 给出了 19 日 00 时位涡和垂直上升运动的垂直结构分布[沿图 3.33(a)中直

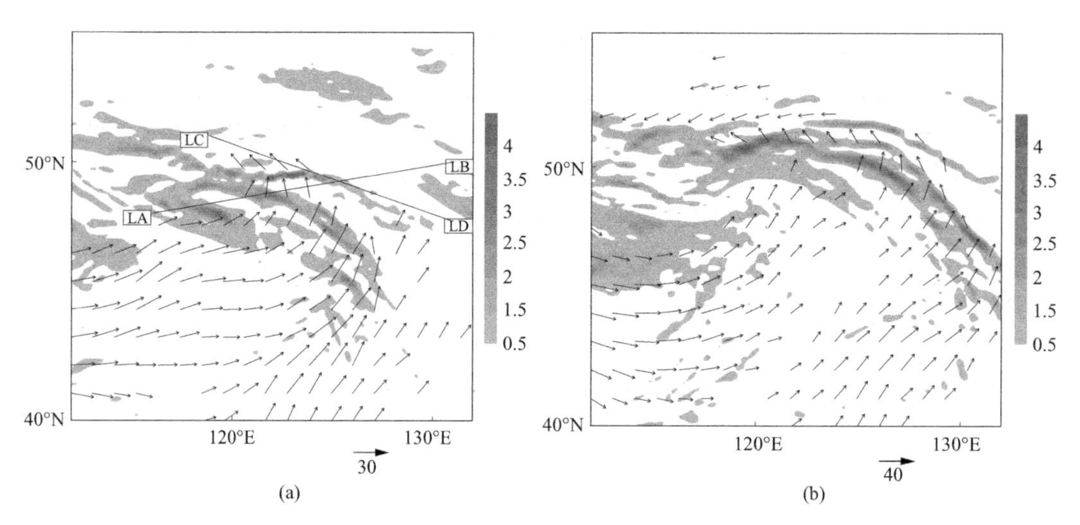

图 3.33　Domain 2 模拟 2009 年 6 月 19 日 315K 等熵面位涡(阴影,单位:PVU)和水平风场(全风速超过 20m/s)

(a) 00 时;(b) 06 时

线 LA—LB,LC—LD],可以看到,自对流层高层有高位涡舌气流向对流层中层伸展,高位涡舌前方为强的上升运动,说明高位涡气流向中低层的发展,增强了对流层中低层系统的气旋性环流,从而增强了冷涡中低层辐合,最终导致垂直上升运动增强。

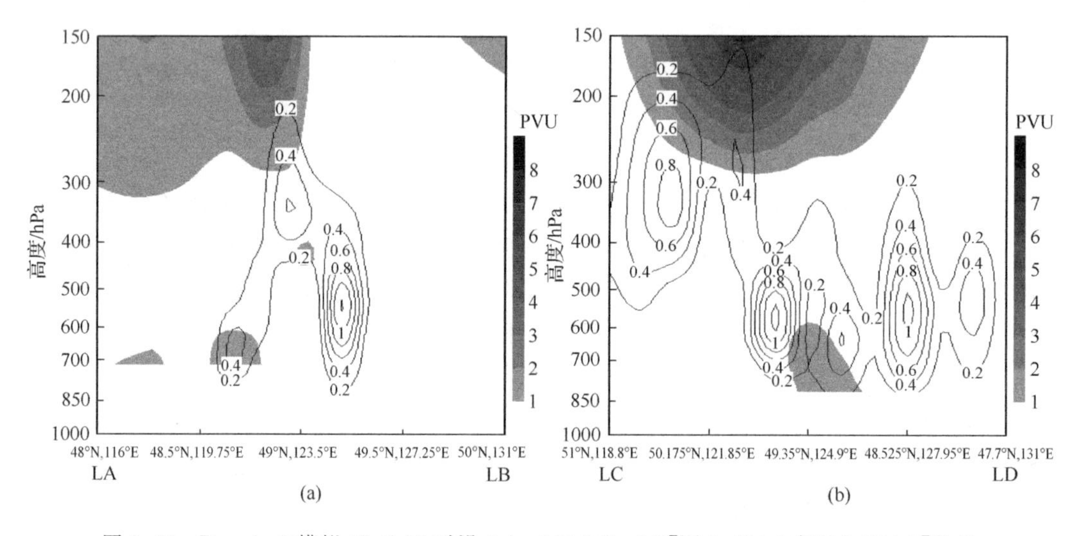

图 3.34　Domain 2 模拟 19 日 00 时沿 LA—LB、LC—LD[图 3.32(a)或图 3.33(a)]位涡(阴影,间隔 1PVU)和垂直速度(实线,代表上升运动,单位:m/s)的剖面分布图

沿着位涡带移动方向[LA—LB,图 3.34(a)],垂直结构表现为单一的上升气流,高位涡(大于 1PVU)伸展至 300hPa 附近。沿 LA—LB 的假相当位温显示,高位涡向下伸展对应于假相当位温高值区向下伸展,即加强了此区域的不稳定能量。垂直上升区对应水汽混合比大值区,假相当位温水平梯度大,沿位涡带移动方向,其前侧和末侧均有一假相当位温低值中心,前侧最低为 319K,末侧为 327K。以上分析表明,高位涡向下伸展区域

配合有高温高湿的不稳定能量，加上强的上升运动，最终触发强对流的发生。

沿着位涡带方向[LC—LD，图 3.34(b)]，高位涡气流面积和强度较强，其下方为数个单一的上升气流连成的对流带，对流带对应不稳定层结[图 3.34(a)]。和 LA—LB 剖面类似，自高层有一假相当位温高值区向下伸展，两者强度均为 335K 左右。高位涡伸展区下方，其假相当位温水平梯度大，其西北侧为假相当位温低值中心，对应低水汽混合比值，表明西侧自对流中低层向下有干冷空气侵入。

基于高分辨率模式的模拟，分析了 19 日 600hPa 至 400hPa 平均相对湿度和风场分布演变，结果显示，19 日 00 时[图 3.35(a)]，内蒙古中部、东北西南侧为干空气层(相对湿度低于 50%)，其中，平均相对湿度低于 10%的区域主要位于干空气层的东侧，即最干空气层结位于系统移动的前侧，其后侧对应于次干空气层(相对湿度为 30%～50%)；有意思的是，次干空气层对应于高层高位涡区[图 3.36(a)，大于 4PVU]，最干空气层结对应于高位涡区的前侧。沿干空气层结移动方向，其前侧为一狭长的弧状高相对湿度带，相对湿度超过 80%，后侧对应一相对湿度低于 50%的狭长干区。19 日 06 时，对流层中层干空气层面积增大并且东移，前侧相对湿度高值带相应东移，可以说，对流层中上层干冷空气的侵入与冷涡的发展和雨带的移动密切相关。

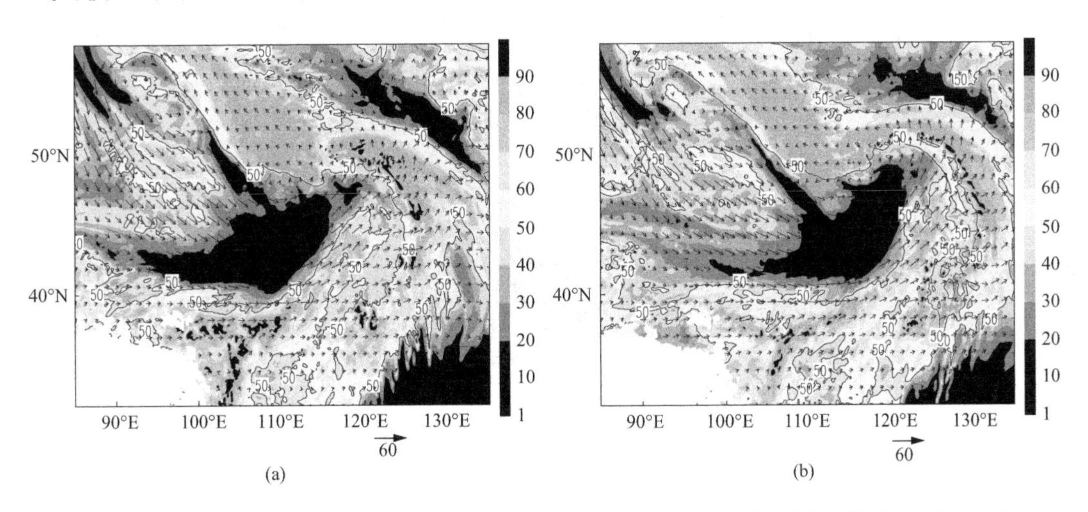

图 3.35　Domain 2 模拟 2009 年 6 月 19 日 600hPa 至 400hPa 平均相对湿度(阴影，单位：%)和水平平均风场分布

(a) 00 时；(b) 06 时

3.3.6　干冷侵入三维空间结构

我们选取 19 日 00 时沿干冷侵入主体区和前部强对流上升区作垂直剖面，来分析干冷侵入对冷涡及其引起的降水的作用，以揭示干冷侵入的三维空间结构(图 3.37)。从图 3.37 可见，西北—东南剖面(NW—SE)主要位于冷涡西南部的偏西北气流中，西南—东北剖面(SW—NE)位于冷涡东南部的偏西南风低空急流背景下，两者均穿过自低纬向中高纬北伸的暖湿舌，可清楚地反映干冷侵入的垂直结构及其对冷涡降水的作用。

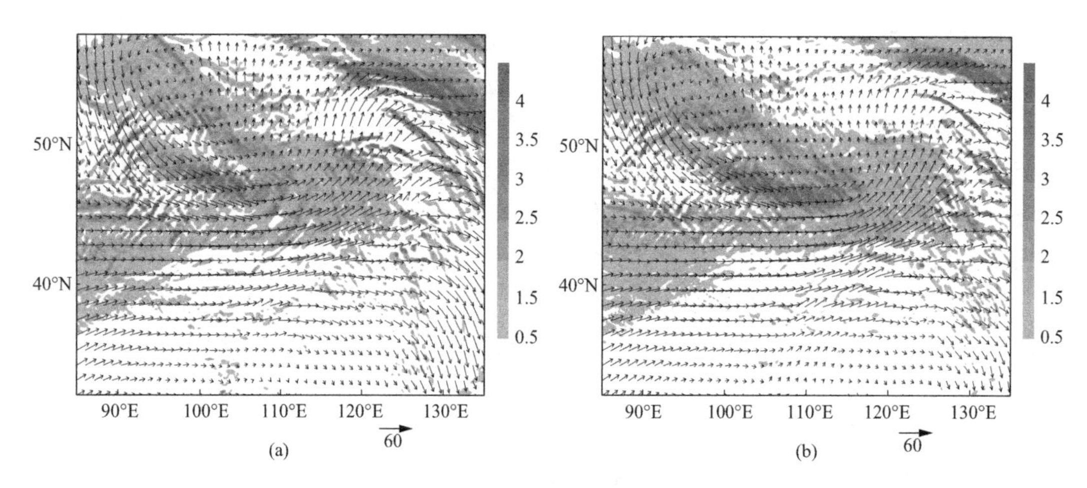

图 3.36　Domain 2 模拟 2009 年 6 月 19 日 345K 等熵面位涡(阴影,单位:PVU)和水平风场(全风速超过 20m/s)

(a) 00 时;(b) 06 时

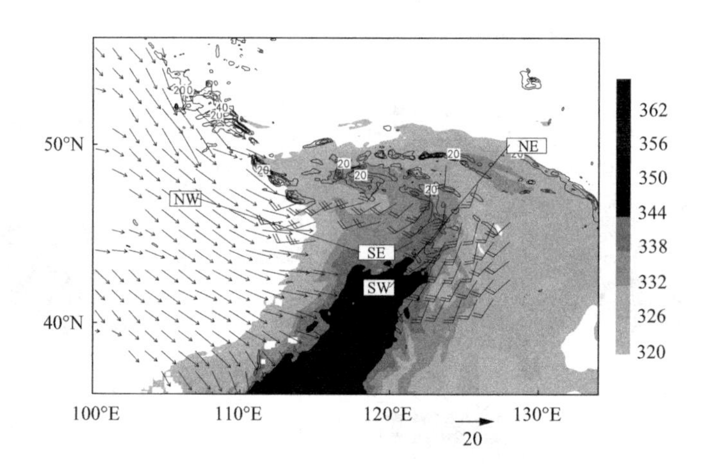

图 3.37　19 日 00 时 800hPa 假相当位温(阴影,间隔 6K)和风场分布图

箭头表示西北风,风向杆表示大于 20m/s 西南风

从 19 日 00 时相对湿度和垂直流场的西北—东南(NW—SE)剖面图[图 3.38(a)]上可以看出,西北侧的干空气气流沿对流层高层 300hPa 附近下沉并向东南方向移动,东南侧的暖湿舌对应高相对湿度空气,干空气沿西北风东南下,推动前侧高温高湿空气向前发展、移动;同时刻位涡和温度平流剖面图[图 3.39(a)]表明,对流层高层干空气侵入伴有高位涡向下伸展,对流层中低层为冷平流,最强冷平流位于干侵入的前部 850hPa 附近。根据下滑倾斜涡度发展理论(吴国雄和刘还珠,1999),当对流层高层高位涡的干冷侵入气流从高层向低层下滑时,使得中低层垂直涡度发展,冷涡加强。

西南—东北剖面(SW—NE)位于冷涡东南部的偏西南风低空急流暖区内[图 3.38(b)]。从图 3.38(b)可以看出,暖区内其垂直剖面上表现为一“Ω”形高湿区,在西南侧对流层中层有干空气侵入,东北侧为强的上升气流。由位涡和温度平流剖面图[图 3.39(b)]可知,

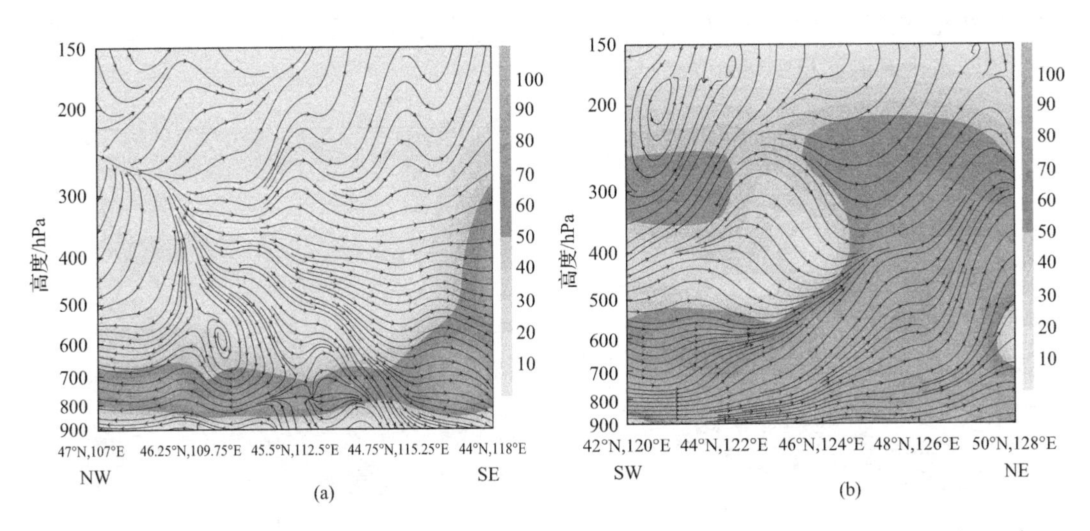

图 3.38　19 日 00 时 Domain 2 沿 NW—SE(a)和 SW—NE(b)(图 3.37)的相对湿度(阴影,单位:%)和垂直流场(垂直速度扩大 100 倍)剖面

在强对流区对应于暖平流,高层高位涡向下伸展不明显,在对流层中低层存在位涡中心,对应于暖平流中心和上升气流中心,根据上滑倾斜涡度发展理论(崔晓鹏等,2002),冷涡所在的中低层垂直涡度将发展,冷涡加强。高温、高湿配合强的上升运动,使得强对流在东北侧发生、发展。

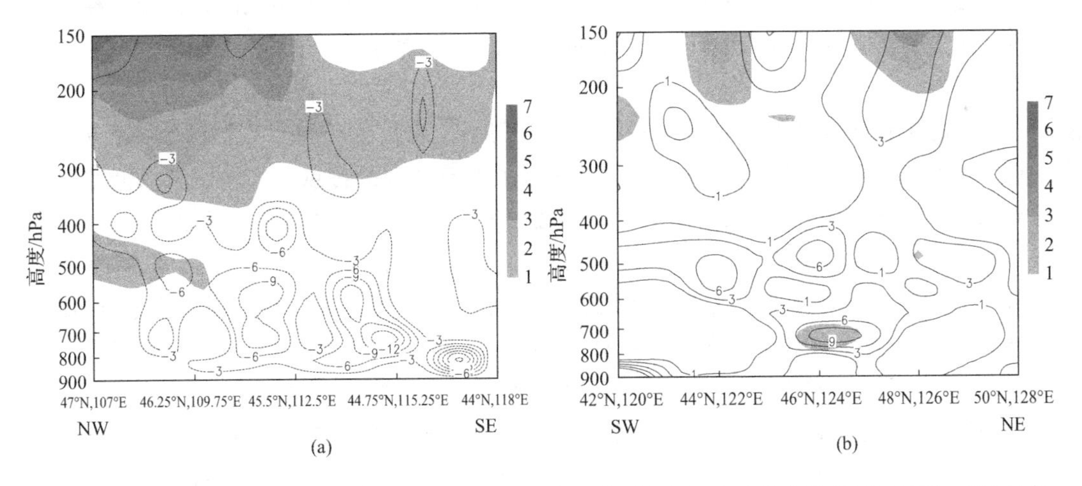

图 3.39　19 日 00 时 Domain 2 沿 NW—SE(a)和 SW—NE(b)(图 3.37)的位涡(阴影,间隔:1PVU)和温度平流(等值线,单位:10^{-4} K/s,虚线代表冷平流,实线代表暖平流)

为了更清晰地揭示不同时次干冷侵入的三维结构演变,我们进一步分析对比了 19 日 03 时相对湿度和垂直流场的垂直结构。结果发现,冷涡西南侧西北—东南(NW—SE)垂直流场向东南方向移动[图 3.40(a)],干冷空气源主要位于对流层高层 300hPa 附近。从冷涡东南部的西南—东北剖面(SW—NE)[图 3.40(b)]可以看出,干冷空气从冷涡南部侵入前部的高温高湿上升气流区,在强西南风低空急流的不断补充下,其西南部不断有高

湿气流补充，使得干空气团被切断、卷入强对流区的中层，形成了“上干下湿”的层结分布，增强了降水区对流不稳定能量。

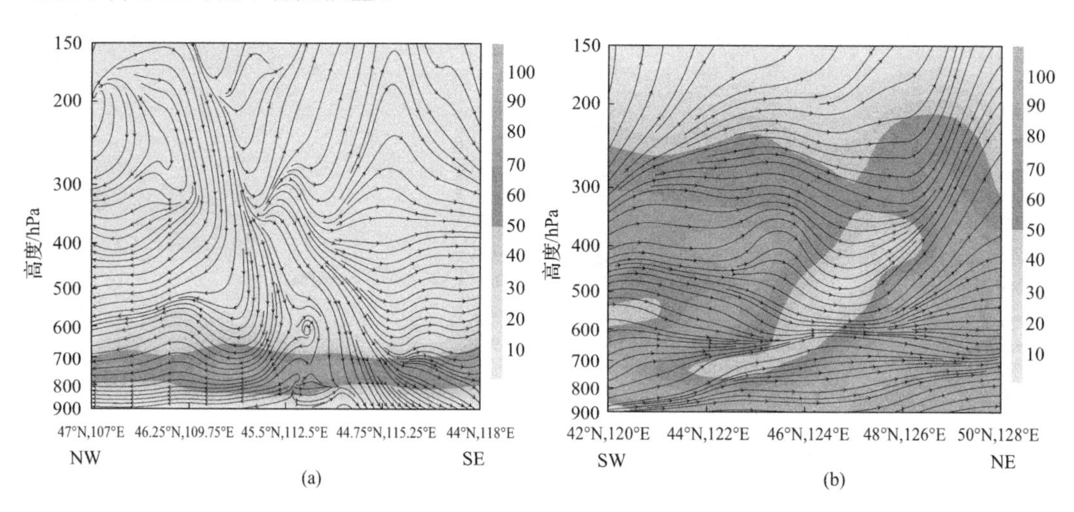

图 3.40　19 日 03 时 Domain 2 沿 NW—SE(a)和 SW—NE(b)(图 3.37)的相对湿度(阴影，单位：%)和垂直流场(垂直速度扩大 100 倍)剖面

本节对 2009 年一次东北冷涡强暴雨过程的大尺度环境场、风暴环境进行了分析，考察了强对流发生前后的动力、热力条件，对此次强对流过程的触发机制进行了探讨，并借助中尺度模式 WRF 对此次暴雨过程进行了数值模拟，利用模式输出结果，分析了冷涡干冷侵入的三维空间结构，以及干冷侵入对东北冷涡及其强降水演变影响，得到主要结论有：

(1) 此次强降水过程具有持续时间短、落区集中、强度大等特点，且造成强对流天气系统尺度较小、突发性强，具有明显的 β-γ 中尺度对流系统的特点。低层西南风低空急流为暴雨提供了丰富的水汽来源，槽后西北风为强降水提供了一次次冷空气输送。此外，风场辐合为强降水的发生提供了动力条件，在强降水发生时低空存在强的水汽辐合，在东北地区近地面存在湿舌北伸。高温、高湿、位势不稳定层结、低层有湿舌或强水汽辐合、低空急流的存在、中层有干冷空气侵入，为 MCS 的发生、发展提供了非常有利的环境条件。

(2)冷涡系统东移引导了位于暴雨区西部和北部低层的偏西北气流南下，增强了地面流场的辐合，是触发初始对流发生发展的关键因素。高层强辐散区位于高空西风急流出口区的北侧，其东北侧为一大风中心入口区，使得高空辐散增强；低层为辐合区，大气层因上下层质量调整产生上升运动，最终触发强对流的产生。而高、低空急流带的相互作用是此次强降水系统在高空急流的出口区发展的一个重要因子。

(3) 干冷侵入在对流层高层体现为高位涡发展、东移，对流层中层表现为干区侵入，在对流层低层表现为强的冷平流侵入。干冷侵入三维结构分析表明，对流层高层有高位涡舌气流向对流层中低层伸展，增强了对流层中低层系统的气旋性环流，从而增强了冷涡中低层的辐合，导致垂直上升运动增强，高位涡向下伸展对应于假相当位温高值区向下伸展，加强了此区域的对流不稳定能量。

(4) 315K等熵面上高位涡的发展演变较好地反映了冷涡低层强对流的发展演变。强对流主要发生在对流层低层强的西南风背景下，发生在低层高位涡带内，位涡带呈现由中低纬向东北地区伸展的趋势。345K等熵面位涡的发展演变能较好地反映对流层中高层干冷空气的发展及演变。对流层高层高位涡区自内蒙古以北、贝加尔湖以南不断向东北地区输送东移，使得冷涡气旋性涡度加强，从而使冷涡加强东移。

3.4　东北地区地形效应的数值分析

冷涡是西风带环流系统演变在我国东北地区独特的地形、地貌和地理位置等条件下的产物，其形成和发展一直是预报员和学者研究的重要内容。地形对冷涡及其引起的暴雨系统的作用虽然过去一直被强调，但真正涉及的研究却比较少。

地形作为影响暴雨系统的外强迫因子，包含了大尺度地形和中尺度地形的影响，也很早就受到了预报员和学者们的关注，人们分别从观测、理论和数值模拟等角度进行了大量研究。Queney(1948)、Scorer(1949)曾利用线性扰动研究了山脉背风波动，给出了山脉背风波动的基本性质和规律。Takeda(1977)概括了地形对暴雨的三种增幅作用。我国气象工作者也早就对青藏高原的动力和热力作用进行了大量的研究，如20世纪70年代末由叶笃正和高由禧等著的《青藏高原气象学》即较详细地总结了中国气象学者的研究成果。

研究表明，地形不仅可通过对大气的强迫作用影响低层大气，也可以通过大气重力内波影响整个大气层，地形对对流的触发、地形阻塞和强迫抬升等作用往往触发、加强对流和降水(陶诗言，1980；Pierrehumbert，1984；Pierrehumbert and Wyman，1985；Scott et al.，1999)。丁一汇等(1978)通过对1975年8月河南特大暴雨的研究指出，特殊地形使气流产生辐合，从而形成强迫抬升是该次暴雨增强的主要因素。钱永甫等(1988)认为，大尺度地形的爬坡效应、绕流效应、摩擦作用及热力效应对天气系统的形成、发展具有明显的作用。毕宝贵等(2006)通过对地形敏感性试验的数值分析结果，指出大巴山使秦岭山脊、汉江河谷降水减小，使秦岭东南坡和渭河河谷下游强降水增加。大巴山峡口地形将大量暖湿气流向北输送，在秦岭南侧和东侧的迎风坡上产生强降水，而峡口两侧由于地形阻挡气流通过，使其下游地区降水减少。张建海等(2006)利用MM5模式，在成功模拟台风Haitang登陆前后路径、强度、降水以及结构特征的基础上，通过地形敏感性试验，指出台风在经过台湾及其后在福建登陆期间的异常路径是地形诱生低压发生发展的结果，在降水强度上东部沿海特殊地形对台风北侧东南气流的辐合抬升使得暴雨增幅1倍以上。研究表明，地形对台风的强度也有一定影响，通过对有无地形影响时台风结构的比较发现地形影响主要在低层，使得高度场分裂成两个中心，低层台风主体受山脉阻挡在位置上落后于高层。姜勇强和王元(2010)利用中尺度η坐标模式分析了地形对鞍型场和低空急流的影响，指出无地形试验模拟的降水量偏小、降水开始时间偏迟，河套地区高压和西南涡偏北，造成700hPa鞍型场偏北，鄂东地区无法形成β中尺度低涡。青藏高原地形对其北部及南部气流的阻滞、绕流作用以及侧边界的摩擦作用对河套地区高压和西南涡的形成和维持有重要作用。

我国东北地处东亚中高纬度地区，西接大兴安岭山脉(Greater Higgnan Mountains)，东至小兴安岭(Xiao Hinggan Ling)，连长白山山脉(Changbai Mountain)，中间为平均海拔200m左右的东北大平原。夏季冷涡多集中在两个南北向山脉东侧的黑龙江低洼地上空(郑秀雅等，1992；胡开喜，2010)，充分说明地形可能在冷涡的发生发展过程中起重要的作用(郑秀雅等，1992)。郑秀雅(1992)从理论上对山脉对西风槽东移的影响进行了分析，认为当偏西气流爬越山脉时，在山脉迎风坡，因受抬升作用而产生上升运动，越山后在山脉背风坡产生下沉运动，结合连续方程和涡度局地变化方程分析，指出大兴安岭东侧的东北平原上空及小兴安岭和长白山东侧沿海地区有利于东北冷涡的发展和加深。Singleton和Reason(2007)对南非切断低压系统进行了数值模拟分析，结果指出冷涡过程伴有低空急流，地形在切断低涡衰退阶段起到阻塞其登陆发展的作用，因此对地形对低涡的发生发展及维持作用的研究具有重要的意义。

研究表明，中尺度数值模式MM5能较好地模拟东北冷涡的强对流风暴结构及冷涡系统下的中尺度特征，近年来它被广泛应用于对台风、气旋、冷涡等天气系统的发生发展及结构特征等的数值模拟(刘栋，2003；迟竹萍等，2006；Singleton and Reason，2007；Li et al.，2008；李燕等，2009)，同时，MM5还常被用来研究地形对暴雨影响的数值敏感性试验(Brain et al.，2002；Brain，2003；郑祚芳等，2006；Brain and Yuter，2007；张可欣等，2007；Singleton and Reason，2007)。本章利用PSU/NCAR非静力平衡中尺度模式MM5 V3.7，对个例1(2006年7月21日至25日)的冷涡过程进行了数值模拟和8个敏感性试验，试图借助数值模式来分析我国东北地区地形对冷涡的发展演变及其引起的冷涡降水的影响，这将提高对东北地形对冷涡的发生发展作用的认识，加深对冷涡暴雨天气的理解。

3.4.1 试验设计

根据东北地区地形的特点，共设计了9个数值试验(表3.2)：试验1(CTL)为控制试验，再现天气过程；试验2(HFGHM)采取在模拟区域内将大兴安岭山脉(110°E～124°E，38°N～53°N)的地形减半；试验3(DBGHM)将以上区域地形增加1倍，利用同样方法分别对试验4(HFXHL)和试验5(DBXHL)的小兴安岭(126°E～133°E，46°N～50°N)、试验6(HFCM)和试验7(DBCM)的长白山脉(125°E～132°E，39°N～45°N)、试验8(HF-NET)和试验9(DBNET)的东北地区(110°E～133°E，38°N～53°N)进行敏感性试验，分别用以考察大兴安岭山脉、小兴安岭、长白山山脉以及整个东北地区地形对冷涡及降水的影响。由于冷涡属于大尺度天气系统，水平分辨率采用22.5km×22.5km可较好地模拟冷涡系统的发生发展及其结构特征(Singleton and Reason，2007)。多次数值试验结果表明，将初始时刻取为21日12时，模式能较好地模拟冷涡系统的发生发展及演变，模拟结束时间为24日18时，模拟水平分辨率为22.5km×22.5km，垂直方向20层，采用非静力方案、KF积云对流方案、MRF边界层方案、cloud辐射方案和graupell微物理过程。

表 3.2　东北地区地形敏感性试验设计一览表

编号	试验名称	试验内容	试验目的
1	CTL	控制试验	再现天气过程
2	HFGHM	大兴安岭地形减半	考察大兴安岭山脉的作用
3	DBGHM	大兴安岭地形加倍	
4	HFXHL	小兴安岭地形减半	考察小兴安岭的作用
5	DBXHL	小兴安岭地形加倍	
6	HFCM	长白山山脉地形减半	考察长白山山脉的作用
7	DBCM	长白山山脉地形加倍	
8	HFNET	东北地区地形减半	考察东北地形的作用
9	DBNET	东北地区地形加倍	

3.4.2　控制试验模拟的低层辐合与降水

此次冷涡暴雨过程降水首先从内蒙古东北部阿尔山开始发展，然后雨带逐渐发展东移，在东北地区持续约 3 天，其中，在 21 日和 22 日在黑龙江中西部地区造成了大范围的降雨。从 21 日 12 时至 22 日 12 时的 24h 降水的观测和模拟结果可以看出(图 3.41)，MM5 模式能够较好地模拟出冷涡雨带的位置和黑龙江中西部暴雨中心的分布，而对吉林中部的降水模拟偏弱。总体来说，MM5 比较好地模拟了此次冷涡暴雨过程。

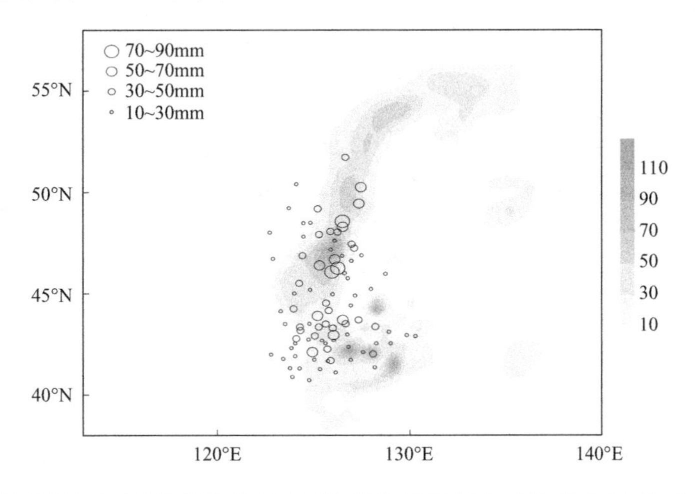

图 3.41　观测(圆点)和 MM5 模拟的 21 日 12 时至 22 日 12 时 24h 降水(阴影，单位：mm)分布

分析发现，降水与近地面水汽场和风场的辐散辐合密切相关，从 21 日 18 时至 24 日 12 时模拟的近地面 10m 风场及散度场的分布图(图 3.42)可以看到，冷涡发展及成熟阶段，在黑龙江、吉林偏西部存在一经向风场对流辐合带(21 日 18 时至 23 日 00 时)，辐合带与降水落区对应，随时间向偏东方向移动，降水主要发生在冷涡偏东地区，最强辐合值达 $-7\times10^{-5}\mathrm{s}^{-1}$，此外，在冷涡发展阶段，风场对流辐合区与红外云顶亮温低值区的发展演变相对应，其结构类似台风螺旋云带，但冷涡降水强度小于台风螺旋雨带。可以看出，

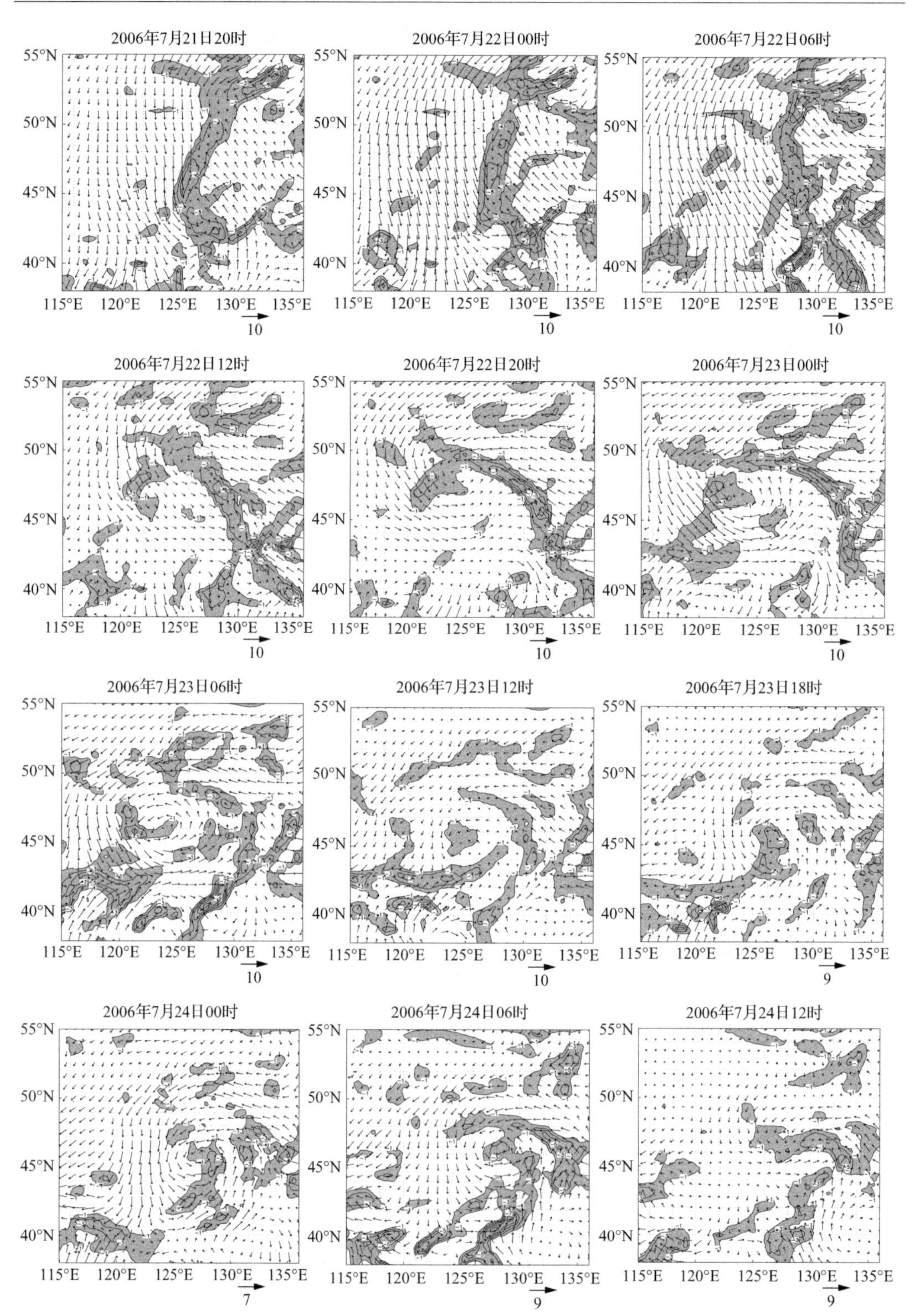

图 3.42　MM5 模拟 2006 年 7 月 21 日 18 时至 24 日 12 时(间隔 6h)的近地面 10m 风场及散度场分布(单位:$10^{-5}s^{-1}$)

实线与阴影代表辐合区,散度小于$-1\times10^{-5}s^{-1}$

近地面的水汽场、风场及不稳定层结等与冷涡降水密切相关，不同地形高度对冷涡近地面的环流场分布势必有较大的影响，进而影响冷涡降水。

从图 3.42 中还可以看出，近地面的风场辐合带主要是由大兴安岭东侧的偏西北气流与偏东南气流引起，这种配置从冷涡发展阶段一直持续到成熟阶段，因此，冷涡降水与低空两支气流的发展及风场辐合带密切相关。至于东北地区地形对近地面流场的发展演变有什么作用？地形对冷涡的发展移动有何影响？本节拟通过对大兴安岭山脉和长白山山脉的敏感性试验来考察东北地区地形对冷涡及其引起的暴雨的影响。

3.4.3　大兴安岭山脉的作用

大兴安岭是内蒙古高原与松辽平原的分水岭，它北迄黑龙江畔，南至张家口附近，呈东北-西南走向，长达 1700km，宽 200～300km，平均海拔 1000～1400m。山地东坡较西坡陡，西坡平缓，成为不对称的山岭。本研究试验范围为 110°E～124°E、38°N～53°N，旨在通过改变大兴安岭山脉地形高度，来分析它对冷涡及冷涡暴雨的影响。

1. 对降水的影响

从控制试验与敏感性试验 24h 降水差值分布发现，大兴安岭地形减半后，冷涡雨带总体范围和位置没有发生太大的变化，但量值出现了变化，其中，除了在黑龙江北部降水有所增强外，冷涡降水减弱；相反在增加大兴安岭地形高度后，除了在辽宁东部和黑龙江西北部降水有所减弱外，在黑龙江西部和吉林西部均有所增强，增幅为 5～10mm。由低层辐合和降水分析可以发现，近地面风场辐合带主要是由大兴安岭东侧的偏西北气流与偏东南气流引起，冷涡降水与低空两支气流的发展及风场辐合带密切相关，改变大兴安岭地形是否对低层涡度场、散度场有影响？地形对垂直环流场及高层位涡场又有何作用？本节研究就以上问题进行了分析。

2. 对低层大气流场的影响

丁一汇(1978)指出，山脉对大气的作用主要有以下几个方面：抬高的加热作用、山脉波和背风波引起的上升和下沉运动、对气团的阻挡作用、空气的偏转和对降水的地形控制，其中山脉的障碍作用是最明显的。从图 3.43 可以看出，在减半大兴安岭地形高度条件下，低层 850hPa 大兴安岭的东侧出现了更强的西南风，西侧为异常强的西北风，两者共同的作用使得大兴安岭东北侧低层气旋性风场增强，西侧反气旋风场增强。可以看出，在减半大兴安岭地形后，山脉的阻挡作用减弱，导致大兴安岭低层出现异常强的西北风；在加倍大兴安岭地形高度条件下，由于地形高度升高，使得大兴安岭北侧出现偏西北风绕流，在大兴安岭东北侧低层反气旋性风场增强，西侧气旋风场增强。

大兴安岭除了对西侧气流的阻挡和对北侧气流的绕流作用外，对东侧偏东及偏东南气流有何影响？从 DBGHM 与 HFGHM 的 800hPa 水汽通量散度差值场可以看出(图 3.44)，当大兴安岭地形高度增加时，大兴安岭北侧的偏西北风绕流最强增强了 15m/s 以上，异常强的西北风与大兴安岭东侧偏东南气流相遇，造成低层水汽辐合增强；22 日 15 时，受冷涡东移加深影响，使得大兴安岭东侧、北侧为偏东气流控制，加倍大兴安岭地形高

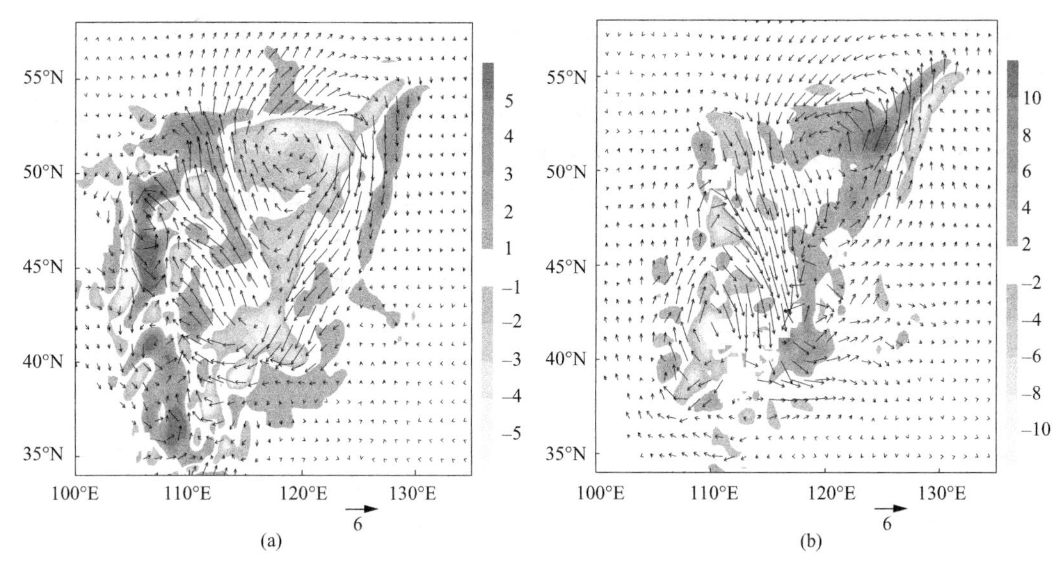

图 3.43　2006 年 7 月 21 日 21 时的 CTL 与 HFGHM 涡度差(阴影,单位:$10^{-5}s^{-1}$)与风场差

(a) 850hPa;(b) 700hPa

度后,受山脉的动力抬升作用,在山脉的迎风坡,偏东风增强 15m/s 以上,水汽通量辐合增强 $5\times10^{-5}s\cdot g/(cm^2\cdot hPa)$以上,有利于在山脉东侧降水的加强。

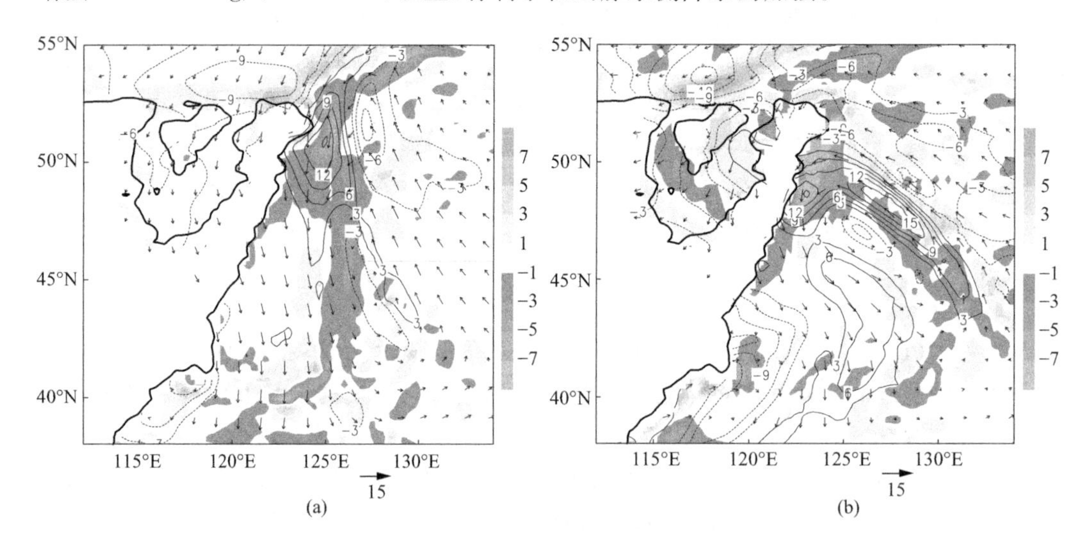

图 3.44　800hPa 的 DBGHM 与 HFGHM 水汽通量散度差[阴影,单位:$10^{-5}s\cdot g/(cm^2\cdot hPa)$]、全风速差(等值线,单位:m/s)和 DBGHM 水平风场图(粗实线为超过 1500m 地形范围)

(a) 2006 年 7 月 22 日 03 时;(b) 2006 年 7 月 22 日 15 时

以上分析表明,冷涡降水发生在大兴安岭东侧的偏西北气流和偏东气流的辐合带内,大兴安岭地形减半,山脉的阻挡作用减弱,使得偏西北风增强,进而使得干、冷空气随异常强的西北风东南下;减半地形后,东侧地形的动力抬升作用也减弱。加倍大兴安岭地形高度后,冷涡对西侧气流的阻挡和对北侧气流的绕流作用增强,对东侧偏东气流的动力抬升作用增强,可以说,大兴安岭的地形海拔直接影响冷涡低层的大气环流,低层环流配置和

降水分布等对大兴安岭的海拔高低较敏感,事实上,冷涡高层的发展、移动与大兴安岭地形也密切相关。

3. 冷涡强度与结构的影响因素

从大兴安岭地形高度对对流层低层环流的影响可以看出,地形主要通过阻挡作用,使得大兴安岭北侧冷涡低层出现绕流,西侧通过摩擦作用使得气流减速。那么大兴安岭地形对冷涡高层有何影响呢?从图3.45可以看出,大兴安岭地形减半后,冷涡中心500hPa的位势高度降低,涡度呈南北向的一负一正分布,说明冷涡位置向偏西北后撤;增加地形高度后,冷涡中心500hPa位势高度增加,冷涡位置异常偏东南,说明受地形影响,冷涡高层加速衰退。

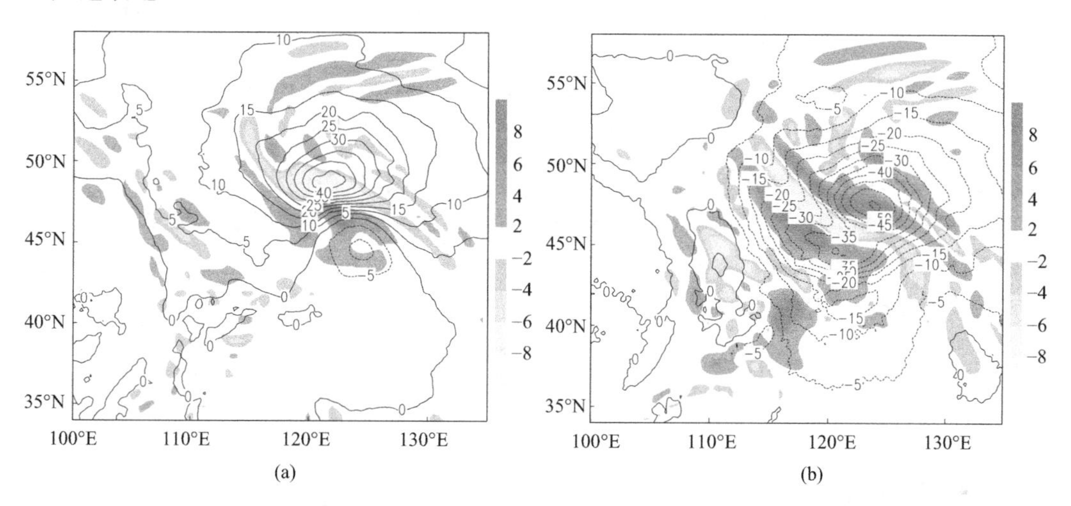

图3.45 500hPa的DBGHM与HFGHM涡度差(阴影,单位:$10^{-5}s^{-1}$)和位势高度差(实线,单位:gpm)
(a) 2006年7月22日03时;(b) 2006年7月22日15时

从控制试验与大兴安岭两个敏感性试验的高层位涡差值分布可以看出(图3.46),减半地形后,300hPa冷涡中心位涡增强,中心位涡增强超过4PVU,且位置靠北;加倍大兴安岭地形高度后,冷涡中心位涡减弱,位置偏东南,说明加倍大兴安岭地形高度加速了冷涡衰退。

由以上分析可知,大兴安岭对冷涡的影响主要体现在绕流和爬坡的作用。大兴安岭北侧的绕流和东侧的爬坡作用使得东北侧出现反气旋环流,另外,山脉对冷涡低层空气的阻挡作用使得冷涡接近山脉时趋于减速,由此可见,大兴安岭地形使得冷涡减弱,但有利于山脉东侧的辐合增强,从而使降水增加。

4. 对垂直环流的影响

以上分析表明,地形有利于低层大气在大兴安岭东侧形成辐合触发对流。本节通过分析穿过辐合带的涡度、垂直速度和温度平流等的经度-高度垂直剖面,来分析地形对垂直环流的影响,如图3.46和图3.47所示。从这两张图中可以看出,冷涡发展阶段地面冷锋锋面位于126°E附近的假相当位温经向梯度大值区内,东侧为强的上升运动区,大兴安

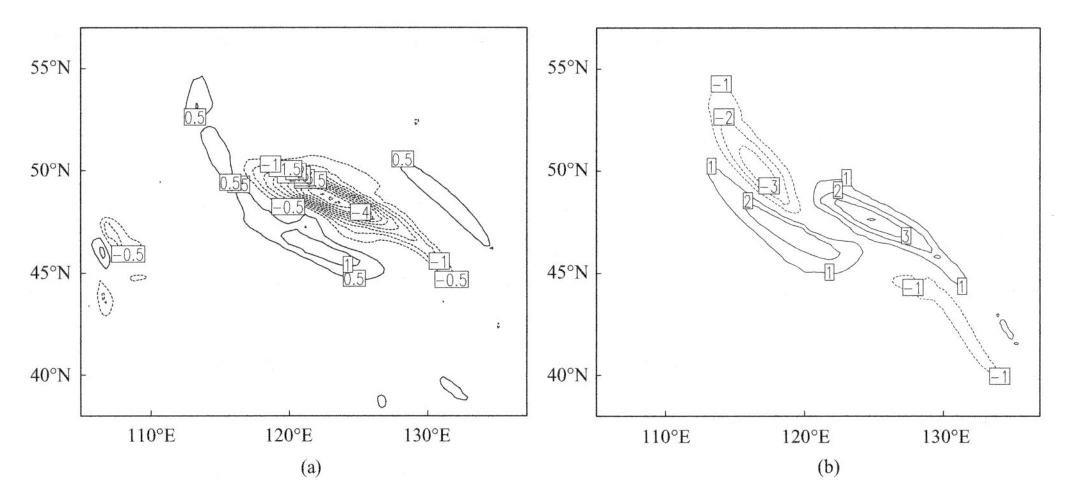

图 3.46　300hPa 的 DBGHM 与 HFGHM 的位涡(单位:PVU)

(a) 2006 年 7 月 22 日 03 时;(b) 2006 年 7 月 22 日 15 时

岭地形减半时,锋面东侧 700hPa 以下正涡度减弱,辐合减弱,西侧大兴安岭正涡度增强;CTL 与 HFGHM 的温度平流差值垂直结构表明(图 3.48),大兴安岭地区出现了强暖平流异常,且该异常在冷涡发展过程中一直存在;加倍大兴安岭地形高度后,锋面东侧 700hPa 以下正涡度增强,低层辐合增强,西侧大兴安岭正涡度增强,出现强的冷平流异常。

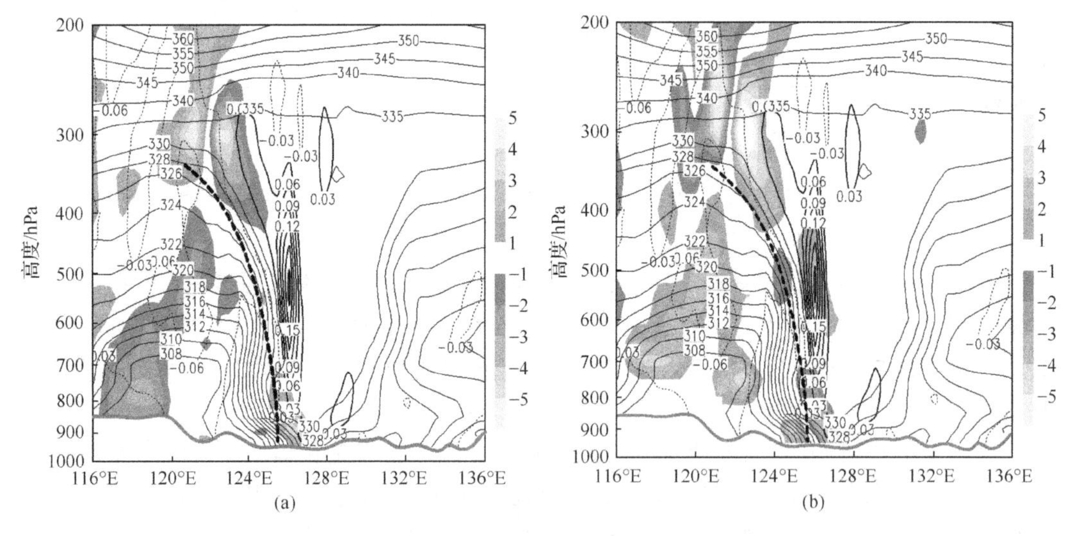

图 3.47　2006 年 7 月 21 日 21 时沿 47°N 的涡度差(阴影,单位:$10^{-5}s^{-1}$)、CTL 试验的假相当位温(细实线,单位:K)和垂直速度(粗实线,单位:m/s)的经度-高度剖面

(a) CTL 与 HFGHM 涡度差;(b) CTL 与 DBGHM 涡度差。灰粗实线代表地形高度

由此可见,地形对大兴安岭不同地区的影响也不一样,增加地形高度会使得大兴安岭东侧低层大气辐合加强,而使得大兴安岭上空及其西北侧正涡度减弱,不利于冷涡的发展和加深。加倍地形,阻碍了大兴安岭南侧的偏西南暖湿气流的北上,但有利于偏东气流在大兴安岭东侧由于抬升作用造成更强的降水。

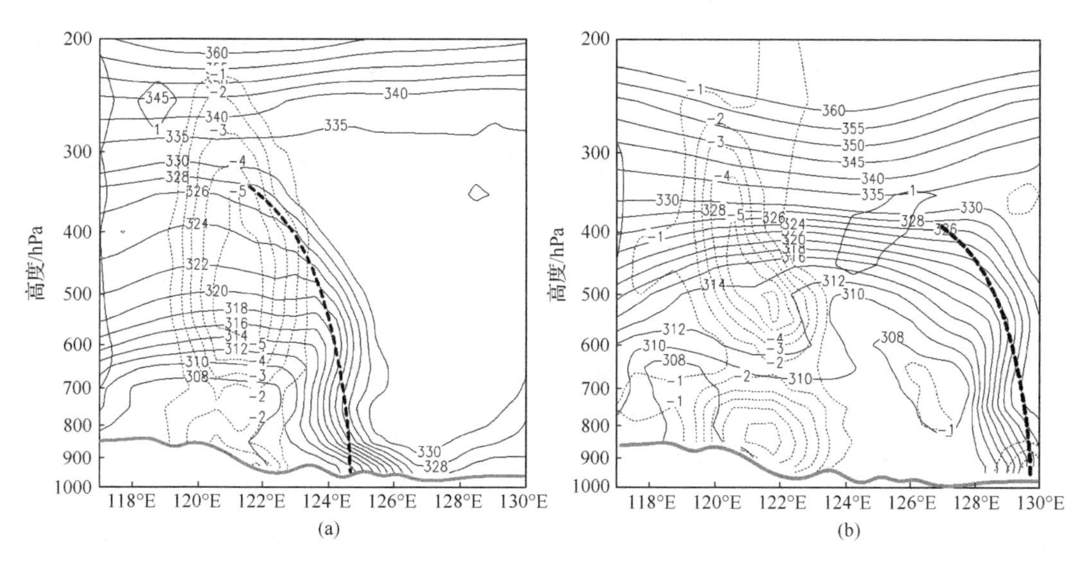

图 3.48　CTL 假相当位温和 CTL 与 HFGHM 的温度平流差(虚线,单位:10^{-4}K/s)

(a) 2006 年 7 月 21 日 21 时;(b) 2006 年 7 月 22 日 15 时

3.4.4　小兴安岭山脉的作用

小兴安岭是中国黑龙江山脉,山势低缓,是黑龙江与松花江的分水岭。小兴安岭西南坡缓长,东北坡陡短,平均海拔 500～800m。本节试验范围设为 126°E～133°E、46°N～50°N,通过改变小兴安岭山脉地形高度,来分析它对冷涡及其引起的局地降水的影响。

1. 对降水的影响

图 3.49 是控制试验与敏感性试验 24h 降水差值分布。从图 3.49 可以看出,小兴安岭地形减半后,在黑龙江共有 3 个区域降水有一定的变化,分别位于黑龙江的西北部、中

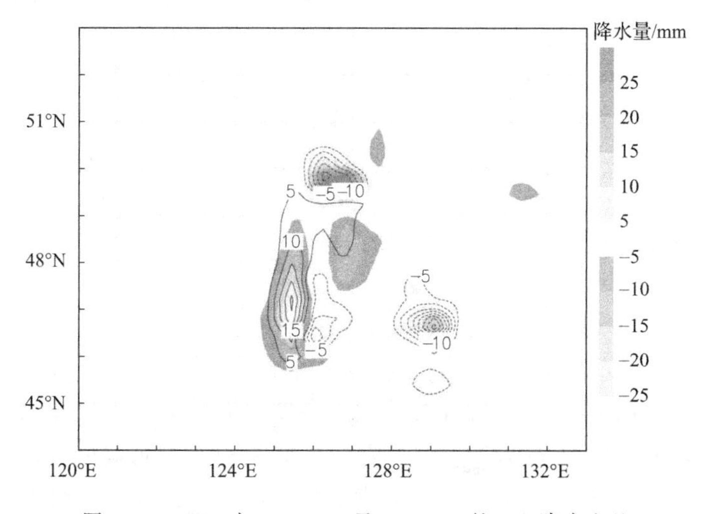

图 3.49　CTL 与 HFXHL 及 DBXHL 的 24h 降水之差

东部和西部地区，减半小兴安岭地形高度后，西北部和中部地区降水减弱，偏西部降水增强，24h 降水变化幅度均在 10～15mm；在增加小兴安岭地形高度后，降水分布和试验 HFXHL 的结果相反。

可以看出，小兴安岭对黑龙江的降水具有较强的局地性的影响。黑龙江西北部黑河地区在此次冷涡过程中，全市 6 个县(市、区)均普降大雨，降水量一般为 50～150mm，有近 40%的区域达到暴雨和大暴雨程度，全市平均降水量 110mm，北安市通北镇、爱辉区西沟水电站等地局地降雨达 210mm 以上。黑河站过程降水量达 170.1mm，达到历史同期最大，比常年同期偏多 4 倍以上。由于降水集中、强度大，造成山洪下泻和大面积地表径流，致使黑河市境内所有的中小河流全部出槽，其中嫩江县的科洛河、五大连池市的讷谟尔河、爱辉区的法别拉河、孙吴县和逊克县的逊别拉河、北安市的通肯河等几个中等河流干流均出现洪峰。此次降水，造成了黑河市境内所有乡镇均不同程度地遭受洪涝灾害。据国家气候中心气候评估室的统计，全市 6 个县(市、区)56 个乡镇受灾，受灾人口 1.66 万人，其中有 55 个村屯进水，紧急转移安置灾民 1.16 万人，1 人因雷击死亡；农作物受灾面积 18.24 万 hm^2，绝收面积 5.63 万 hm^2；损坏民房 4000 多间，倒塌民房 100 多间；死亡大牲畜 184 头；毁坏耕地 2000 多公顷；洪水冲毁桥梁 700 多座、毁坏公路路面 322km；哈黑铁路襄河段被洪水冲断 5m，停运 12h；因洪水阻断光缆黑河市境内部分通信中断 12h。全市因灾直接经济损失 2.09 亿元，其中农业直接经济损失 1.61 亿元。

为什么此次冷涡会造成黑河地区如此强的暴雨洪涝灾害？降水为何会随小兴安岭地形高低而发生强弱变化？小兴安岭山脉是否对低层涡度场、散度场有影响？地形对垂直环流场以及高层位涡场又有何作用？本节试图就以上等问题进行分析。

2. 对低层大气流场的影响

图 3.50 为减半和加倍小兴安岭地形高度试验后，低层 CTL 与 HFXHL 及 DBXHL 的涡度、假相当位温和风场的差值结果。从图 3.50 可以看出，HFXHL 试验中，模式积分 3h 后，在小兴安岭西北侧出现了偏西南风异常，小兴安岭西南侧涡度减弱，东南侧出现偏西北风异常，表明小兴安岭山脉的阻碍作用减小，小兴安岭北侧低层偏西南风加强，南侧山脉的抬升作用减弱，使得偏东风减弱；模式积分 9h 后，在黑龙江中部、小兴安岭低层为异常的偏东北风，东侧为异常的气旋风场，有利于低层涡旋的往东发展演变。DBXHL 试验结果表明，积分 3h 后，在小兴安岭的西北和东南侧涡度减弱，迎风坡风速增强；模式积分 9h 后，小兴安岭西北和东南侧对应于 24h 降水偏强地区存在两个假相当位温值异常低值区。加倍地形高度后，小兴安岭东侧为异常的反气旋风场，不利于低层涡旋在小兴安岭东侧的发生发展。

从 DBXHL 与 HFXHL 的 850hPa 水汽通量散度差值场可以看出(图 3.51)，当小兴安岭地形高度增加时，小兴安岭西北侧及东南侧低层的风速增强，其中西北侧风速最强增强了 5m/s 以上，西北侧异常强的偏北风和东南侧异常强的东南风，使得山脉的抬升作用增强，从而导致降水增强；水汽通量散度差值结果表明，加倍地形高度后，在小兴安岭西侧及南侧出现低层水汽辐合。22 日 03 时，异常强的水汽通量辐合带呈西北—东南走向，这可能是因为加倍小兴安岭地形后，使得小兴安岭东南侧和西北侧山脉的绕流作用增强，加

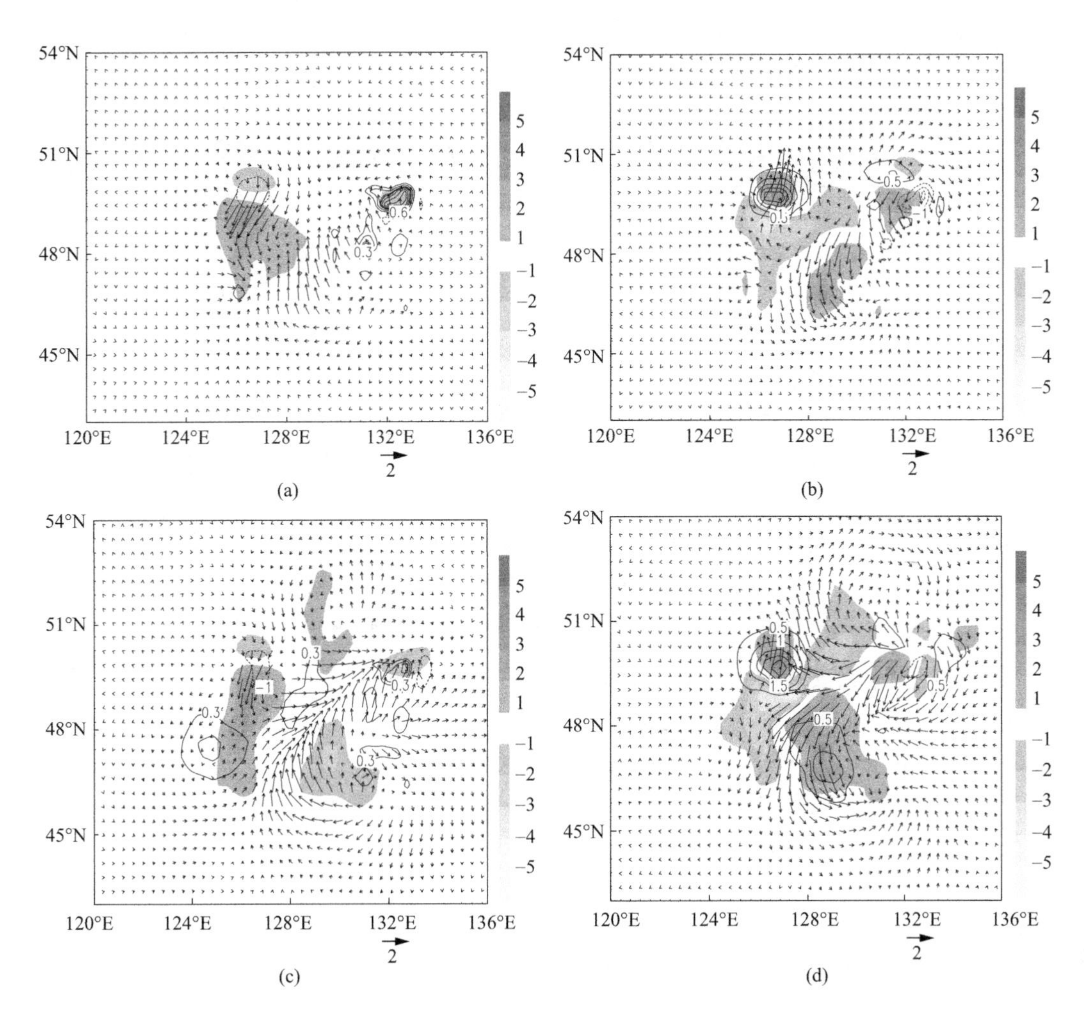

图 3.50 850hPa 的 CTL 与 HFXHL 及 DBXHL 的涡度(阴影,单位:$10^{-5}s^{-1}$)、假相当位温(单位:K)和风场(单位:m/s)的差值

(a)、(b) 21 日 15 时;(c)、(d) 21 日 21 时

强了东南风与西北风的风场切变,使得辐合增强。受小兴安岭山脉的动力抬升作用,在山脉的东南侧,东南风增强 6m/s 以上,水汽通量辐合增强 5×10^{-5}g/(s · cm^2 · hPa)以上,从而使得降水加强。

以上分析表明,冷涡降水发生在小兴安岭的西侧和北侧,在加倍小兴安岭地形高度后,山脉的抬升作用增强,使得水汽通量散度出现异常强的辐合,增强了山脉北侧和东南侧地区的降水,可以说,小兴安岭地形海拔直接影响黑龙江大部的降水,其中,小兴安岭的地形对黑龙江中西部和北部地区的降水影响更为敏感。

3. 对冷涡的强度与结构的影响

HFXHL 试验结果表明(图 3.52),22 日 15 时冷涡中心 500hPa 位势高度增加,涡度减弱;DBXHL 试验结果表明,加倍小兴安岭地形高度时,冷涡中心位势高度降低,涡度加

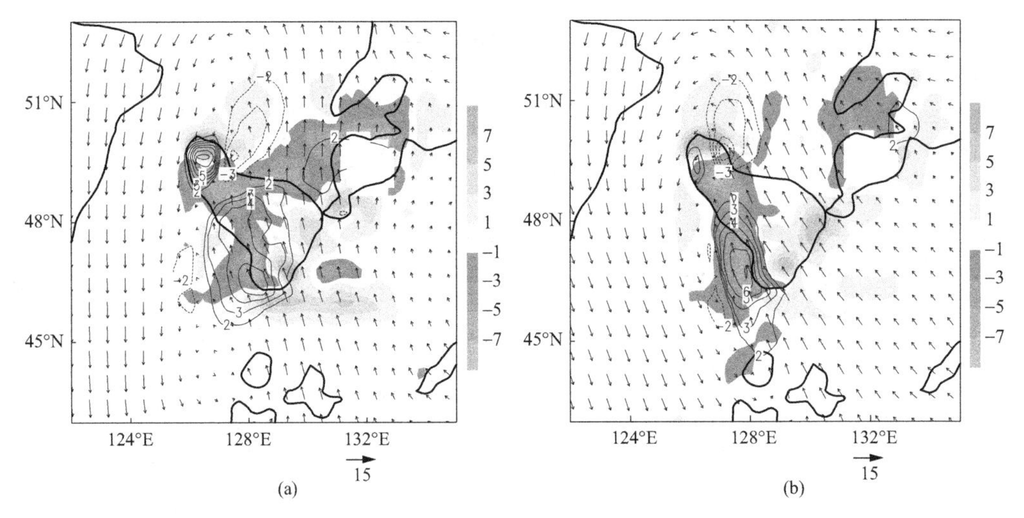

图 3.51　850hPa DBXHL 与 HFXHL 水汽通量散度差值[阴影,单位:10^{-5}g/(s·hPa·cm^2)]、全风速差(等值线,单位:m/s)和 DBGHM 水平风场图

(a) 21 日 15 时;(b) 22 日 03 时;粗实线为 DBXHL 地形高度超过 600m 区域

强。由此可见,小兴安岭的地形使得冷涡在成熟阶段发展加深,在衰亡阶段冷涡位置偏南,减半小兴安岭地形高度后冷涡位置偏北。成熟时期 300hPa 位涡差值表明,减半地形后,冷涡中心高层位涡减弱;加倍地形高度后,中心高层位涡增强(图 3.53)。对比大兴安岭和小兴安岭地形试验结果发现,小兴安岭对冷涡的影响幅度远小于大兴安岭,但小兴安岭对黑龙江省尤其是西部和北部地区的降水影响更为明显。

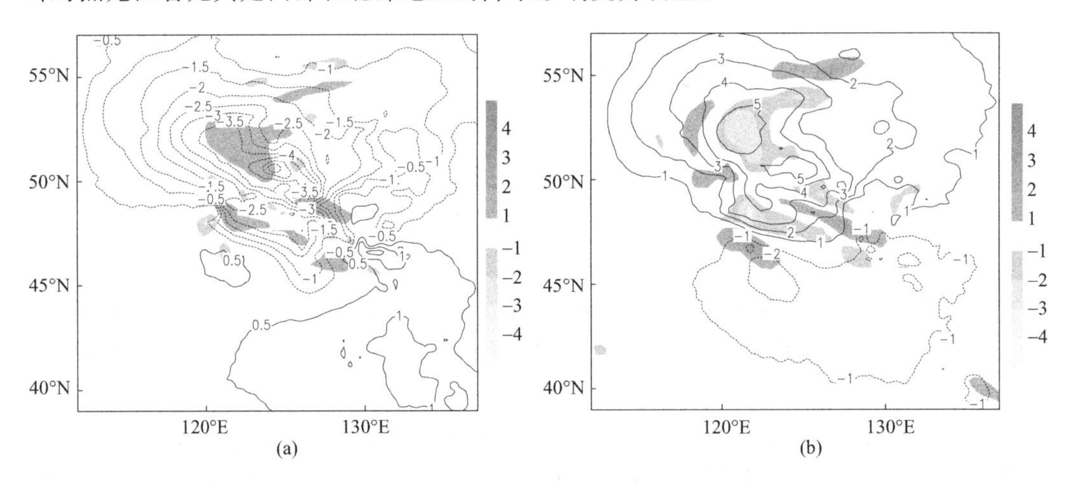

图 3.52　500hPa 涡度差(阴影,单位:10^{-5}s^{-1})和位势高度差(等值线,单位:gpm)

4. 对垂直环流的影响

从 DBXHL 地形试验的结果可知,加倍小兴安岭地形高度后,在山脉北侧和东南侧地区的降水增强,小兴安岭地形为何会使得降水发生以上的变化?垂直环流上有何变化?本节着重分析地形对山脉南北两侧垂直环流的影响。

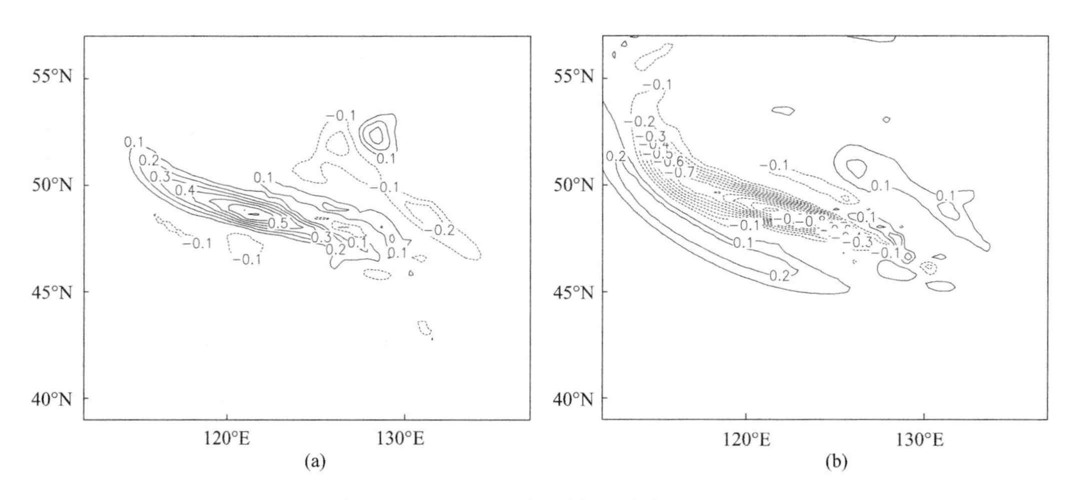

图 3.53　850hPa 位涡差值(单位:PVU)

(a) CTL 与 HFXHL 的差值;(b) CTL 与 DBXHL 的差值

从图 3.54 可以看出,加倍地形后,在小兴安岭西侧和东侧分别存在正涡度和负涡度异常,有利于冷涡在经过小兴安岭西侧时低层气旋性涡度的加强,在经过小兴安岭上空时反气旋涡度加强,且这种变化在冷涡整个过程中一直存在。图 3.55 为 DBXHL 垂直速度、假相当位温和与 HFXHL 的垂直风场差沿 46°N 的垂直剖面图,从图中可以看出,增加小兴安岭地形高度后,锋前对流区垂直上升速度减弱,小兴安岭山脉上空及东侧因受抬升作用,产生上升运动,从而一方面使得锋区降水减弱,另一方面使得小兴安岭东南侧降水增强。

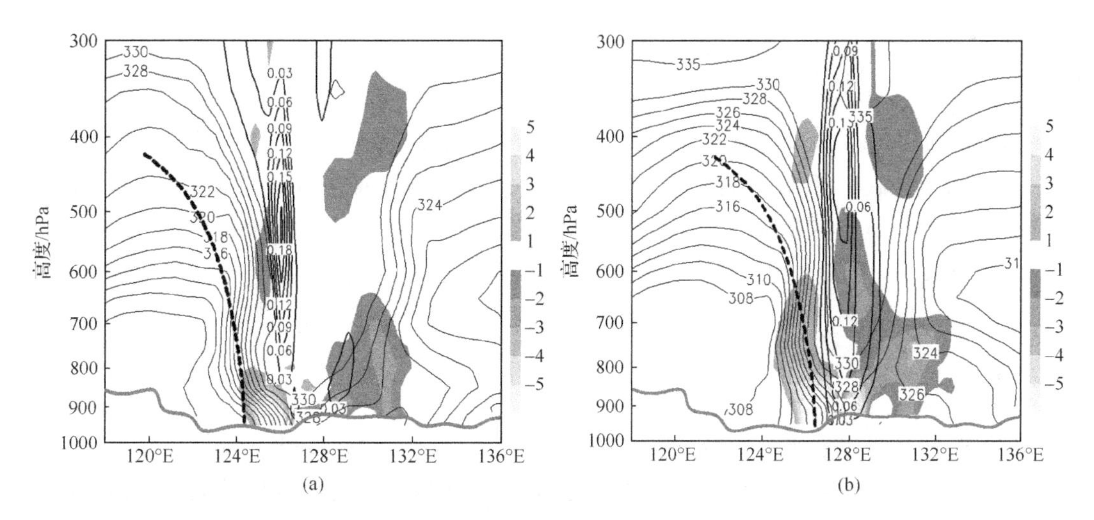

图 3.54　DBXHL 与 HFXHL 沿 46°N 涡度差(阴影,单位:$10^{-5}s^{-1}$)、CTL 试验的假相当位温(细实线,单位:K)和垂直速度(粗实线,单位:m/s)的经度-高度剖面

(a) 21 日 21 时;(b) 22 日 03 时。灰粗实线代表地形高度

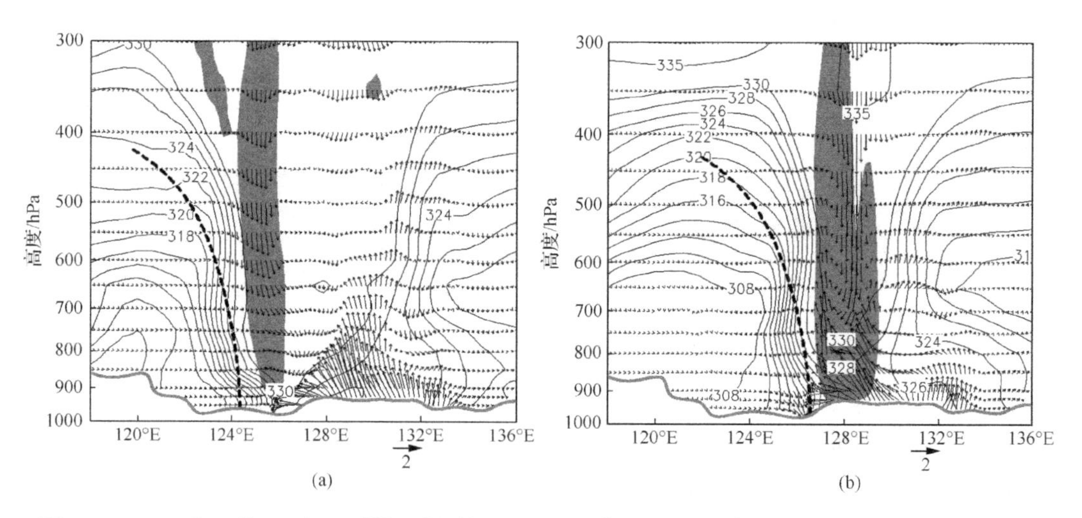

图 3.55　2006 年 7 月 21 日 21 时沿 46°N 的 DBXHL 垂直速度(阴影代表上升运动区)和假相当位温(实线,单位:K)和垂直风场差(DBXHL 与 HFXHL 的 u 差×100 与 w 差×100)

3.4.5　长白山山脉的作用

长白山(亦作白头山,Beakdu Mountain),广义的定义是指我国辽宁、吉林和黑龙江三省东部山地的总称,狭义的长白山专指中国吉林东部与朝鲜交界的山地。长白山北起三江平原南侧,南延至辽东半岛,海拔多在 800～1500m,主峰超过 2700m。本节长白山地形敏感性试验范围为 125°E～132°E、39°N～45°N,用以考察它对冷涡及其局地降水的影响。

1. 对降水的影响

图 3.56 是控制试验与对长白山敏感性试验的 24h 降水差值分布。从图 3.56 可以看出,长白山地形减半后,我国吉林东部、长白山以北地区降水增强,以东的朝鲜地区降水减弱;加倍长白山地形高度后,吉林中部、辽宁东部、长白山以西地区降水增强,以东降水减弱,24h 降水变化幅度均在 10～50mm。由此可见,长白山对冷涡局地降水的影响幅度大于大兴安岭和小兴安岭地区,其地形有利于增强我国东北中东部地区降水。

2. 对低层大气流场的影响

从图 3.57 可以看出,在减半长白山地形高度条件下,低层 850hPa 吉林以东、长白山西北部地区出现了异常东南风;在吉林东北部、黑龙江东南部为异常的偏北风,使得在长白山以东出现异常反气旋环流,正涡度减弱;在长白山以西出现异常气旋环流,正涡度增大。加倍长白山地形高度后,在长白山西北部出现异常的西北风,西南侧为异常的东南风,从而使得在长白山以东出现异常气旋环流,正涡度增大;在长白山以西出现异常反气旋环流,正涡度减弱。不难看出,减半地形后,有利于偏东气流北上,从而增加了偏东气流的水汽输送,使得在长白山西侧出现异常强的降水。

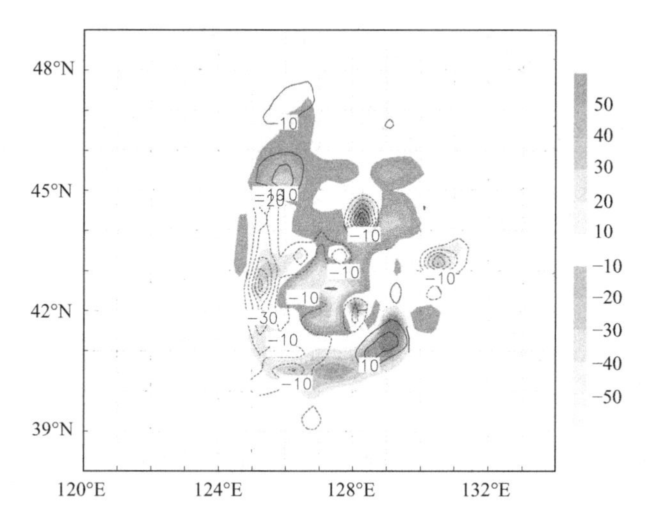

图 3.56　2006 年 7 月 21 日 15 时至 22 日 15 时的 24h 降水量(单位:mm)之差
(a) CTL 与 HFCM 的差值;(b) CTL 与 DBCM 的差值

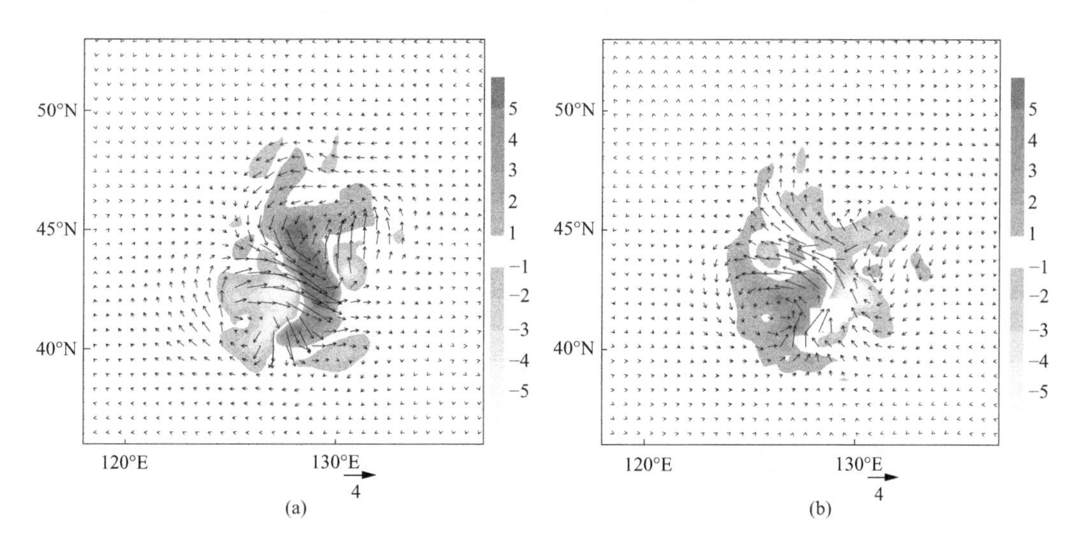

图 3.57　800hPa 位涡差(阴影,单位:$10^{-5}s^{-1}$)与风场差
(a) CTL 与 HFCM 的差值;(b) CTL 与 DBCM 的差值

从控制试验和敏感性试验散度差和全风速差可以更清晰地看到长白山对局地低层散度场及风场的变化(图 3.58)。从图 3.58 可见,HFCM 积分 9h 后,吉林东部地区低层 800hPa 为异常东南风,风速减小,风场辐合趋势增加;DBCM 积分结果表明,加倍长白山地形高度后,山脉西侧偏北风风速增强,说明山脉的抬升作用增强,有利于降水在山脉西侧增强。从 DBCM 与 HFCM 的水汽通量散度差和风速差值分布可以看出(图 3.59),地形的增加,使得山脉西北侧的偏北风增加,北侧偏东南风减弱。地形的抬升作用,有利于在山脉西侧水汽通量辐合,使得降水增加。

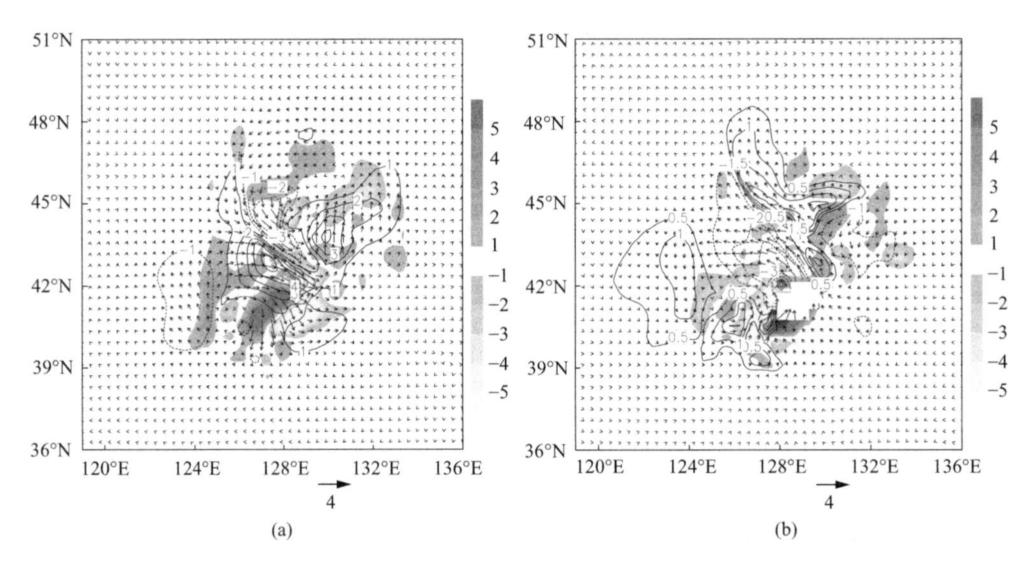

图 3.58 800hPa 的 CTL 与 HFCM 散度差(阴影,单位:$10^{-5}s^{-1}$)与全风速差(实线,m/s)(a)及 700hPa 的 CTL 与 DBCM 散度差(阴影,单位:$10^{-5}s^{-1}$)与全风速差(实线,m/s)(b)

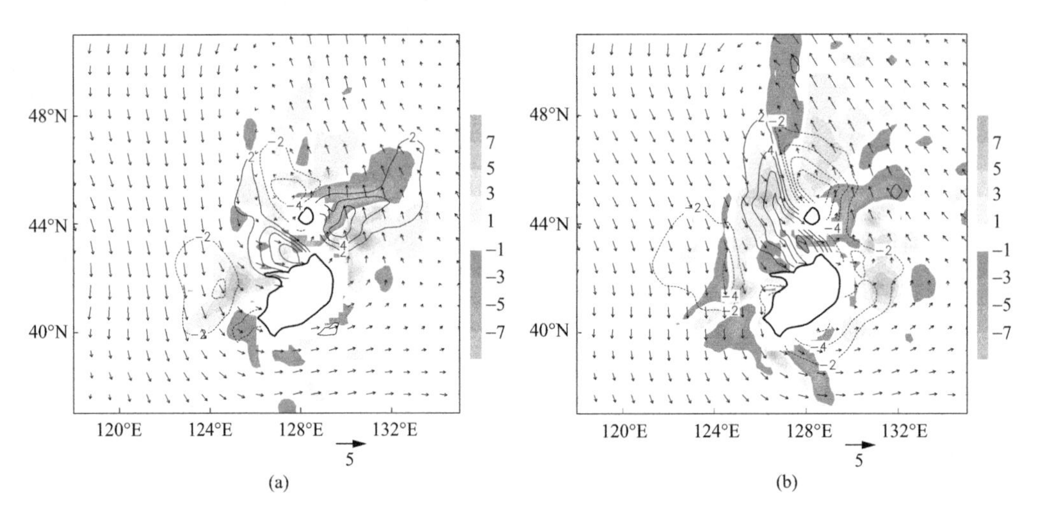

图 3.59 800hPa 的 DBCM 与 HFCM 水汽通量散度差[阴影,单位:$10^{-5}g/(s \cdot cm^2 \cdot hPa)$]、全风速差(等值线,单位:m/s)和 DBGHM 水平风场图

粗实线为超过 1500 m 地形范围。(a) 2006 年 7 月 22 日 03 时;(b) 2006 年 7 月 22 日 15 时

3. 对冷涡的强度与结构的影响

HFCM 试验结果表明[图 3.60(a)],减半长白山地形高度时,22 日 15 时冷涡中心 500hPa 位势高度增加,最大增幅超过 15gpm,对应涡度减弱;与此同时,减半地形高度使得在冷涡西北侧的位势高度降低,减幅约 12gpm,涡度增强。从控制试验与地形试验 300hPa 位涡的差值场可以看出,HFCM 和 DBCM 均使得冷涡中心高层位涡位置发生相应变化,减半和加倍长白山地形高度分别使得冷涡中心高层位涡偏西和偏东。DBCM 试

验结果表明，加倍长白山地形高度后，冷涡中心位势高度降低，涡度增强，表明加倍长白山地形高度有利于冷涡增强；这可能是因为加倍长白山地形高度后，北侧地形绕流作用增强，有利于在北侧形成气旋性风场异常，从而有利于冷涡的加强。对比大兴安岭、小兴安岭和长白山地形试验结果发现，小兴安岭对冷涡的影响幅度最小，长白山次之，大兴安岭影响最为明显，但长白山、小兴安岭对吉林、黑龙江的局地降水影响更为明显。

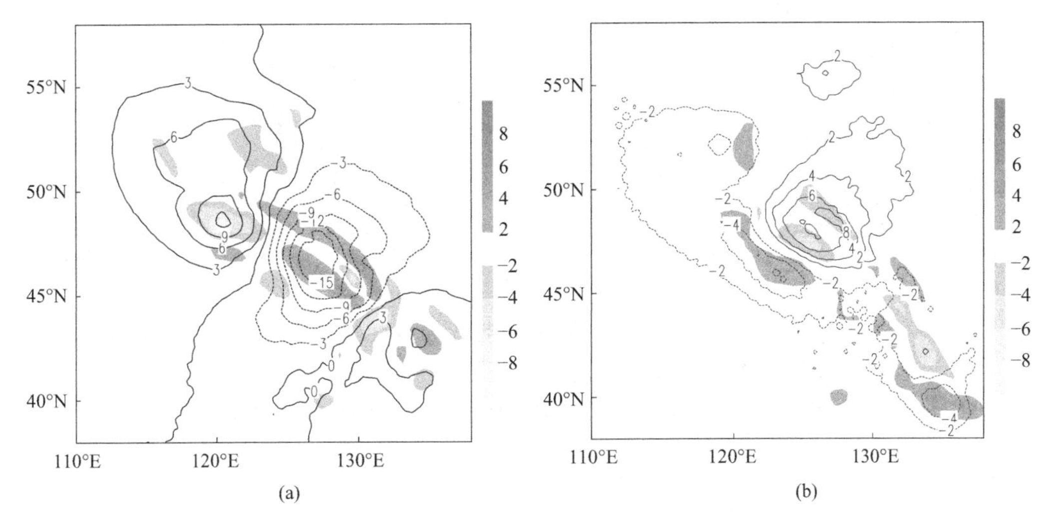

图 3.60　长白山地形试验 850hPa 位涡差值(单位：$10^{-5}s^{-1}$)

(a) CTL 与 HFXHL 的差值；(b) CTL 与 DBXHL 的差值

4. 对垂直环流的影响

由以上分析可知，加倍长白山地形高度后，在山脉西北侧降水增强，东南侧地区的降水减弱，这点和加倍大兴安岭地形有利于东侧降水明显不同；长白山地形影响的降水主要是受西北侧地形抬升影响的结果，而大兴安岭主要为东侧偏东气流受地形抬升和绕流的结果。本节尝试分析长白山地形对局地垂直环流的影响(图 3.61)。从图 3.61 可以看出，21 日 21 时冷锋位于长白山西侧 124°E 附近。加倍长白山地形高度后，在长白山西侧和东侧分别存在负涡度和正涡度异常，有利于在经过长白山时系统前侧低层的气旋性涡度加强，且这种变化趋势的范围较小兴安岭深厚，可伸展到对流层中上层 400hPa 附近。由此可见，加倍长白山地形高度有利于气旋性环流在系统东侧生成，使得冷涡系统加强。加倍长白山地形高度后，受地形抬升作用影响，山脉西侧的垂直速度明显增强(图 3.62)，从而使得西侧的降水增强。

3.4.6　东北地形的作用

选取 110°E～133°E、38°N～53°N 作为东北地形敏感试验范围，综合考察包括大兴安岭、小兴安岭和长白山的东北地区地形对冷涡及降水系统的影响。

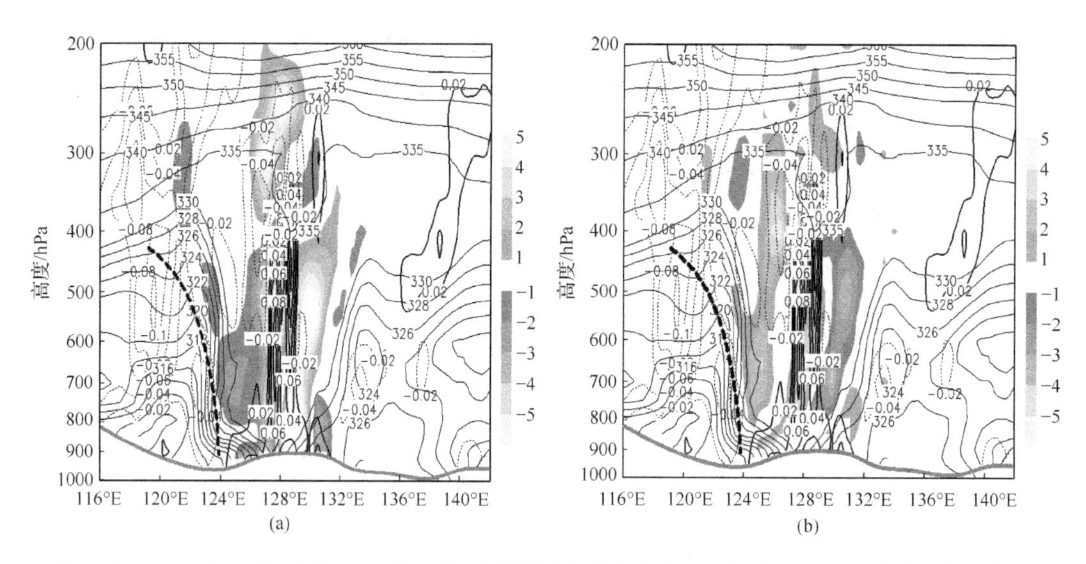

图 3.61　2006 年 7 月 21 日 21 时沿 43°N 的涡度差(阴影,单位:$10^{-5}s^{-1}$)、CTL 试验的假相当位温(细实线,单位:K)和垂直速度(粗实线,单位:m/s)的经度-高度剖面

灰粗实线代表地形高度。(a) CTL 与 HFCM 涡度差;(b) CTL 与 DBCM 涡度差

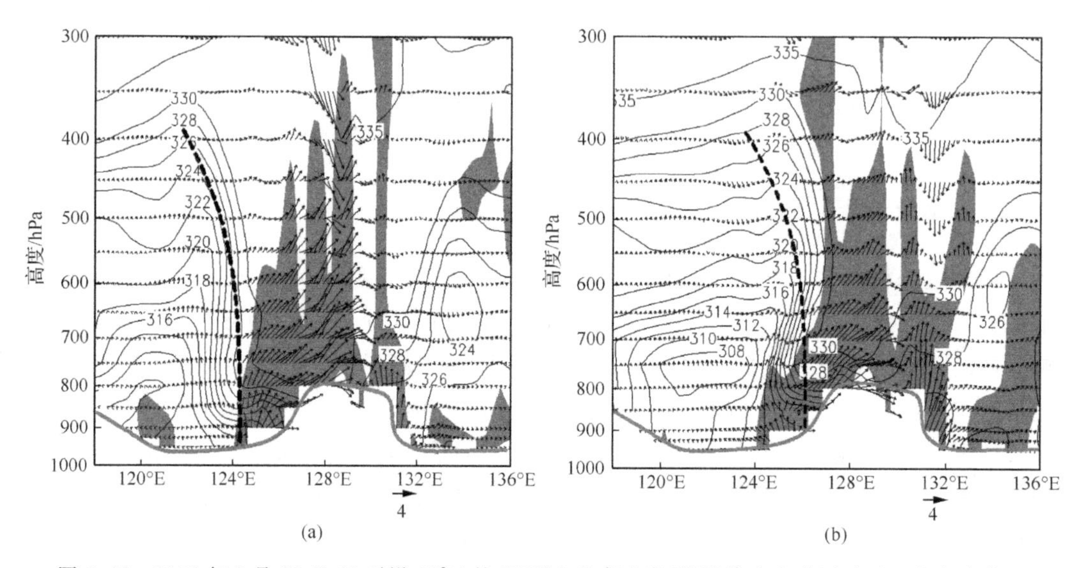

图 3.62　2006 年 7 月 21 日 21 时沿 46°N 的 DBCM 垂直速度(阴影代表上升运动区)、假相当位温(实线,单位:K)和垂直风场差

1. 对降水的影响

图 3.63 是控制试验与对东北地形敏感性试验 24h 降水差值分布。从该图可以看出,东北地形高度减半后,黑龙江西北部的黑河地区和长白山东南侧的降水明显减少,黑龙江西部和吉林东南部地区的降水明显增加;加倍东北地区地形高度后,黑龙江西部以及长白山东南侧的降水有所减少,吉林中东部、南部降水明显增加。由此可见,东北地形对东北

冷涡降水有较大的影响，其中，黑龙江西部，西北部以及吉林的中部和东部受东北地形影响比较明显，结合前面的分析可知，黑龙江地区的降水受大兴安岭和小兴安岭地形的影响较大，吉林主要受大兴安岭和长白山地形作用，辽宁受大兴安岭的地形影响较大。

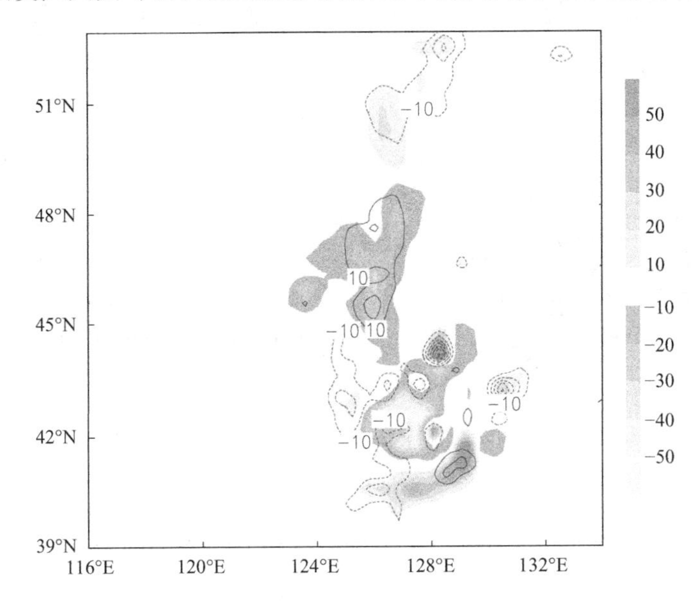

图3.63　2006年7月21日15时至22日15时CTL与HFNET(阴影)、CTL与DBNET(等值线)的24h降水量(单位:mm)之差

2. 对低层大气流场的影响

对低层大气流场的影响可从两个方面来看(图3.64和图3.65)。从图3.64可以看出，东北地形加倍后，21日20时，由于山脉绕流作用增强，使得在大兴安岭东北侧、长白山北侧的偏西北风增强，进而使得该地区反气旋性环流明显增强，最终在大兴安岭的东北侧、长白山的东北侧等出现反气旋环流异常，在大兴安岭的东侧和长白山西北侧出现气旋性环流异常；22日03时，地形对局地风的影响进一步增强，使得在黑龙江西部出现正涡度异常中心，在大兴安岭东北侧、小兴安岭的东侧和长白山的东北侧为负涡度异常。

另外，从图3.65可更直观地看到地形对山脉绕流作用的影响，21日21时，大兴安岭低层800hPa受西北气流影响，东北地形加倍后，大兴安岭东北侧和长白山北侧风速增强，增幅分别达15m/s和6m/s以上；且大兴安岭北侧偏北风明显减弱，降幅最大达9m/s，表明地形对低层风场的阻挡作用增强。从DBNET和HFNET试验的水汽通量散度差可以看出，地形有利于大兴安岭的东北侧、黑龙江中部和西北侧及长白山西侧、吉林西部的水汽辐合增强，从而有利于在上述地区的降水增强。

3. 对冷涡的强度与结构的影响

东北地形加倍试验表明(图3.66)，21日21时大兴安岭北侧500hPa涡度减弱，对应位势高度增加，增幅超过21gpm，使得冷涡在大兴安岭北侧减弱。与此同时，减半东北地

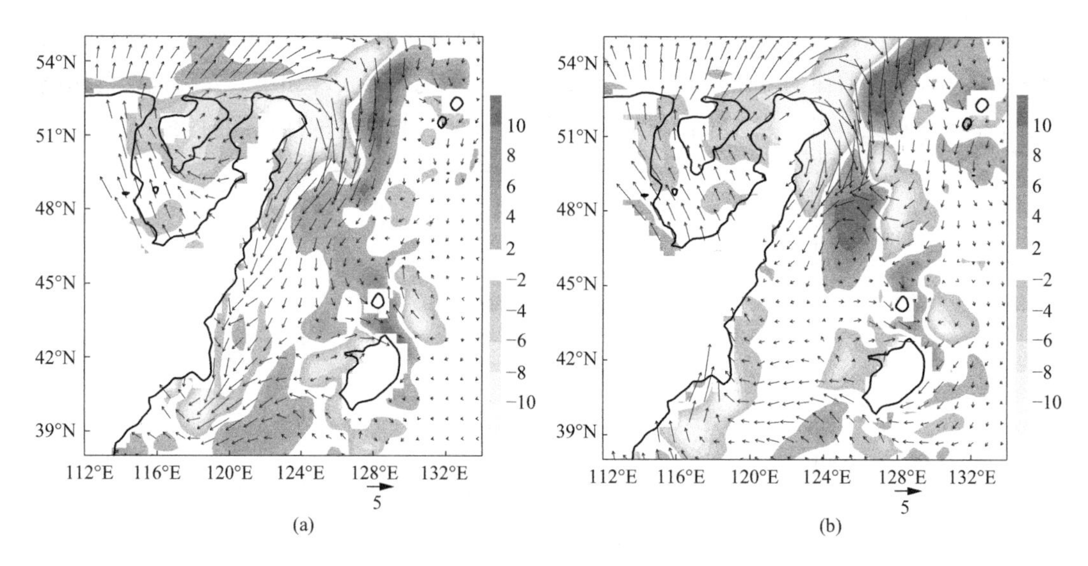

图 3.64 DBNET 与 HFNET 涡度差(单位:$10^{-5}s^{-1}$)与风场差

(a) 21 日 21 时;(b) 22 日 03 时

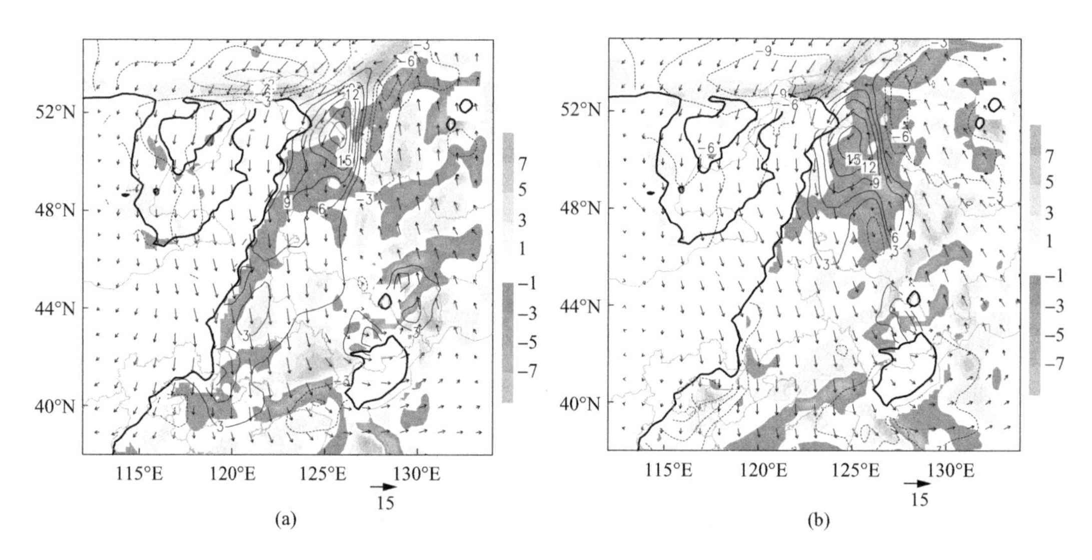

图 3.65 800hPa 的 DBNET 与 HFNET 水汽通量散度差[阴影,单位:10^{-5}g/(s · cm^2 · hPa)]、全风速差(等值线,单位:m/s)和 DBGHM 水平风场图

粗实线为超过 1500 m 地形范围。(a)21 日 21 时;(b)22 日 03 时

形高度,使得在大兴安岭北侧位势高度降低,减幅约 18gpm,涡度增强。22 日 15 时,减半试验中,大兴安岭北侧异常低的位势高度中心(正涡度异常)南移,且在其南侧出现一位势高度异常高值中心(负涡度异常),形成近似对称的位势高度(涡度)的异常中心,说明东北地形减半,对冷涡发展阶段的作用有所加强,到冷涡成熟及衰亡阶段,冷涡位置偏北。加倍地形试验中,所得到的结果和 DBGHM 试验得到的结果相一致,即增加地形高度后,冷涡中心 500hPa 位势高度增加,冷涡位置异常偏东南,说明受地形影响,冷涡高层加速衰

退。从控制试验与东北地形试验的 300hPa 位涡的差值场可以看出，HFNET 和 DBNET 均使得冷涡中心高层位涡位置发生相应变化，减半和加倍东北地形高度分别使得冷涡中心高层位涡偏北和偏南。东北地形对垂直环流的影响和大兴安岭试验类似，在此不拟赘述。

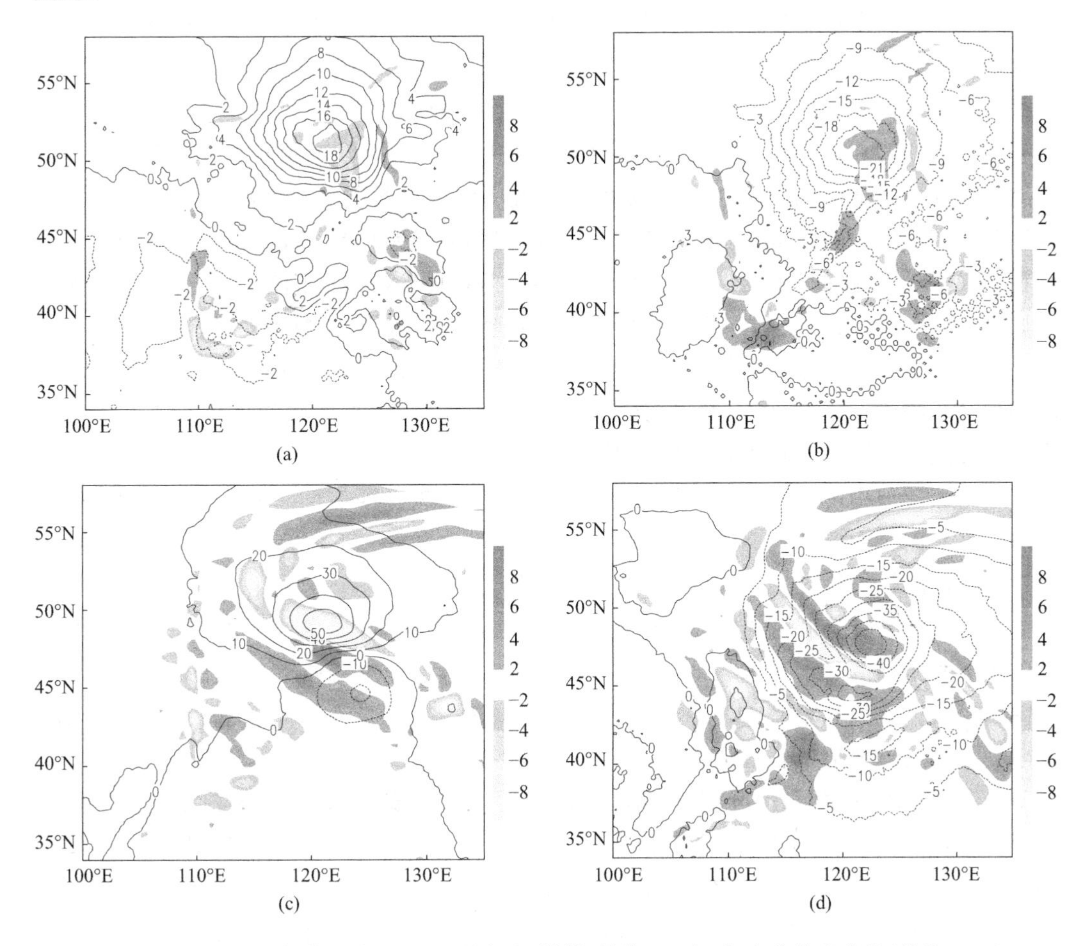

图 3.66　东北地形加倍试验 500hPa 涡度差(阴影，单位：$10^{-5}s^{-1}$)和位势高度差(单位：gpm)
(a)、(b) 21 日 21 时；(c)、(d) 22 日 15 时

综上所述，对比大兴安岭、小兴安岭、长白山和整个东北地形试验结果说明，大兴安岭在东北冷涡的发生发展中起主要作用，长白山和小兴安岭对吉林、黑龙江的冷涡局地降水影响更为明显。

在控制试验对本次冷涡暴雨过程较好地再现前提下，根据东北地区地形的特点，本节共设计了 8 个地形敏感性试验，通过改变局地地形高度，综合考察了东北地形包括大兴安岭、小兴安岭和长白山对冷涡及其引起的降水的影响，主要结论如下：

(1) 大兴安岭对冷涡系统环境流场的影响比较明显，主要体现在绕流和爬坡作用。其作用直接影响东侧及北侧的大气辐合程度，并使东侧辐合带的涡度、垂直速度及温度平流等的垂直分布发生变化，从而影响冷涡降水强度。

当大兴安岭山脉地形高度增加时，大兴安岭北侧的绕流和东侧的爬坡作用使得东北侧反气旋环流加强，从而使得冷涡从大兴安岭北侧南下时强度减弱，此外，山脉对冷涡低层空气的阻挡作用使得冷涡接近山脉时趋于减速。同时，大兴安岭地形高度增高，有利于山脉的北侧及东侧的辐合增强，使得降水增加。

（2）小兴安岭的地形对黑龙江中西部和北部地区的环流及降水影响较为敏感，主要体现为大气的绕流和抬升作用是影响黑龙江降水的直接影响因子，其中，小兴安岭的地形对黑龙江中西部和北部地区的环流及降水影响更为明显。

当小兴安岭地形高度增加时，山脉的绕流和抬升作用增强，使得小兴安岭西北侧及东南侧低层的风速增强，有利于在小兴安岭西侧及南侧出现低层水汽辐合，使得在小兴安岭西侧和北侧的降水增强；增高小兴安岭地形时，东侧为异常的反气旋风场，不利于低层涡旋在小兴安岭东侧的发生发展。对比分析发现，小兴安岭对冷涡的影响幅度远小于大兴安岭，但小兴安岭对黑龙江省尤其是西部和北部地区的降水影响更为明显。

（3）长白山山脉对中国东北中东部地区的冷涡环流及降水影响较大，主要体现在山脉的抬升和绕流作用，直接影响东北中部、中东部地区降水，且影响幅度大于大兴安岭和小兴安岭地区，其中，吉林受长白山地形影响最大。

当增高长白山地形高度时，受山脉抬升作用，使得山脉西侧的垂直速度明显增强，有利于降水在山脉西侧增强；同时，由于山脉绕流作用增强，有利于在北侧形成气旋性风场异常，使得冷涡经过山脉北侧时气旋性涡度加强。

（4）东北地形对东北冷涡环流降水有较大的影响，其中，黑龙江西部，西北部以及吉林的中部和东部的降水受东北地形影响比较明显。对比以上分析结果，说明黑龙江地区的降水受大兴安岭和小兴安岭地形的影响较大，吉林主要受大兴安岭和长白山地形作用，辽宁受大兴安岭地形的影响较大。

当东北地形加倍后，山脉绕流作用增强，使得在大兴安岭东北侧、长白山北侧的偏西北风增强，进而使得该地区反气旋性环流明显增强，使得大兴安岭的东北侧、长白山的东北侧等出现反气旋环流异常，在大兴安岭的东侧和长白山西北侧出现气旋性环流异常；增高东北地区地形，有利于大兴安岭的东北侧、黑龙江中部和西北侧以及长白山西侧、吉林西部的水汽辐合增强，从而使得在上述地区的降水增强。

对中尺度模式大气而言，数值敏感性试验为探讨地形在大气环流和暴雨中的作用提供了一个可行且有效的途径。本节的研究结果有利于进一步认识地形对东北冷涡及其引起的暴雨的动力作用，有助于更深入地了解影响东北冷涡发生发展的动力机制。

3.5 冷涡的最优扰动结构与演变及东北冷涡发展的一个非线性机理

可预报性研究是大气模拟及数值天气预报的一个基本问题（Thompson，1957；Lorenz，1963，1969）。如同大气环流的稳定性研究一样（Molteni and Palmer，1993），探讨叠加在一定大气环流上的小误差的可能增长也是大气可预报性研究的重要方向之一

(Zhang et al.,2003;Tan et al.,2004)。如果系统不稳定,则初始小误差就会随之增长从而限制预报的准确性。Mu等(2004)综合以往可预报性研究的工作,概括为可预报性研究是关于预报结果不确定性的研究,内容主要包括:研究引起预报结果不确定性的原因和机制以及探索减少预报结果不确定性的方法和途径。研究可预报性的确切度量是当今可预报性研究的主要方向,目前定量估计大气可预报性的应用较多且具有代表性的方法包括:奇异向量(singular vector)、李雅普诺夫(Lyapunov)指数两类动力学方法及数值模式敏感试验方法(闵锦忠和吴乃庚,2020)。

在这里重点讨论非线性框架下的最优扰动法(conditional nonlinear optimal perturbation,CNOP),它是寻找最快增长扰动的方法。线性奇异向量是该法的代表之一,理论基础是基于扰动的发展为线性的(Lorenz,1965;Molteni and Palmer,1993;Ehrendorfer and Errico,1995;Ehrendorfer et al.,1999;Frederiksen,2000)。然而,Zhang等(2002)发现小尺度的误差增长率依赖于初始增幅,从而表明非线性的重要性。Errico等(2002)指出若具有与初始场不相同的大小和形状的初始扰动,仅需一天时间非线性便起作用。由于技术限制,不能够再现从对流尺度到大尺度的预报误差的发展(Zhang et al.,2003)。考虑到非线性误差增长,在一定时间间隔内最大可能的误差增长,需要通过解非线性优化问题来解决(Ehrendorfer et al.,1999)。近年,CNOP方法在初始误差(CNOP-I)基础上也进一步考虑了模式误差问题(CNOP-P),并结合MM5/WRF等区域模式进行工具开发,为目标观测、敏感性分析和中尺度可预报性等研究应用提供支持(穆穆等,2007;Wang et al.,2011;Yu et al.,2017)。

Mu和Duan(2003)提出了条件非线性最优扰动(CNOP)的概念,其为线性奇异向量(LSV)在非线性框架下的推广,可通过数值求解非线性优化问题来得到。Mu和Zhang(2006)指出当初始扰动足够小或者发展时间不太长的情况下,CNOP类似于LSV。反之,CNOP与LSV之间存在很大的差异。Jiang等(2008)揭示CNOP与LSV一样存在范数依赖性。之后,Rivière等(2008)探讨了斜压不稳定流中的CNOP,指出CNOP区别于LSV就在于初始场存在一个正的纬向切变,并且在径向方向上更宽广。Rivière等(2009)进而提出一个新的方法来计算天气扰动对环境湿度的敏感性,考察了湿度对CNOP增长的影响。至此,CNOP方法已经被广泛应用在大气和海洋研究领域中(Duan et al.,2004;Mu and Jiang,2008;Mu et al.,2009)。

切断低压作为一个中纬度天气系统,经常存在于北半球西风带的南侧。Hsieh(1949)指出北美冷涡的形成源于冷空气快速入侵至上层西风带。Chen和Chou(1994)对1982~1987年暖季西北太平洋的60个冷涡做了统计,发现大多数冷涡伴随着一个西北型或南型的急流。西北型急流主要形成于冷涡的西北侧,然后向下游传播,在冷涡的西南侧耗散;而南型急流通常形成于冷涡的西南侧和东南侧,然后向下游传播,在冷涡的东北或者西北侧耗散。Zhao和Sun(2007)研究了1998年6月至8月期间导致东北亚洪涝的切断低压系统,指出斜压性在切断低压的触发中起着非常重要的作用。Hu等(2010)统计了1979~2005年东北地区切断低压及其引起的降水模态的季节气候特征。由此可见,对切断低压的大多数研究集中在其气候特征与天气学特征上。然而,冷涡形成及其引起的降水的预报对业务预报而言仍然是一个非常重要与棘手的课题。基于以上考虑，我们非常有必要探讨初始误差对东北冷涡演变的影响，以便更好地理解预报误差的来源及其相关的误差发展机制。本节建立了冷涡形成过程中由初始误差导致的最大不确定的非线性优化框架，并采用了 CNOP 方法来探讨以上问题。

3.5.1 CNOP 方法介绍

先引入"条件非线性最优扰动"概念。

假定 $\boldsymbol{X}$ 为模式的状态矢量，初始条件 $\boldsymbol{X}|_{t=0}=\boldsymbol{X}_0$ 已知，$\boldsymbol{X}(T)=\boldsymbol{M}_T(\boldsymbol{X}_0)$ 为模式解。初始扰动 $\boldsymbol{x}_0$ 叠加到初始态 $\boldsymbol{X}_0$ 上，可产生新的预报解 $\widetilde{\boldsymbol{X}}(T)=\boldsymbol{M}_T(\boldsymbol{X}_0+\boldsymbol{x}_0)=\boldsymbol{X}(T)+\boldsymbol{x}(T)$ 。初始扰动 $\boldsymbol{x}_0$ 的非线性演变可定义为 $\boldsymbol{x}(T)=\boldsymbol{M}_T(\boldsymbol{X}_0+\boldsymbol{x}_0)-\boldsymbol{M}_T(\boldsymbol{X}_0)$。

对于选定的范数 $\|\cdot\|$，条件非线性最优扰动(CNOP)，$\boldsymbol{x}_{0\delta}^*$ 是满足一定的初始约束 $\|\boldsymbol{x}_0\|^2\leqslant\delta$，使目标函数 $J(\boldsymbol{x}_0)$ 达到最大值的扰动。

$$J(\boldsymbol{x}_{0\delta}^*)=\max_{\|\boldsymbol{x}_0\|^2\leqslant\delta} J(\boldsymbol{x}_0) \tag{3.10}$$

式中

$$J(\boldsymbol{x}_0)=\|P\boldsymbol{x}(T)\|^2=\|P(\boldsymbol{M}_T(\boldsymbol{X}_0+\boldsymbol{x}_0)-\boldsymbol{M}_T(\boldsymbol{X}_0))\|^2 \tag{3.11}$$

δ 是给定的正常数，代表初始扰动的振幅。在目标函数 $J(\boldsymbol{x}_0)$ 中应用了局地投影算子，验证区内(外)值为 1(0)(Buizza et al.,1993)。

为求解以上非线性优化问题，采用了谱投影梯度 2(SPG2)优化算法(Birgin et al., 2000)，该方法可用来计算具有初始约束的函数极小值问题。此外，该方法的最大优势在于可以计算高维问题。对此处求解的优化问题，大约 50 步可作为收敛的停止条件。严格来说，数值算法仅仅能够产生一个局地极小点。为了得到 CNOP，我们尽可能地多尝试几个不同的初始扰动以保证 CNOP 的目标函数为最大值。CNOP 计算的详细介绍可参考文献(Jiang 等，2008)。

同样的，线性奇异向量(LSV)，也是通过求解一个类似的目标函数来得到，即把 CNOP 目标函数中扰动的非线性演变以切线性发展来代替，并且初始约束为一个非常小的参数。优化算法也是采用 SPG2。得到 LSV 后，再与 CNOP 统一成相同的初始约束 δ。

能量范数被广泛应用在 LSVs 和 CNOPs 的定义中(Buizza et al., 1993; Buizza, 1994; Ehrendorfer et al., 1999; Mu and Zhang, 2006; Rivière et al., 2008; Rivière et al., 2009)。Ehrendorfer 和 Errico(1995)计算了总能量范数意义下的 LSV，以此来探讨两个爆发性气旋的中尺度可预报性。Kleist 和 Morgan(2005)采用干能量权重的预报误差为响应函数，估计了初始不确定对美国东部的一次暴雪事件的影响。因此，在冷涡可预报性研究中，我们首先仍然是采用了干能量范数来定义 LSV 和 CNOP，其为扰动动能与相对一个具有空间不变温度 ($T_r=270\text{K}$) 和地面气压 ($p_r=1000\text{hPa}$) 的参考态的势能之和。对初始约束和目标函数，我们均采用此干能量范数来定义(Ehrendorfer and Errico, 1995; Mu et al., 2009):

$$\| \ \|_{\mathrm{DTE}}^2 = \frac{1}{D}\int_D \int_0^1 \left[u'^2 + v'^2 + \frac{c_p}{T_r} T'^2 + R_a T_r \left(\frac{p'_s}{p_r} \right)^2 \right] \mathrm{d}\sigma \, \mathrm{d}D \tag{3.12}$$

式中，c_p 和 R_a 分别为比热容和干空气常数，数值分别为 1005.7J/(kg · K)和 287.04 J/(kg · K)；D 为水平区域；σ 为垂直方向；u'、v'、T' 和 p'_s 分别为纬向风扰动、经向风扰动、温度扰动及地面气压扰动。

由于选择了干能量范数，湿扰动场在初始时刻设为零。然而，扰动随着时间的演变会产生湿扰动。因此，在后面的数值分析中我们用到了由混合比扰动产生的湿能量范数(Ehrendorfer et al.,1999)：

$$\| \ \|_{\mathrm{Moist}}^2 = \frac{1}{D}\int_D \int_0^1 \left(\frac{L^2}{c_p T_r} q'^2 \right) \mathrm{d}\sigma \, \mathrm{d}D \tag{3.13}$$

式中，L 为单位质量凝结潜热，数值为 2.5104×10^6J/kg；q' 为混合比扰动。

3.5.2　模式介绍和天气个例描述

此处采用的是宾夕法尼亚州立大学和美国国家大气研究中心联合研发的第五代非静力中尺度模式(MM5)及其切线性和伴随模式。物理过程包括干对流调整、大尺度降水、Kuo 积云参数化方案以及高分辨率的 Blackadar 行星边界层方案。

水平分辨率为 90km，南北(东西)格点数为 57(55)，垂直 11 层，顶层气压为 100hPa。模式积分区域如图 3.67 和图 3.68 所示，依据个例的不同而不同。

第一个模拟个例：起始时间为 2006 年 7 月 20 日 12 时，资料为 NCEP 的 FNL 1°×1°的资料。从分析资料来看，初始时刻在东北地区存在一个低压，24h 后，这个低压减弱消失，与此同时，北面的冷舌南伸至此区域；在 22 日 12 时，冷舌切断、冷涡形成。对比而言，模拟的冷涡比分析结果偏暖(图 3.67)。第二个模拟个例：起始时间为 2007 年 7 月 9 日 12 时，资料为 NCEP 的 FNL 资料，并用 Cressman 目标分析程序再分析了传统的观测资料(雷达和报文)。从分析资料来看，在东北地区存在一个高压，其西侧存在一个低压，随着时间该低压向东南伸展，最后被高压脊南侧的暖空气切断，48h 后在高压脊南侧形成一个冷涡。对比而言，模拟的冷涡低压中心偏强(图 3.68)。当然，2007 年的冷涡个例比 2006 年的冷涡个例偏暖些。以上模拟的两个冷涡个例存在缺陷的主要原因可能是模式的水平和垂直分辨率低，并且湿过程也相对简单。但这种设计也是为了有一个更大的模拟区间，并且 CNOP 的计算可行。本节不考虑与冷涡有关的中尺度结构，主要关注冷涡这个天气尺度系统，因此也是合理的。为了更好地关注初始扰动对冷涡系统的影响，在下面的试验中我们采用了局地投影算子 P，如图 3.67(c)和图 3.68(c)所示。

3.5.3　LSV 和 CNOP 的特征

对以上两个冷涡个例，我们计算了优化时间为两天的 LSV 和 CNOP。初始约束条件 δ 取值为 0.39J/kg，从而使初始扰动的振幅在分析误差范围内。数值试验表明，CNOP 的振幅在初始约束的边界上，因此，LSV 和 CNOP 的范数皆等于 δ。

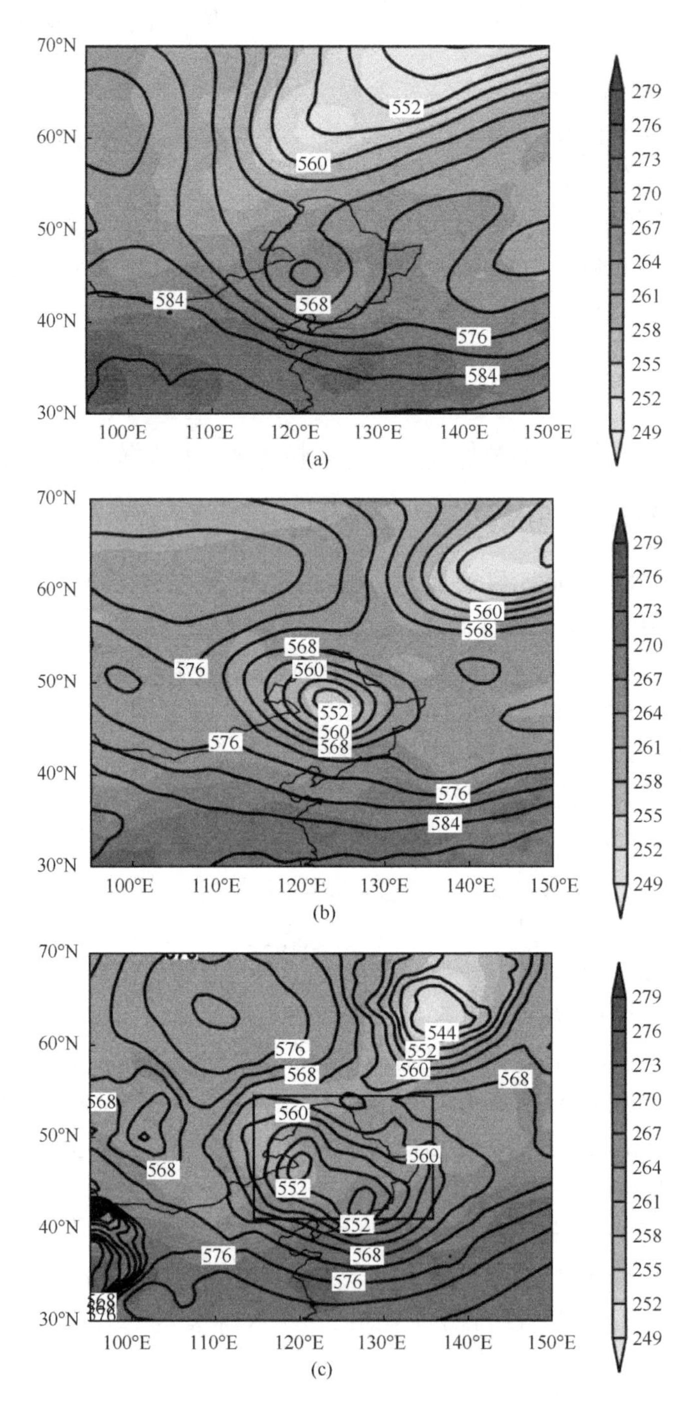

图 3.67　2006 年的个例 500hPa 的位势高度(等值线,单位:10gpm)与温度场(阴影,单位:K)分布。(a) 2006 年 7 月 20 日 12 时的分析场;(b) 2006 年 7 月 22 日 12 时的分析场;(c) 2006 年 7 月 22 日 12 时的模拟场,其中的方框代表验证区,框内(外)P 值为 1(0)

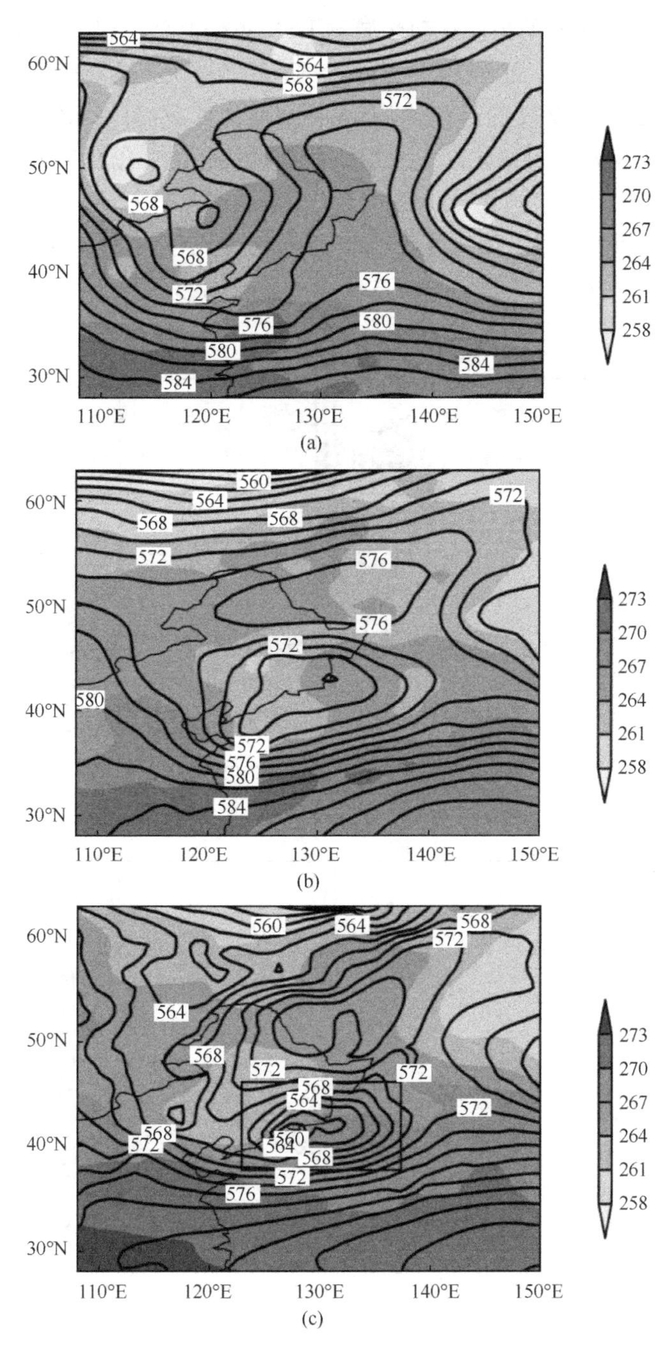

图 3.68　2007 年的个例 500hPa 的位势高度(等值线,单位:10gpm)与温度场(阴影,单位:K)分布
(a) 2007 年 7 月 9 日 12 时的分析场;(b) 2007 年 7 月 11 日 12 时的分析场;(c) 2007 年 7 月 11 日 12 时的模拟场

1. 2006 年个例

图 3.69 给出了 2006 年 7 月 20 日 12 时 0.55σ 面上的 CNOP 和 LSV 的温度和风矢量分布。从图 3.69 可以看出,CNOP 与 LSV 显示出很高的相似性,两者都位于优化时刻

冷涡的北侧。当然,CNOP 的主要扰动区域比 LSV 更偏北些。温度扰动场显示出暖-冷-暖的模态,其中冷中心最强。此强冷中心对应一个向北的风扰动,暖中心对应向南的风扰动,从而在西侧形成一个反气旋涡,东侧形成一个弱的气旋涡。CNOP 在此层水平风和温度的最大振幅分别为 0.83m/s 和 1.22K。同样的,图 3.70 给出了 CNOP 的地面气压和温度分布。气压扰动的最大值 0.73hPa 位于冷涡北侧,最小值位于冷涡区域。此外,正的地面气压扰动通常对应负的温度扰动中心,反之,负的地面气压扰动对应正的温度扰动中心。也就是说,风场扰动、温度扰动及地面气压扰动彼此相关,定性上大致满足热成风平衡。

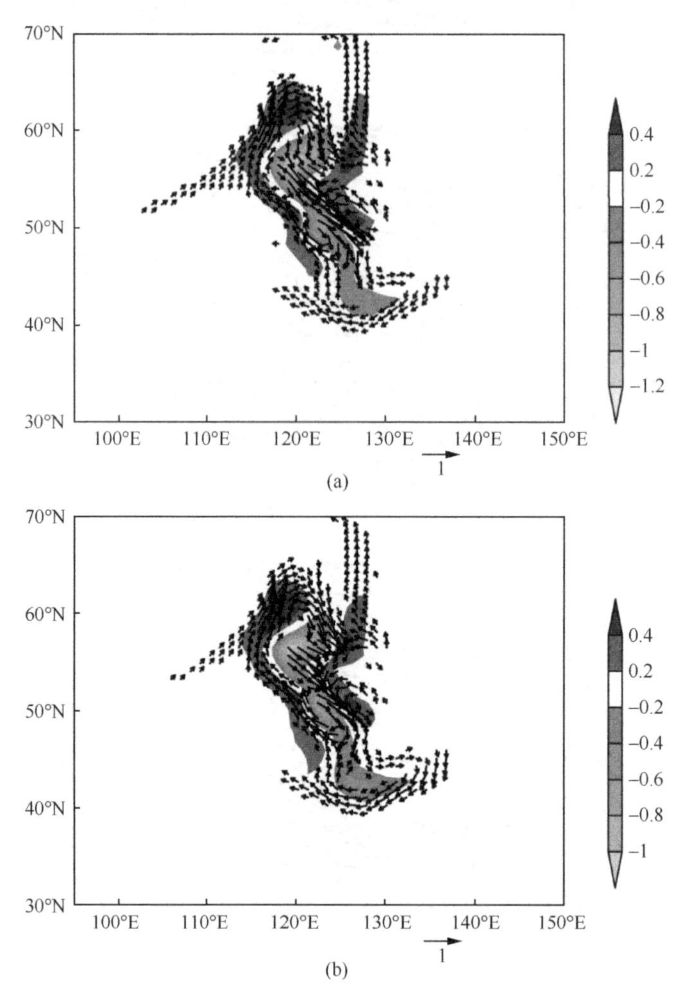

图 3.69 2006 年 7 月 20 日 12 时 0.55σ 面上的温度(阴影,单位:K)和风矢量(单位:m/s)分布

(a) CNOP;(b) LSV

为了对 CNOP 的垂直结构有个更好的了解,图 3.71 给出了 CNOP 沿 56°N 的温度和水平经向风分布。由此可见,CNOP 具有深厚的结构,几乎贯穿整个对流层。此外,CNOP 具有随高度西倾的斜压结构,最大温度扰动 1.22K 在 $\sigma=0.55$ 处,最大经向风扰动 0.88m/s 在 $\sigma=0.65$ 处,也就是说,最大扰动中心位于对流层中层,这从图 3.72 也可见。

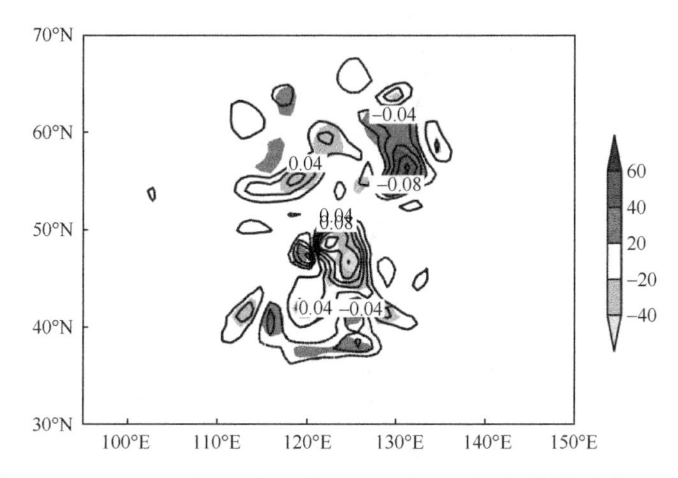

图 3.70　2006 年 7 月 20 日 12 时 CNOP 的地面气压(阴影,单位:Pa)和温度(等值线,单位:K)分布

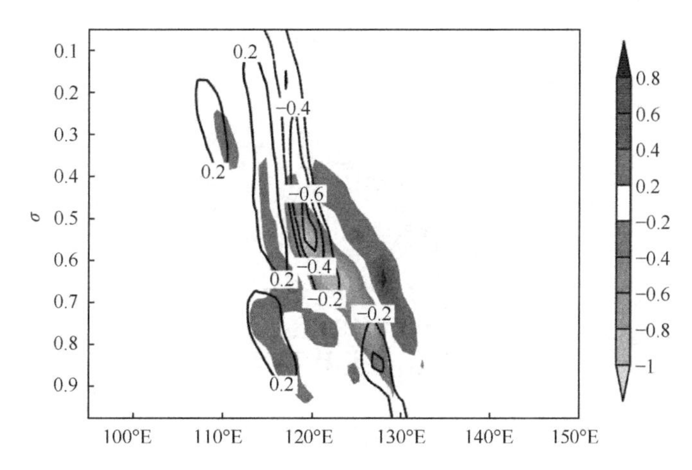

图 3.71　2006 年 7 月 20 日 12 时 CNOP 沿着 56°N 温度(阴影,单位:K)和水平径向风(等值线,单位:m/s)的高度-经度垂直剖面

为了探讨非线性对扰动发展的影响,我们计算了 CNOP 和负 CNOP 的非线性演变,给出了两者在 2006 年 7 月 22 日 12 时的温度和风矢量分布(图 3.73)。很显然,这两个模态并不对称,这揭示了非线性在 CNOP 演变中的确起着很重要的作用。进一步比较图 3.69(a)和图 3.73,我们发现扰动的空间尺度增大,但演变的 CNOP 在温度场上仍然表现为一个暖-冷-暖的结构,其中冷中心最强。暖中心对应一个反气旋涡,而冷中心对应一个气旋涡。进而通过比较图 3.67(c)和 3.73(a),我们发现 CNOP 对冷涡的影响主要表现在使冷涡北移,温度偏低。

图 3.74 给出了演变的 CNOP 的垂直结构,可以发现初始倾斜的扰动结构演变为相当正压结构。也就是说,斜压机制的确在扰动的演变过程中起着部分作用。并且,经向风扰动上传,最大值集中在对流层上层。温度扰动同时上传和下传,分布于整个对流层。

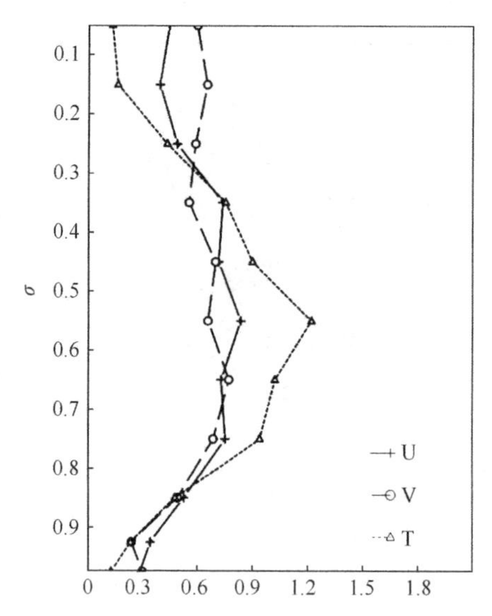

图 3.72　2006 年 7 月 20 日 12 时 CNOP 各个变量在各层的最大值的垂直分布

风单位：m/s；温度单位：K

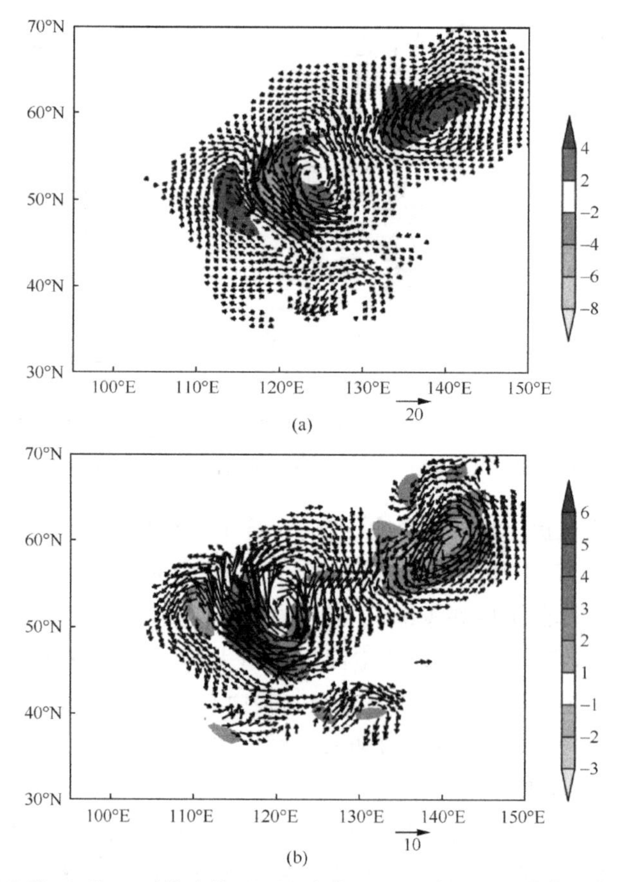

图 3.73　2006 年 7 月 22 日 12 时演变的 CNOP 与负 CNOP 在 0.55σ 层的温度(阴影，单位：K)和风矢量(单位：m/s)分布

(a) CNOP 的非线性演变；(b) 负 CNOP 的非线性演变

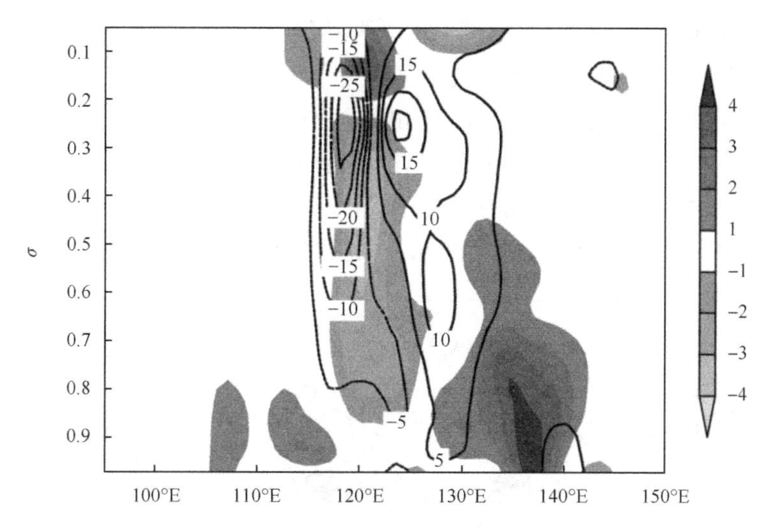

图 3.74　2006 年 7 月 22 日 12 时演变的 CNOP 沿着 56°N 温度(阴影,单位:K)和水平经向风(等值线,单位:m/s)的高度-经度剖面

此外,我们计算了 CNOP 和 LSV 的增长率,其定义为式(3.10)的最大值与初始约束 δ 的比值。数值结果表明,CNOP 的增长率为 380,而 LSV 的增长率为 342。很显然,CNOP 在投影区域的非线性增长大于 LSV。图 3.75 给出了 CNOP 在初始时刻和优化时刻能量范数各项的垂直廓线。注意初始时刻的量值增大了 50 倍,以便能更好地观察其垂直分布。CNOP 的初始能量范数定义在整个区域,但在优化时刻的能量范数定义在投影区域。图中 K 为动能贡献,P 为势能贡献,Q 为水汽的贡献。结果表明,初始时刻,势能集中在对流层中层,动能在整个对流层分布比较均匀。在优化时刻,上层以动能贡献为

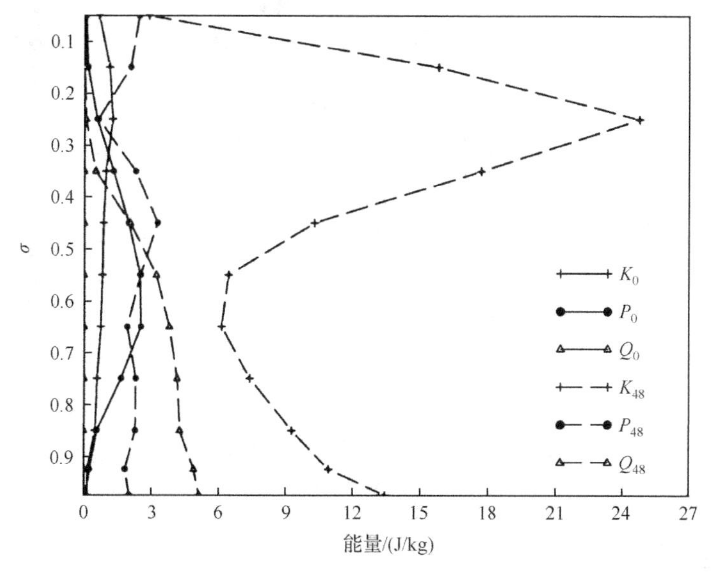

图 3.75　2006 年个例 CNOP 初始时刻和优化时刻各项能量的垂直分布

K 代表动能;P 代表势能;Q 代表湿能

主，势能和湿能都很小。下层最大贡献仍然来自动能，其次为湿能，再为势能。以上的结果表明在冷涡发展过程中扰动的增长与上层动力学与下层的湿过程密切相关。

为了进一步观察 q' 的演变，图 3.76 给出了 6h 与 48h 后 q' 在 $\sigma=0.975$ 的分布。我们发现混合比扰动同样先出现在冷涡的北侧，然后向周围扩散，并且正的混合比扰动对应着正的温度扰动，反之亦然。这种对应关系可通过蒸发和凝结过程来解释。由此可见，CNOP 和演变的 CNOP 中所有变量都是相互关联的，并且满足一定的平衡关系。

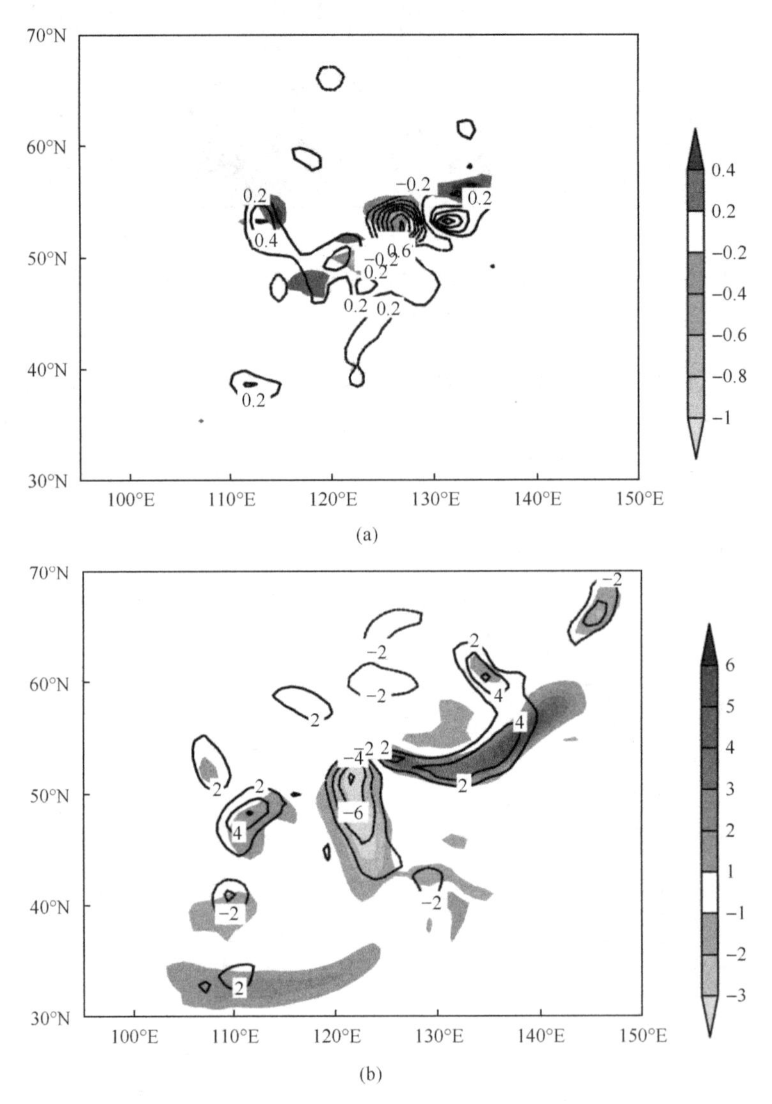

图 3.76　2006 年个例 0.975σ 面上 CNOP 的混合比（阴影，单位：g/kg）和温度（等值线，单位：K）的分布
(a) 6h；(b) 48h

2. 2007 年个例

图 3.77 给出了 2007 年 7 月 9 日 12 时的 CNOP 和 LSV 在 $\sigma=0.55$ 上的温度和风矢

量分布。由该图可见，CNOP与LSV存在着细微的差别，CNOP多了额外的扰动区域。与2006年个例不同的是，CNOP位于冷涡的南侧。风扰动、温度扰动及气压扰动大致满足热成风平衡，暖-冷的温度结构对应反气旋涡，在其西南侧还存在另一个气旋涡。水平风和温度在这层的最大振幅分别为0.86m/s和0.95K。CNOP的地面气压和温度分布如图3.78所示，由图可见，在冷涡的南侧存在一个强的负气压扰动中心，最低气压为−1.3hPa，该负气压扰动对应着正的温度扰动。

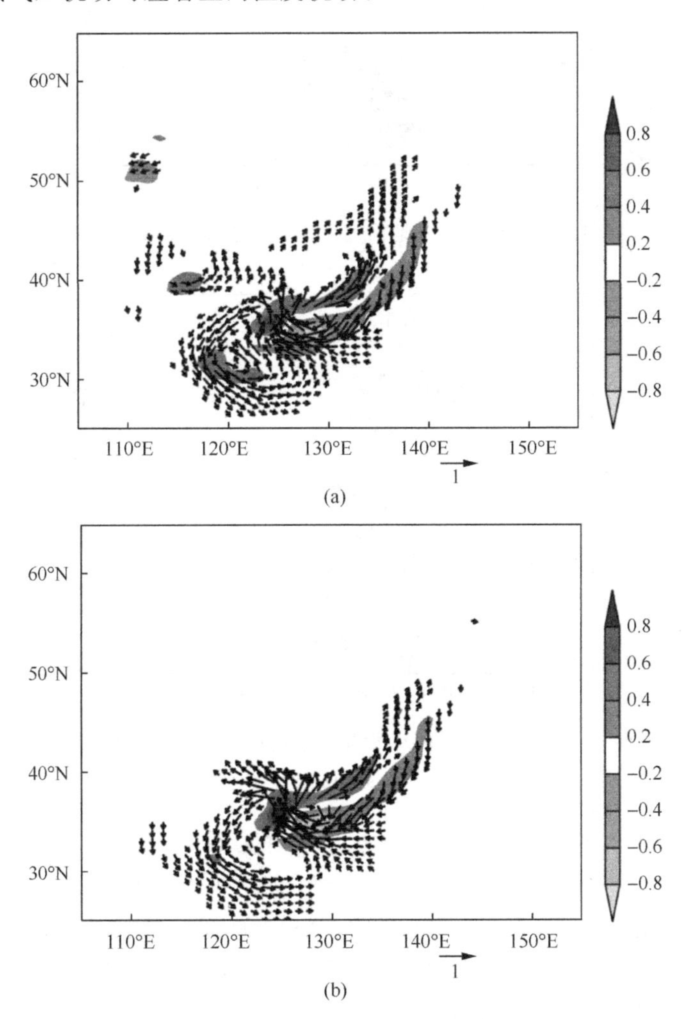

图3.77　2007年7月9日12时0.55σ面上的温度(阴影，单位：K)和风矢量(单位：m/s)分布
(a) CNOP；(b) LSV

图3.79给出CNOP沿着36°N的温度和水平经向风的垂直分布。很显然，CNOP分布于整个对流层，且呈弱斜压结构，最大温度扰动在$\sigma=0.75$上为1.09K，在$\sigma=0.25$上为0.68K。扰动中心集中在对流层的中下层，如图3.80所示。

CNOP与负CNOP 48h后的演变如图3.81所示。由该图同样可见，由于非线性的作用演变后的CNOP与负CNOP在空间结构上并不对称。并且，与图3.77(a)对比来看，

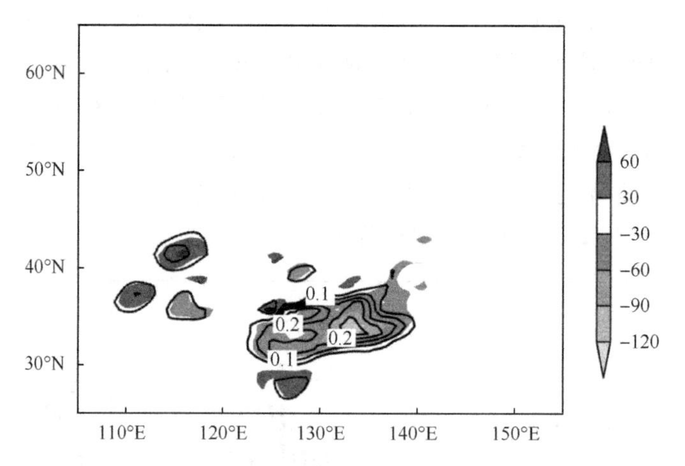

图 3.78　2007 年 7 月 9 日 12 时 CNOP 的地面气压(阴影,单位:Pa)和温度(等值线,单位:K)分布

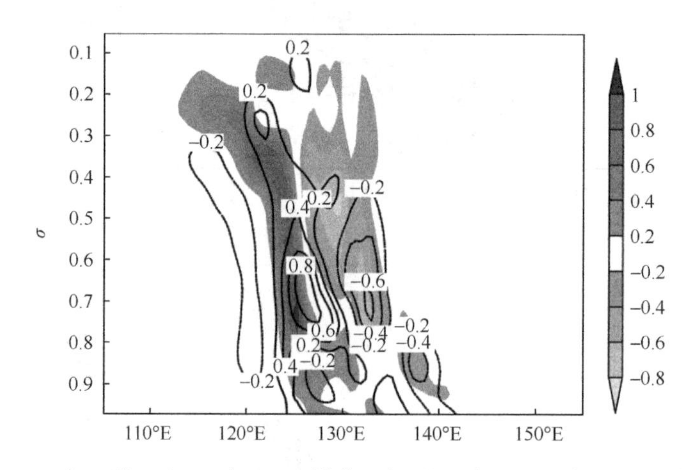

图 3.79　2007 年 7 月 9 日 12 时 CNOP 沿着 36°N 的温度(阴影,单位:K)和水平径向风
(等值线,单位:m/s)的高度-经度垂直剖面

空间尺度增大。从 0.55 σ 面上可见,温度扰动表现为暖-冷-暖结构,其中西部暖中心最强,地理上对应着一个气旋涡。与图 3.77(b)对比可见,CNOP 主要使冷涡中心低压更强,但温度偏暖。图 3.82 显示 48h 演变后的 CNOP 的垂直结构,此时的垂直结构表现为相当正压结构,初始温度扰动向下传播,且主要集中于对流层的下层。另外,初始经向风同时向上和向下传播,最后集中于中层和地面层。

对这个个例,我们也计算了 CNOP 和 LSV 的增长率。数值结果表明,CNOP 的增长率为 222,而 LSV 的增长率为 198。图 3.83 给出了 CNOP 在初始时刻和优化时刻能量范数各项的垂直廓线。我们发现,初始时刻势能几乎在整个对流层都比动能大。在优化时刻,底层的主要能量贡献者为动能和湿能,其次为势能。上层,动能仍然是主要贡献者,湿能的贡献微乎其微。这表明在 2007 年冷涡形成过程中扰动增长可能主要与底层的动能和湿能过程有关。

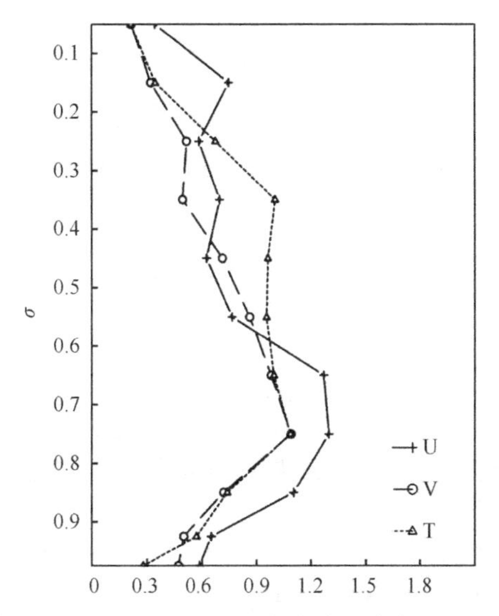

图 3.80　2007 年 7 月 9 日 12 时 CNOP 各个变量在各层的最大值的垂直分布

风单位：m/s；温度单位：K

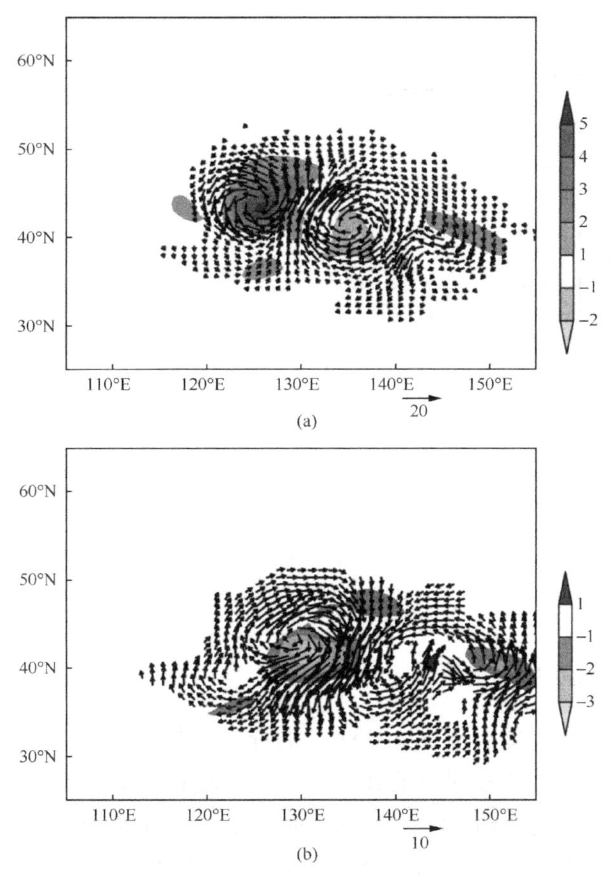

图 3.81　2007 年 7 月 11 日 12 时演变的 CNOP 与负 CNOP 在 0.55σ 层的温度(阴影，单位：K)和风矢量(单位：m/s)分布

(a) CNOP 的非线性演变；(b) 负 CNOP 的非线性演变

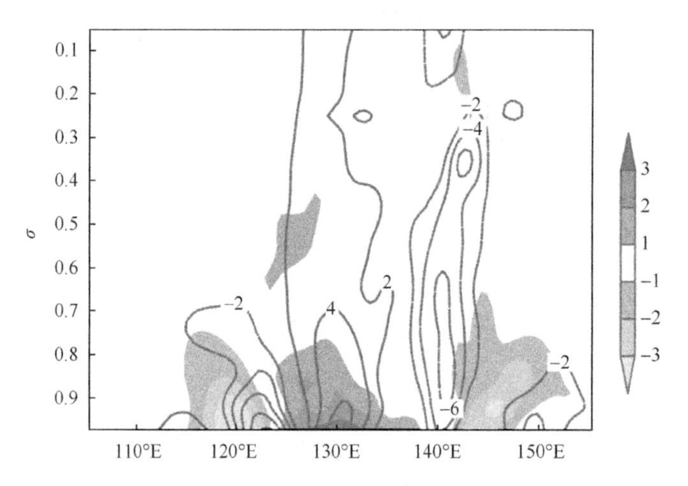

图 3.82　2007 年 7 月 11 日 12 时演变的 CNOP 沿着 36°N 的温度(阴影,单位:K)和水平经向风(等值线,单位:m/s)的高度-经度剖面

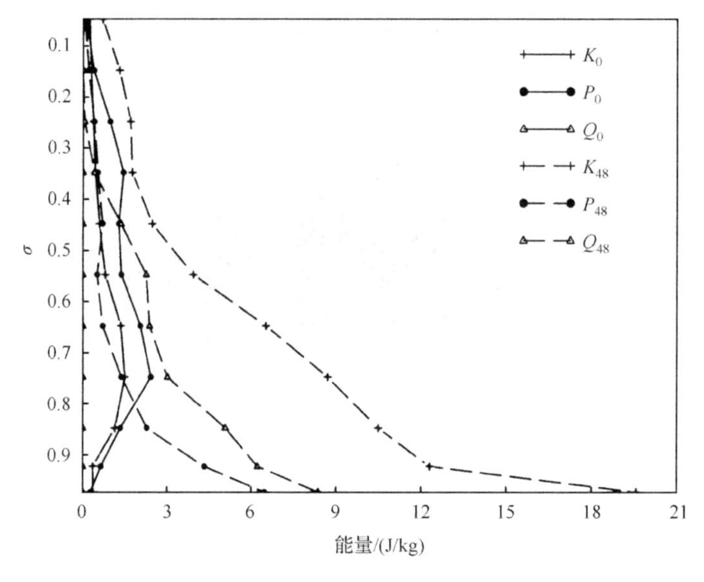

图 3.83　2007 年个例 CNOP 初始时刻和优化时刻各项能量的垂直分布

K 代表动能,*P* 代表势能,*Q* 代表湿能

3.5.4　CNOP 与背景场特征的联系

以上探讨了两次东北冷涡过程中 CNOP 的特征。在这一小节,我们试图探讨背景场的特征以便能为以上的 CNOP 特征提供一个可能的解释。图 3.84 给出了模拟的背景场在初始和演变时刻位涡在 $\sigma=0.35$ 面上的分布。对 2006 年个例,CNOP 主要位于与冷舌相联系的高位涡区。对 2007 年个例,CNOP 集中在与暖空气北上相联系的高位涡区。这表明 CNOP 与冷涡源区紧密相连,其发展机制可能与冷涡的触发或发展机制相关。图 3.85 给出了初始基本流水平纬向风和温度平流的高度-纬度垂直剖面。对 2006 年个

例,我们发现存在两支高空急流,CNOP 主要位于处于 55°N 的北支急流的下部。并且,这个位置对应着冷平流。对 2007 年个例,同样存在两支高空急流,CNOP 位于处于 35°N 的南支急流处,该急流属于深对流系统,向下可达到 750hPa。此位置对应着暖平流。我们知道,CNOP 的能量演变中动能起着主导作用,这可能从以上的位置分布中得到解释。此外,2006 年个例中 CNOP 位于冷平流,而 2007 年个例中 CNOP 处于暖平流,这可能为 CNOP 对两个不同冷涡过程在温度场的影响提供解释,并且也说明 CNOP 的主要分布集中在初始基本流的斜压区。图 3.86 显示初始基本态的相当位温的垂直剖面。由图 3.86 可见,CNOP 皆位于大的水平温度梯度处,这通常与锋区相连。以上关于背景场的分析为 CNOP 的特征提供了一个可能的说明。

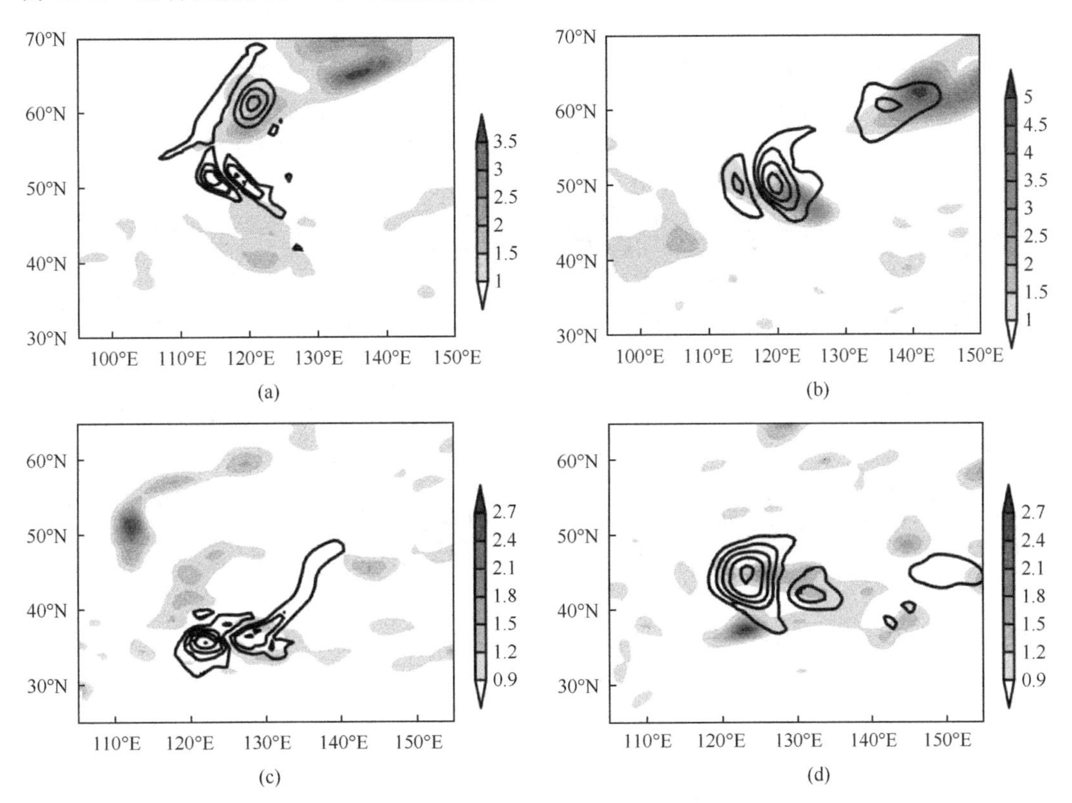

图 3.84　模拟的背景场的初始和优化时刻的位势涡度(阴影,单位:PVU)和 CNOP 的温度扰动(等值线,单位:K)在 $\sigma=0.35$ 的分布

(a) 2006 年 7 月 20 日 12 时;(b) 2006 年 7 月 22 日 12 时;(c) 2007 年 7 月 9 日 12 时;(d) 2007 年 7 月 11 日 12 时

总体来说,本节采用 MM5 模式计算了两次冷涡过程中干能量范数意义下的 CNOP。CNOP 是在有限时间间隔内在验证区域具有最大可能非线性发展的初始扰动。数值结果表明,CNOP 如同 LSV,具有斜压性和局地性的特征,且扰动中的风、温度和地面气压彼此相连,定性满足热成风平衡。另外,由于非线性的作用,CNOP 相比 LSV 而言,产生了额外的结构。而 CNOP 与负 CNOP 的非线性演变也表现出明显的非对称性,从而也验证了非线性的作用。此外,CNOP 具有深厚的斜压结构,几乎贯穿整个对流层。随着时间的

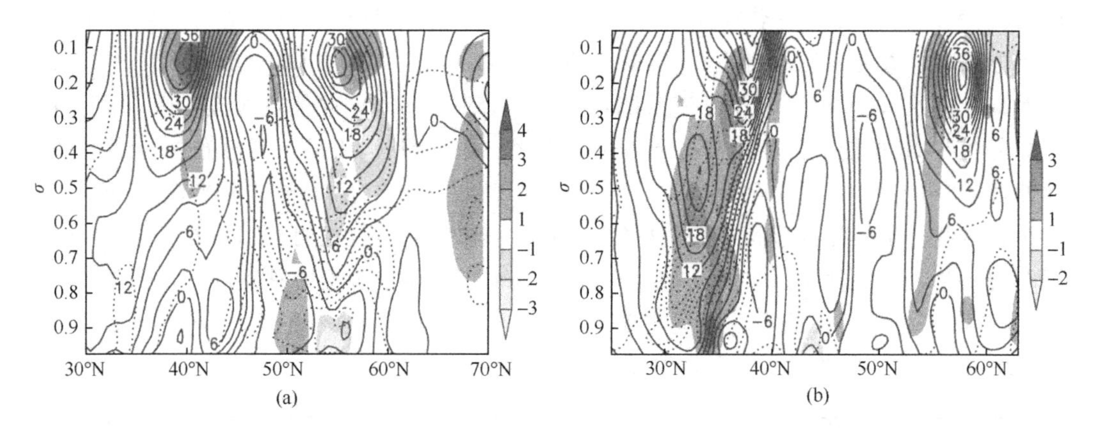

图 3.85　基本态的温度平流(阴影,单位:1.0×10^{-4}K/s)和水平纬向风(实线,单位:m/s)及CNOP的温度扰动(点线,单位:K)的高度-纬度剖面

(a) 2006 年 7 月 20 日 12 时沿着 125°E;(b) 2007 年 7 月 9 日 12 时沿着 128°E

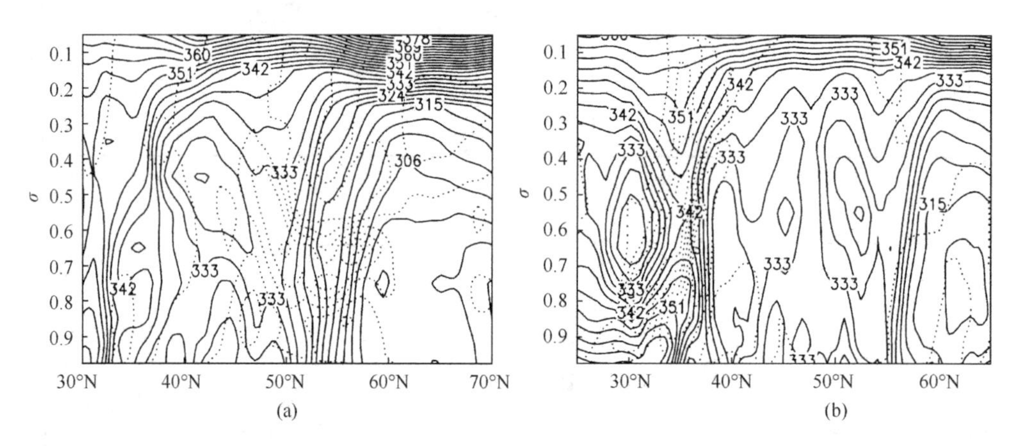

图 3.86　基本态的相当位温(实线,单位:K)及 CNOP 的温度扰动(点线,单位:K)的高度-纬度剖面

(a) 2006 年 7 月 20 日 12 时沿着 125°E;(b) 2007 年 7 月 9 日 12 时沿着 128°E

演变,初始扰动空间尺度增大,并在优化时间呈现出相当正压结构。

事实证明,CNOP 位于大的斜压区。对 2006 年个例,CNOP 主要位于冷涡的北侧,即伴随冷平流的北支高空急流处。对 2007 年个例,CNOP 集中在冷涡的南侧,对应着伴随暖平流的南支高空急流处。特别是,CNOP 的主要扰动与对应冷涡的高位涡源区密切相连,这表明 CNOP 的演变机制与冷涡的触发或者发展机制可能有关。因此,CNOP 的研究有助于我们更好地理解冷涡的发展机制。对 2006 年个例而言,CNOP 使冷涡北移偏冷,而对 2007 年个例而言,CNOP 主要使冷涡低压更强并偏暖,这可能与初始基本态的温度平流的作用有关。

此外,尽管我们在初始约束和目标函数中采用了干总能量范数,但随着模式积分,湿扰动很快出现并发展,并且在对流层的底层起着非常重要的作用。当然,动能可能是最重要的贡献因子。

本节的主要结论是 CNOP 的主要扰动区域与冷涡个例有关,冷涡发展对初始场敏感。特别是,CNOP 的局地性结构有助于我们确定目标观测的敏感区(Mu et al.,2009),这表明我们可以尝试在这些区域实施目标观测从而提高初始场的质量,进而提高我们对冷涡的预报能力。当然,目前我们的研究主要从天气角度出发,相关的中尺度可预报性研究是下一步的工作。另外,Ehrendorfer 等(1999)和 Zhang 等(2003)的工作表明,在中尺度可预报性研究中,湿物理过程对扰动的发展很重要。为了更好地了解冷涡中的中尺度对流系统,我们可以考虑含湿物理过程和垂直运动的其他范数来研究相关的可预报性问题。

3.6　台风与东北冷涡的相互作用

3.6.1　直接作用

我国东北地区盛夏季节的暴雨,特别是特大范围暴雨,大多有台风参与,如 1975 年 4 号台风、2005 年 9 号台风等。而大量事实表明,当东北冷涡与其他天气系统如台风、气旋等相互作用时能够产生暴雨甚至特大暴雨,如 2005 年东北地区受台风麦莎和冷涡系统的共同作用,使东北地区夏季降水偏多,居历史第四位(50 年统计)。东北冷涡(低涡)与台风的相互作用一般表现为台风北上与冷涡相结合以及台风与冷涡远距离相互作用。

当东北冷涡与北上的热带系统(如北移台风倒槽、台风外围东风带)相结合时,就会激发出极强的暴雨过程。台风北上发生减弱后转变为温带气旋并入东北冷涡可以产生区域性大雨,这一方面是由于冷涡改变了台风外围环境流场方向,台风减弱后的温带气旋北部的暖锋云系顺着高空冷涡的引导气流移入东北地区,同时原本干冷的东北冷涡变得水汽充沛,从而加大了降水量级。另一方面,台风变性后与冷涡合并涡度得到加强,有利于降水的发生和维持;至于台风能否与冷涡合并,则取决于副热带高压的位置。如 2004 年 7 月 3 至 5 日在东亚地区海洋上空延伸至朝鲜半岛的副热带高压的稳定维持阻挡了台风“蒲公英”东移,并引导其向东北冷涡靠拢。冷涡在东北地区的稳定存在使得西风带出现分支,其中南支西风小槽气流携带的干冷空气从高低空不断地侵入台风,台风暖心结构被破坏,变为低层偏冷,高层暖心减弱,台风逐渐减弱转变为温带气旋,此时高空涡度明显减弱,而低空涡度有所维持,温带气旋继续北移并入东北冷涡外围,低空涡度得到加强并往高空延伸,受东北冷涡干冷空气的进一步侵入,气旋高层暖心结构消失。此外,合并前,台风中心附近高空由于暖中心的形成表现为湿中性层结,低空由于存在丰富水汽表现为湿不稳定层结,合并后,由于干冷空气的侵入和水汽输送的减弱,气旋中心附近高低空表现为较弱的湿稳定层结(图 3.87 和图 3.88 右)。在东北冷涡和台风相对独立的时段(如 3 日 00 至 18 UTC),东北冷涡低层没有出现大范围的相对明显的水汽输送,而台风东侧则出现明显的水汽向北输送,该水汽主要来源于西太平洋,当它们发生合并时,变性台风偏东侧的水汽输送为东北冷涡的东侧带来丰富的水汽。在它们合并初期(5 日 UTC 00 时至 18 时),大庆、齐齐哈尔东部、绥化地区及哈尔滨东部普降大雨。

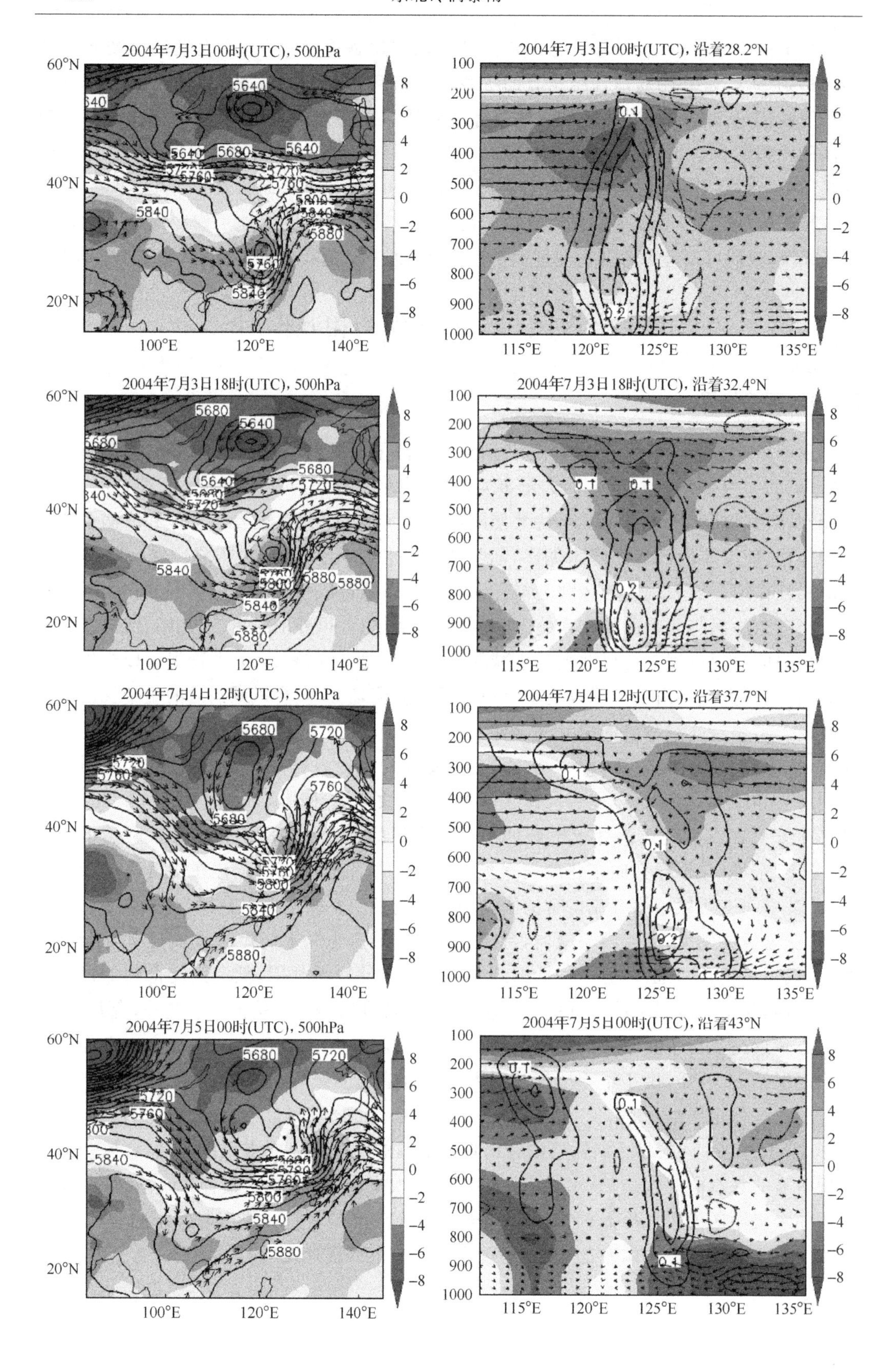

2004年7月3日00时(UTC)，500hPa
2004年7月3日00时(UTC)，沿着28.2°N
2004年7月3日18时(UTC)，500hPa
2004年7月3日18时(UTC)，沿着32.4°N
2004年7月4日12时(UTC)，500hPa
2004年7月4日12时(UTC)，沿着37.7°N
2004年7月5日00时(UTC)，500hPa
2004年7月5日00时(UTC)，沿着43°N
60°N
40°N
20°N
100°E
120°E
140°E
115°E
120°E
125°E
130°E
135°E

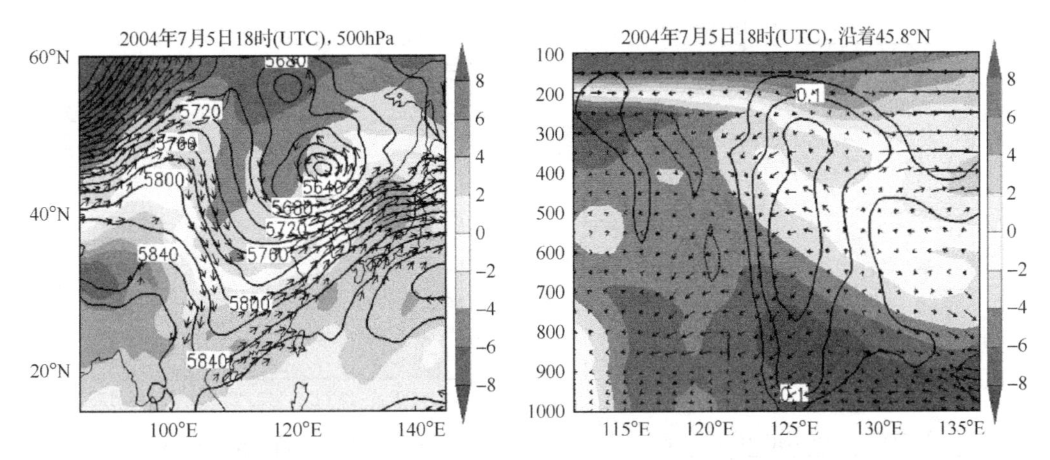

图3.87　2004年7月3日UTC 00时至5日UTC 18时500hPa等压面上的位势高度(等值线,单位:gpm)、温度距平(阴影,单位:K)和风矢量(大于10m/s)的分布(左)以及沿气旋(台风或温带气旋)中心纬向垂直剖面的温度距平(阴影,单位:K)、涡度(等值线,单位:$10^{-3}s^{-1}$)和风矢量的分布(右)

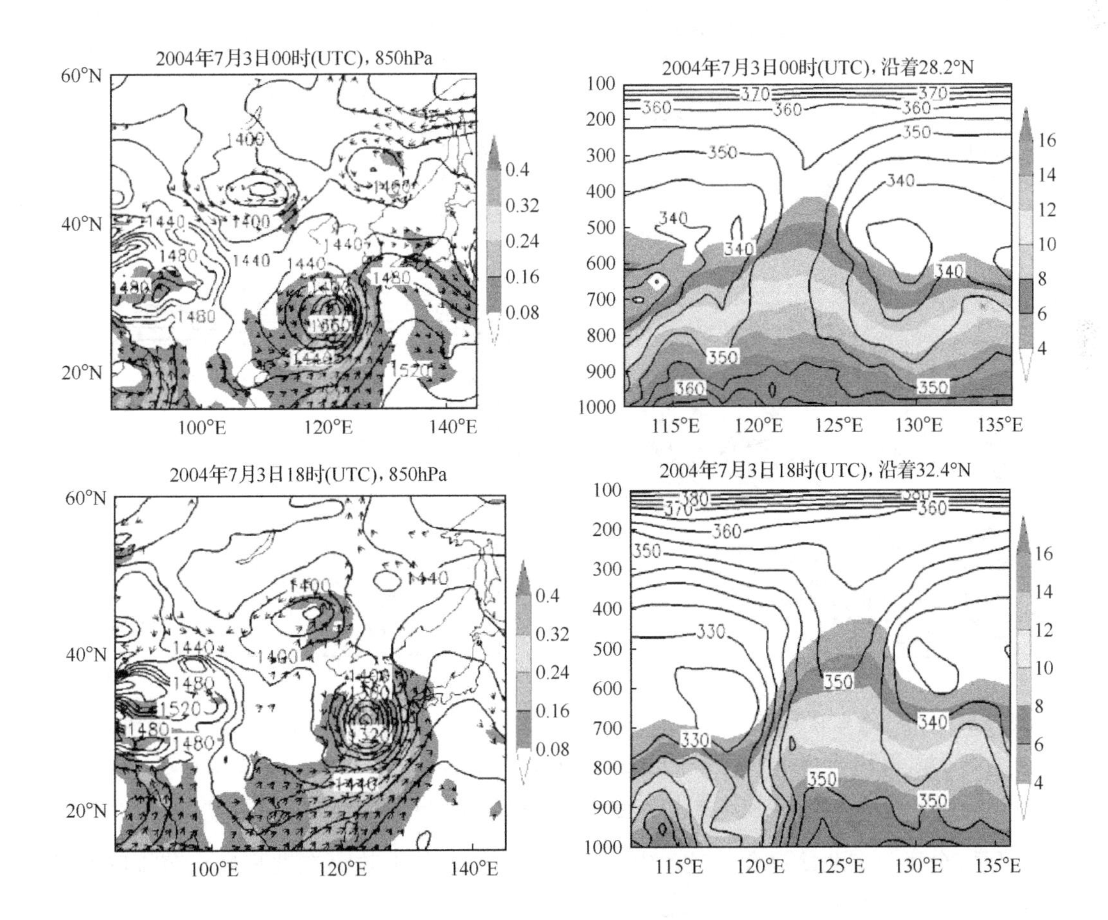

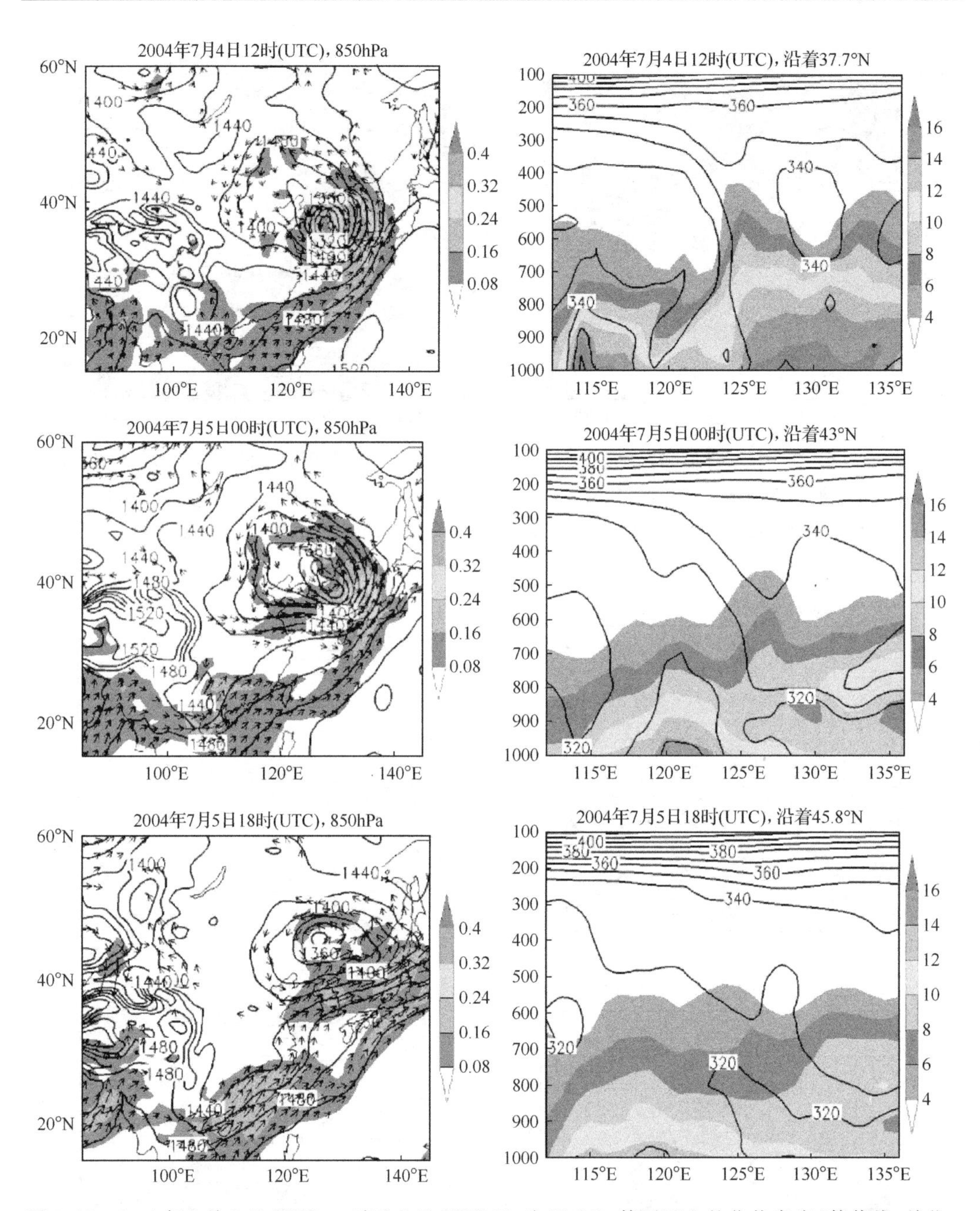

图 3.88　2004 年 7 月 3 日 UTC 00 时至 5 日 UTC 18 时 850hPa 等压面上的位势高度(等值线，单位：gpm)、水汽通量[阴影，单位：m · kg/(kg · s)]和风矢量(大于 6m/s)的分布(左)以及沿气旋(台风或温带气旋)中心纬向垂直剖面的比湿(阴影，单位：g/kg)和假相当位温(等值线，单位：K)的分布(右)

可见，台风与东北冷涡合并过程中从水汽和动力条件上均为东北地区大范围降水的发生提供了有利的条件。

3.6.2 间接作用

台风与东北低涡(低槽)远距离相互作用是东北局地暴雨形成的另一主要类型。此类远距离暴雨,台风一般在南海或西太平洋我国台湾附近地区,也有在广东、广西登陆后西行的,台风的作用主要是为台风东侧东南低空急流提供水汽输送。东北低涡存在于对流层中低层,位于华北或东北,槽线一般在 110°E~120°E。此时副热带高压一般西伸偏北,暴雨区位于低涡与副热带高压之间。例如,1998 年 8 月 3 日至 5 日,台风"奥图"形成于台湾南侧后,在西太平洋副热带高压西南侧的东南气流引导下向西北方向相继登陆台湾和福建地区,之后台风逐渐减弱消亡,没有与东北冷涡发生直接的相互作用,也没有东北冷涡造成明显的冷空气入侵台风的过程(图 3.89)。期间,台风东侧低空急流携带着来自西太平洋的丰富水汽,大量的水汽沿着副热带高压的西北侧偏西南气流输送到东北冷涡的东侧和东北侧地区,为这些地区暴雨的形成提供了十分有利的水汽条件。同时,台风在副热带高压西侧向北移动过程中一定程度上阻挡了副热带高压的西伸,从而为东北冷涡和低压槽的东移提供了比较有利的条件。

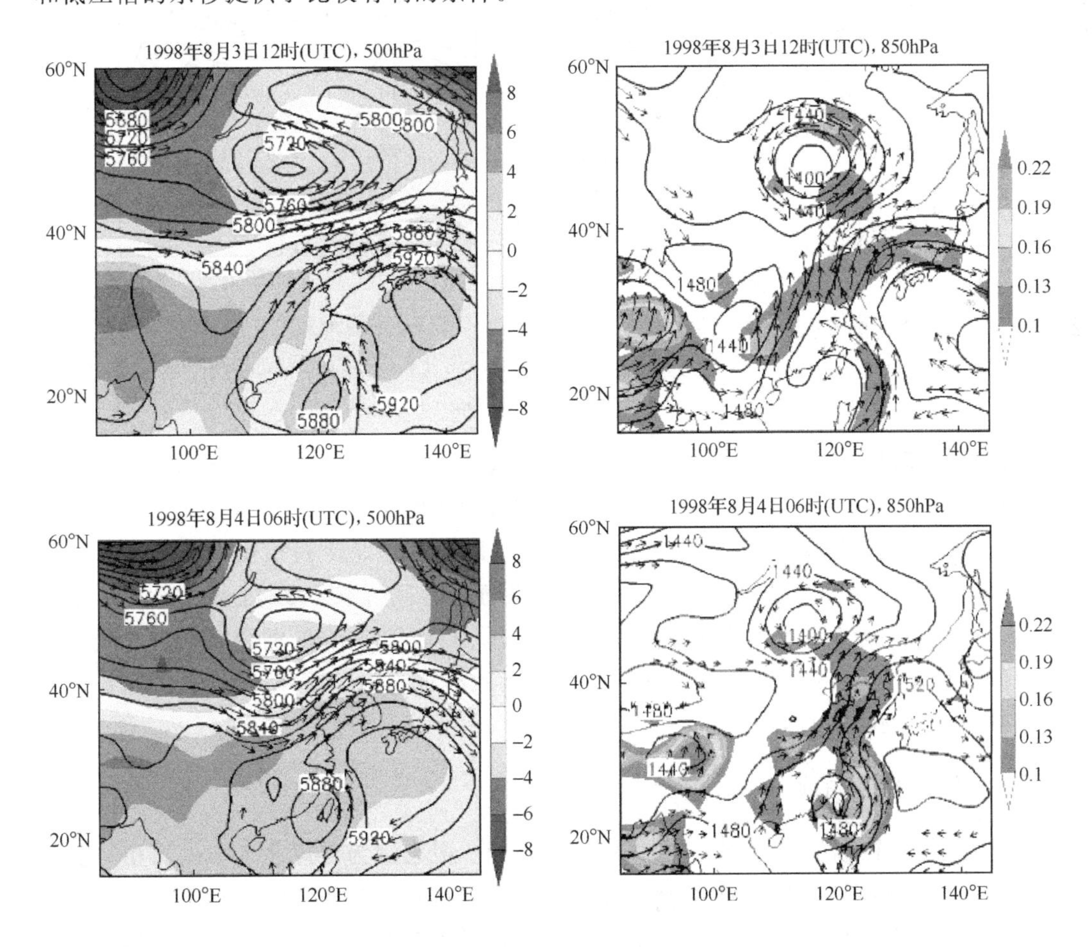

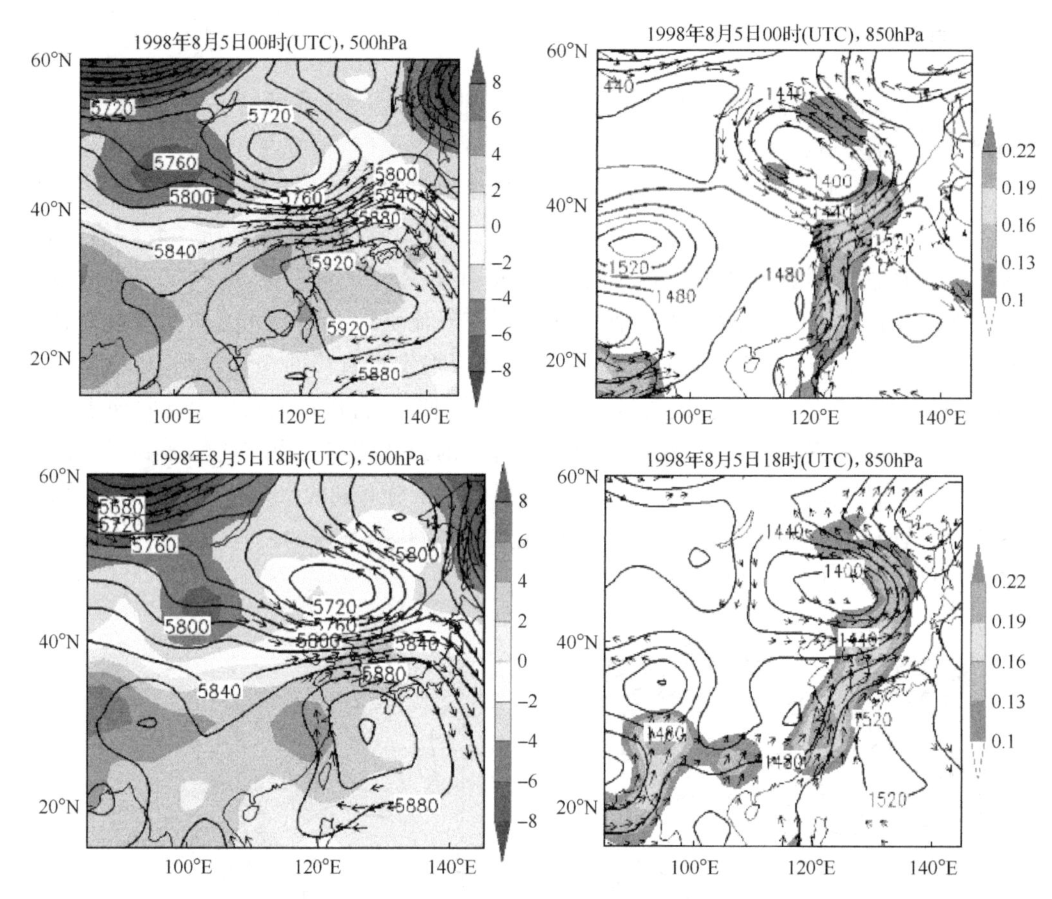

图 3.89　1998 年 8 月 3 日 UTC 1200 至 5 日 UTC 1800 500hPa 等压面上的位势高度(等值线,单位:gpm)、温度距平(阴影,单位:K)和风矢量(大于 10m/s)的分布(左)以及 850hPa 等压面上的位势高度(等值线,单位:gpm)、水汽通量[阴影,单位:m·kg/(kg·s)]和风矢量(大于 6m/s)的分布(右)

可见,台风和东北冷涡的远距离相互作用主要体现在台风对东北冷涡的远距离水汽输送条件上,动力上主要通过副热带高压起到间接的作用。

上面按台风北移变性并入东北冷涡及台风远距离与东北冷涡相互作用两类天气过程,分析了台风和东北冷涡相互作用的机理,结果显示台风与东北冷涡合并过程中从水汽和动力条件上均为东北地区大范围降水的发生提供了有利的条件,而台风和东北冷涡的远距离相互作用主要体现在台风对东北冷涡的远距离水汽输送条件上,动力上主要通过副热带高压起到间接的作用。

3.6.3　冷涡对台风的影响

上文提到,东北冷涡(低涡)与台风的相互作用一般表现为台风北上与冷涡相结合以及台风与冷涡远距离相互作用,台风与东北冷涡合并过程中从水汽和动力条件上均为东北地区大范围降水的发生提供了有利的条件,而台风和东北冷涡的远距离相互作用主要体现在台风对东北冷涡的远距离水汽输送条件上,动力上主要通过副热带高压起到间接的作用，这是一方面。另一方面，分析表明，东北冷涡系统对北上的台风不论是在热力或是动力上都有较大的影响。在台风北行靠近冷涡过程中，冷涡系统把干冷空气自低空到高空不断地带入台风环流系统，台风暖心结构逐渐被破坏，从正压转变为斜压，最后变为整层偏冷的结构特征，与东北冷涡系统的热力结构相似；与此同时，随着台风暖心结构的破坏，台风涡度迅速地从高空向低空减弱，向温带气旋的斜压热力结构转变时低层涡度有所加强，最后逐渐转变为整层偏冷的类似冷涡的典型温带系统结构特征时，受其西北侧东北冷涡明显的涡度平流影响，涡度逐渐从低空到高空加强（图 3.90）。总之，从该个例看冷涡对台风的前期影响是使台风减弱，而后期的影响是使由台风变性成的温带气旋加强。

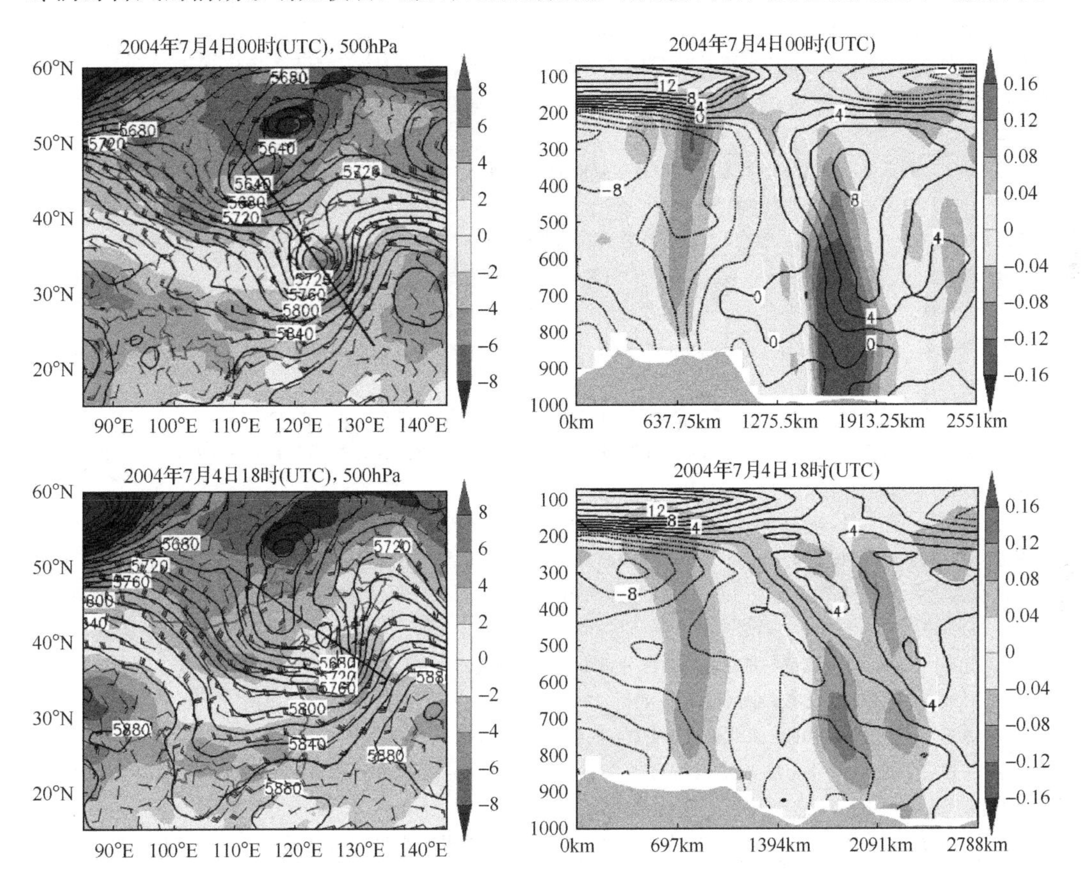

图 3.90　2004 年 7 月 4 日 UTC 0000（上图）和 1800（下图）500hPa 等压面上的位势高度（等值线，单位：gpm）、温度距平（阴影，单位：K）和风矢量的分布（左）以及沿东北冷涡和气旋（台风或温带气旋）中心连线方向垂直剖面的温度距平（等值线，单位：K）、涡度（阴影，单位：$10^{-3}s^{-1}$）和风矢量的分布（右）

参考文献

毕宝贵，刘月巍，李泽椿. 2006. 秦岭大巴山地形对陕南强降水的影响研究. 高原气象，25(3)：485-494.

迟竹萍，李昌义，刘诗军. 2006. 一次山东春季大暴雨中螺旋度的应用. 高原气象，25(5)：792-799.

崔晓鹏，吴国雄，高守亭. 2002. 西大西洋锋面气旋过程的数值模拟和等熵分析. 气象学报，60(4)：385-398.

丁一汇. 2004. 高等天气学. 2 版. 北京：气象出版社：492.

丁一汇，蔡则怡，李吉顺．1978．1975年8月上旬河南特大暴雨的研究．大气科学，2(4)：276-290.
傅慎明，孙建华，张敬萍，等．2015．一次引发强降水的东北冷涡的演变机理及能量特征研究．气象，41(5)：554-565.
郭英莲，徐海明．2010．对流层中上层干空气对“碧利斯”台风暴雨的影响．大气科学学报，33(1)：98-109.
胡开喜．2010．东北冷涡的气候特征、变异及其气候效应．北京：中国科学院研究生院：21.
姜勇强，王元．2010．地形对1998年7月鄂东特大暴雨鞍型场的影响．高原气象，29(2)：297-308.
李燕，邹耀仁，胡筱敏．2009．辽东半岛一次大暴雨的中尺度模拟及物理结构分析．高原气象，28(4)：915-923.
励申申，寿绍文．1997．台风区和外围暴雨区的旋转风、散度风动能收支．南京气象学院学报，20(1)：108-113.
刘栋．2003．MM5模式对区域气候模拟的性能试验．高原气象，22(1)：71-77.
刘辉，吴国雄，曾庆存．1995．北半球阻塞高压的维持．1．准地转和Ertel位涡分析．气象学报，53(2)：177-185.
刘会荣，李崇银．2010．干侵入对济南“7·18”暴雨的作用．大气科学，34(2)：374-386.
闵锦忠，吴乃庚．2020．近二十年来暴雨和强对流可预报性研究进展．大气科学，44(5)：1039-1056.
穆穆，王洪利，周菲凡．2007．条件非线性最优扰动方法在适应性观测研究中的初步应用．大气科学，31(6)：1102-1112.
钱永甫，颜宏，王谦谦，等．1988．行星大气中地形效应的数值研究．北京：科学出版社.
陶诗言．1980．中国之暴雨．北京：科学出版社：13.
汪钟兴，刘勇．1994．梅雨锋次天气尺度涡旋旋转风和辐散风动能收支．高原气象，13(1)：28-34.
王东海，杨帅．2009．一个干侵入参数及其应用．气象学报，(4)：522-529.
吴国雄，刘还珠．1999．全型垂直涡度倾向方程和倾斜涡度发展．气象学报，57(1)：1-15.
阎凤霞，寿绍文，张艳玲，等．2005．一次江淮暴雨过程中干空气侵入的诊断分析．南京气象学院学报，28(1)：117-124.
杨贵名，毛冬艳，姚秀萍．2006．“强降水和黄海气旋”中的干侵入分析．高原气象，25(1)：16-28.
姚秀萍，吴国雄，赵兵科．2007．与梅雨锋上低涡降水相伴的干侵入研究．中国科学(D辑)，37(3)：417-428.
于玉斌，姚秀萍．2003．干侵入的研究及其应用进展．气象学报，61(6)：769-778.
翟国庆，丁华君，孙淑清，等．1999．与低空急流相伴的暴雨天气诊断研究．大气科学，23(1)：112-118.
张建海，陈红梅，诸晓明．2006．台风Haitang(0505)登陆过程地形影响的数值模拟试验．海洋通报，25(2)：1-7.
张可欣，汤剑平，郇庆国，等．2007．鲁中山区地形对山东省一次暴雨影响的敏感性数值模拟试验．气象科学，27(5)：511-515.
赵宇，高守亭．2008．对流涡度矢量在暴雨诊断分析中的应用研究．大气科学，32(3)：444-456.
郑秀雅．1992．东北暴雨．北京：中国气象出版社：19-43.
郑秀雅，张延治，白人海．1992．东北暴雨．北京：气象出版社：142-145.
郑祚芳，王迎春，刘伟东．2006．地形及城市下垫面对北京夏季高温影响的数值研究．热带气象学报，22(6)：672-676.
钟水新，王东海，张人禾，等．2013．一次冷涡发展阶段大暴雨过程的中尺度对流系统研究．高原气象，32(2)：435-445.
朱佩君，郑永光，陶祖钰．2005．台风变性再度发展的动能收支分析．北京大学学报(自然科学版)，41(1)：93-103.
Birgin E G, Martinez J M, Raydan M. 2000. Nonmonotone spectral projected gradient methods for convex sets. Siam Journal on Optimization, 10(4): 1196-1211.
Blackmon M L. 1976. A climatological spectral study of the 500 mb geopotential height of the Northern Hemisphere. Journal of the Atmospheric Sciences, 33: 737-760.
Brian A C. 2003. Numerical simulations of the extratropical transition of floyd (1999): Structural evolution and responsible mechanisms for the heavy rainfall over the Northeast United States. Monthly Weather Review, 131(12): 2905-2926.
Brian A C, Yuter S E. 2007. The impact of coastal boundaries and small hills on the precipitation distribution across Southern Connecticut and Long Island. Monthly Weather Review, 135(3): 933-954.

Brian A C, Smull B F, Yang M J. 2002. Numerical simulations of a landfalling cold front observed during COAST: Rapid evolution and responsible mechanisms. Monthly Weather Review, 130(8): 1945-1966.

Browning K A. 1997. The dry intrusion perspective of extra-tropical cyclone development. Meteorological Applications, 4(4): 317-324.

Browning K A, Golding B W. 1995. Mesoscale aspect of a dry intrusion within a vigorous cyclone. Quarterly Journal of the Royal Meteorological Society, 121(523): 463-493.

Buizza R. 1994. Sensitivity of optimal unstable structures. Quarterly Journal of the Royal Meteorological Society, 120: 429-451.

Buizza R, Tribbia J, Molteni F, et al. 1993. Computation of optimal unstable structures for a numerical weather prediction model. Tellus 45A: 388-407.

Chen G T, Chou L F. 1994. An investigation of cold vortices in the upper troposphere over the Western North Pacific during the warm season. Monthly Weather Review, 122: 1436-1448.

Chen T C, Wiin-Nielsen A. 1976. On the kinetic energy of the divergent and nondivergent flow in the atmosphere. Tellus, 28: 486-498.

Chen T C, Alpert J C, Schlatter T W. 1978. The effects of divergent and nondivergent wind on the kinetic energy budget of a mid-latitude cyclone: A case study. Monthly Weather Review, 106: 458-468.

Cressman G P. 1981. Circulation of the West Pacific jet stream. Monthly Weather Review, 109: 2450-2463.

Duan W S, Mu M, Wang B. 2004. Conditional nonlinear optimal perturbations as the optimal precursors for ENSO events. Journal of Geophysical Research, 109: D23105, doi: 10. 1029/2004JD004756.

Ehrendorfer M, Errico R M. 1995. Mesoscale predictability and the spectrum of optimal perturbations. Journal of the Atmospheric Sciences, 52(20): 3475-3500.

Ehrendorfer M, Errico R M, Raeder K D. 1999. Singular-vector perturbation growth in a primitive equation model with moist physics. Journal of the Atmospheric Sciences, 56: 1627-1648.

Errico R M, Langland R, Baumhefner D P. 2002. The workshop in atmospheric predictability. Bulletin of the American Meteorological Society, 83: 1341-1344.

Frederiksen J S. 2000. Singular vectors, finite-time normal modes, and error growth during blocking. Journal of the Atmospheric Sciences, 57: 312-333.

Gao S, Ping F, Li X, 2004. A convective vorticity vector associated with tropical convection: A two-dimensional cloud-resolving modeling study. Journal of Geophysical Research, 109(D14): D14106.

Green J S A. 1977. The weather during July 1976: Some dynamical consideration of the drought. Weather, 32: 120-126.

Helfand H M, Schubert S D. 1995. Climatology of the simulated great plains low-level jet and its contribution to the continental moisture budget of the United States. Journal of Climate, 8(4): 784-806.

Henry E F, Browning P A. 1983. Roles of divergent and rotational wind in the kinetic energy balance during intense convective activity. Monthly Weather Review, 111: 2176-2193.

Henry E F, Dennis E B. 1988. Energy analysis of convectively induced wind perturbations. Monthly Weather Review, 117: 745-764.

Hobbs P V, Houze R A Jr, Matejka T J. 1975. The dynamical and microphysical structure of an occluded frontal system and its modification by orography. Journal of the Atmospheric Science, 32: 1542-1562.

Hu K X, Lu R Y, Wang D H. 2010. Seasonal climatology of cut-off lows and associated precipitation patterns over Northeast China. Meteorology and Atmospheric Physics, 106: 37-48.

Jiang Z N, Mu M, Wang D H. 2008. Conditional nonlinear optimal perturbation of a T21L3 quasi-geostrophic model. Quarterly Journal of the Royal Meteorological Society, 134(633): 1027-1038.

Kleist D T, Morgan M C. 2005. Application of adjoint-derived forecast sensitivities to the 24-25 January 2000 U. S. East Coast snowstorm. Monthly Weather Review, 133: 3148-3175.

Li Q Q, Duan Y H, Yu H, et al. 2008. High-resolution simulation of typhoon rananim (2004) with MM5. Part I: model verification, inner-core shear, and asymmetric convection. Monthly Weather Review, 136(7): 2488-2506.

Lorenz E N. 1963. The predictability of hydrodynamic flow. Transactions of the New York Academy of Science, 25B: 409-432.

Lorenz E N. 1965. A study of the predictability of a 28-variable model. Tellus, 17: 321-333.

Lorenz E N. 1969. The predictability of a flow which possesses many scales of motion. Tellus, 21: 289-307.

Mei H, Scott A B, Persson P G, et al. 2008. Alongfront variability of precipitation associated with a midlatitude frontal zone. TRMM Observations and MM5 Simulation, 137: 1008-1028.

Molteni F, Palmer T N. 1993. Predictability and finite-time instability of the northern winter circulation. Quarterly Journal of the Royal Meteorological Society, 119: 269-298.

Mu M, Duan W S. 2003. A new approach to studying ENSO predictability: Conditional nonlinear optimal perturbation. Chinese Science Bulletin, 48: 747-749.

Mu M, Zhang Z Y. 2006. Conditional nonlinear optimal perturbations of a barotropic model. Journal of the Atmospheric Sciences, 63: 1587-1604.

Mu M, Jiang Z N. 2008. A method to find perturbations that trigger blocking onset: Conditional nonlinear optimal perturbations. Journal of the Atmospheric Sciences, 65: 3935-3946.

Mu M, Duan W S, Chou J F. 2004. Recent advances in predictability studies in China (1999—2002). Advances in Atmospheric Sciences, 21: 437-443.

Mu M, Zhou F F, Wang H L. 2009. A method for identifying the sensitive areas in targeted observations for troopical cyclone prediction: Conditional nonlinear optimal perturbation. Monthly Weather Review, 137: 1623-1639.

Neiman P J, Shapiro M A, Fedor L S. 1993. The life cycle of an extratropical marine cyclone. Part II. Mesoscale structure and diagnostics. Monthly Weather Review, 121: 2177-2199.

Pierrehumbert R T. 1984. Linear results on the barrier effects of mesoscale mountains. Journal of the Atmospheric Sciences, 41: 1356-1367.

Pierrehumbert R T, Wyman B. 1985. Upstream effects of mesoscale mountains. Journal of the Atmospheric Sciences, 42: 977-1003.

Queney P. 1948. The problem of airflow over mountains: A summary of theoretical studies. Bulletin of the American Meteorological Society, 29(4): 16-26.

Rivière O, Lapeyre G, Talagrand O. 2008. Nonlinear generalization of singular vectors: Behavior in a baroclinic unstable flow. Journal of the Atmospheric Sciences, 65: 1896-1911.

Rivière O, Lapeyre G, Talagrand O. 2009. A novel technique for nonlinear sensitivity analysis: Application to moist predictability. Quarterly Journal of the Royal Meteorological Society, 135: 520-1537.

Scorer R S. 1949. Theory of waves in the lee of mountains. Quarterly Journal of the Royal Meteorological Society, 75 (2): 41-56.

Scott A B, Richard R, Klemp J B. 1999. Effects of coastal orography on landfalling cold fronts. Part Ⅱ: Effects of surface friction. Journal of the Atmospheric Sciences, 56: 3366-3384.

Shukla J, Saha K R. 1974. Computation of non-divergent streamfunction and irrotational velocity potential from the observed winds. Monthly Weather Review, 1974, 102: 419-425.

Sinclair M R. 2002. Extratropical transition of southwest pacific tropical cyclone. Part I: Climatology and mean structure changes. Monthly Weather Review, 130(3): 590-609.

Singleton A T, Reason C J C. 2007. A numerical model study of an intense cut off low pressure system over South Africa. Monthly Weather Review, 135: 1128-1149.

Takeda. 1977. Look at the effects of terrain impacting on heavy rainfall from cloud physica. Weather Japan, 24(1): 43-53.

Tan Z M, Zhang F Q, Rotunno R, et al. 2004. Mesoscale predictability of moist baroclinic waves: Experiments with parameterized convection. Journal of the Atmospheric Sciences, 61: 1794-1804.

Thompson P D. 1957. Uncertainty of initial state as a factor in the predictability of large scale atmospheric flow patterns. Tellus, 9: 275-295.

Wang H L, Mu M, Huang X Y. 2011. Application of conditional nonlinear optimal perturbations to tropical cyclone adaptive observation using the Weather Research Forecasting (WRF) model. Tellus A: Dynamic Meteorology and Oceanography, 63(5): 939-957.

Xia R D, Fu S M, Wang D H. 2012. On the vorticity and energy budgets of the cold vortex in Northeast China: A case study. Meteorology and Atmospheric Physics, 118(1-2): 53-64.

Yu H Z, Wang H L, Meng Z Y, et al. 2017. A WRF-based tool for forecast sensitivity to the initial perturbation: The conditional nonlinear optimal perturbations versus the first singular vector method and comparison to MM5. Journal of Atmospheric and Oceanic Technology, 34(1): 187-206.

Zeng Q C. 1983. The evolution of rossby wave packet in a three dimentional baroclinic atmosphere. Journal of the Atmospheric Sciences, 40: 73-84.

Zhang F Q, Snyder C, Rotunno R. 2002. Mesoscale predictability of the "surprise" snowstorm of 24-25 January 2000. Monthly Weather Review, 130: 1617-1632.

Zhang F Q, Snyder C, Rotunno R. 2003. Effects of moist convection on mesoscale predictability. Journal of the Atmospheric Sciences, 60: 1173-1185.

Zhao S X, Sun J H. 2007. Study on cut-off low-pressure systems with floods over Northeast Asia. Meteorology and Atmospheric Physics, 96: 159-180.

第4章　东北冷涡暴雨诊断分析与预测方法

东北地区的暴雨年均发生频次远低于南方和华北地区，每10年一般不到20次，其中东北地区北部少于10次（罗亚丽等，2020），东北暴雨主要集中在7月、8月，即东亚夏季风最强盛阶段，在东亚大槽引导下低纬度的暖湿空气能够向北深入挺进，为东北暴雨提供必要的水汽条件。早期我国学者编写了丛书比较系统地总结了东北暴雨的天气与气候学特点及产生暴雨的宏观物理条件（郑秀雅等，1992；白人海和金瑜，1992）。由于东北地区处于中高纬度，准地转理论在该地区非常适用，同时，盛夏时期高空急流轴北跳到40°N以北，东北地区通常处于急流右侧辐散区，因此东北暴雨的形成机理与华南及江淮流域暴雨有较大区别（高守亭等，2018）。而切变风螺旋度和热成风螺旋度（王东海等，2009）和广义Q矢量（Cao and Gao，2007；Yang et al.，2007；Yang and Wang，2008）等能反映水汽非均匀饱和及气流旋转辐合抬升效应的新型物理量对东北冷涡暴雨进行诊断。

4.1　切变风螺旋度和热成风螺旋度

伍荣生和谈哲敏（1989）提出的广义涡度概括了位涡、螺旋度和涡度拟能的一般形式，其表达式为$\psi\omega_a$，这里ψ代表一任意矢量，ω_a代表绝对涡度。当ψ取值为位温（相当位温）、涡度、速度时，广义涡度代表位涡（湿位涡）（Hoskins et al.，1985）、涡度拟能（Wu，1984）和螺旋度（Lilly，1986a，1986b，1990；Tan and Wu，1994）。位涡（湿位涡）是综合表征大气动力因素和热力因素的参数，因在干（湿）绝热无摩擦大气中具有守恒性而得以广泛的应用；涡度拟能描述了旋转的强度；螺旋度是对气流边旋转边前进的运动状态的描述，系统持续时间与螺旋气流对能量的频散的抑制和约束能力密切相关，因此螺旋度与天气系统的生命史有关。

螺旋度的研究由来已久。Etling（1985）讨论总结了大气中存在的几种典型螺旋流，并指出流体稳定性与螺旋性密切相关；Lilly（1986a，1986b）指出高螺旋度阻碍了扰动能量串级，对超级单体风暴的维持有重要作用，而超级单体风暴的传播又使得螺旋度的作用达到最优；Mead（1997）将螺旋度与反映能量作用的对流有效位能结合起来，即能量螺旋度，分析诊断暴雨的发生发展。

国内对螺旋度的理论研究也相当广泛。伍荣生和谈哲敏（1989）推导出完全的螺旋度方程，并指出若不计摩擦，在准地转运动中，大气的螺旋度具有守恒的性质；Wu等（1992）对切变热对流扰动中螺旋度的产生以及螺旋度与非线性能量传输之间的关系进行了研究；Tan和Wu（1994）讨论研究了螺旋度在边界层和锋区的动力性质；刘式适和刘式达（1997）研究指出定常准地转模式中的螺旋度与温度平流和垂直运动有关。陆慧娟和高守亭（2003）从无摩擦的运动方程出发，利用量纲分析的方法，导出简化了的螺旋度方程和不同方向上的螺旋度方程，并对影响它们变化的各因子进行了讨论。

除了理论研究，螺旋度在我国暴雨和强对流天气分析及预报中也有广泛的应用(章东华，1993；杨晓霞等，1997；李向红和廖铭燕，1998；李向红，1999；孙兰东和徐建芬，2000；江敦双等，2001；江敦双等，2002；刘惠敏和郑兰芝，2002；郑传新，2002；杜晓玲和乔琪，2003；熊方和杜正静，2003；许美玲等，2003；王颖等，2007)。杨越奎等(1994)用螺旋度分析了1991年7月江淮的梅雨暴雨，发现 z-螺旋度与几次中尺度暴雨过程有很好的对应关系；吴宝俊等(1996a，1996b)用地转螺旋度分析了三峡大暴雨过程，也发现螺旋度的垂直分布结构与暴雨过程有一定的联系；李英(1999)用风暴螺旋度对滇南的冰雹大风天气进行分析，结果表明：低层螺旋度的演变与滇南冰雹大风天气有一定的关系，低层螺旋度的大值中心比较靠近降雹区；陈华和谈哲敏(1999)对热带气旋螺旋度的结构特征及其在热带气旋发展过程中的演变过程进行了研究；李耀辉和寿绍文(1999)利用风速的旋转风分量来计算螺旋度，并用来研究江淮梅雨锋暴雨过程及与其紧密联系的中尺度气旋的发生发展。结果表明，正的旋转风螺旋度大值中心及其演变较好地对应和反映了暴雨中心及造成暴雨的中尺度涡旋的发生位置及演变，较大的螺旋度值是暴雨及低层中尺度低涡和地面气旋系统发生发展的机制之一；螺旋度的强度变化对暴雨发生有一定的指示意义。Fei和Tan(2001)讨论了风暴发展过程中螺旋度和超螺旋度的空间结构和时间演变特征，以及其在强风暴系统对流发展过程中的动力学作用。侯瑞钦等(2003)对“98·7”低涡切变线暴雨进行了螺旋度诊断分析，结果表明与强暴雨区和切变线低涡相应的是一对符号相反而又紧邻的螺旋度带，垂直结构是一对符号相反而又互伴的螺旋度柱。李耀东等(2004)综述了螺旋度、风暴相对螺旋度等动力参数在强对流天气预报中的应用研究状况。Han等(2006)用风速垂直切变 $\partial \mathbf{V}/\partial z$ 代替 ψ，引入了一个与天气系统强度变化直接相关的新变量，切变风螺旋度，并将其应用于台风的分析中。与台风降水相似，东北冷涡降水具有大的气旋性环流，并且也可能产生与台风降水相似的螺旋雨带；既然切变风螺旋度在台风降水中得以较好的应用，那么对于东北冷涡降水将会如何呢？本书先回顾切变风螺旋度和热成风螺旋度的定义及其物理意义，再选取一次东北冷涡降水过程，诊断分析这次降水过程中的切变风螺旋度和热成风螺旋度(王东海等，2009)，并将其应用于降水的预报。

4.1.1　定义

切变风螺旋度(Han et al.，2006)为

$$H_s = \omega_a \frac{\partial \mathbf{V}}{\partial z} \tag{4.1}$$

它有清晰的物理意义，表示由于风速垂直切变对涡管的扭转，可以使得水平涡度向垂直涡度转换。而垂直涡度发展与天气系统的发展密切相关。

将式(4.1)展开为

$$\begin{aligned} H_s &= \left(\frac{\partial w}{\partial y} - \frac{\partial v}{\partial z}\right)\frac{\partial u}{\partial z} + \left(\frac{\partial u}{\partial z} - \frac{\partial w}{\partial x}\right)\frac{\partial v}{\partial z} + \left(\frac{\partial v}{\partial x} - \frac{\partial u}{\partial y} + f\right)\frac{\partial w}{\partial z} \\ &= \left(\frac{\partial w}{\partial y}\frac{\partial u}{\partial z} - \frac{\partial w}{\partial x}\frac{\partial v}{\partial z}\right) + \left(\frac{\partial v}{\partial x} - \frac{\partial u}{\partial y} + f\right)\frac{\partial w}{\partial z} \end{aligned} \tag{4.2}$$

式中，均系气象常用符号。由式(4.2)可见，H_s 的计算涉及风速的垂直差分，需要多层资料。它由两项组成：扭转项和垂直涡度辐合辐散项。

Dutton(1976)发现，用地转风的垂直切变来代替风速垂直切变，比直接用地转风来代替风速更为精确。因此本书采用下面的近似：

$$\frac{\partial u}{\partial z} \approx \frac{\partial u_g}{\partial z}, \quad \frac{\partial v}{\partial z} \approx \frac{\partial v_g}{\partial z}$$

式中，u_g 和 v_g 分别为 x 方向和 y 方向的地转风分量。这里风速的垂直切变用地转风的垂直切变来代替，而风速的水平切变则仍然用实际风的水平切变来代替。

H_s 的表达式于是简化为

$$H_{sg} = \left(\frac{\partial w}{\partial y}\frac{\partial u_g}{\partial z} - \frac{\partial w}{\partial x}\frac{\partial v_g}{\partial z}\right) + \left(\frac{\partial v}{\partial x} - \frac{\partial u}{\partial y} + f\right)\frac{\partial w}{\partial z} \tag{4.3}$$

利用热成风近似

$$\frac{\partial u_g}{\partial z} = -\frac{g}{f}\frac{\partial}{\partial y}\ln T, \quad \frac{\partial v_g}{\partial z} = \frac{g}{f}\frac{\partial}{\partial x}\ln T$$

式(4.3)变为

$$H_{sg} = -\frac{g}{f}(\nabla \ln T \cdot \nabla w) + \left(\frac{\partial v}{\partial x} - \frac{\partial u}{\partial y} + f\right)\frac{\partial w}{\partial z} = H_1 + H_2 \tag{4.4}$$

其中

$$H_1 = -\frac{g}{f}(\nabla \ln T \cdot \nabla w) \tag{4.5}$$

$$H_2 = \left(\frac{\partial v}{\partial x} - \frac{\partial u}{\partial y} + f\right)\frac{\partial w}{\partial z} \tag{4.6}$$

H_1 定义为热成风螺旋度。很明显，$H_1 = \omega_g \cdot \frac{\partial \mathbf{V}_g}{\partial z}$，因此它也是另一种广义涡度的形式。它具有清晰的物理意义，表示温度梯度在垂直速度梯度方向上的投影，综合体现了大气的热力效应和动力效应，其强度取决于上升气流和暖湿空气的配置。而且，由其表达式(4.5)，H_1 的计算只需要单平面层的资料即可，避免了垂直差分计算，这大大弥补了台站观测中垂直层密度稀疏或者边界层的处理等问题的不足，使得计算大大简化，便于业务应用。利用连续方程，H_2 可以写为 $H_2 = -\left(\frac{\partial v}{\partial x} - \frac{\partial u}{\partial y} + f\right)\left(\frac{\partial u}{\partial x} + \frac{\partial v}{\partial y}\right)$，即为涡度方程中的辐合辐散项，它直接与系统的涡度变化相联系，从而影响系统的发展。从 H_2 本身的表达式，它的符号取决于绝对垂直涡度和水平散度的配置，正的绝对垂直涡度配合对流层中低层(或高层)的水平辐合(或辐散)时，H_2 在中低层(或高层)为正值(或负值)，系统发展。下面通过个例分析来探讨切变风螺旋度和热成风螺旋度在实际个例中的应用。

4.1.2 个例分析

2007 年 7 月 9 日 00 时至 10 日 00 时的降水发生在典型的东北冷涡控制之下[图 4.1

(a)、(b)],冷涡的中心位于(118°E,44°N)处;高层 200hPa 上[图 4.1(c)]为一槽一脊型分布,降水区发生在槽前脊后。槽线由(113°E,55°N)处东北—西南向伸展至(111°E,48°N)处,后转为西北—东南向。本书利用 WRF(V2.2)模式对 2007 年 7 月 9 日 00 时至 10 日 00 时东北地区的一次降水过程进行了数值模拟。

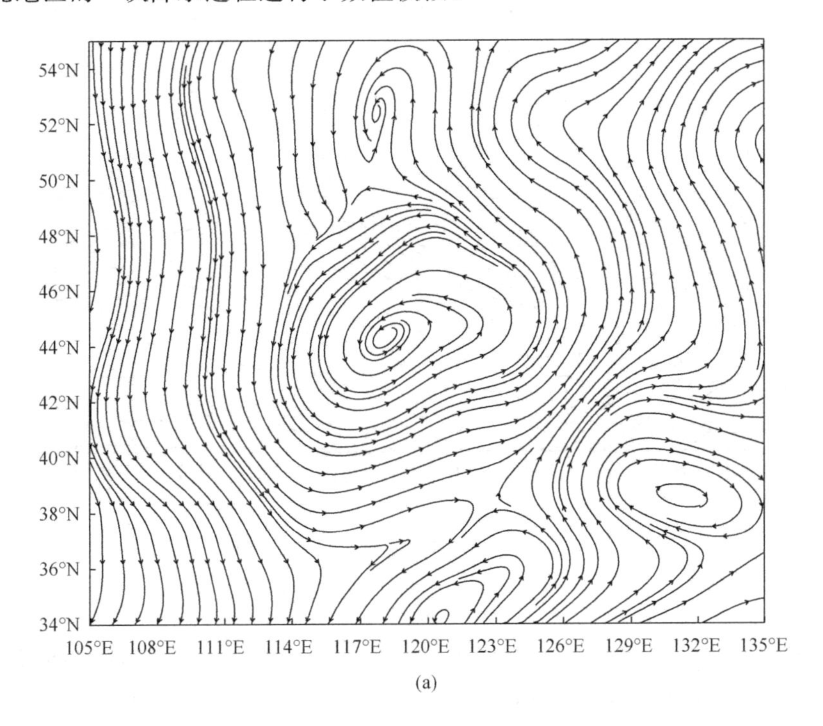

(a)

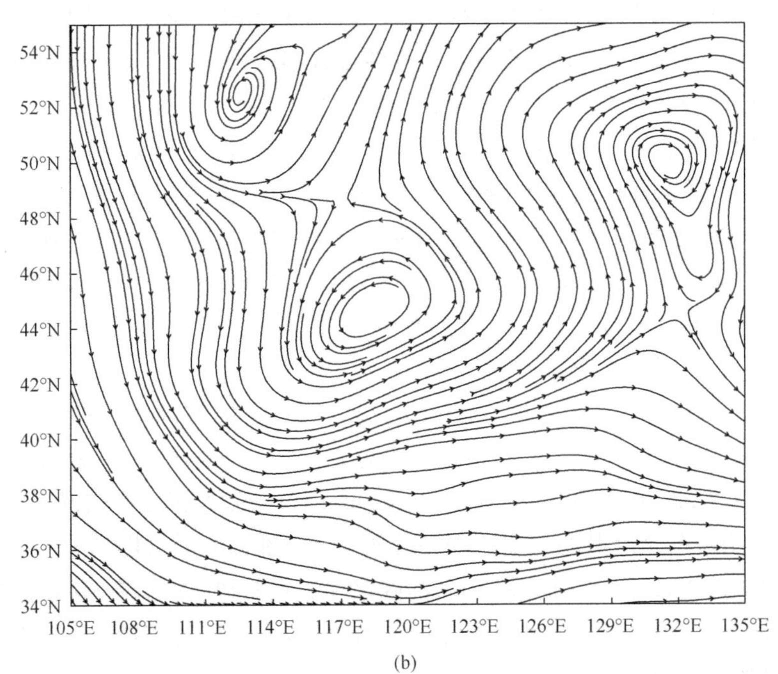

(b)

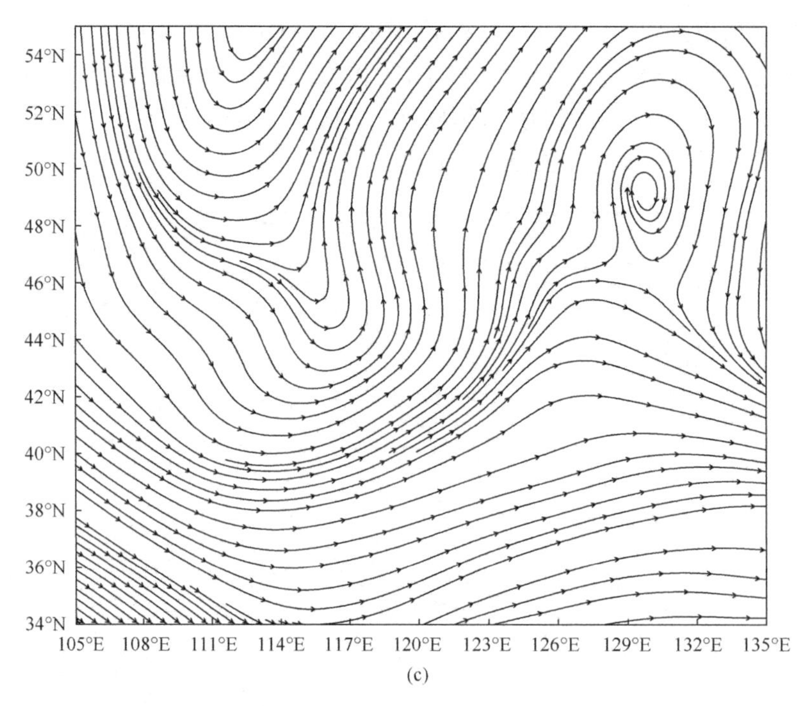

图 4.1 2007 年 7 月 9 日 00 时 的流场

(a) 700hPa;(b) 500hPa;(c) 200hPa

WRF 模式采用全可压、非静力方程和 Arakawa C 格点。本次模拟选用质量坐标(eulerian mass coordinate),Runge-Kutta 3 阶时间积分方案(Louis and William,2002),模式微物理过程采用 Ferrier 方案(Ryan,1996)和 Kain-Fritsch 积云对流参数化方案(Kain and Fritsch,1990);同时采用 MRF 边界层方案(Hong and Pan,1996)、Dudhia 短波辐射(Dudhia,1989)和 RRTM 长波辐射方案(Mlawer et al.,1997)。模式选取 1°×1°分辨率 NCEP/NCAR 再分析资料(间隔 6h),并将初始时刻的常规地面、探空资料通过 WRF-3DVAR 模块引入模式来改善初始场,进行模拟。模拟采用水平分辨率分别为 27km 和 9km 的双重嵌套方案,网格点数分别为 121×115(D01)和 177×168(D02),模式积分区域中心 D01 为(119.7°E,41.7°N),D02 为(119.9°E,41.8°N),垂直方向上分为 31 个不等距的 σ 层,时间积分步长 30s,模拟的初始时间为 2007 年 7 月 9 日 00 时,共积分 24h。模式输出资料时间间隔为 1h。

图 4.2(a)、(b)为 2007 年 7 月 9 日 00 时至 10 日 00 时实际观测的和模拟的(D02) 24h 地面累积降水量的分布。由图可见,模拟的 24h 降水量分布图上最大降水区域位于 121°E~124°E、42°N~45°N,最大降水量超过 80mm,其位置及强度与实况基本一致;模拟和实况的雨带均沿东北冷涡的右侧边缘呈弧形伸展[图 4.3(a)、(b)],45°N 以北的降水较弱,但(129°E,49°N)和(122°E,48°N)处的降水中心在模拟图上也有所体现[图 4.2(a)、(b)]。此外,模式模拟的流场尤其是东北冷涡的模拟,水平风场、温度场等与实况均较吻合,这里不拟赘述。

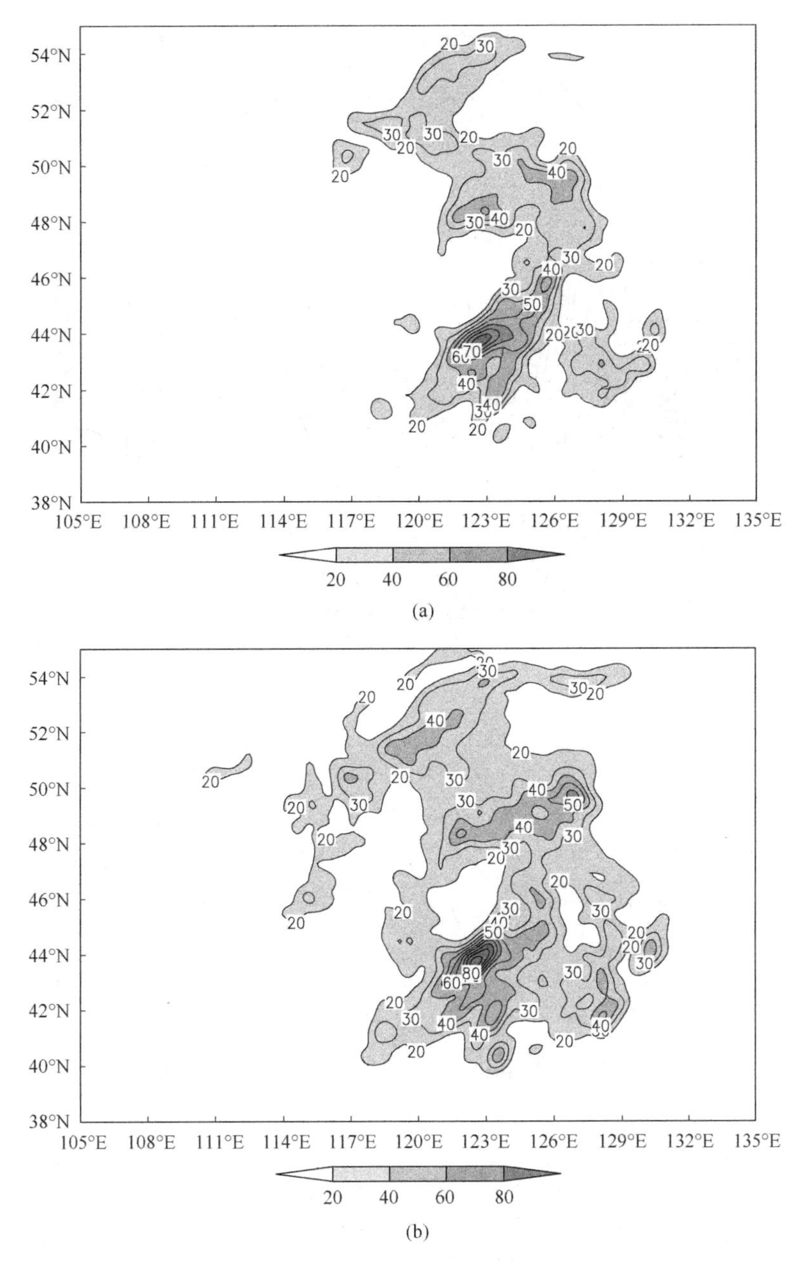

图 4.2　2007 年 7 月 9 日 00 时至 10 日 00 时累计 24h 降水(单位：mm)

(a) 观测；(b) 模拟

通过以上对比分析，我们认为，WRF 模式模拟的此次过程无论降水、大气热力场还是动力场都比较成功，因此我们下面将 WRF 模式输出资料用来作诊断分析的依据。

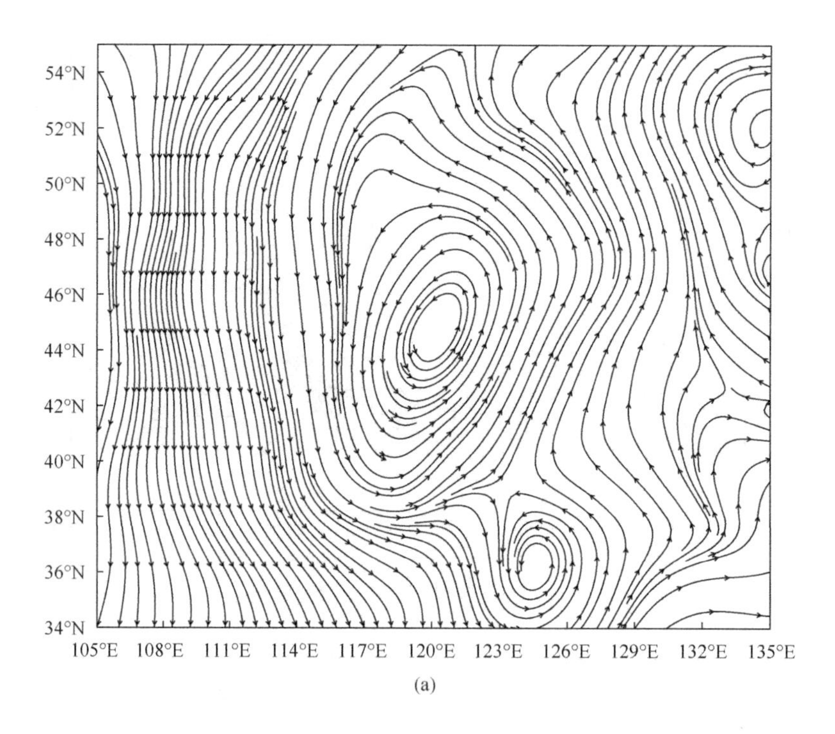

(a)

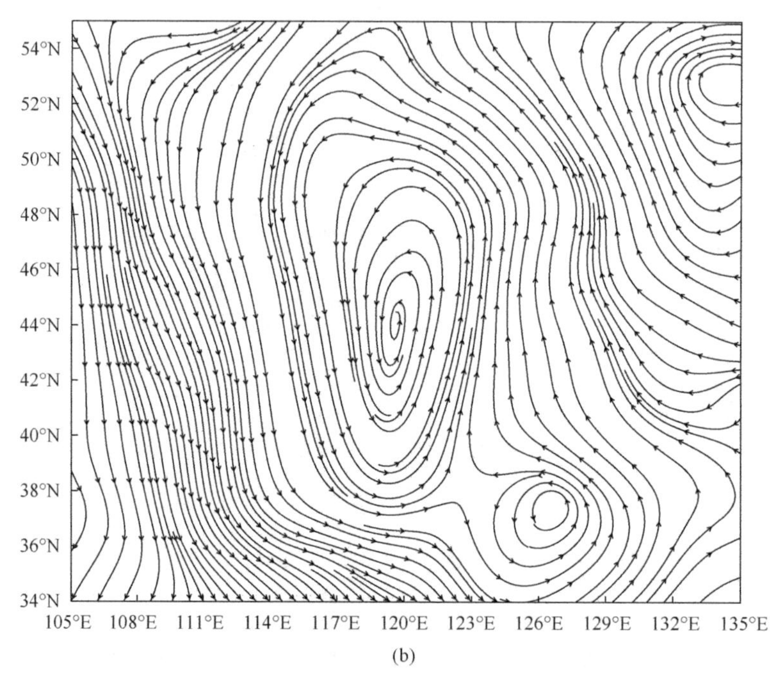

(b)

图 4.3　2007 年 7 月 10 日 00 时 700hPa 流场

(a) 观测；(b) 模拟

4.1.3 东北冷涡暴雨中切变风螺旋度和热成风螺旋度的分布特征

先以6.853km高度层为例来看切变风螺旋度(SWH)和热成风螺旋度(TWH)的水平分布特征。图4.4是用模式输出资料计算的2007年7月9日12时、18时H_s[基于式(4.2)]、H_1[基于式(4.5)]和H_2[基于式(4.6)]在6.853km高度层(约500hPa)上的分布(等值线)和1h降水(阴影)。从图4.4可以看出,大的降水中心与H_1极值中心匹配较好[图4.4(c)、(d)],在弱降水区无明显的信号;而H_s分布图上,降水中心位于H_s的正值和负值区的边界[图4.4(a)、(b)],其范围比H_1范围要大,而且在弱降水区也有信号;H_2在6.853km高度层上与降水的匹配稍差[图4.4(e)、(f)]。2007年7月9日12时至18时,H_s[图4.4(a)、(b)],H_1[图4.4(c)、(d)]和H_2[图4.4(e)、(f)]强度减小,相应的降水量由12时的12mm/h,6h之后减小为9mm/h,可见H_s、H_1和H_2与降水的强度变化一致。这里以6.853km高度层为例分析了SWH和TWH的水平分布,在整个对流层中低层,SWH和TWH均能较好地诊断降水,有类似的分布特征。

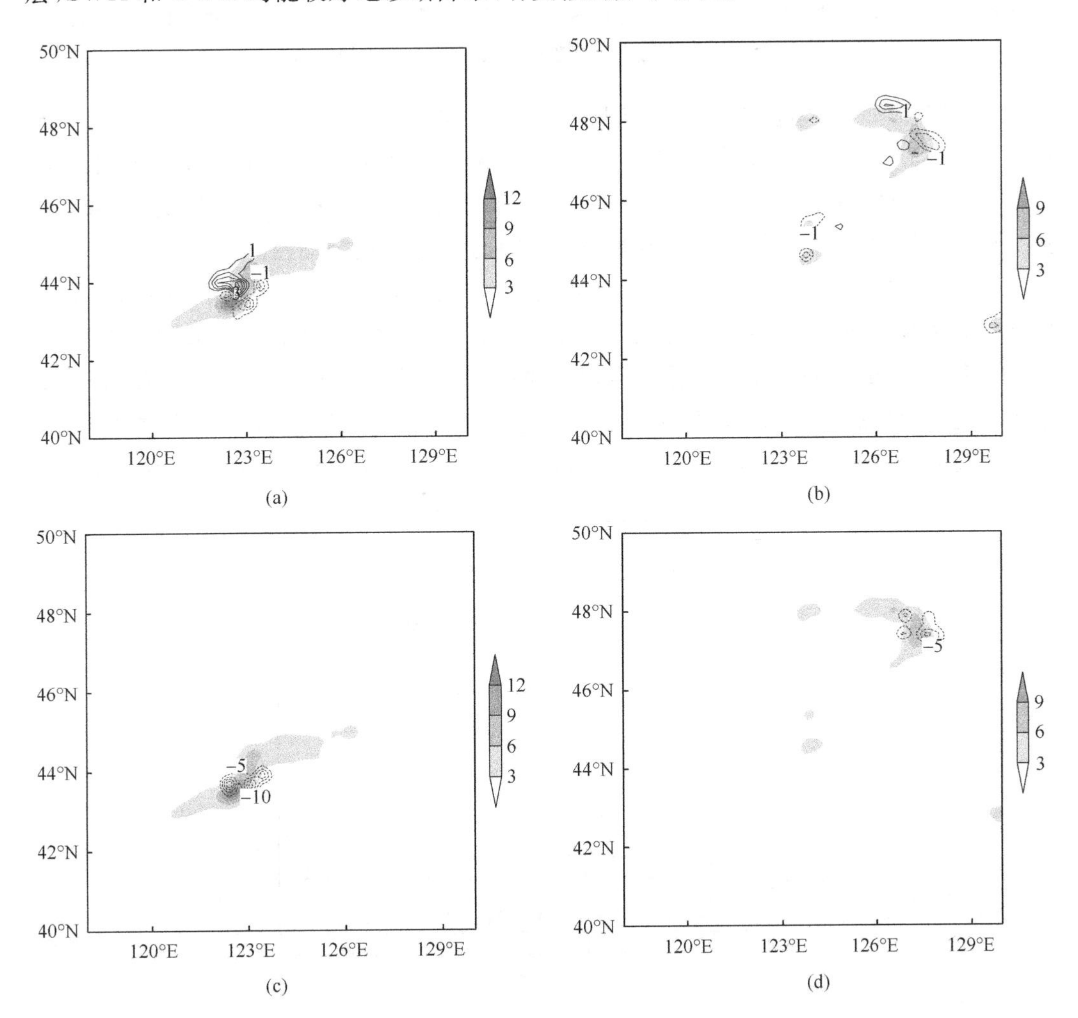

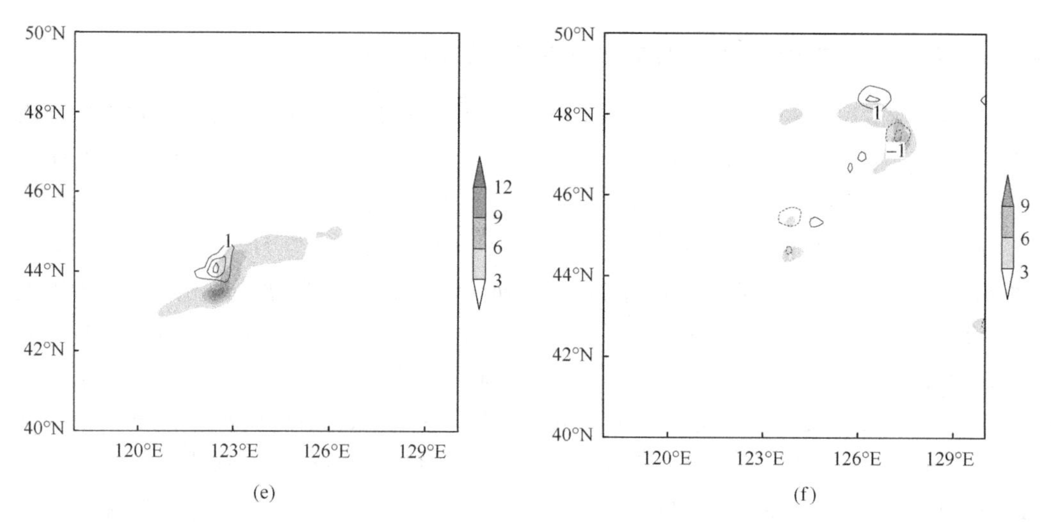

图 4.4 2007 年 7 月 9 日，12 时(a)、18 时(b)6.853km 高度层上的 H_s(单位：$10^{-8}s^{-2}$)，12 时(c)、18 时(d)6.853km 高度层上的 H_1(单位：$10^{-9}s^{-2}$)，12 时(e)、18 时(f)6.853km 高度层上的 H_2(单位：$10^{-8}s^{-2}$)和累积 1h 降水(阴影，单位：mm)的分布

该次降水过程的累积 6h 时段最大降水发生在 2007 年 7 月 9 日 06 时至 12 时，降水中心位于(43.5°N，122°E)。图 4.5 是利用模式输出资料计算的 9 日 12 时过降水中心 122°E 的 H_s、H_1、螺旋度(等值线)[图 4.5(b)～(d)]、***x-z*** 涡度矢量(矢量箭头)及 ***u-w*** 风速矢量(流线)[图 4.5(a)]和 1h 降水量(直方图)的纬度-高度剖面图。

垂直剖面图上，由于风速对强对流区涡度矢量的扭转[图 4.5(a)]，由低层 4km 以下的涡度矢量水平伸展，至 4km 以上扭转至垂直伸展，使得水平涡度向着垂直涡度发展；根据 H_s 的定义，H_s 在雨区上空有强信号，H_s 的垂直分布图上[图 4.5(b)]的确有 H_s 的大值区垂直向上伸展至 12km 高度层[图 4.5(b)]。H_1[图 4.5(c)]与 H_s 的分布相似，量级一致。说明作了热成风近似后的 H_s 中的扭转项，与 H_s 相似，也能较好地体现降水和对

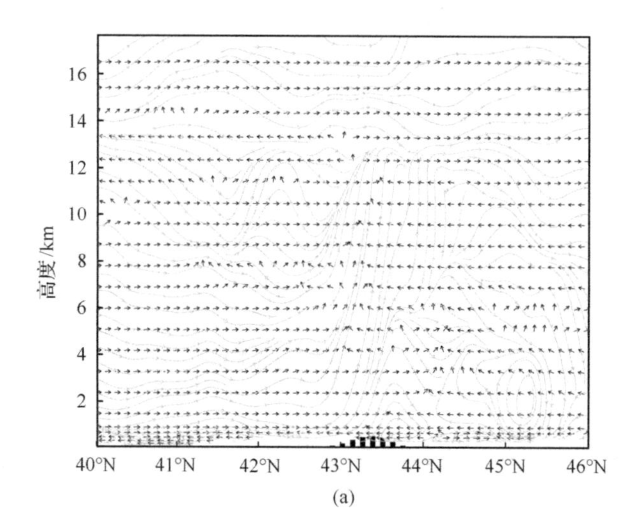

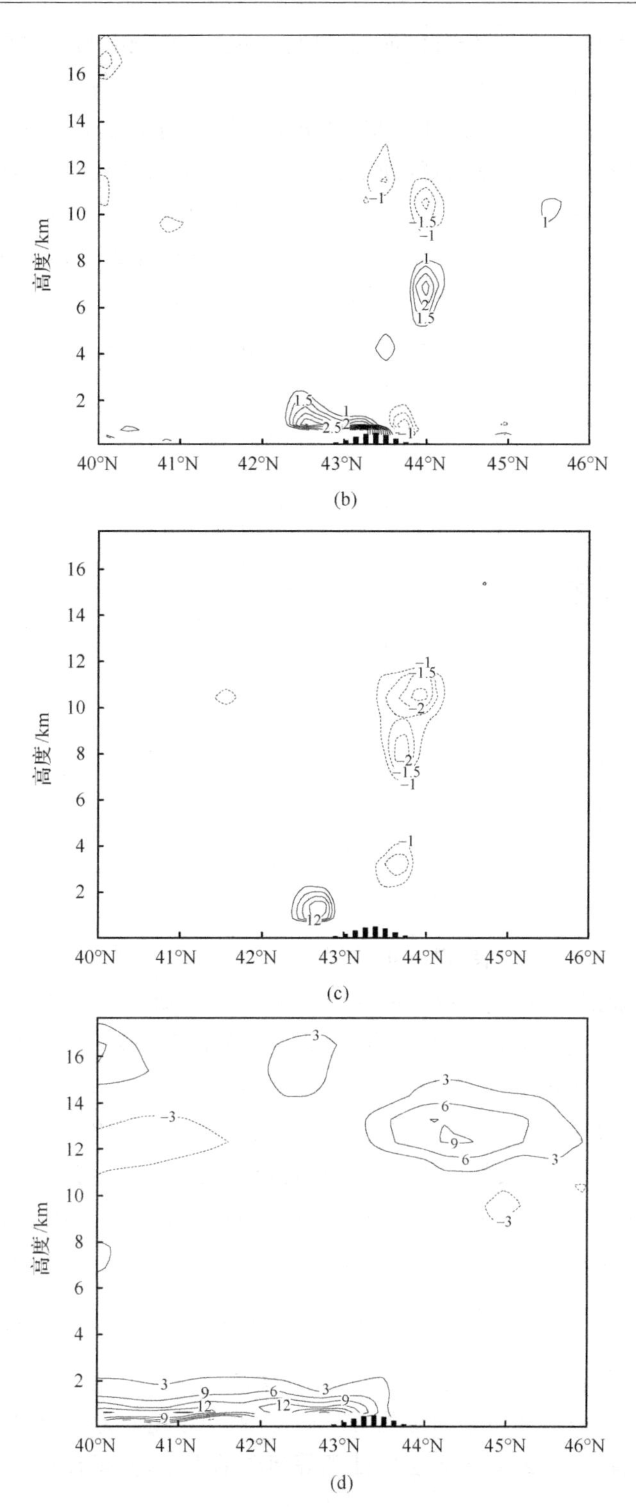

图 4.5　2007 年 7 月 9 日 12 时 x-z 涡度矢量(矢量箭头,单位:s^{-1})和 u-w 流场(a)、H_s(单位:$10^{-8}s^{-2}$)(b)、H_1(单位:$10^{-8}s^{-2}$)(c)、螺旋度(单位:$10^{-2}m/s^2$)(d)和 1h 降水量(直方图,单位:mm)沿着 122°E 的垂直剖面

流(尤其是强降水和强对流)的分布特征,而且切变风螺旋度和热成风螺旋度对暴雨的诊断优于传统的螺旋度[图 4.5(d)]。

另外,还选取了 2006 年 7 月 20 日 00 时至 23 日 00 时的东北冷涡降水过程,其环流背景、数值模拟及降水分布等见文献(钟水新,2008),这里只是利用可靠的数值模拟结果,对切变风螺旋度和热成风螺旋度进行了计算。分析表明,在对流层低层,切变风螺旋度和热成风螺旋度均能较好地诊断降水(图 4.6)。下一步将选取更多的个例进行分析,以期将其投入业务应用,为诊断降水的发生发展进而对降水预测提供一种新思路。

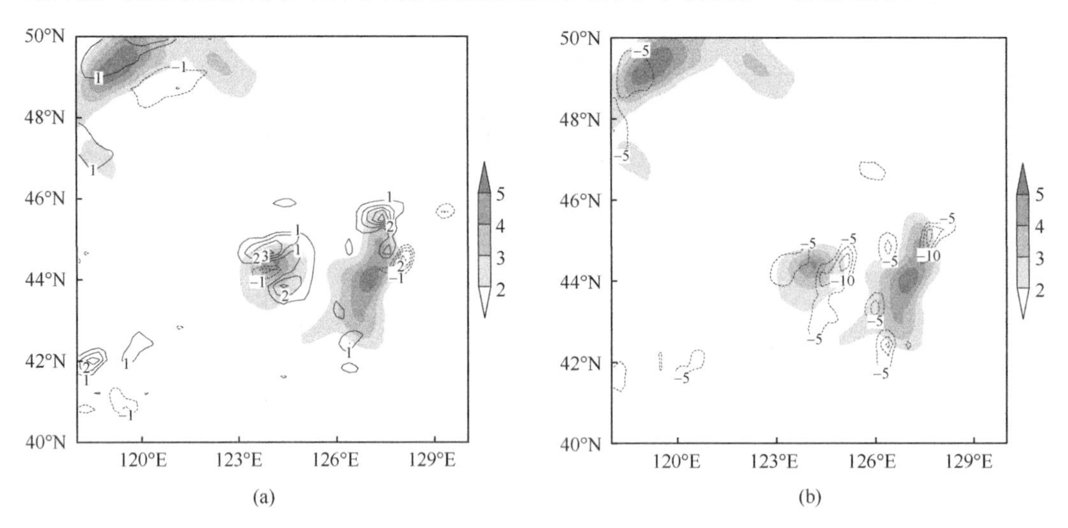

图 4.6　2006 年 7 月 20 日 12 时 6.853km 高度层上 H_s(单位:$10^{-8}s^{-2}$)(a)、H_1(单位:$10^{-7}s^{-2}$)(b)和累积 1h 降水量(阴影,单位:mm)的分布

总起来是,广义涡度将位涡、涡度拟能、螺旋度的表达式统一为 $\psi\omega_a$(ψ 为任意矢量,ω_a 为绝对涡度)的一般形式;位涡(湿位涡)是综合表征大气动力因素和热力因素的参数,因在干(湿)绝热无摩擦大气中具有守恒性而得以广泛的应用;涡度拟能描述了旋转的强度;螺旋度是对气流边旋转边前进的运动状态的描述,系统持续时间与螺旋气流对能量的频散的抑制和约束能力密切相关,因此螺旋度与天气系统的生命史有关。将风速垂直切变 $\partial \boldsymbol{V}/\partial z$ 代替 ψ,引入一个与天气系统强度变化直接相关的变量,切变风螺旋度(H_s),它与涡度和风速垂直切变有关,表示风速垂直方向的分布不均匀对涡管的扭转的效应。切变风螺旋度由两部分组成,扭转项和垂直涡度的辐合辐散项。用地转风的垂直切变代替风场的垂直切变,再利用热成风关系,扭转项可简化为 $H_1=\omega_g\dfrac{\partial \boldsymbol{V}_g}{\partial z}$,因此它也是另一种广义涡度的形式,其强度和符号取决于上升气流和暖湿空气的配置。相对于切变风螺旋度,热成风螺旋度的计算只需要单平面层的资料即可,避免了垂直差分计算,这大大弥补了台站观测中垂直层密度稀疏或者边界层的处理等问题的不足,使得计算大大简化,便于业务应用。

选取 2007 年 7 月和 2006 年 7 月的两次东北冷涡降水过程进行数值模拟,利用模式输出的中尺度资料,诊断分析这两次降水过程中的切变风螺旋度和热成风螺旋度。分析表明，降水中心位于 H_s 的正值和负值区的边界，与降水的强度变化一致；而作了热成风近似后的 H_s 中的扭转项，与 H_s 相似，也能较好地诊断降水尤其是强降水和强对流的发展，而且其对暴雨的诊断优于传统的螺旋度。

4.2　$\boldsymbol{Q}$ 矢量散度及其旋度的垂直分量

作为诊断垂直运动、锋生和次级环流的有效工具，$\boldsymbol{Q}$ 矢量得以广泛的应用。Hoskins 等(1978)推导了以 $\boldsymbol{Q}$ 矢量散度作为唯一强迫项的准地转 ω 方程。之后，$\boldsymbol{Q}$ 矢量被发展为多种新形式，如半地转 $\boldsymbol{Q}$ 矢量、非地转 $\boldsymbol{Q}$ 矢量、$\boldsymbol{C}$ 矢量、湿 $\boldsymbol{Q}$ 矢量、非均匀饱和湿大气中广义 $\boldsymbol{Q}$ 矢量等。虽然这些 $\boldsymbol{Q}$ 矢量在应用中取得了令人鼓舞的结果，但传统的对 $\boldsymbol{Q}$ 矢量的研究集中在 $\boldsymbol{Q}$ 矢量的散度(DQ)。那么，$\boldsymbol{Q}$ 矢量的旋度(VQ)如何呢？DQ 和 VQ 在东北冷涡降水中的作用如何呢？我们在给出 DQ 和 VQ 的表达式之后，选取 2007 年 7 月的一次东北冷涡降水过程，并用 WRF 模式进行模拟。利用得到的中尺度模拟资料，将 DQ 和 VQ 应用于这次东北冷涡降水和对流过程的动力分析(Yang and Wang，2008)。

4.2.1　DQ 和 VQ 的推导

利用 p-坐标系下的原始方程：

$$\frac{\mathrm{d}u}{\mathrm{d}t} = fv_a \tag{4.7}$$

$$\frac{\mathrm{d}v}{\mathrm{d}t} = -fu_a \tag{4.8}$$

$$\frac{\partial \phi}{\partial p} = -\alpha \tag{4.9}$$

$$\frac{\partial u}{\partial x} + \frac{\partial v}{\partial y} + \frac{\partial \omega}{\partial p} = 0 \tag{4.10}$$

$$\frac{\mathrm{d}\theta}{\mathrm{d}t} = H \tag{4.11}$$

式中，f 为科里奥利参数；$H = -\frac{L\theta}{c_p T}\frac{\mathrm{d}}{\mathrm{d}t}[(q/q_s)^k q_s] + \frac{\theta}{c_p T}Q_d$；$u_a = u - u_g$，$u_g = -\frac{1}{f}\frac{\partial \phi}{\partial y}$；$v_a = v - v_g$，$v_g = \frac{1}{f}\frac{\partial \phi}{\partial x}$，$v_g$、$v_a$ 分别为经向的地转、非地转风，u_g、u_a 分别为纬向的地转、非地转风；u 和 v 是纬向和经向风速；ω 为垂直速度；ϕ 为位势高度；α 为比容。表达式中 $\frac{1}{c_p T}\frac{\mathrm{d}\theta}{\mathrm{d}t} = Q_d$；$T$ 和 θ 分别为温度和位温；c_p 是定压比热容；L 是凝结潜热加热率；q 和 q_s 是比湿和饱和比湿；Q_d 是潜热之外的非绝热加热，Q_d 是由于净太阳和红外辐射通量及其他加热/冷却效应导致的辐射加热率。

Yao 和 Yu(2004)由式(4.7)～式(4.11)推导出了非地转湿 $\boldsymbol{Q}$ 矢量。在他们的研究中，$H = -\frac{L}{c_p}\pi\omega\frac{\partial q_s}{\partial p}$，$\pi = \left(\frac{1000}{p}\right)^{R/c_p}$。

由 Yao 和 Yu 的分析，定义

$$Q_{mx} = \frac{1}{2}\left[f\left(\frac{\partial v}{\partial p}\frac{\partial u}{\partial x} - \frac{\partial u}{\partial p}\frac{\partial v}{\partial x}\right) - h\frac{\partial \mathbf{V}}{\partial x}\nabla\theta - \frac{\partial}{\partial x}\left(\frac{LR\omega}{c_p P}\frac{\partial q_s}{\partial p}\right)\right] \tag{4.12}$$

$$Q_{my} = \frac{1}{2}\left[f\left(\frac{\partial v}{\partial p}\frac{\partial u}{\partial y} - \frac{\partial u}{\partial p}\frac{\partial v}{\partial y}\right) - h\frac{\partial \mathbf{V}}{\partial y}\nabla\theta - \frac{\partial}{\partial y}\left(\frac{LR\omega}{c_p P}\frac{\partial q_s}{\partial p}\right)\right] \tag{4.13}$$

则得到

$$Q_{mx} = \frac{1}{2}f^2\left(\frac{\partial u_a}{\partial p} - \sigma\frac{\partial \omega}{\partial x}\right) \tag{4.14}$$

$$Q_{my} = \frac{1}{2}f^2\left(\frac{\partial v_a}{\partial p} - \sigma\frac{\partial \omega}{\partial y}\right) \tag{4.15}$$

式中，σ 为静力稳定度参数；$\sigma = -h\frac{\partial \theta}{\partial p}$，$h = \frac{\alpha}{\theta}$。

由式(4.14)和式(4.15)，取 $\frac{\partial Q_{my}}{\partial x} - \frac{\partial Q_{mx}}{\partial y}$，得到

$$k(\nabla \times \boldsymbol{Q}_m) = \frac{1}{2}f^2\frac{\partial \zeta_a}{\partial p} \tag{4.16}$$

式中，$\nabla \times \boldsymbol{Q}_m = \frac{\partial Q_{my}}{\partial x} - \frac{\partial Q_{mx}}{\partial y}$；$\zeta_a = \frac{\partial v_a}{\partial x} - \frac{\partial u_a}{\partial y}$。

由式(4.16)，$\boldsymbol{Q}$ 矢量旋度的垂直分量正比于非地转涡度，即 $k\,\nabla \times \boldsymbol{Q}_m \propto f\zeta_a$；Hoskins 和 Pedder(1980)利用非线性平衡方程也得出相似的结论。如果非地转涡度 ζ_a 存在，则出现风场和质量场之间的不平衡。这样调整过程发生，激发辐合辐散和垂直速度场，使得风场和质量场之间建立新的平衡。因此 $\boldsymbol{Q}$ 矢量旋度的垂直分量，由于与直接非地转流密切相关，可能为对流系统的发展提供非常有用的信息。

由 Yang 等(2007)的分析，在干大气和未饱和湿空气中，由于不考虑潜热释放项，式(4.12)和式(4.13)简化为干大气中的 $\boldsymbol{Q}$ 矢量：

$$\boldsymbol{Q}_x = \frac{1}{2}\left[f\left(\frac{\partial v}{\partial p}\frac{\partial u}{\partial x} - \frac{\partial u}{\partial p}\frac{\partial v}{\partial x}\right) - h\frac{\partial \mathbf{V}}{\partial x}\nabla\theta\right] \tag{4.17}$$

$$\boldsymbol{Q}_y = \frac{1}{2}\left[f\left(\frac{\partial v}{\partial p}\frac{\partial u}{\partial y} - \frac{\partial u}{\partial p}\frac{\partial v}{\partial y}\right) - h\frac{\partial \mathbf{V}}{\partial y}\nabla\theta\right] \tag{4.18}$$

由式(4.12)、式(4.13)和式(4.17)、式(4.18)，在不同的环境大气中 $\boldsymbol{Q}$ 矢量的表达式有不同的形式，它们的差别体现在方程右边第三项。Yao 和 Yu(2004)计算了干 $\boldsymbol{Q}$ 矢量和湿饱和 $\boldsymbol{Q}$ 矢量的散度，计算分析表明后者由于考虑了水汽潜热释放效应，比前者能更好地诊断降水和强对流的发展。然而，取 $\frac{\partial(4.13)}{\partial x} - \frac{\partial(4.12)}{\partial y}$ 和 $\frac{\partial(4.18)}{\partial x} - \frac{\partial(4.17)}{\partial y}$ 的运算之后发现，式(4.12)、式(4.13)中体现不同环境大气中 $\boldsymbol{Q}$ 矢量差别的第三项消失。干湿大气中的 $\boldsymbol{Q}$ 矢量旋度的垂直分量形式完全相同，统一为下面的唯一形式，即

$$\frac{1}{2}\frac{\partial}{\partial x}\left[f\left(\frac{\partial v}{\partial p}\frac{\partial u}{\partial y} - \frac{\partial u}{\partial p}\frac{\partial v}{\partial y}\right) - h\frac{\partial \mathbf{V}}{\partial y}\nabla\theta\right] - \frac{1}{2}\frac{\partial}{\partial y}\left[f\left(\frac{\partial v}{\partial p}\frac{\partial u}{\partial x} - \frac{\partial u}{\partial p}\frac{\partial v}{\partial x}\right) - h\frac{\partial \mathbf{V}}{\partial x}\nabla\theta\right] \tag{4.19}$$

也就是说,$\boldsymbol{Q}$ 矢量旋度的垂直分量在干大气中(VQ)和湿饱和大气中(VQ_m)统一为唯一的一个表达式——式(4.19),这样对 VQ 的分析被大大简化,变得简单和方便。

4.2.2　个例分析

1. 数值模拟

图 4.7 为 2007 年 7 月 9 日 00 时至 10 日 12 时的实际观测和 WRF 模拟的 36h 地面累积降水量的分布。由图 4.7 可见,模拟的 36h 降水量分布图上最大降水区域位于

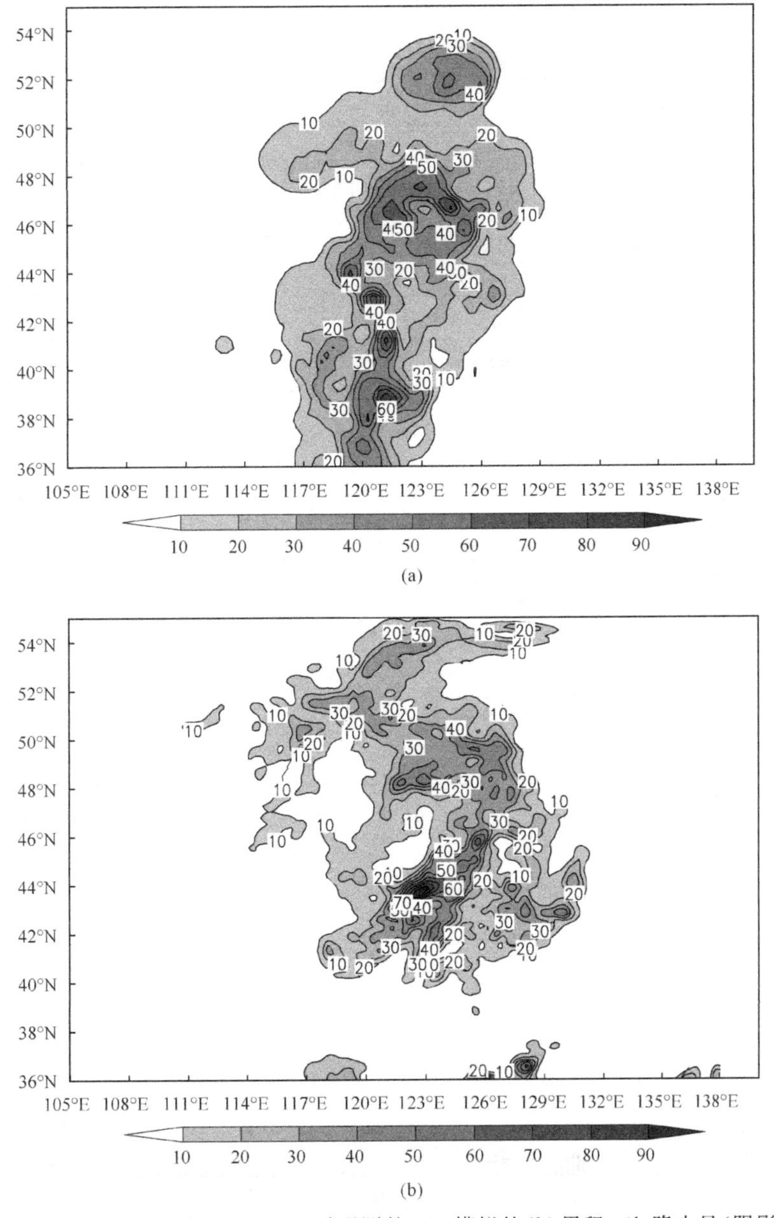

图 4.7　2007 年 7 月 9 日 00 时至 10 日 12 时观测的(a)、模拟的(b)累积 36h 降水量(阴影,单位:mm)

121°E～124°E、42°N～44°N，最大降水量超过 90mm，45°N 以北的降水较弱；实况的 36h 降水量分布图上 42°N～44°N 有几个降水中心，位置比模拟的偏西一个经度，模拟和实况的雨带均呈经向伸展，二者 36h 累积降水量相当。至于 42°N 以南、120°E～123°E 的两个降水中心，是因海上资料缺测和差值误差导致。此外，模式模拟的位势高度场、流场尤其是东北冷涡的模拟、水平风场、温度场等与实况均较吻合，这里不再详述。

通过以上对比分析，我们认为，WRF 模式模拟的此次过程，无论降水、大气热力场还是动力场都比较成功，因此我们下面即用 WRF 模式输出资料作诊断分析的依据。

2. 东北冷涡暴雨中 DQ 和 VQ 的应用

本次降水过程的最大 6h 时段累积降水发生在 2007 年 7 月 9 日 06 时至 12 时，降水中心位于(43.5°N，122°E)。图 4.8 是利用模式输出资料计算的 9 日 12 时过降水中心 122°E 的 DQ、DQ_m、VQ 和累积 1h 降水的经向-垂直分布。正负相伴的 DQ_m 大值区在 42°E～45°E 的雨区上空垂直向上伸展[图 4.8(b)]；而 DQ 的强信号主要出现在 400hPa 以上的高层[图 4.8(a)]，且与雨区的对应远不如 DQ_m[图 4.8(b)]；VQ[图 4.8(c)]与 DQ_m

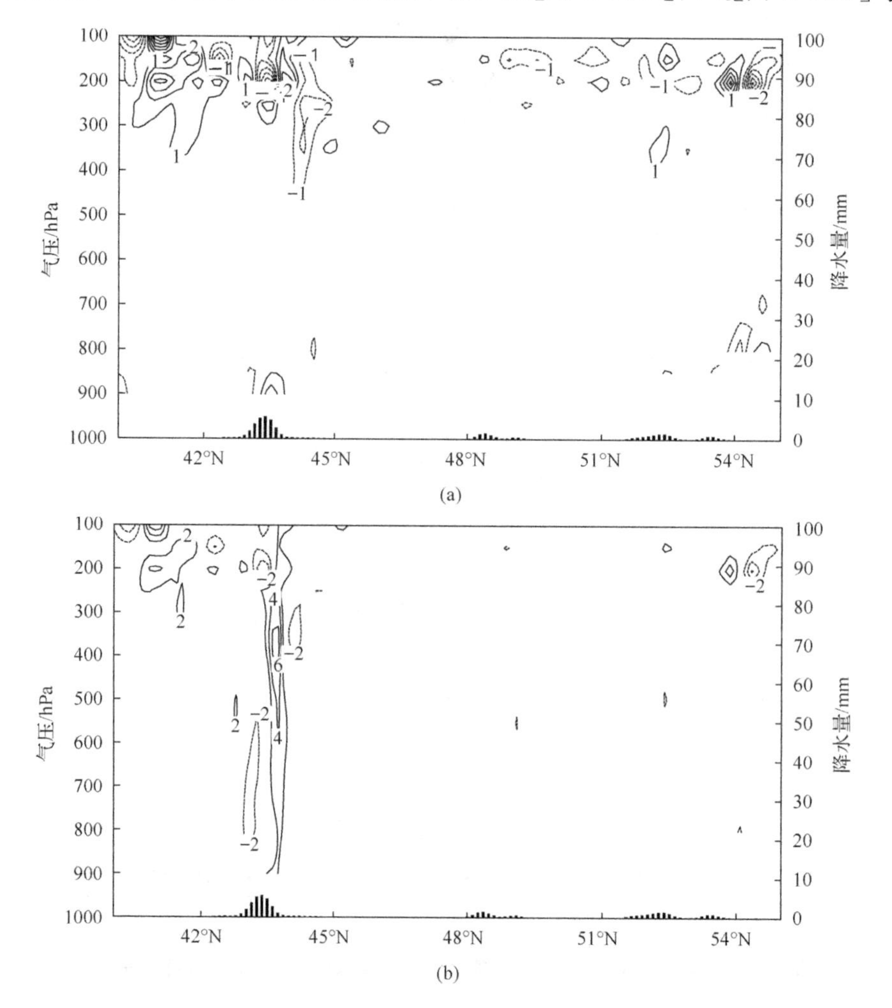

(a)

(b)

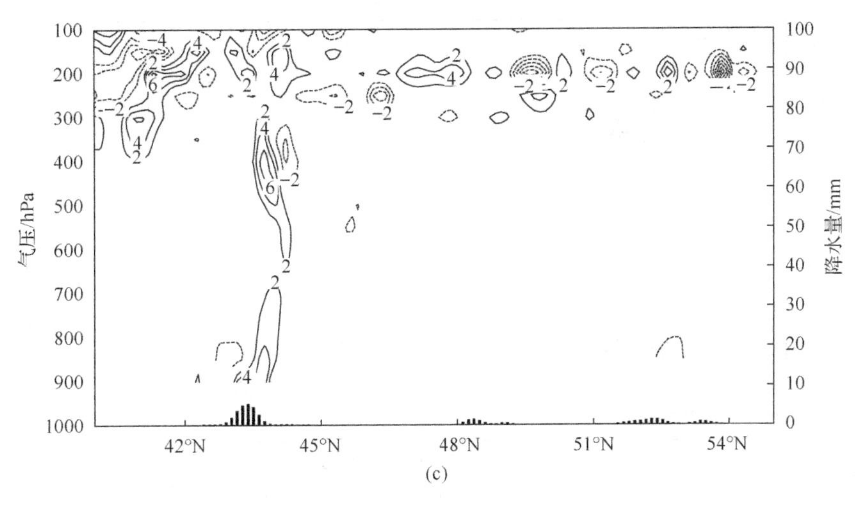

(c)

图 4.8　2007 年 7 月 9 日 12 时 DQ(等值线,单位:$10^{-16}hPa^{-1}\cdot s^{-3}$)(a)、$DQ_m$(等值线,单位:$10^{-16}hPa^{-1}\cdot s^{-3}$)(b)、VQ(等值线,单位:$10^{-16}hPa^{-1}\cdot s^{-3}$)(c)和 1h 降水量(直方图,单位:mm)沿着 122°E 的垂直剖面

的分布相似,量级一致,42°E～45°E 的雨区上空的 VQ 正值柱从 900hPa 一直向上伸展至 100hPa[图 4.8(c)]。由式(4.16)可见此处的非地转涡度行将发展。

图 4.9 是 750hPa 上 DQ、DQ_m、VQ 和累积 6h 降水量沿 122°E 的经向-时间剖面图。2007 年 7 月 9 日 00 时之后,降水发生,雨带主体位于 44°N 以南的 DQ_m 和 VQ 的大值区,它们有相似的演变趋势。9 日 12 时的降水极值与 VQ 的极值对应较好,而 DQ_m 比 VQ 和降水极值出现的稍超前,这是因为非地转运动出现,导致风场和质量场之间出现不平衡,调整过程发生,激发辐合辐散和垂直上升运动,从而建立新的平衡。从强迫建立风场和质量场之间的非平衡到调整过程的完成,需要一段时间。因此与非地转运动密切相关的 VQ 比 DQ_m 在时间上稍微滞后。至于 DQ,只在降水极值发生的时刻在雨区北侧有弱信号。可见,相比于 DQ,DQ_m 和 VQ 能较好地诊断强降水和强对流系统,尤其是降水较

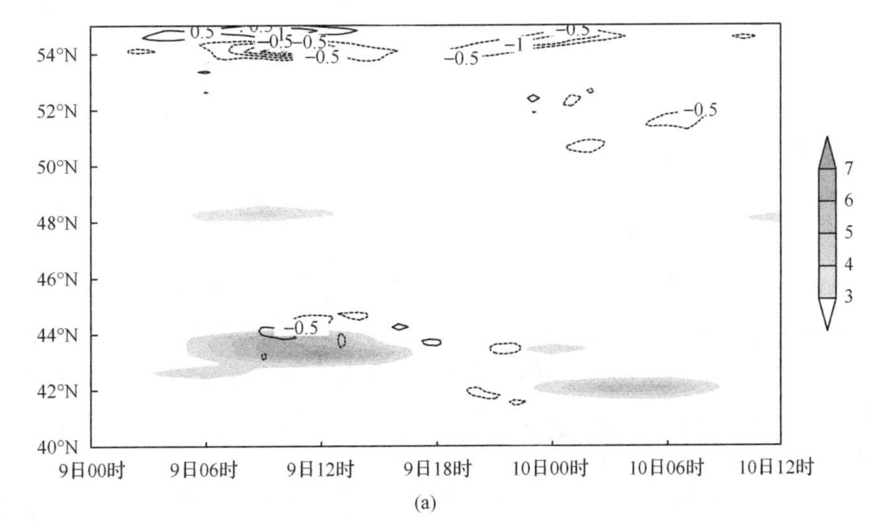

(a)

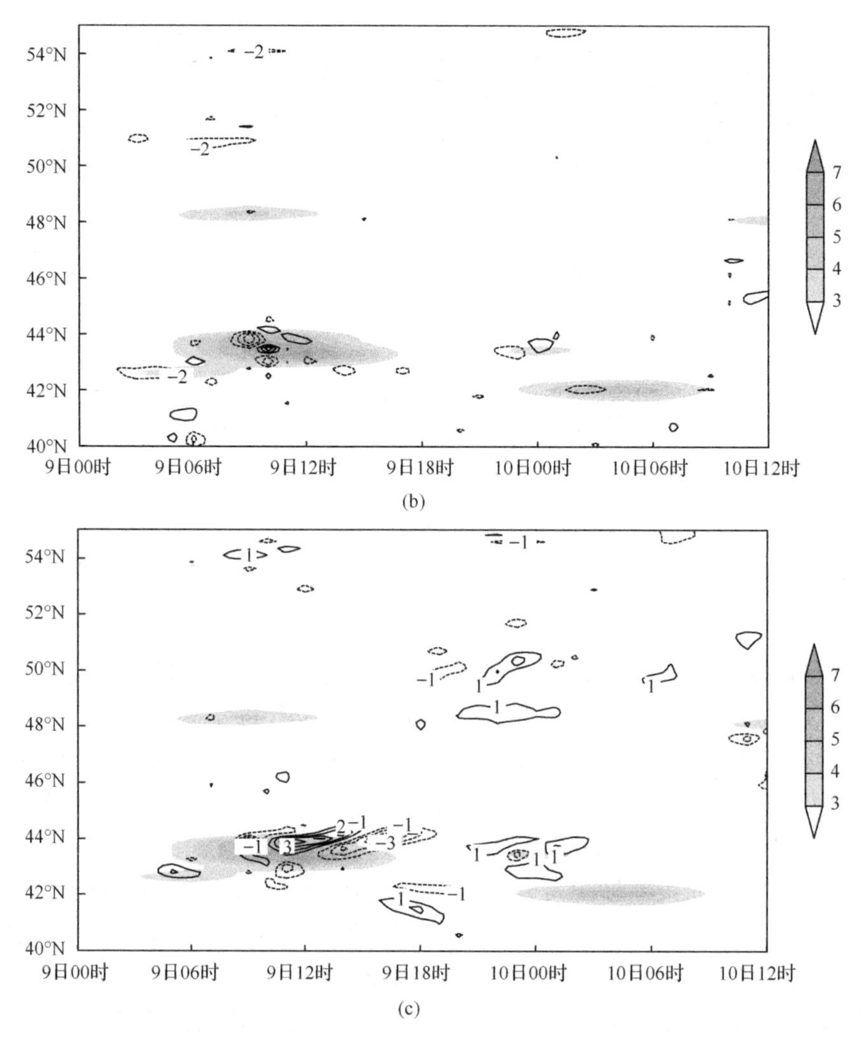

图 4.9　2007 年 7 月 9 日 00 时～10 日 12 时 750hPa 的 DQ(等值线,单位:10^{-16} hPa^{-1} · s^{-3})(a)、DQ$_m$(等值线,单位:10^{-16} hPa^{-1} · s^{-3})(b)、VQ(等值线,单位:10^{-16} hPa^{-1} · s^{-3})(c)和 1h 降水量(阴影,单位:mm)沿着 122°E 的时间-纬度剖面图

大的 7 月 9 日 06～18 时,而对于 10 日 00 时之后的弱降水和弱对流,DQ$_m$ 比 VQ 稍具优势。

因此,相比于 DQ,不仅 DQ$_m$ 可以较好地诊断降水,而且 VQ 对降水尤其是强降水和强对流系统的指示性也较好,而且 VQ 的表达式并无不同于环境大气,计算精简、分析简单,是一个降水和强对流的有效分析工具。

总起来说,本节对比分析了 $\boldsymbol{Q}$ 矢量散度和其旋度的垂直分量;经数学推导发现,$\boldsymbol{Q}$ 矢量和它的散度在干大气和湿饱和大气中有不同的表达式,然而 $\boldsymbol{Q}$ 矢量旋度的垂直分量在不同的环境大气中完全一致,具有相同的表达式,这大大简化了分析。选取 2007 年 7 月的一次东北冷涡降水过程进行数值模拟,利用 WRF 模式输出的中尺度资料,诊断分析了这次降水过程中的 DQ、DQ$_m$ 和 VQ,结果分析表明,相比于 DQ,对流层中低层的 DQ$_m$ 和 VQ 能较好地诊断雨带和强对流系统,因为 DQ$_m$ 比 DQ 考虑了水汽效应,更多的潜热释放使得其与湿润环境下的降水对应较好，而 VQ 直接与非地转运动相关，非地转运动的出现，导致风场和质量场之间出现不平衡，调整过程发生，激发辐合辐散和垂直上升运动，从而建立新的平衡。换言之，相比于 DQ，不仅 DQ_m 可以较好地诊断降水，而且由于 VQ 直接与对流关系密切的非地转运动相关，对降水尤其是强降水和强对流系统的指示性也较好，何况 VQ 的表达式与环境大气的并无区别，计算精简分析简单，是一个降水和强对流的有效分析工具。

4.3　有限区域风场分解

近年来，雷达、卫星等高时空分辨率的非常规观测资料逐渐进入气象研究领域，在东北冷涡及其暴雨的分析模拟方面得到应用。随着观测手段的提高和数值模式的发展，预报员可以得到比较满意的东北冷涡的天气尺度环流形势图。虽然有了如此丰富的观测资料和模式输出数据，但目前还是缺乏一种简便易行的从资料本身出发提取出东北冷涡内部中尺度结构信息的方法，从而导致我们对东北冷涡诱发中尺度系统的机制缺乏足够认识。本节利用有限区域风场分解技术，针对 2006 年 7 月 19 至 24 日(注意:以下凡涉及时间均采用世界时)的一次东北冷涡过程，利用分解出的无旋转风和无辐散风分量，从低层风场的辐合辐散、水汽输送及动能变化等方面提取出这次东北冷涡个例内部的动热力结构特征(邓涤菲等，2012)，以求得到东北冷涡在不同阶段的结构差异，加强对东北冷涡的认识，并为东北冷涡降水落区及强度预报提供参考。

在进行大尺度环流和垂直剖面分析中，所用资料包括一日 4 次的 NCEP/NCAR $1°\times1°$再分析资料、FY-2C 卫星的逐小时 TBB 资料和地面台站的 6h 累积降水量资料，在较小范围的风场和水汽场分析时利用日本气象厅区域谱模式(RSM)一日 4 次的再分析资料，该资料水平分辨率为 20km，垂直方向为 20 层。

本节主要运用了 Chen 和 Kuo(1992)提出的有限区域调和-余弦风场分解方法，该方法的主要思想是:根据 Helmholtz 原理，在引入流函数 ψ 和速度势 χ 后，水平风矢量可以分解为无辐散风和无旋转风分量，即：$\boldsymbol{V}_h=\boldsymbol{V}_\psi+\boldsymbol{V}_\chi$，其中，$\boldsymbol{V}_\psi=\boldsymbol{k}\times\nabla\psi$ 是无辐散风分量，$\boldsymbol{V}_\chi=\nabla\chi$ 是无旋转风分量，相应的流函数 ψ 和速度势 χ 需要满足两个泊松方程。对于有限区域，给定的边界条件为

$$\boldsymbol{sV}=\frac{\partial\psi}{\partial n}+\frac{\partial\chi}{\partial s}=v_s \tag{4.20}$$

$$\boldsymbol{nV}=-\frac{\partial\psi}{\partial s}+\frac{\partial\chi}{\partial n}=v_n \tag{4.21}$$

求解流函数和速度势就是在耦合的边界条件式(4.19)和式(4.20)下，解泊松方程组。对于这个解的求法，国内外科学家做了很多的努力，设定了一些简化的边界条件。但这些方法都是为了求解两个泊松方程而做出的单纯的数学处理，有的物理意义不够明确，有的计算精度不够高。针对这些问题，Chen 和 Kuo(1992)提出了调和-余弦谱展开方法，其思想是首先把整个区域分为内部部分和外部部分，各个物理量也分成内部变量和外部变量

两部分，其中内部变量只由内部区域来决定，解与边界条件无关，表示的是有限区域内系统自身的生消发展；外部变量只和边界有关，实质是外部系统对有限区域内的影响。这样分解后既使得在耦合边界条件下的泊松方程可解，并且计算精度较高、耗机时短，又使得分解有了明确的物理意义。关于该方法具体的计算步骤可参考相关文献(Chen and Kuo，1992)。这样，利用得到的流函数 ψ 和速度势χ，可以求得无辐散风分量 $\mathbf{V}_\psi$ 和无旋转风分量 $\mathbf{V}_\chi$。

水汽通量，又称水汽输送量，指单位时间内流经与速度矢正交的某一单位截面积的水汽质量，它表示水汽输送的强度和方向。在等压坐标中，水平风速的水汽通量可以表示为：$\frac{1}{g}\mathbf{V}_h q$，其物理意义是水平风对水汽的输送。利用 $\mathbf{V}_h=\mathbf{V}_\psi+\mathbf{V}_\chi$ 可将水汽通量分解为：$\frac{1}{g}\mathbf{V}_h q=\frac{1}{g}\mathbf{V}_\psi q+\frac{1}{g}\mathbf{V}_\chi q$，其右边第一项$\frac{1}{g}\mathbf{V}_\psi q$ 是无辐散风的水汽通量，能够表示无辐散风对水汽的输送，它可以反映出大范围的水汽输送通道(水汽来源)信息，同时由于 $\mathbf{V}_\psi\gg\mathbf{V}_\chi$，所以无辐散风水汽通量在量级上与水平风水汽通量基本一致，即$\frac{1}{g}\mathbf{V}_h q\approx\frac{1}{g}\mathbf{V}_\psi q$；右边第二项$\frac{1}{g}\mathbf{V}_\chi q$ 是无旋转风水汽通量，表示的是无旋转风对水汽的输送，它反映的是局地水汽辐合辐散情况，由于$\mathbf{V}_\psi\gg\mathbf{V}_\chi$，故无旋转风水汽通量在量级上远小于无辐散风水汽通量，即$\frac{1}{g}\mathbf{V}_\chi q\ll\frac{1}{g}\mathbf{V}_\psi q$。通过以上对水汽通量的分解，就可以将在原水平风速水汽通量中看不出的无旋转风对水汽的辐合辐散信息提取出来，同时，直接从分解后的无辐散风和无旋转风水汽通量中，可以很方便地分析出主要的水汽输送通道信息和水汽辐合辐散效应。

在此基础上，我们进一步利用在有限区域旋转风和辐散风的动能转换来了解这次东北冷涡内部的一些特点，主要的公式推导见上述参考文献(Chen and Kuo，1992)。单位质量的总动能可以分解为：

$$
\begin{aligned}
k&=\frac{1}{2}\mathbf{V}\mathbf{V}=\frac{1}{2}(\mathbf{V}_\psi+\mathbf{V}_\chi)(\mathbf{V}_\psi+\mathbf{V}_\chi)=\frac{1}{2}\mathbf{V}_\psi\mathbf{V}_\psi+\frac{1}{2}\mathbf{V}_\chi\mathbf{V}_\chi+\mathbf{V}_\chi\mathbf{V}_\psi\\
&=k_\psi+k_\chi+k_{\text{cross}}
\end{aligned}
$$

式中，k_ψ、k_χ、k_{cross} 分别为无辐散风动能、无旋转风动能、无辐散风及无旋转风的交叉项。

从无旋转风和无辐散风方程的表达式可知，各方程都有 $c(K_\psi,K_\chi)$ 项 (k_ψ、k_χ 分别为无辐散风动能和无旋转风动能的转换部分)，它们大小相等，符号相反，称为无辐散风动能和无旋转风动能的转换项，可写为

$$
\begin{aligned}
c(K_\psi,K_\chi)&=-f(v_\psi u_\chi-u_\psi v_\chi)-\zeta(v_\psi u_\chi-u_\psi v_\chi)-\omega\frac{\partial K_\psi}{\partial p}-\omega\mathbf{V}_\psi\frac{\partial\mathbf{V}_\chi}{\partial p}\\
&=c_1+c_2+c_3+c_4
\end{aligned}
$$

式中，转换项 $c(K_\psi,K_\chi)$ 为四项之和，分别为 c_1、c_2、c_3、c_4。当 $c(K_\psi,K_\chi)>0$ 时，表明无旋转风向无辐散风动能转换，当 $c(K_\psi,K_\chi)<0$ 时，表明无辐散风向无旋转风动能转换。

最后将各个量在东北冷涡所在区域(38°N～54°N、115°N～135°E)进行区域平均，用大写字母 K 和 C 表示。

4.3.1　无辐散风分量和无辐散风水汽通量

选取第 2 章的研究个例，即 2006 年 7 月 20 日至 24 日，对此次东北冷涡各阶段的典型时刻进行对比分析。众所周知，地面风的辐合强弱对对流天气的发生发展有重要指示作用，而充沛的水汽供应是区域性暴雨产生的必要条件，在强降水过程中需要有源源不断的水汽供应，而大气水汽的绝大多数都位于对流层低层，因此低层水汽输送对强对流具有重要作用，特别是对于我国东北地区，水汽并不十分充沛，而东北冷涡却经常引起暴雨、大暴雨等强降水过程，因此分析其水汽通道和水汽辐合对了解东北冷涡中的水汽条件具有重要作用。为排除地形的影响，在本节中，我们运用有限区域的调和-余弦算法，对低层 850hPa 风场和水汽场进行分解，以期更加清楚地揭示东北冷涡水汽来源(图 4.10 和图 4.12)

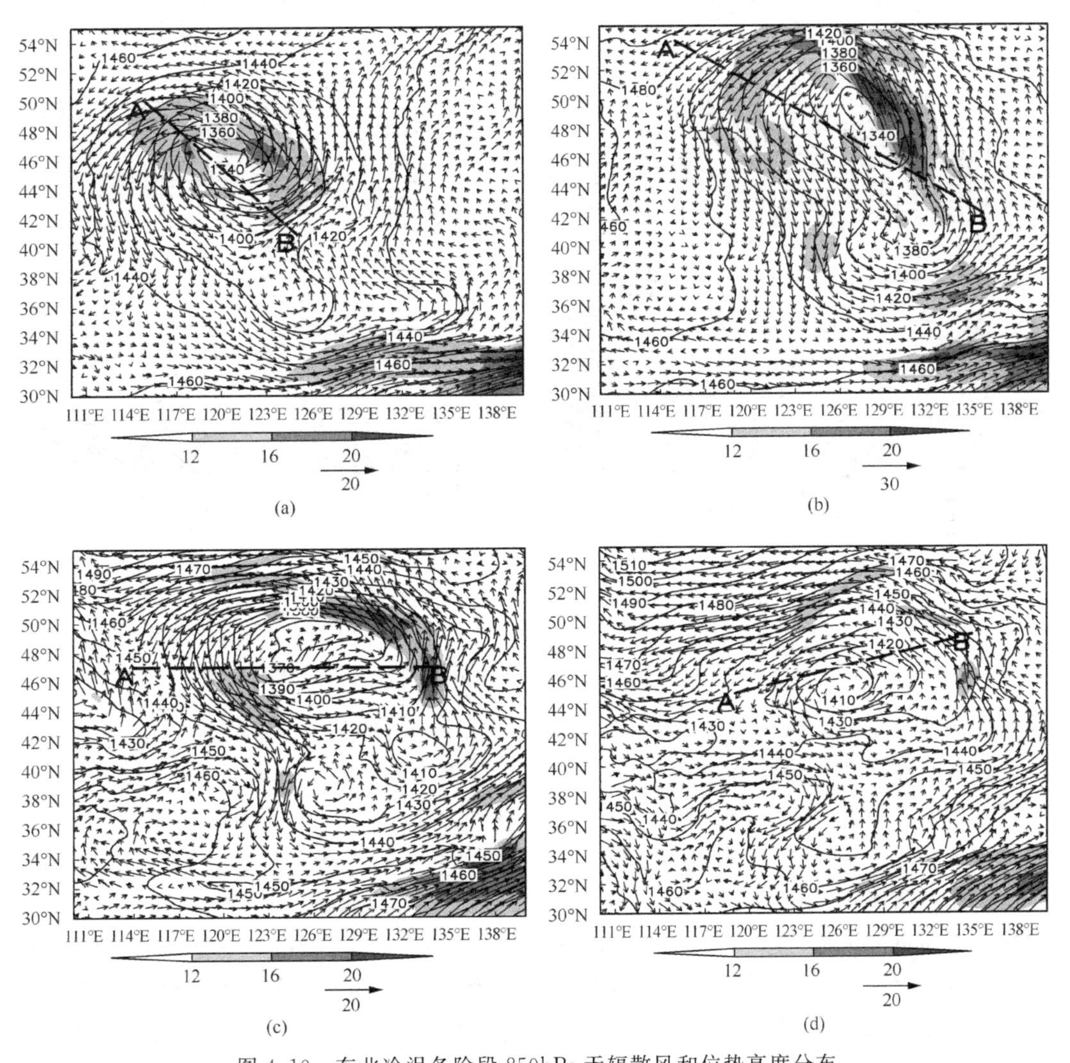

图 4.10　东北冷涡各阶段 850hPa 无辐散风和位势高度分布

(a) 2006 年 7 月 20 日 06 UTC；(b) 7 月 22 日 06 UTC；(c) 7 月 22 日 18 UTC；(d) 7 月 23 日 12 UTC。长虚线 AB 表示东北冷涡 500hPa 长轴方向；矢量为无辐散风，单位：m/s；等值线为位势高度场，单位：gpm；阴影区表示无辐散风速大于 12m/s

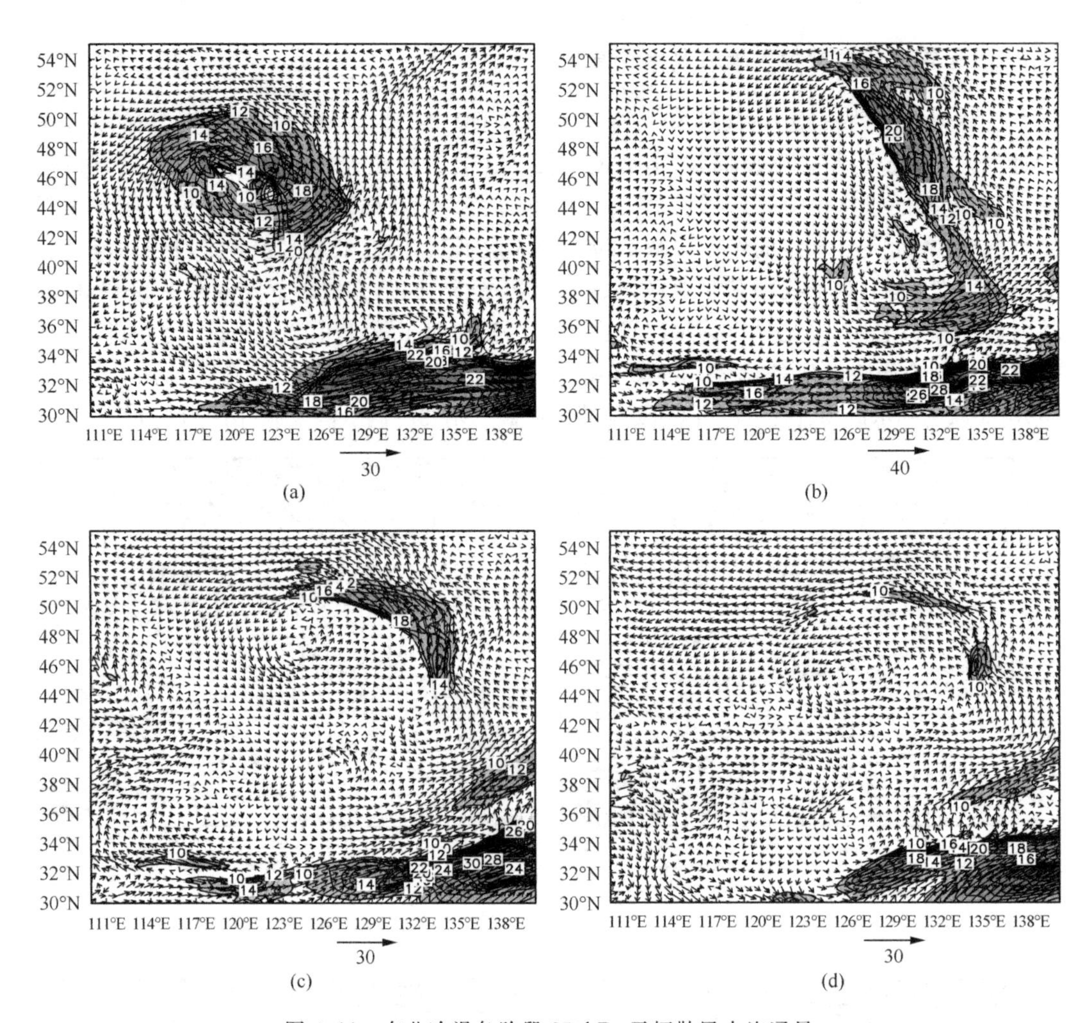

图 4.11　东北冷涡各阶段 850hPa 无辐散风水汽通量

(a) 2006 年 7 月 20 日 06 UTC;(b) 7 月 22 日 06 UTC;(c) 7 月 22 日 18 UTC;(d) 7 月 23 日 12 UTC。
长虚线 AB 表示东北冷涡 500hPa 长轴方向;阴影区表示无辐散风水汽通量大于 10g/(s·hPa·cm)

及其内部的中小尺度风场和水汽场特征(图 4.12 和图 4.13)。

在东北冷涡初始阶段,850hPa 无辐散风场上[图 4.10(a)],(120°E,46°N)处存在明显的气旋中心,对应东北冷涡,而在(125°E,36°N)处黄海上空有一个弱的气旋环流,无辐散风对应的两个大风区[图 4.10(a)阴影],一个环绕着东北冷涡,另一大风中心位于黄海气旋环流东南侧,呈东西带状分布。850hPa 无辐散风水汽通量显示[图 4.11(a)],无辐散风水汽通量的大值区[>10g/(s·hPa·cm)]也主要有两个区域,一个位于东北冷涡控制区,另一个位于黄海气旋环流南侧,黄海气旋东侧的南风气流将水汽大量输送至东北地区,利于东北冷涡产生降水。由此可见,东北冷涡初始阶段其水汽主要来自我国黄海、渤海地区。

850hPa 无辐散风显示[图 4.10(b)],至冷涡发展阶段,原黄海上空的气旋环流逐渐被东北冷涡合并,使得整个东北冷涡气旋性环流拉长呈西北—东南走向,大风区主要分布在东北冷涡东部。从无辐散风水汽通量图 4.11(b)可以看到,无辐散风水汽通量大值区主要分布在东北冷涡东部和 32°N 以南地区,且东北冷涡水汽通量大值区南端与 32°N 以南水汽通量大值区相接,这使得南风气流能够将日本海地区水汽源源不断地向北输送到我国东北地区,其最大无辐散风水汽通量大于 20g/(s·hPa·cm)。可见,和初始阶段东北冷涡水汽主要来自我国黄海不同,发展阶段东北冷涡水汽主要来自日本海地区。

当冷涡发展至成熟阶段[图 4.10(c)],随着东北冷涡的东移,东北冷涡环流在南北方向受到挤压,其南侧的朝鲜半岛和日本海地区新生出两个气旋环流,无辐散风大风区转至冷涡东北部。在相应的无辐散风水汽通量图 4.11(c),尽管 32°N 以南与西风大风区对应的无辐散风水汽通量极大值从发展阶段的 28g/(s·hPa·cm)增加到 30g/(s·hPa·cm),但此时东北冷涡南侧新生的两个气旋性环流破坏了冷涡东部的水汽通道,使得东北地区水汽供应大大减少,无辐散风水汽通量极大值减小为 18g/(s·hPa·cm),对应 TBB 强度减弱。

在冷涡减弱期,850hPa 无辐散风场上[图 4.10(d)],东北冷涡转为西南-东北向,无辐散风强度明显减弱。对应无辐散风水汽通量图上[图 4.11(d)],随着无辐散风强度的减弱,无辐散风水汽通量减小,极大值减小为 10g/(s·hPa·cm),冷涡东部南风气流无法将日本海水汽输送至中国东北地区。

4.3.2　无旋转风分量和无旋转风水汽通量

通过以上对无辐散风及无辐散风水汽通量的分析,可以看到东北地区主要的大尺度风场环流和水汽输送通道,但对东北冷涡内部中小尺度风场和水汽的辐合不太清楚,而风场辐合和水汽的辐合往往对暴雨等强对流天气具有促发作用,因此,下面本文分析了此次东北冷涡个例中风场和水汽的辐合情况(图 4.12 和图 4.13),以期对东北冷涡预报中的降水落区这一难点问题有所帮助。

850hPa 无旋转风显示[图 4.12(a)],在东北冷涡初始阶段,除冷涡南侧外,大量无旋转风从周围向冷涡中心涌进,结合散度场可以看到辐合强值区域呈“人”字分布,从东北冷涡中心分别向东南和西南方向延伸出两条辐合带,其中东南方向辐合带强度最强,超过 −0.0001/s,西南方向辐合带相对较弱。由图 4.13(a)可见,无旋转风水汽通量大值区集中在冷涡东北和北部,最大值超过 8g/(s·hPa·cm),表明有大量无旋转风携带着水汽在该处辐合,而冷涡南侧水汽通量相对较弱,都小于 4g/(s·hPa·cm)。可见,冷涡东北部(内蒙古东北部、吉林及黑龙江西部)既是无旋转风辐合大值区又是无旋转风水汽通量强值区,该处的低层动力促发机制和水汽辐合条件都满足,利于强对流发生。同时,由 6h 累积降水图可知[图 4.14(a)],此时东北地区降水最大的地区位于 AB 线的东侧,在内蒙古东北部与吉林、黑龙江的交界处,6h 降水超过 40mm,这与无旋转风辐合大值区和无旋转风水汽通量强值区相重叠的地区相对应。

至冷涡发展阶段[图 4.12(b)],850hPa 大量无旋转风分量从东、西两侧向冷涡中心挤压,辐合强值区沿冷涡中心轴线呈带状分布,辐合最强区位于黑龙江中部,散度小于 −0.0001/s。而无旋转风水汽通量显示[图 4.13(b)],水汽通量大值区[大于 4g/(s·hPa·

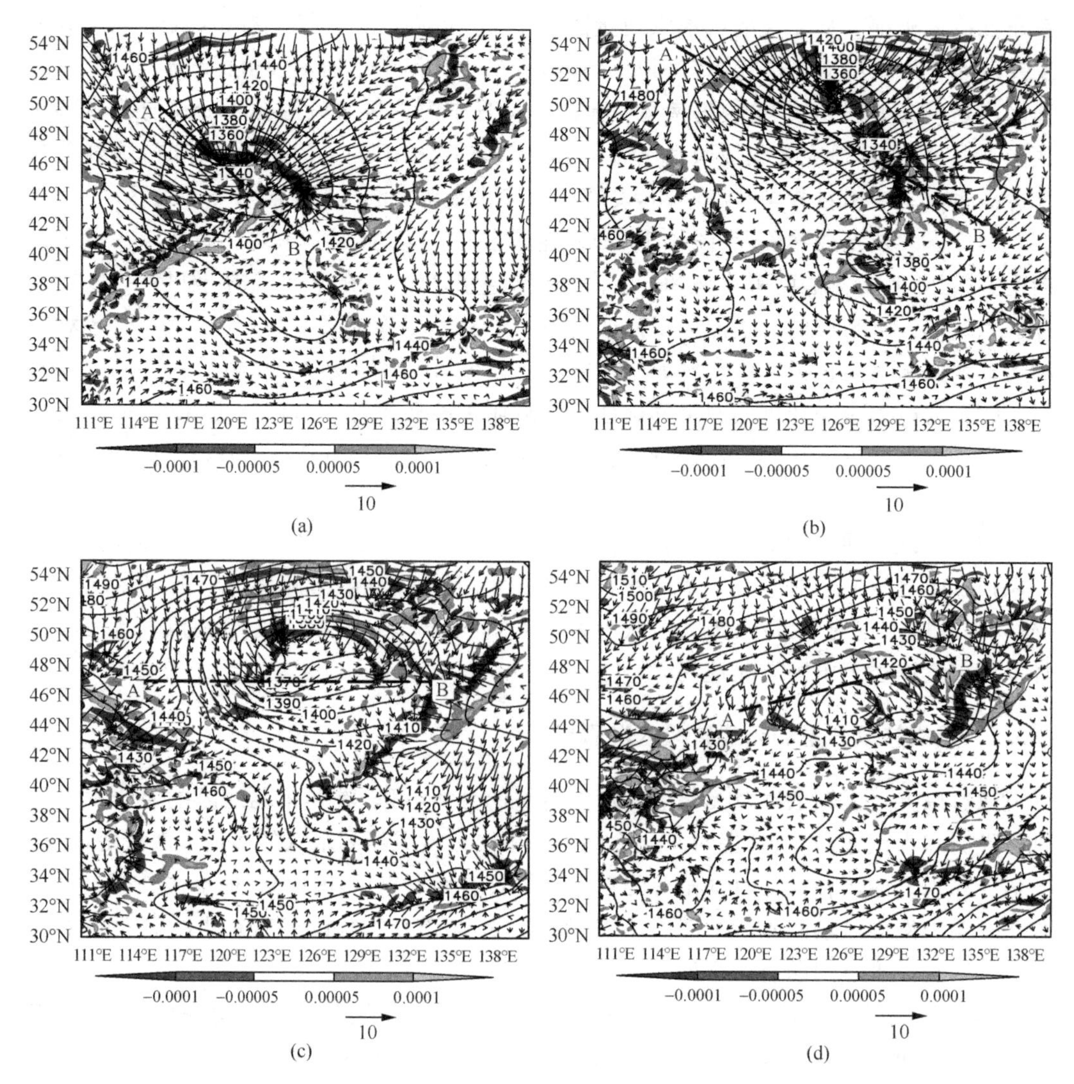

图 4.12　东北冷涡各阶段 850hPa 无旋转风(矢量为无旋转风,单位:m/s;等值线为位势高度场,单位:gpm;深阴影区表示散度$\leqslant -5\times10^{-5}s^{-1}$,浅阴影区散度$\geqslant 5\times10^{-5}s^{-1}$)

(a) 2006 年 7 月 20 日 06 UTC;(b) 7 月 22 日 06 UTC;(c) 7 月 22 日 18 UTC;(d) 7 月 23 日 12 UTC;长虚线 AB 表示东北冷涡 500hPa 长轴方向

cm)]也主要出现在黑龙江省的中部到东北部,无旋转风水汽通量最强中心位于黑龙江北部,超过 6g/(s·hPa·cm)。结合图 4.12(b)和图 4.13(b)可知,在黑龙江北部至中部的带状区域内既是无旋转风辐合大值区,同时也是无旋转风水汽通量大值区,利于对流降水发生,这在 FY-2C 的 TBB 上得到证实:东北冷涡强对流云团主要位于内蒙古的东北部和黑龙江中部到北部,呈带状分布。此时的 6h 累积降水图显示[图 4.14(b)],东北地区降水基本位于 AB 线的东侧,在黑龙江北部,6h 降水超过 40mm,这也是无旋转风辐合大值区与无旋转风水汽通量强值区重叠区。

当东北冷涡发展至成熟阶段[图 4.12(c)],850hPa 无旋转风辐合强值区已从发展期的

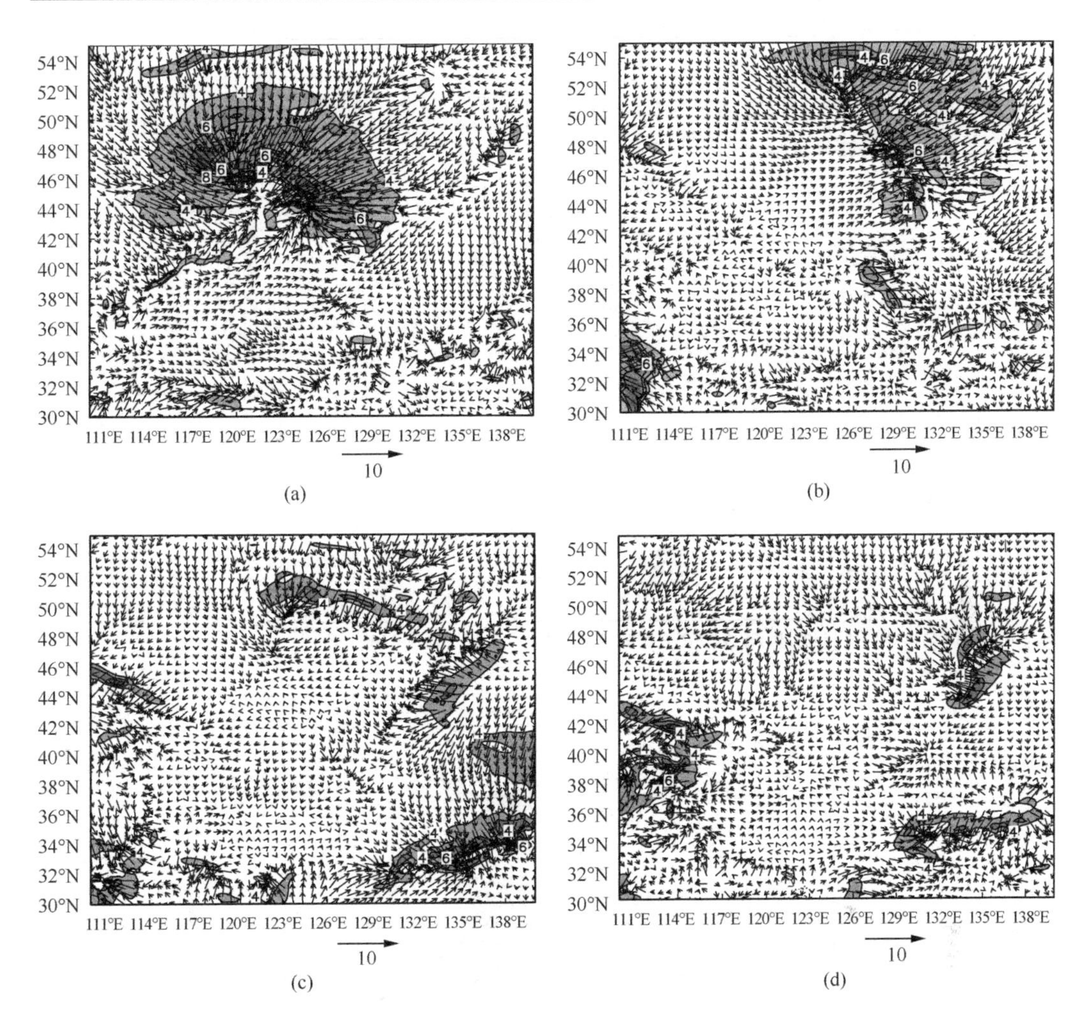

图 4.13　东北冷涡各阶段 850hPa 无旋转风水汽通量[阴影区表示无旋转风水汽通量大于 4g/(s · hPa · cm)]

(a) 2006 年 7 月 20 日 06 UTC;(b) 7 月 22 日 06 UTC;(c) 7 月 22 日 18 UTC;(d) 7 月 23 日 12 UTC

冷涡中心转移至冷涡外围,除西南侧外,在冷涡外围可以清楚地看到一圈无旋转风辐合大值区。而从[图 4.13(c)]中可以看到,相对发展阶段,此时东北冷涡无旋转水汽通量大幅减弱,但黑龙江北侧和东侧无旋转风水汽通量仍然超过 4g/(s · hPa · cm)。结合图 4.12(c)和图 4.13(c)分析结果可知,黑龙江省北侧到东侧的环状区域内利于对流降水发生。由于此时冷涡降水大部分已经移出中国,我们所用的地面台站降水资料在中国境外无可供利用的数据,故本文没有给出东北冷涡成熟和减弱阶段的地面降水图。

由图 4.12(d)可见,在冷涡减弱阶段,无旋转风强辐合带转移至东北冷涡东侧,东北冷涡其他地区辐合弱。对应无旋转风水汽通量图同样显示[图 4.13(d)],东北冷涡无旋转风水汽通量大值区也主要集中在黑龙江东部,由此可知,东北冷涡中最有可能出现对流降水的区域是黑龙江东部,该地区低层风场和水汽场都最有利于对流发生,强对流云团在东北地区此时已移至黑龙江东部。

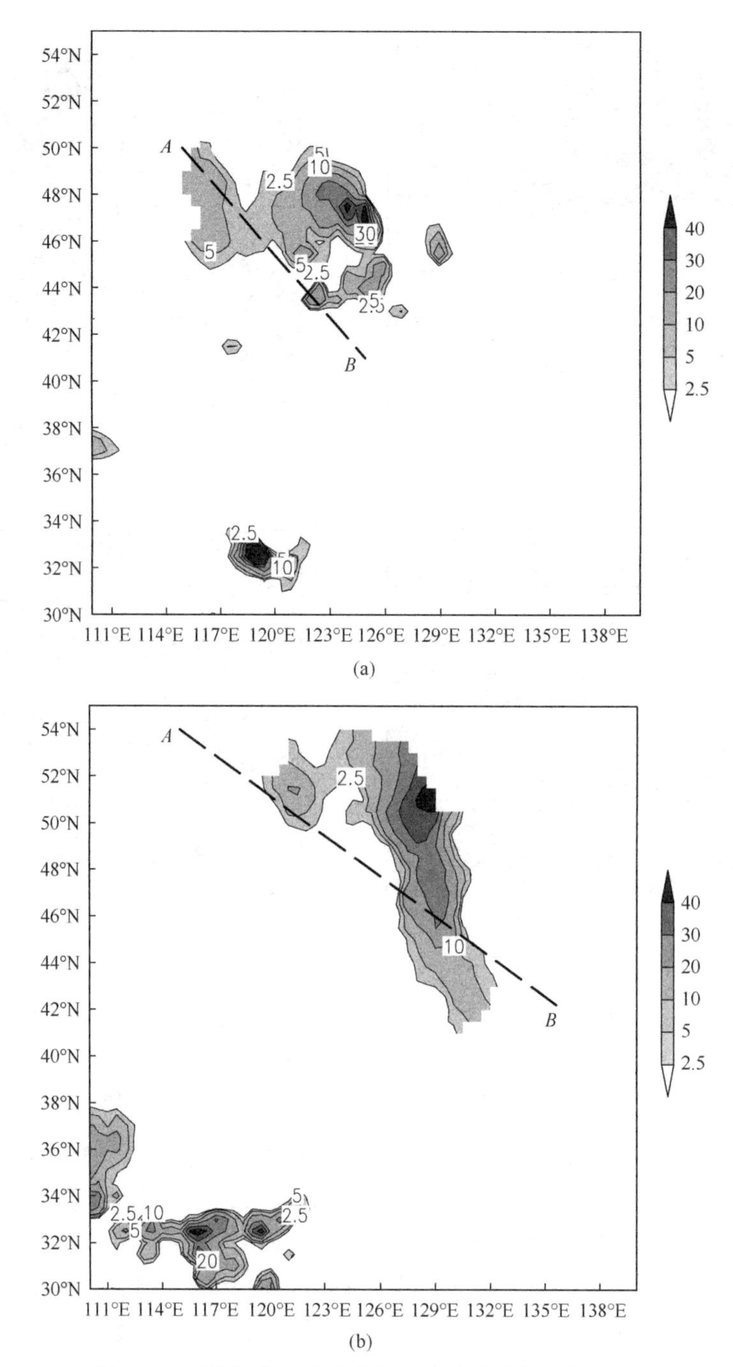

图 4.14　冷涡初始和发展阶段 6h 累积降水图(单位:mm)

(a) 2006 年 7 月 20 日 06 UTC;(b) 7 月 22 日 06 UTC; 长虚线 AB 表示东北冷涡 500hPa 长轴方向

4.3.3　东北冷涡中无旋转风与无辐散风的动能转换

从东北冷涡区域平均总动能 K 的分布可以看到[图 4.15(a)],总动能最大值出现在高层,且由高层到低层动能逐渐递减,高层动能时间变化相对稳定,而中低层动能变化特别明显。具体来说，初始阶段，500hPa 以上的总动能 K 没有明显的变化，而 500hPa 以下中低层 K 随时间迅速增加；至发展阶段，整层大气，特别是中低层大气的总动能 K 增强迅速，75J/kg 等值线从大气高层向下延伸到 800hPa 附近；而在冷涡成熟阶段，各层 K 基本维持，无明显变化；到冷涡消亡阶段，高低空各层总动能 K 迅速减弱。

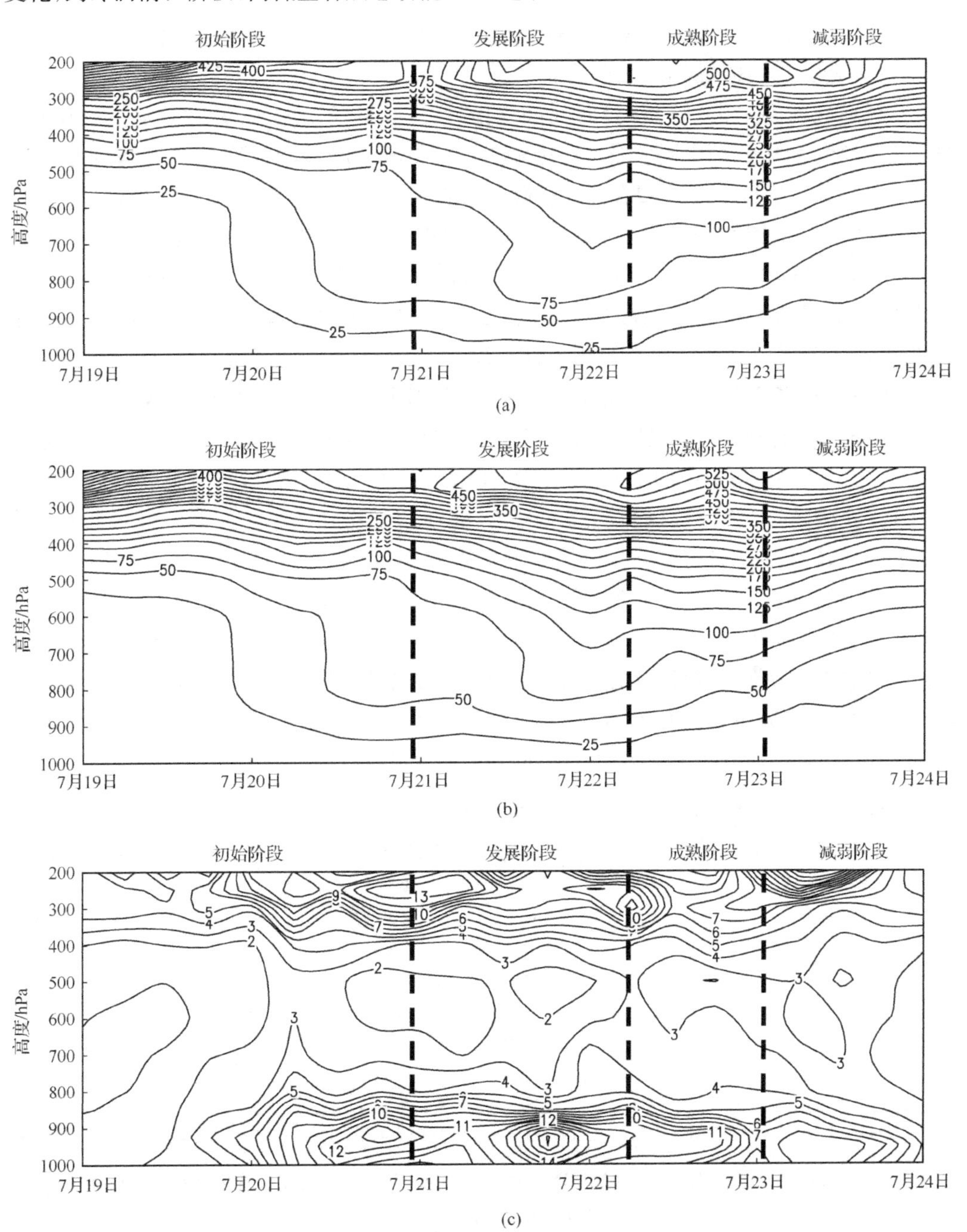

图 4.15　东北冷涡各阶段区域(38°N～54°N、115°E～135°E)(单位:J/kg)

平均总动能 K(a)、无辐散风动能 K_{ψ}(b)、无旋转风动能 K_{χ}(c)

无辐散风动能 K_ψ 各阶段[图 4.15(b)]的变化趋势和量级大小与总动能 K 几乎一致。从无旋转风动能 K_χ 的分布[图 4.15(c)]可以看到，K_χ 最大值出现在大气的低层和高层，中层为 K_χ 的极小值，一直维持在 2～3J/kg，这是因为东北冷涡系统对流深厚，低层有强辐合而高层有强辐散，无旋转风强烈。具体看，在冷涡初始阶段，大气低层和高层的 K_χ 都有增加趋势；发展阶段低层 K_χ 达到冷涡整个生命史最大值，为 16J/kg；冷涡成熟阶段各层 K_χ 变化不明显；冷涡消亡阶段高低层 K_χ 减弱明显。

从无辐散风转换项 $C(K_\psi, K_\chi)$ 的时间变化图(图 4.16)可以看到，东北冷涡高层和低层的动能转换最为明显，而中层较弱。在冷涡初始阶段，500hPa 以上 $C(K_\psi, K_\chi)$ 基本为负值，说明东北冷涡 500hPa 以上主要存在无辐散风动能 K_ψ 向无旋转风动能 K_χ 的转换，使得高层的辐散加强；初始阶段 500hPa 以下 $C(K_\psi, K_\chi)$ 为正值，并随时间增加而增加，说明 500hPa 以下有无旋转风动能 K_χ 向无辐散风动能 K_ψ 的转换；结合图 4.15(c)可知，此时冷涡低层无旋转风 K_χ 也是增加的，说明有较强的其他形式能量补充东北冷涡，如有效位能等。到冷涡发展阶段，从低层到高层基本上都为 $C(K_\psi, K_\chi)$ 正值区，特别是高层和低层大气，转换项 $C(K_\psi, K_\chi)$ 达到了冷涡整个生命史中的最大值，分别为 0.055W/m^2 和 0.025W/m^2，说明此时 K_χ 向 K_ψ 转换强烈，使无辐散风动能 K_ψ 增加明显，而图 4.15(c)说明此时高层和低层的 K_χ 也达到了冷涡生命史中的最大值，表明这段时间有很强的其他形式的能量补充支持 K_χ 的加强。在冷涡的成熟阶段，从高层到低层 $C(K_\psi, K_\chi)$ 的分布基本为“＋”“－”“＋”，说明在低层和高层以 K_χ 向 K_ψ 转换为主，但强度比冷涡发展阶段要弱，而在中层大气则以 K_ψ 向 K_χ 转换为主，对应图 4.15(c)中 K_χ 略有增加。至冷涡消亡阶段，原中层 $C(K_\psi, K_\chi)$ 负值区进一步向高层和低层扩展，使得中高层出现 K_ψ 向 K_χ 转换，冷涡减弱阶段低层辐合高层辐散的动力抽吸结构不再存在，取而代之的是低层辐散高层辐合的结构，对应垂直环流以下沉运动为主；此时中高层出现 K_ψ 向 K_χ 转换，使得高层大气无辐散风动能向辐合的无旋转风动能转换，气流辐合增加，有利于下沉运动发生，同时无辐散风也急剧减小，利于东北冷涡减弱。

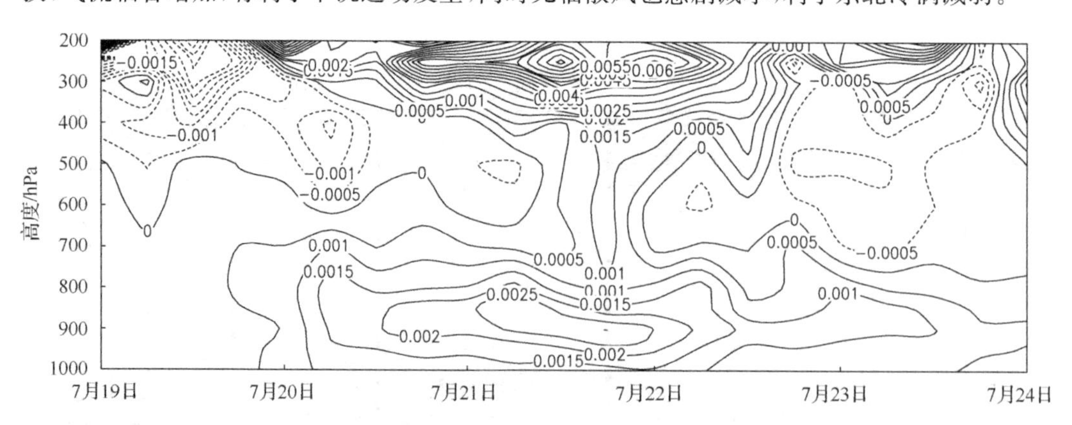

图 4.16　东北冷涡各阶段区域(38°N～54°N，115°E～135°E)平均无旋转风动能的转换项 $C(K_\psi, K_\chi)$（单位：W/m^2）

总的来说，本节利用有限区域风场分解技术(调和-余弦谱展开方法)，对一次东北冷涡各阶段低层的风场结构、水汽输送以及能量转换进行了对比分析，主要结果如下：

(1) 东北冷涡东部阻塞高压的建立与消亡对东北冷涡的维持发展具有重要作用。当阻塞高压建立时，受阻塞高压阻挡，北方高纬冷空气南下在东北冷涡内部聚集，利于冷涡发展维持；反之，当东部阻塞高压消亡时，北方高纬南下冷空气无法在东北冷涡内部聚集，东北冷涡趋于减弱消散。

(2) 无辐散风及其引起的水汽通量能清楚地展现东北冷涡的大尺度环流和水汽输送通道。无辐散风及其引起的水汽通量显示，初始阶段冷涡水汽主要来自我国黄海及渤海地区，而发展、成熟及消亡阶段其水汽主要来自日本海地区。

(3) 无旋转风及其引起的水汽通量可以直观地显示出冷涡内部中小尺度风场和水汽场的辐合辐散效应，这些特征在原风场和原水汽通量场中是无法看出的。无旋转风辐合强值区和无旋转风水汽通量大值区的重合区域有利于强对流的发生发展，它与 TBB 强对流云带及 6h 累积降水大值区的位置和形状都对应较好。将无旋转风和无旋转风水汽通量结合可找出最有利于降水产生的区域，为降水落区预报提供参考。因此，有限区域风场和水汽通量场分解技术在东北冷涡的理解分析以及业务预报中都具有很好的应用价值。

(4)动能转化项 $C(K_\psi,K_\chi)$ 能很好地反映东北冷涡整个生命史中强度的变化特点。初始阶段，冷涡高层大气为 $C(K_\psi,K_\chi)$ 负值区，对应冷涡内的无旋转风辐散气流增强，利于冷涡发展；发展阶段，冷涡高层和低层 $C(K_\psi,K_\chi)$ 达到冷涡整个生命史中的最大值，此时无辐散风动能和无旋转风动能也增加最为明显；成熟阶段，高层和低层动能转换项 $C(K_\psi,K_\chi)$ 明显减弱，对应冷涡强度维持；消亡阶段，中高层再次出现负的 $C(K_\psi,K_\chi)$，使得高层大气无旋转风气流辐合有所增加，利于下沉运动发生，同时无辐散风也急剧减小，对应东北冷涡减弱。

参考文献

白人海，金瑜. 1992. 黑龙江省暴雨之研究. 北京：气象出版社：1-217.

陈华，谈哲敏. 1999. 热带气旋的螺旋度特性. 热带气象学报，15(1)：81-85.

邓涤菲，周玉淑，王东海. 2012. 有限区域分解分析方法在 2006 年一次东北冷涡暴雨分析中的应用[J]. 地球物理学报，55(6)：1852-1866.

杜晓玲，乔琪. 2003. 2002 年 8 月 20 日强热带风暴的螺旋度诊断分析. 贵州气象，27(1)：16-18.

高守亭，周玉淑，冉令坤. 2018. 我国暴雨形成机理及预报方法研究进展. 大气科学，42(4)：833-846.

侯瑞钦，程麟生，冯伍虎. 2003. "98·7"特大暴雨低涡的螺旋度和动能诊断分析. 高原气象，22(2)：203-208.

江敦双，李瑜修，凌艺，等. 2001. 青岛市初夏一次暴雨过程的螺旋度分析. 海岸工程，20(3)：69-72.

江敦双，吴结晶，李瑜修，等. 2002. 螺旋度在青岛市汛期暴雨落区预报中的业务应用. 山东气象，22(9)：24-25.

李向红. 1999. 桂林暴雨天气的螺旋度特征及应用. 广西气象，20(2)：3-5.

李向红，廖铭燕. 1998. 桂林"97·8·1"强对流大风的综合分析. 广西气象，19：19-20.

李耀东，刘健文，高守亭. 2004. 动力和能量参数在强对流天气预报中的应用研究. 气象学报，62(4)：401-409.

李耀辉，寿绍文. 1999. 旋转风螺旋度及其在暴雨演变过程中的作用. 南京气象学院学报，22(1)：95-102.

李英. 1999. 春季滇南冰雹大风天气的螺旋度分析. 南京气象学院学报，22(2)：164-169.

刘惠敏，郑兰芝. 2002. 螺旋度诊断分析与短时强降水面雨量预报. 气象，28(10)：37-40.

刘式适，刘式达. 1997. 大气运动的螺—极分解和 Beltrami 流. 大气科学，21(2)：151-160.

陆慧娟，高守亭. 2003. 螺旋度及螺旋度方程的讨论. 气象学报，61(6)：684-691.

罗亚丽，孙继松，李英，等. 2020. 中国暴雨的科学与预报：改革开放 40 年研究成果. 气象学报，78(3)：419-450.

孙兰东，徐建芬. 2000. 西北地区东部三次暴雨天气的螺旋度分析. 甘肃气象，18(4)：20-23.

王东海，杨帅，钟水新，等. 2009. 切变风螺旋度和热成风螺旋度在东北冷涡暴雨中的应用. 大气科学，33(6)：1238-1246.

王颖，寿绍文，周军. 2007. 水汽螺旋度及其在一次江淮暴雨分析中的应用. 南京气象学院学报，30(1)：101-106.

吴宝俊，许晨海，刘延英，等. 1996a. 螺旋度在分析一次三峡大暴雨中的应用. 应用气象学报，7(1)：108-112.

吴宝俊，许晨海，刘延英，等. 1996b. 一次三峡大暴雨的地转螺旋度分析. 气象科学，7(2)：144-150.

伍荣生，谈哲敏. 1989. 广义涡度与位势涡度守恒定律及其应用. 气象学报，47：436-442.

熊方，杜正静. 2003. 螺旋度与贵州暴雨落区预报. 贵州气象，27(1)：11-13.

许美玲，段旭，孙绩华. 2003. 云南初夏罕见暴雨的螺旋度分析. 热带气象学报，19(2)：184-190.

杨晓霞，华岩，黎清才，等. 1997. 螺旋度在暴雨天气分析与预报中的应用. 南京气象学院学报，20(4)：499-504.

杨越奎，刘玉玲，万振拴，等. 1994. “91·7”梅雨锋暴雨的螺旋度分析. 气象学报，52(3)：379-384.

章东华. 1993. 螺旋度—预报强风暴的风场参数. 气象，19(8)：46-49.

郑传新. 2002. 旋转风螺旋度在广西春季一次冰雹大风天气分析中的应用. 广西气象，23：17-18.

郑秀雅，张廷治，白人海. 1992. 东北暴雨. 北京：气象出版社：19-43.

钟水新. 2008. 一次东北冷涡暴雨过程的诊断分析与数值模拟研究. 北京：中国气象科学研究院.

Cao J, Gao S. 2007. Extended interpretations in Q vector analyses and applications in a torrential rain event. Geophys. Res. Lett., 34, L15804.

Chen Q S, Kuo Y H. 1992. A consistency condition for the wind field reconstruction in a limited area and a harmonic-cosine series expansion. Monthly Weather Review, 120: 2653-2670.

Dudhia J. 1989. Numerical study of convection observed during the winter monsoon experiment using a mesoscale two-dimensional model. Journal of the Atmospheric Sciences, 46(20): 3077-3107.

Dutton J A. 1976. The Ceaseless Wind. New York: McGraw-Hill, 579.

Etling D. 1985. Some aspects of helicity in atmosphere flows. Beitraege zur Physik der Atmosphaere, 58: 88-100.

Fei S Q, Tan Z M. 2001. On the helicity dynamics of severe convective storms. Advances in Atmospheric Sciences, 18(1): 67-86.

Han Y, Wu R S, Fang J. 2006. Shearing wind helicity and thermal wind helicity. Advances in Atmospheric Sciences, 23: 504-512.

Hong S Y, Pan H L. 1996. Nonlocal boundary layer vertical diffusion in a medium-range forecast model. Monthly Weather Review, 124(10): 2322-2339.

Hoskins B J, Pedder M A. 1980. The diagnosis of middle latitude synoptic development. Quarterly Journal of the Royal Meteorological Society, 106: 707-791.

Hoskins B J, McIntyre M E, Robertson A W. 1985. On the use and significance of isentropic potential vorticity maps. Quarterly Journal of the Royal Meteorological Society, 111: 877-946.

Kain J S, Fritsch J M. 1990. A one-dimensional entraining/detrainming plume model and its application in convective parameterization. Journal of the Atmospheric Sciences, 47(23): 2784-2802.

Lilly D K. 1986a. The structure, energetics and propagation of rotating convective storms. Part I: Energy exchange with the mean flow. Journal of the Atmospheric Sciences, 43: 113-125.

Lilly D K. 1986b. The structure, energetics and propagation of rotating convective storm. Part II: Helicity and storm stabilization. Journal of the Atmospheric Sciences, 43: 126-140.

Louis J W, William C S. 2002. Time-splitting methods for elastic models using forward time schemes. Monthly Weather Review, 130(8): 2088-2097.

Mead C M. 1997. The discrimination between tornadic and non tornadic supercell environments: A forecasting challenge in the southern United States. Weather and Forecasting, 12(3): 379-387.

Mlawer E J, Taubman S J, Brown P D, et al. 1997. Radiative transfer for inhomogeneous atmosphere: RRTM, a validated correlated-k model for the long-wave. Journal of Geophysical Research-Atmospheres, 102(D14): 16633-16682.

Ryan B F. 1996. On the global variation of precipitation layer clouds. Bulletin of the American Meteorological Society, 77(1):

53-70.

Tan Z M，Wu R S. 1994. Helicity dynamics of atmospheric flow. Advances in Atmospheric Sciences，11(2)：175-188.

Wu R S. 1984. On the change of enstrophy in the atmosphere. Chinese Science Bulletin，24：1384-1386.

Wu R S，Lilly D K，Kerr R M. 1992. Helicity and thermal convection with shear. Journal of the Atmospheric Sciences，49：1800-1809.

Yang S，Wang D H. 2008. The curl of Q vector：A new diagnostic parameter associated with heavy rainfall. Atmospheric and Oceanic Science Letters，1(1)：36-39.

Yang S，Gao S T，Wang D H. 2007. Diagnostic analyses of the ageostrophic Q vector in the non-uniformly saturated，frictionless，and moist adiabatic flow. Journal of Geophysical Research-Atmospheres，112：D09114，doi:10.1029/2006JD008142.

Yao X P，Yu Y B. 2004. Diagnostic analyses and application of the moist ageostrophic vector Q. Advances in Atmospheric Sciences，21：96-102.

第5章　冷涡暴雨物理概念模型的建立

暴雨天气系统的概念模型，不仅能反映暴雨的天气和气候特征，并且与暴雨的大尺度环流条件和中小尺度对流系统的相互配置密切相关。总结、归纳暴雨天气系统的形成机理、结构特征及多尺度概念模型，有助于深化对暴雨天气系统发生、发展及其变化机制的认识，并作为暴雨天气过程预报的根据之一。

早在20世纪30年代，挪威学派在总结和吸取过去研究成果的基础上提出了挪威气旋模式，第一次概括出气旋的三维结构、地面锋和降水之间关系的天气学模式，为短期预报提供了理论基础。到了60年代，高空观测网的建立及多普勒天气雷达的应用，丰富且加深了对温带气旋的发生、发展及其结构的认识(Palmen and Newton，1969)。Uccellni和Johnson(1979)利用对强对流性暴雨的个例诊断与数值模拟结果，提出了高空急流入口区和出口区的垂直环流场概念模型。

华北和东北暴雨过去有很多研究，特别是河南"75·8"暴雨发生后，对华北暴雨的研究更加有组织，并获得了一系列的研究成果。1976年，北方14省市、自治区气象局及大专院校、科研单位自发组织了科研协作组，历时15年，对"北方暴雨成因及预测方法"进行了广泛而深入的研究，取得了大量、具有当时国内领先水平的成果，并在业务中得到应用(高守亭等，2018)。20世纪90年代，"中国北方暴雨丛书"(北方暴雨编写组，1992)中对西北暴雨、华北暴雨和东北暴雨进行了较详细的分析和讨论，总结出了西北暴雨模型、华北暴雨的环流背景和预报思路以及东北暴雨的大尺度环流背景等。丁一汇和陆尔(1997)以1991年江淮梅雨为个例，通过对特大洪涝形成过程的物理分析，提出了江淮梅雨的3个模型，指出应在由春夏之交到盛夏这个较长时期内分阶段地考虑梅雨预测。徐祥德等(2003)分析了长江流域旱、涝年整层水汽输送结构，提出了季风梅雨带整层水汽输送遥相关源-汇结构综合模型及其物理图像。柳俊杰等(2003)总结了典型东亚梅雨期锋面结构模型图。倪允琪等(倪允琪和周秀骥，2004；倪允琪等，2006)利用野外科学试验资料，发展了梅雨锋暴雨的多尺度结构模型，提出了江淮流域梅雨锋致洪暴雨的天气学模型。赵思雄和孙建华(2008)对2008年初中国南方的雨雪冰冻灾害天气的环流场与多尺度特征作了分析研究，提出了一个多尺度系统持续性的雨雪、冰冻天气物理模型，并对其冰冻灾害天气的影响系统及层结特征作了研究，提出了适合于我国南方雨雪、冰冻天气的锋面结构与大气层结的物理模型。

不同于低纬度热带气旋、华南和江淮梅雨锋等天气系统，东北冷涡暴雨的形成机理和三维结构模型有其独有的特征，郑秀雅等(1992)根据不同冷涡位置所体现的不同天气及环流形势特点，将冷涡分成北涡、南涡和中间涡三类，并归纳出冷涡暴雨天气模式的一些特征。该模式显示，冷涡冷空气移动路径有三条，分别为西北、偏西和东北方向，冷涡中心一般在117°E～130°E、43°N～50°N内，低纬有暖湿气流向暖性阻塞高压和东北地区东部输送，有高低空急流的存在。孙力等(1995)在总结暴雨类冷涡和非暴雨类冷涡时指出，暴雨主要出现在冷涡的发展阶段，两个降水中心分别出现在系统东侧偏南和南侧偏东的一些地方，这些区域处于低层辐合、高层辐散以及中低层涡度、水汽通量辐合区。Sakamoto(2005)指出，干绝热动力学能解释高层冷涡的垂直运动结构，在冷涡近地层的锋前有上升运动，对流云的潜热释放对冷中心的减弱起了重要的作用。张云等(2008)等对一次东北冷涡衰退阶段的暴雨成因进行了分析，指出低空不同层次上急流的耦合与脉动，在时间和空间上形成“接力”之势，使雨区上空湿位涡强烈增长而产生暴雨。

可以看出，过去对东北冷涡暴雨系统的工作为东北冷涡及其暴雨的研究打下了坚实的基础，但类似的相关建模的分析和研究工作相对比较少，且多受研究资料的时空分辨率、计算条件和研究方法的局限，对冷涡三维结构及其冷涡暴雨概念模型的进一步认识受到局限。我们利用高分辨率卫星资料、加密观测资料及 NCEP/NCAR 等资料，通过多个例的诊断分析和数值模拟，包括对“持续缓动型”和“短时移动型”冷涡的合成结果分析，得出了一些有意义的结论。基于这些成果，本章总结归纳了冷涡暴雨的结构特征以及两类冷涡的概念模型，其结果有助于深化对冷涡暴雨发生发展及其变化机制的认识，对冷涡天气的监测和预测具有良好的应用前景。

5.1　冷涡的结构模型

利用上述相关章节的合成分析结果、对冷涡中小尺度对流云的结构分析和关于冷涡中尺度对流系统触发机制的结果，并结合对冷涡中尺度对流系统的垂直结构的分析，可总结归纳出如下的冷涡的结构模型(图5.1)。

(1) 涡旋结构。冷涡在对流层整层表现为深厚的涡旋，涡度在对流层中上层300hPa附近最强。

(2) 热力结构。冷涡以300hPa左右为界，以上为暖性结构，以下为冷性结构，冷中心在500hPa附近表现最强。

(3) 水汽输送。冷涡东侧、南侧低层有西南风低空急流和偏东气流向暴雨区提供水汽输送，有时两股气流汇合，地面自动站资料可观测到暴雨发生前有明显的湿舌自南向北伸展。

(4) 不稳定结构。和冷涡东侧的暖湿气流相配合，当发生区域性暴雨时，低层有高能舌伸向暴雨区，假相当位温高值可达338 K或以上。

(5) 位涡结构。冷涡中心对流层中、高层为高PV库，中高层高PV中心向低层伸展、侵入，有利于在系统移动前方激发出上升运动。

(6) 垂直运动。沿冷涡移动方向，在冷涡的前方即东侧、东南侧为上升运动中心，一般位于低空急流的前方，冷涡中心及西侧为干、冷的下沉气流，有利于暴雨在冷涡东侧、东南侧生成。

由以上冷涡垂直结构的分析可知，冷涡为深厚涡旋、上暖下冷的结构，有利于在冷涡中心对流层中、高层形成高PV库，并向低层伸展、侵入，在系统移动前方激发出上升运动；在冷涡成熟期，冷涡中心及西侧有干、冷空气侵入，冷涡东侧为来自低纬的西南或偏东暖、湿气流且为上升运动区；有利于强对流在冷涡的东侧发生。

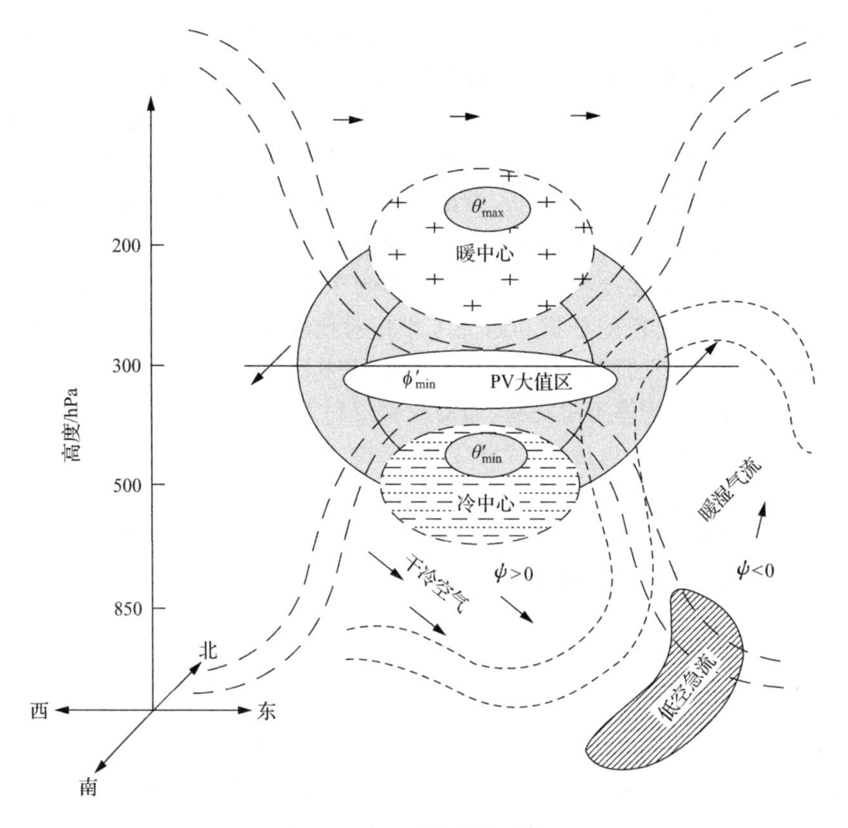

图 5.1　冷涡垂直结构示意图

5.2　冷涡概念模型

不同持续时间、不同移动速度的冷涡，不同阶段对流层各层环流形势配置会产生不同的天气，使得研究人员对冷涡及冷涡强对流性天气的预报难度加大。根据本节的研究结果，以下着重对持续缓动型冷涡各阶段对流层各层的概念模型进行了概括和总结，重点放在发展阶段，最后概括了一次冷涡发展阶段的暴雨概念模型；这有助于深化对冷涡暴雨发生演变特别是发展机制的认识，并为冷涡天气的监测预测提供一个应用参考。

5.2.1　300 hPa 环流特征

由前面的分析可知，高空急流的强度与分布对冷涡及其引起的暴雨的发生、发展起了非常重要的作用，它决定了冷涡高层涡度与散度的强弱及分布，直接影响暴雨区的上升气流。在急流的入口区，空气质点向入口区移动时不断加速，因而有 $v-v_g>0$，表明所有向入口区运动的气块会得到向左偏的非地转风分量，结果在急流入口区的北侧产生高空辐合，急流南侧产生高空辐散(图 5.2)。反之，在急流的出口区，所有向出口区运动的气块会得到向右偏的非地转风分量，结果在急流出口区的北侧产生高空辐散，急流南侧产生高空辐合。

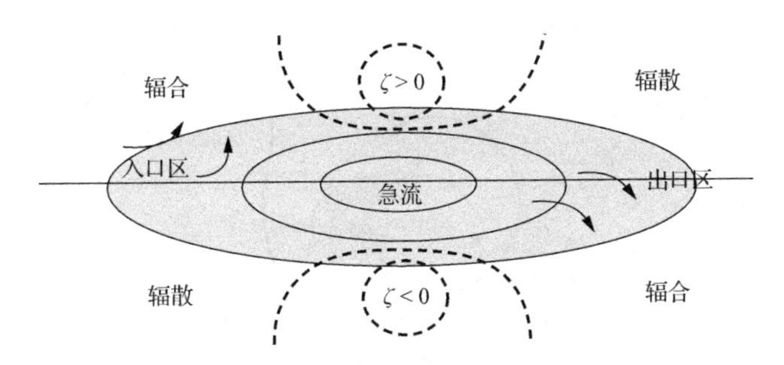

图 5.2　高空急流入口区和出口区的涡、散度概念图
阴影代表急流；粗虚线代表涡度

合成分析和个例研究的结果表明，冷涡发展阶段，冷涡位于高空急流的北侧，有利于冷涡的发展加强并且在急流出口区的北侧产生高空辐散(图 5.3)，急流的强度与冷涡的持续时间和移动速度相关，急流强度越强，冷涡也越深厚，且维持更久。高空辐散区东侧为大风中心，位于大风中心入口区的南侧，冷涡东侧的高层辐散增强；位涡在对流层高层300hPa 附近冷涡中心体现为一高 PV 库，在冷涡西侧、南侧存在干空气的侵入，由于对流层中层冷涡的强气旋性环流，使得干空气在冷涡的西侧以及南侧侵入，即在冷涡西侧及南侧存在旋转式干侵入，从而使得暴雨多在冷涡的东侧和北侧形成。冷涡衰退阶段，和冷涡发展阶段不同，高空急流强度减弱，冷涡位于高空急流入口区北侧，西侧大风中心出口区南侧，对应高空辐合区，冷涡高 PV 中心减小，冷涡东移逐渐减弱。

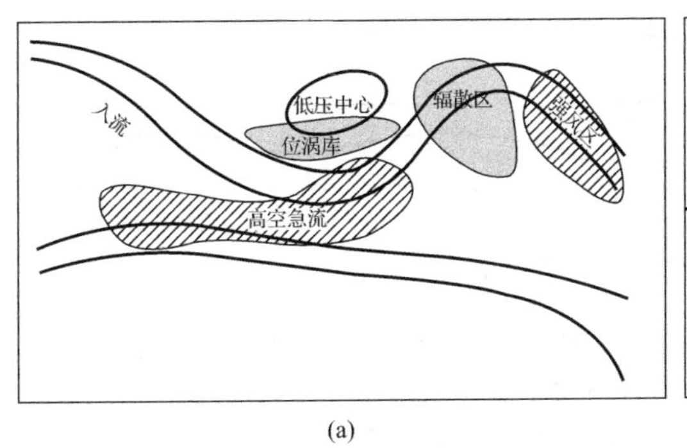

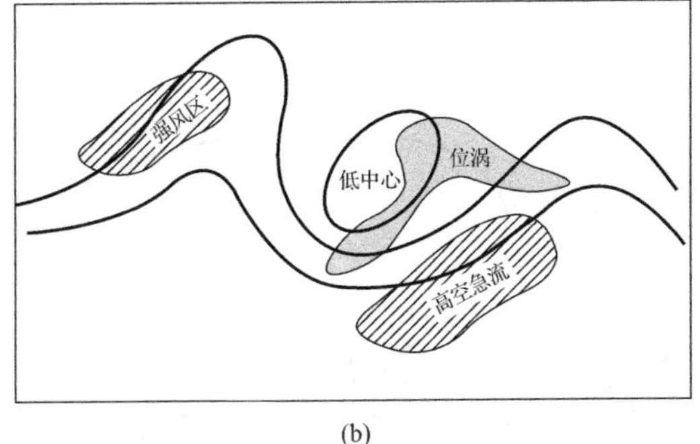

图 5.3　冷涡 300hPa 概念模型图
(a) 发展阶段；(b) 衰退阶段

5.2.2　850 hPa 环流特征

在对流层低层 850hPa，水汽输送常有两个通道(图 5.4)：一个为西南低空急流携带的暖湿气流，另一个是偏东气流。此外，强的干冷空气从冷涡西侧侵入及南侧卷入，暖湿气流和冷空气在冷涡东侧及南侧相遇，形成水汽通量散度的辐合。在有区域性暴雨发生时，地面自动站资料可观测到有明显的湿舌和高能舌伸向暴雨区，且高层有高 PV 气流伸向低层，低层辐合带对应高 PV 带；涡散场动能分析结果表明，低层强的辐合会使散度风动能向旋转风动能转换，从而使得冷涡气旋性环流加强。冷涡衰退阶段，低空急流强度减弱，暴雨区对流减弱至逐渐消失。

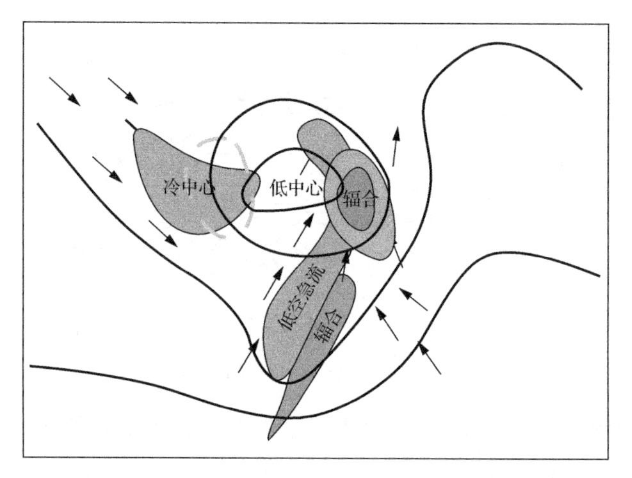

图 5.4　冷涡 850hPa 发展阶段概念模型图

5.2.3　500 hPa 环流特征

发展阶段对流层中层500hPa(图 5.5),冷涡的南侧及西北侧均存在高度槽,且温度槽落后于高度槽。冷涡西北侧低槽不断有冷空气和正涡度平流沿槽底向冷涡中心及西侧输送,有利于冷涡冷心结构的维持和涡度的加强,冷涡中心对应涡度高值中心和高 PV 中心,东侧为辐散区,对应为上升气流区,在冷涡西侧、南侧存在干空气的侵入,从而使得暴雨多在冷涡的东侧和北侧形成。冷涡衰退阶段,冷涡西侧及东侧均为弱脊,缺少了西北侧冷空气和正涡度平流的补充,冷涡最终因摩擦耗散而迅速减弱衰退。

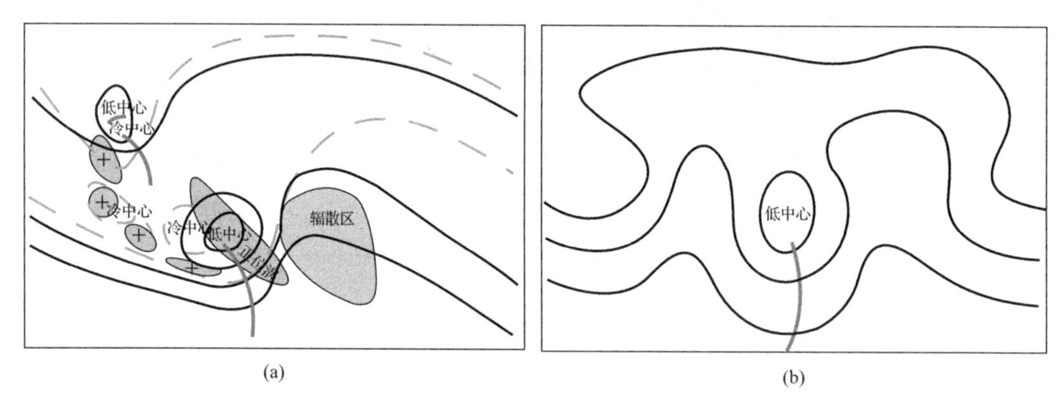

图 5.5　冷涡 500hPa 概念模型图

(a) 发展阶段;(b) 衰退阶段。十代表正涡度平流;粗灰实线代表槽线

5.2.4　2009 年 6 月 19 日冷涡发展阶段暴雨概念模型

图 5.6 概括了一次冷涡发展阶段暴雨概念模型。由图 5.6 可见,在低层 850hPa,暴雨区东南侧为强西南风暖湿低空急流,西北侧为干、冷气流,西南暖湿气流与西北冷干气流在暴雨区汇合造成明显的上升运动;对流层中层 500hPa,温度槽落后于高度槽,为冷涡发展阶段,冷涡西南侧不断有干、冷空气向对流区侵入;高层 300hPa,低压中心对应暖中心,低压中心偏东南侧为副热带高空急流,暴雨区东北侧有大风中心,对应于高空辐散区。

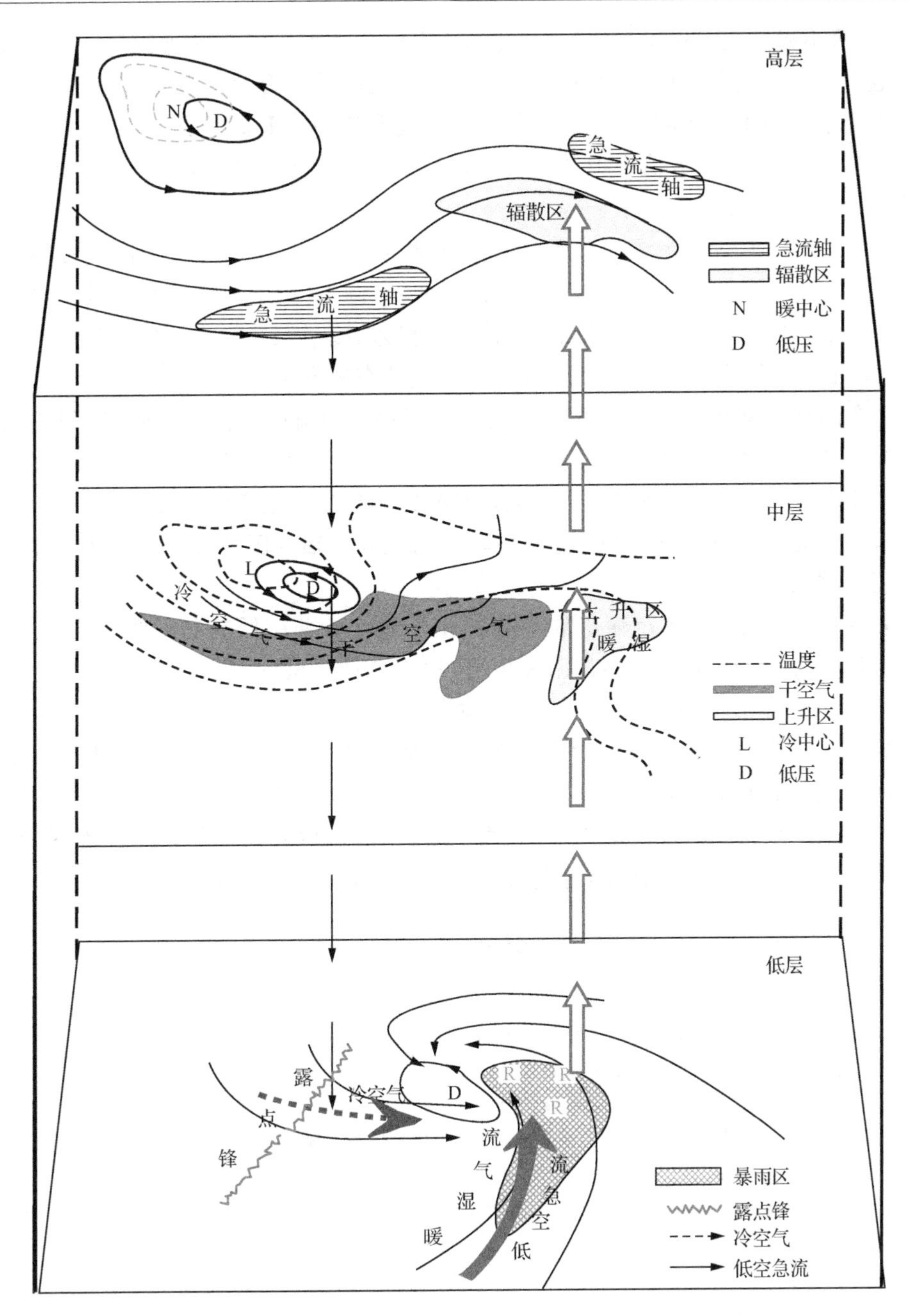

图5.6 东北冷涡发展阶段暴雨三维概念模式图

以上这种高、中、低层环流配置,有利于强对流的发生发展。暴雨区上层位于高空西风急流的出口区北侧、偏东北大风中心入口区南侧,使得暴雨区上层有强的高空辐散。高层辐散与辐合区南侧的低空急流前部相互耦合,不仅加强了暴雨区中的上升气流,而且低空急流还为暴雨区提供了水汽,暴雨区西南侧中低层存在干空气侵入(这一点与南方暴雨系统明显不同)。干冷空气不断向暴雨区输送,在暴雨区上空形成逆温层,配合低层低空急流携带的大量暖湿气流的向北推进,在近地面形成越来越湿的空气层,在强对流暴发前，形成对流不稳定或对称不稳定，触发了暴雨系统的发生发展。近地层偏北气流的出现增强了地面流场的辐合，也是触发初始对流发生发展的关键因素。高、低空急流的相互耦合增强了高空急流出口区的上升气流，是强对流发展的一个重要因子。

本节利用诊断分析、数值模拟和合成结果分析，总结归纳了冷涡暴雨的结构特征以及冷涡的概念模型，主要结论如下。

（1）冷涡结构模型。冷涡具有深厚的涡旋结构和上暖下冷的热力结构，有利于在冷涡中心对流层中、高层形成高PV库，并向低层伸展、侵入，在系统移动前方激发出上升运动；在冷涡成熟期，冷涡中心及西侧有干、冷空气侵入，冷涡东侧为来自低纬的西南或偏东暖、湿气流且为上升运动区；有利于强对流在冷涡的东侧发生。

（2）冷涡概念模型。冷涡发展阶段，冷涡位于高空急流的北侧，有利于冷涡的发展加强并且在急流出口区的北侧产生高空辐散。高空辐散区东侧为大风中心，位于大风中心入口区的南侧，冷涡东侧的高层辐散增强；冷涡衰退阶段，高空急流强度减弱，冷涡位于高空急流入口区北侧，西侧大风中心出口区南侧，对应高空辐合区，冷涡高PV中心减小，冷涡东移逐渐减弱。

（3）在对流层低层。水汽输送常有两个通道：一个为西南低空急流携带的暖湿气流，另一个是偏东气流。在有区域性暴雨发生时，地面自动站资料可观测到有明显的湿舌和高能舌伸向暴雨区，且高层有高PV气流伸向低层。

（4）发展阶段对流层中层，冷涡的南侧及西北侧均存在高度槽，且温度槽落后于高度槽。冷涡西北侧低槽不断有冷空气和正涡度平流沿槽底向冷涡中心及西侧输送，有利于冷涡冷心结构的维持和涡度的加强；冷涡衰退阶段，冷涡西侧及东侧均为弱脊，缺少了西北侧冷空气和正涡度平流的补充，冷涡最终因摩擦耗散而减弱衰退。

参考文献

北方暴雨编写组．1992．中国北方暴雨丛书．北京：气象出版社．

丁一汇，陆尔．1997．据1991年特大洪涝过程的物理分析试论江淮梅雨预测．气候与环境研究．2(1)：32-38．

高守亭，周玉淑，冉令坤．2018．我国暴雨形成机理及预报方法研究进展．大气科学，42(4)：833-846．

柳俊杰，丁一汇，何金海．2003．一次典型梅雨锋锋面结构分析．大气科学，61(3)：291-302．

倪允琪，周秀骥．2004．中国长江中下游梅雨锋暴雨形成机理以及监测与预测理论和方法研究．气象学报，62(5)：647-662．

倪允琪，周秀骥，张人禾，等．2006．我国南方暴雨的试验与研究．应用气象学报，17(6)：690-704．

孙力，王琪，唐晓玲．1995．暴雨类冷涡与非暴雨类冷涡的合成对比分析．气象，21(3)：7-10．

徐祥德，陈联寿，王秀荣，等．2003．长江流域梅雨带水汽输送源-汇结构．科学通报，48(21)：7．

张云，雷恒池，钱贞成．2008．一次东北冷涡衰退阶段暴雨成因分析．大气科学，32(3)：481-497．

赵思雄，孙建华．2008．2008年初南方雨雪冰冻天气的环流场与多尺度特征．气候与环境研究，13(4)：351-367．

郑秀雅，张延治，白人海．1992．东北暴雨．北京：气象出版社：129．

Palmen E, Newton C W. 1969. Atmospheric Circulation Systems. Salt Lake City: Academic Press: 603.

Sakamoto K. 2005. Cut off and weakening processes of an upper cold low. Journal of the Meteorological Society of Japan, 83: 817-834.

Uccellini L W, Johnson D R. 1979. The coupling of upper and lower tropospheric jet streaks and implications for the development of severe convective storms. Monthly Weather Review, 107(6): 682-703.

第6章　东北冷涡暴雨的未来研究方向与展望

我国北方地区是"冰上丝绸之路"的重要枢纽，其中东北地区作为面向东北亚开放的重要窗口，也是我国重要的粮仓。十九大明确提出深化改革加快东北等老工业基地振兴，然而在冷涡背景下，东北地区常有局地性、突发性强降水发生，容易造成巨大灾害，威胁人民生命财产和国家战略安全。

20世纪80年代初陶诗言等(1980)指出，东北冷涡型是我国东北与华北北部造成暴雨或雷阵雨的环流形势。随后吉林省气象局组织科技人员编写的《预报员指导手册》首次给出东北冷涡的分布与定义标准，孙力和郑秀雅(1994)进一步给出利用500hPa高度场判别东北冷涡的定义。20世纪80～90年代，我国科技人员主要集中研究了东北冷涡活动的天气尺度特征与能量收支(孙力，1997，1998)，中国气象局曾设置"八五"重点课题，通过初步分析得出东北冷涡的一些中尺度系统及其大尺度背景场。20世纪末至21世纪初，学者开始关注东北冷涡持续性活动的天气学与气候学特征(孙立等，2000；刘宗秀等，2002；何金海等，2006；胡开喜等，2011；谢作威，2012)、与北方暴雨和强对流天气的关系(孙立和安刚，2001；钟水新等，2011；何晗等，2015；杨珊珊等，2016；蔡雪薇等，2019；张弛等，2019；杨吉等，2020)以及一些物理量诊断分析方法的研究(Cao and Gao，2007；Yang et al.，2007；Yang and Wang，2008；王东海等，2009)不断探索东北冷涡持续性活动与大气环流异常之间的联系。

6.1　当前东北冷涡暴雨的研究不足与局限性

过去几十年关于东北冷涡及与之相关的天气与气候学研究取得了很多研究进展，近年来尽管在冷涡的客观识别新方法、活动频率统计、物理诊断及与之相关的强对流天气认识方面有一定的突破，但是东北冷涡背景下的局地突发强降水的机理和数值预报技术研究依然不足，从整体上制约了当前冷涡背景下暴雨和强对流的预报预警能力。具体表现为以下几个方面：

(1) 机理机制研究不足。我国在20世纪80年代开始对冷涡及其暴雨开展相关研究，但早期受观测资料分辨率、研究工具和研究力量等多种因素限制，研究大多侧重于冷涡的气候特征、天气尺度环流背景及诊断等，也有少量研究使用了卫星、雷达等新型观测资料以及中尺度数值模式来研究冷涡背景下对流系统的生消机制，但对冷涡引发强降水的定量化研究缺乏手段，未能系统和深入的研究，未能定量研究冷涡引发强降水的动力和热力机制。

(2) 观测手段的局限。20世纪90年代以来，我国已相继开展西南高原、珠三角、长三角、黄淮海和京津冀等地区的暴雨外场观测试验和机理研究，但冷涡环流内局地突发强降水还未曾利用地面观测、探空、风廓线仪、新一代天气雷达及飞机移动平台等手段开展的系统性协同立体观测试验，这阻碍了对冷涡环流内中小尺度系统三维结构、演变及其降水发生发展的深入认识。

(3) 云微物理方案的适用性尚且不足。目前云微物理方案大多由欧美发展，并未系统研究过我国东北地区强降水的云微物理方案，由于云的水平和垂直结构特征和大尺度背景场有关，我国的云结构特征及其微物理过程有别于欧美，再者，各类云微物理方案具有不确定性，云微物理方案和云辐射方案中间变量存在偏差。然而目前未有专门针对东北地区，尤其是冷涡背景下强降水的云微物理过程的系统性研究，缺乏针对东北地区的动力、云微物理和云辐射相统一的参数化方案。

(4) 模式预报技术的针对性研发不足。区域数值预报技术系统的研发有助于提升区域灾害性天气预报的水平。随着近年来资料同化和数值预报技术的不断发展，诸如华东、华南地区的灾害性天气的监测和预报水平整体上有了明显进步，基于开发适用于当地的区域中尺度模式(如华南的 GRAPES_GZ、华东的 SMB-WARMS)，许多区域气象中心都建立了当地的短时临近预报系统：香港天文台的 SWIRLS("小涡旋")系统(Li et al., 2000)、广东省气象局建立的 GRAPES-SWIFT 系统(胡胜等，2010)、湖北省气象局的 MYNOS 系统与 LAPS 系统(万玉发等，2013；李红莉和王志斌，2017；崔春光等，2021)、上海市气象局的 NoCAWS 系统、北京市气象局的 RMAPS 和 BJ-RUC 系统(陈明轩等，2010)等，但针对东北地区强降水的新一代静止气象卫星的同化应用、定量降水估计和预测、模式客观订正技术研发相对薄弱，尤其对东北冷涡背景下强降水的精细化预报能力(时间、空间与强度等)与我国其他区域相比仍有较大差距。

综合而言，当前科研和业务机构对冷涡背景下东北地区的强降水与强对流等灾害性天气依然缺乏系统性与针对性研究，尤以局地突发强降水的机理和数值预报技术研究的不足和局限最为突出。

6.2　未来需加强的研究与相关展望

在全球气候变暖的背景下，东北地区的天气气候也将变得复杂，与冷涡相关的局地突发特大暴雨等极端天气事件未来可能更加频繁。因此未来的研究应该紧紧围绕东北地区暴雨精准预报预警、科学防范应对及水资源利用的等多方面需求，一方面集中力量加深认识东北冷涡对局地突发强降水演变过程与机理机制，另一方面应加快研发适用于东北的区域数值预报模式技术与系统，并推动相关研发成果在业务部门的落地应用。概括而言，未来需要进一步加强关于东北冷涡强降水与强对流科学和预报的以下几方面研究：

(1) 针对暖季东北冷涡强降水与强对流过程实施敏感-关键区的外场协同观测试验。基于强化的空天地基多源综合常规、非常规及外场试验观测，建立包含中小尺度三维水汽、温压湿风等观测资料数据集，为东北冷涡暴雨及强对流的特征规律等科学理论的研究奠定数据基础，也为区域模式相关的物理过程参数化方案的改进、资料同化技术的优化等提供必要条件。

(2) 与东北冷涡相关的强降水(尤其是极端强降水)与强对流的演变特征及发生机理的研究需要进一步加强。从天气尺度来说，加深认识不同强度冷涡、冷涡不同阶段对强降水的影响及其物理过程与机制。从中小尺度而言，提升对强降水的中尺度过程、云微物理过程、气溶胶影响、城市和地形等复杂下垫面的独立影响和相互作用的认识。在此基础上，定量化研究东北冷涡与其他系统之间的相互作用与联系，揭示中尺度对流系统的三维结构特征、触发和维持机理，分类建立东北冷涡相关的突发强降水发生发展的多尺度物理概念模型。

(3) 以建立千米乃至百米分辨率东北区域集合预报系统为目标，研发能够有效同化风廓线、微波辐射、相控阵雷达及新一代静止气象卫星等新资料的方法和技术，利用常规、非常规及外场试验的高分辨率观测资料，改进适用于东北地区的数值天气预报模式物理过程参数化方案，完善集合预报成员的生成方法。

(4) 气象业务部门应进一步加强对东北冷涡天气历史过程的收集，构建东北冷涡暴雨/强对流历史个例数据库。一方面，全面系统地复盘典型个例，凝练关键的预报着眼点，厘清预报思路，制定针对东北冷涡背景下产生不同类型强对流过程的预报业务化流程。另一方面，建立冷涡强降水与强对流的气象预报预警工作机制，在短期时效(提前 72h)开展降水预测、风险预估、预警信号发布节奏展望及对公众防御建议；在短时时效(提前 12～24h)实现风雨具体落区、量级及主要影响时段的精细化预报，并加强与三防、水利及应急等政府部门的联动；在临近时效(提前 1～6h)进入临灾精细化气象预警状态，滚动更新强降水落区、具体降水强度及降雨信息等，及时发布精细至街道/镇级尺度的定量预报与风险预估信息。

参考文献

蔡雪薇，谌芸，沈新勇，等. 2019. 冷涡背景下不同类型强对流天气的成因对比分析. 气象，45(5)：621-631.

陈明轩，高峰，孔荣，等，2010. 自动临近预报系统及其在北京奥运期间的应用. 应用 气象学报，21(4)：395-404.

崔春光，杜牧云，肖艳姣，等. 2021. 强对流天气资料同化和临近预报技术研究. 气象，47(8)：901-918.

何晗，谌芸，肖天贵，等. 2015. 冷涡背景下短时强降水的统计分析. 气象，41(12)：1466-1476.

何金海，吴志伟，江志红，等. 2006. 东北冷涡的"气候效应"及其对梅雨的影响. 科学通报，51(23)：2803-2809.

胡开喜，陆日宇，王东海. 2011. 东北冷涡及其气候效应. 大气科学，35(1)：179-191.

胡胜，罗兵，黄晓梅，等. 2010. 临近预报系统(SWIFT)中风暴产品的设计及应用. 气象，36(1)：54-58.

李红莉，王志斌. 2017. 华中区域 LRUC 系统的构建与试验. 气象科学，37(2)：195-204.

刘宗秀，廉毅，高枞亭，等. 2002. 东北冷涡持续活动时期的北半球 500hPa 环流特征分析. 大气科学，26(3)：361-372.

孙力. 1997. 东北冷涡持续活动的分析研究. 大气科学，21(3)：297-307.

孙力. 1998. 一次东北冷涡发展过程中的能量学研究. 气象学报，56(3)：349-361.

孙力，郑秀雅. 1994. 东北冷涡的时空分布特征及其与东亚大型环流系统之间的关系. 应用气象学报，5(3)：297-303.

孙力，安刚. 2001. 1998 年松嫩流域东北冷涡大暴雨过程的诊断. 大气科学，25(3)：342-354.

孙力，安刚，廉毅，等. 2000. 夏季东北冷涡持续性活动及其大气环流异常特征的分析. 大气科学，58(6)：704-714.

陶诗言，等. 1980. 中国之暴雨. 北京：科学出版社.

万玉发，王志斌，张家国，等. 2013. 长江中游临近预报业务系统(MYNOS)及其应用. 应用气象学报，24(4)：504-512.

王东海，杨帅，钟水新，等. 2009. 切变风螺旋度和热成风螺旋度在东北冷涡暴雨中的应用. 大气科学，33(6)：1238-1246.

谢作威. 2012. 夏季东北冷涡活动特征及其机理研究. 北京：中国科学院大气物理研究所.

杨吉，郑媛媛，夏文梅，等. 2020. 东北冷涡影响下江淮地区一次飑线过程的模拟分析. 气象，46(3)：357-366.

杨珊珊，谌芸，李晟祺，等. 2016. 冷涡背景下飑线过程统计分析. 气象，42(9)：1079-1089.

张弛，王咏青，沈新勇，等. 2019. 东北冷涡背景下飑线发展机制的理论分析和数值研究. 大气科学，43(2)：361-371.

钟水新，王东海，张人禾，等. 2011. 一次东北冷涡降水过程的结构特征与影响因子分析. 高原气象，30(4)：951-960.

Cao J, Gao S. 2007. Extended interpretations in *Q* vector analyses and applications in a torrential rain event. Geophysical Research Letters, 34, L15804.

Li P W, Wong W K, Chan K Y, et al. 2000. SWIRLS-An evolving nowcasting system. Technical Note, No. 100. Hong Kong: Hong Kong Observatory.

Yang S, Wang D H. 2008. The curl of *Q* vector: A new diagnostic parameter associated with heavy rainfall. Atmospheric and Oceanic Science Letters, 1(1): 36-39.

Yang S, Gao S T, Wang D H. 2007. Diagnostic analyses of the ageostrophic *Q* vector in the non-uniformly saturated, frictionless, and moist adiabatic flow. Journal of Geophysical Research, 112(D9): D09114.